高职高专制药技术类专业系列教材

生物制药工艺

主　编　胡莉娟　李存法

副主编　牛红军　李尽哲

参　编　（以姓氏笔画为序）

　　　　王文佳　殷东林　焦铁军

重庆大学出版社

内容提要

本书由8个项目组成,每个项目由该项目的生物制药技术和综合实训操作两部分组成。生物制药技术的主要内容包括:项目1绪论,项目2生化药物的生产技术,项目3发酵工程制药技术,项目4基因工程制药技术,项目5酶工程制药技术,项目6动植物细胞培养技术制药,项目7动植物细胞培养技术制药,项目8生物制品生产技术。综合实训操作主要内容包括:胃膜素的生产、甘露醇的生产、硫酸庆大霉素的生产、四环素的发酵生产、动、植物组织 mRNA 提取、L-天冬氨酸的生产、6-氨基青霉烷酸的生产、人肺鳞癌单克隆抗体的制备、组织纤溶酶原激活剂的生产、西洋参细胞悬浮培养及工业化生产人参皂苷、诊断试剂制备等。

本书可作为高职高专院校生物制药技术、生物工程、生物技术及应用、生物教育、制剂技术等专业的教材,可供相关专业的教师与科技人员参考,也可作为企业员工上岗培训教材。

图书在版编目(CIP)数据

生物制药工艺/胡莉娟,李存法主编.—重庆:
重庆大学出版社,2016.1(2024.1重印)
高职高专制药技术类专业系列教材
ISBN 978-7-5624-9591-8

Ⅰ.①生… Ⅱ.①胡…②李… Ⅲ.①生物制品—生
产工艺—高等职业教育—教材 Ⅳ.①TQ464

中国版本图书馆 CIP 数据核字(2015)第 317522 号

生物制药工艺

主 编 胡莉娟 李存法
副主编 牛红军 李尽哲
策划编辑:袁文华

责任编辑:文 鹏 涂 昀 版式设计:袁文华
责任校对:贾 梅 责任印制:张 策

*

重庆大学出版社出版发行
出版人:陈晓阳
社址:重庆市沙坪坝区大学城西路 21 号
邮编:401331
电话:(023) 88617190 88617185(中小学)
传真:(023) 88617186 88617166
网址:http://www.cqup.com.cn
邮箱:fxk@cqup.com.cn(营销中心)
全国新华书店经销
POD:重庆新生代彩印技术有限公司

*

开本:787mm×1092mm 1/16 印张:19.75 字数:493 千
2016 年 1 月第 1 版 2024 年 1 月第 2 次印刷
ISBN 978-7-5624-9591-8 定价:48.00 元

高等院校制药技术类专业系列教材

编委会

（排名不分先后）

高等院校制药技术类专业系列教材

参加编写单位

（排名不分先后）

安徽中医药大学	江苏农牧科技职业学院
安徽中医药高等专科学校	江西生物科技职业技术学院
毕节职业技术学院	江西中医药高等专科学校
广东岭南职业技术学院	乐山职业技术学院
广东食品药品职业学院	辽宁经济职业技术学院
海南医学院	陕西能源职业技术学院
海南职业技术学院	深圳职业技术学院
河北化工医药职业技术学院	苏州农业职业技术学院
河南牧业经济学院	天津渤海职业技术学院
河南医学高等专科学校	天津生物工程职业技术学院
河南医药技师学院	天津现代职业技术学院
黑龙江民族职业学院	潍坊职业学院
黑龙江生物科技职业学院	武汉生物工程学院
呼和浩特职业学院	信阳农林学院
湖北生物科技职业学院	杨凌职业技术学院
湖南环境生物职业技术学院	重庆广播电视大学
淮南联合大学	淄博职业学院

前言

随着课程改革和示范建设的深入,为提高学生的生物制药理论和实践技能,开发以产品生产实践为主线与项目驱动为组织方式的教材,已是发展的必然。

本书是生物制药专业教材,在编写过程中,遵循高职高专课程改革的趋势,教材必须具备"思想性、科学性、先进性、启发性和适用性"的指导原则,注重理论和实践的结合,以药品的生产流程为主线,融合生产、制剂、检测等药品生产流程各环节中需要的知识、能力、技术为依托,以企业质量管理与药品标准操作规程为依据,参照国家职业技能鉴定各环节高级工的考核标准,将涉及的相关课程的内容进行综合提炼,形成了理论和实训一体化的教材。

本书分为8个项目组成,包括项目1绪论包括4个工作任务,项目2生化药物的生产技术包括8个工作任务,项目3发酵工程制药技术包括6个工作任务,项目4基因工程制药技术包括7个工作任务,项目5酶工程制药技术包括3个工作任务,项目6动植物细胞培养技术制药包括4个工作任务,项目7动植物细胞培养技术制药包括3个工作任务,项目8生物制品生产技术包括5个工作任务。根据生物制药工艺的实际需求,详尽讲述了每种生物药物的概况,药物制备的关键技术和生产工艺要点。同时每个项目后都有相应的实训项目进行专项训练,使教材更加贴近工作实际。通过对药品生产中各环节操作方法及要点的训练,使学生掌握药品生产流程及各环节技能及知识的要求,能够独立按照标准操作规程完成药品生产。本书体现了多学科、多技术领域的交叉渗透与复合,使教材内容贴近工业生产,具有综合性、技术实践性、实用性和可操作性强的特点,为知识技术的应用、职业岗位的变换和全面发展、终身发展奠定基础。

在实施教学过程中,应注重理论联系实际,结合各学期所学课程,按本教材设定内容进行教学。教学方式应灵活多样,根据学校具体情况和实训内容不同,可采用参观、演示、多媒体教学、现场操作等多种方式进行。

本书适合高等职业技术教育生物制药专业教学使用,也可作为药学相关岗位的岗前培训和继续教育的教材和参考书。

本书的编写人员涉及多个学校的教师、药品生产企业技术人员。由杨凌职业技术学院胡莉娟担任主编同时承担编写项目2;河南牧业经济学院的李存法担任第二主编同时承担编写项目4;天津现代职业技术学院的牛红军担任第一副主编同时承担编写项目1和项目6;信阳农林学院的李尽哲担任第二副主编同时承担编写项目3;河南牧业经济学院的王文佳承担编写项目7;信阳农林学院的殷东林承担编写项目5;杨凌绿方生物工程有限公司的焦铁军工程师承担编写项目8。本书编写提纲、编写实例及内容由以上老师共同商定完成。本书由杨凌职业技术学院药物与化工分院胡莉娟和河南牧业经济学院的李存法共同担任主审。在本书编写过程中,各位老师克服困难,付出了极大的努力,对编写工作给予大力支持和配合,在此深表感谢。

编写高等职业技术教育教材因时间仓促,缺乏经验,书中不足之处在所难免,恳切希望读者给予批评和指正。

编　者
2016 年 1 月

目 录 CONTENTS

项目 1 绪 论

【知识目标】
- 了解生物药物的特性与分类。
- 了解生物制药的发展历程和产业现状。
- 了解生物制药车间的布局要求。
- 熟悉各种生物药物制备技术的生产流程。
- 熟悉生物制药安全生产知识。

【技能目标】
- 能安全地从事生物药物生产工作。
- 能采取措施预防生物因子感染。
- 能编制安全操作规程。
- 能编制生产安全事故应急预案。

【项目简介】

近年来,国家不断加大对生物医药产业的支持力度,曾多次下拨专项资金支持生物医药、生物医学工程技术等项目的发展。先后出台了《国家中长期科学和技术发展规划纲要》和《促进生物产业加快发展的若干政策》等政策支持生物制药行业的发展。这些举措为生物制药发展注入了动力。目前生物医药产业迎来了重大机遇时期,生物技术水平的不断提高使得生物医药产业在研发模式、产品形态乃至商业模式等方面发生巨大变化。生物制药已成为我国最有潜力的制药行业之一。随着我国生物制药研发及生产能力的不断提升以及国家相应政策的陆续出台,我国生物制药行业定会步入飞速发展轨道,成为后起之秀。

【工作任务】

任务1.1　生物制药概述

生物机体内部在不断地产生各种与生物体代谢紧密相关的调控物质,如核酸、蛋白质、酶、激素、抗体和细胞因子等,生物体通过它们的调节作用维持着正常的机能,并具有抵御和自我战胜疾病保持健康状态的能力。因此,我们可以从生物体内提取这些物质制成生物药物,用于维系人类健康。

1.1.1　生物药物概述

生物药物是指综合运用化学、生物化学、免疫学、医学和药学等学科的原理和方法,利用生物体、生物组织、细胞、体液及其代谢产物(初级代谢产物和次级代谢产物)等制造的一类用于预防、诊断和治疗的制品。生物药物与中草药、化学药物共同构成了人类的三大药源,是近年来发展最为迅速的药物,生物制药行业具有广阔的发展前景。

1)生物药物的特性

(1)药理学特性

①治疗的针对性强、疗效高　如细胞色素C为生物氧化过程中的电子传递体,在酶存在的情况下,对组织的氧化、还原有迅速的酶促作用,因此,细胞色素C制剂被用于高效地治疗组织缺氧所引起的一系列疾病。

②药理活性高、用量少　少量或微量生物药物即具有较高活性,如1 g高活性的重组人促红素(rhEPO)可被分装成数万瓶制剂。

③毒副作用小、营养价值高　蛋白质、核酸、糖类、脂类等是构成人体的生物分子,它们不仅具有生物学活性,而且本身可作为营养物质被用于体内代谢。

④免疫副作用时有发生　由于不同生物体之间存在种属差异,同种生物体之间存在个体差异,以及生物药物通常分子量较大,生物药物有时可能会引起免疫反应和过敏反应。

(2)原料的生物学特性

①天然来源的原料中药理学活性成分含量低、杂质多　由于有效成分活性高,少量即可满足生物体需要,因此,天然来源的原料在生物体中含量低、杂质多,生产工艺复杂。

②来源广泛、多种多样　任何生物体都可能是生物药物的潜在来源,如苍蝇。苍蝇对恶劣环境具有极强的适应能力和有效的防御机制,任何病菌在其体内存活不会超过七天,研究表明其体内具有抗菌物质,万分之一浓度就可以杀死多种病菌,因此苍蝇也可能是潜在的生物药物来源。

③原料容易腐败变质　生物药物及产品均为高营养物质,极易腐败、染菌,被微生物代谢、分解或被自身的代谢酶所破坏,造成有效物质活性丧失,并产生热原或致敏物质。因此,对原料的保存、加工有一定的要求,尤其对温度、时间和无菌操作等有严格要求。

(3)生产制备的特殊性

①稳定性差　生物药物的分子结构中具有特定的活性部位,该部位有严格的空间结构,对

酸、碱、光、热、重金属、pH、溶氧、生产设备等敏感,一旦结构破坏,生物活性即随之消失。

②剂型的特殊性 生物药物相对不稳定,易失去活性,且能被消化道中的酶所分解,所以多采用注射途径给药。因此,对于生物药品制剂安全性、有效性、均一性和稳定性的要求更严格。

(4)检验的特殊性

生物药物具有特殊的生理功能以及严格的构效关系。生物药物不仅要检验理化指标,更要检验生物活性。理化指标合格是生物药物发挥药效的前提,生物活性高是发挥药效的根本。

2)生物药物的分类

生物药物可按照化学本质、来源、生理功能和用途等分类。

(1)按药物的化学本质分类

根据药物的化学本质分类有利于比较一类药物的结构与功能的关系,有利于研究和改进生物药物的生产工艺和检验方法。

①氨基酸及其衍生物类药物 包括天然氨基酸和氨基酸混合物及衍生物。如蛋氨酸可防治肝炎、肝坏死和脂肪肝,复合氨基酸可用于增强人体免疫。

②多肽和蛋白质类药物 药用多肽和药用蛋白质的化学本质相同,均是由肽键连接的氨基酸残基组成,只是多肽分子较小,蛋白质分子较大。常见的有多肽类药物(如脑多肽)、动物蛋白质类药物(如猪或牛的纤维蛋白原)、动物蛋白质类激素(如生长素)、植物蛋白类药物(如天花粉蛋白)以及基因工程重组蛋白质(如重组人干扰素)。

③酶和辅酶类药物 酶是具有催化功能的高分子物质,绝大多数酶的化学本质为蛋白质,少数为核酸。酶类药物按功能分为消化酶(如胃蛋白酶和麦芽淀粉酶)、消炎酶(如溶菌酶和胰蛋白酶)、心血管疾病治疗酶(如激肽释放酶)等。辅酶类药物是功能上的分类,化学结构各异,在酶促反应中起传递氢、电子和基团的作用,广泛用于肝病和冠心病的治疗。

④核酸及其降解物和衍生物类药物 DNA 可用于治疗精神迟缓、虚弱和抗辐射等,RNA 用于慢性肝炎、肝硬化和肝癌等的辅助治疗,多聚核苷酸是干扰素的诱导剂。

⑤糖类药物 糖类药物存在于各种生物中,以黏多糖为主。多糖是由单糖经糖苷键连接而成,单糖结构和糖苷键的多样性导致多糖种类繁多,药理功能各异。有抗凝血、降血脂、抗病毒、抗肿瘤、抗衰老和增强免疫的功能。

⑥脂类药物 脂类药物具有相似的非水溶性,但其化学结构差异较大,各自功能较广泛,主要有以下 5 类。

a.磷脂类:脑磷脂、卵磷脂多用于肝病、冠心病和神经衰弱症。

b.多价不饱和脂肪酸和前列腺素:亚麻酸、花生四烯酸和五、六烯酸等必需脂肪酸常有降血脂、降血压和抗脂肪肝作用,用于冠心病的防治。前列腺素是一大类含五元环的不饱和脂肪酸,重要的天然前列腺素有 PGE1、PGE2 和 PGE3 等。

c.胆酸类:猪去氧胆酸用于高脂血症,熊去氧胆酸是良好的胆结石溶解药。

d.固醇类:胆固醇是人工牛黄的主要原料之一(人工牛黄是由胆固醇、胆红素、胆酸和一些无机盐、淀粉混合而成的复方制剂),β-谷固醇有降低血胆固醇的作用。

e.卟啉类:原卟啉、血卟啉用于治疗肝炎,还用作肿瘤的诊断和治疗。胆红素是人工牛黄的重要成分。

⑦维生素与辅酶 维生素大多是人类必须从食物摄取的一类小分子化合物,结构差异较大,不是组织细胞的结构成分,不能为机体提供能量,但对机体代谢有调节和整合作用,大多起辅酶作用。

⑧其他 有些生物药物由于其本身的复杂性,不便于归入上述任何一类。例如,以细胞或病毒整体为药物的生物制品,及以人血为基础的血液制品,其本身就是一个复杂的分子系统,含有多种分子种类和功能作用,就不能简单按分子基础和功能进行归类。另外,还有其他一些生物次级代谢产品,例如抗生素、生物碱等,其分子结构多样,功能各异,也难以按分子基础和功能进行简单的分类。

（2）按来源分类

传统生物药物的来源以天然的生物材料为主,一般来自于人体、动物、植物、微生物和各种海洋生物。该分类方式有利于不同原料的综合利用和开发研究。

①以人体组织为原料制备的药物 疗效好,无毒副作用,但来源有限,难以大规模生产。现生产的主要品种仅限于人血液制品、人胎盘制品和人尿制品,这些药物具有难以被其他生物药物替代或生产成本较低等特点。

②动物来源 该类药物来源丰富,价格低廉,可以批量生产。但由于动物和人存在着较大的种属差异,有些药物的疗效低于人源的同类药物,严重者对人体无效。如人生长素对侏儒症有效,而动物生长素无效且会引起抗原反应。此类药物在上市前要进行严格的药理、毒理实验。

③植物来源 该类药物为具生物活性的天然有机化合物,按在植物体的功能分为初级代谢产物和次级代谢产物,其中次级代谢产物是中草药的主要有效成分。

④微生物来源 来源于微生物的药物在种类、品种、用途等方面都为最多,包括各种初级代谢产物、次级代谢产物以及工程菌生产的各种人体内活性物质,其产品有氨基酸、维生素、酶和抗生素等。

⑤海洋生物来源 来源于海洋生物的药物,又称海洋药物。海洋生物的种类繁多,体内许多物质有抗菌、抗病毒、抗肿瘤和抗凝血等生理活性,是丰富的药物资源宝库,日益得到人类的重视。

随着生物技术的发展,有目的人工制得的生物原料成为当前生物制药原料的重要来源,如用基因工程技术制得的转基因微生物或细胞,用细胞融合技术制得的杂交瘤细胞等。基因工程等新技术的应用,部分解决了因活性物质含量低或原料来源有限而无法生产的问题,保障了临床用药需求,如重组人血液制品。

（3）按功能和用途分类

①治疗药物 治疗疾病是生物药物的主要功能。生物药物以其独特的生理调节作用,对许多常见病、多发病、疑难病均有很好的治疗作用,且毒副作用低。如对糖尿病、免疫缺陷病、心脑血管病、内分泌障碍、肿瘤等的治疗效果是其他药物无法替代的。

②预防药物 预防是控制感染性疾病传播的有效手段,对于许多传染性疾病,预防比治疗更为重要和有效。常见的预防药物主要是疫苗、类毒素。疫苗,如布氏杆菌病疫苗和流行性脑膜炎疫苗。类毒素是细菌繁殖过程中产生的致病毒素,经甲醛处理使失去致病作用,但保留原有的免疫原性的变性毒素,如破伤风类毒素和白喉类毒素。

基因疫苗也称 DNA 疫苗,已经在许多难治性感染性疾病,如自身免疫性疾病、过敏性疾病和肿瘤的防治领域显示广泛应用前景。

③诊断药物 生物药物用于诊断试剂是其最突出又独特的另一临床用途,具有速度快、灵敏度高、特异性强等特点,绝大部分临床诊断试剂都来自生物药物。诊断用药有体内和体外两大使用途径。常见的生物诊断药物有:

a.免疫诊断试剂:利用高度特异性和敏感性的抗原抗体反应,检测样品中有无相应的抗原或抗体,可为临床提供疾病诊断依据,主要有诊断抗原(如结核菌素)和诊断血清(如血型及人类白细胞抗原诊断血清)。

b.酶诊断试剂:利用酶反应的专一性和快速灵敏的特点,定量测定体液内的某一成分变化作为病情诊断的参考。商品化的酶诊断试剂盒是一种或几种酶及其辅酶组成的一个多酶反应系统,通过酶促反应的偶联,以最终反应产物作为检测指标。如常用于糖尿病病情监测的葡萄糖酶诊断试剂盒。

c.器官功能诊断试剂:用某些药物对器官功能的刺激作用、排泄速度或味觉等检验器官的功能损害程度。如组胺及氨乙吡唑,因具有高度刺激胃腺分泌的作用,常用于诊断真性或假性胃酸缺乏症。

d.放射性核素诊断药物:放射性核素诊断药物有聚集于不同组织或器官的特性,故进入体内后,可检测其在体内的吸收、分布、转运、利用及排泄等情况,从而显出器官功能及其形态,以供疾病的诊断。如^{131}碘化人血清白蛋白用于测定心脏放射图及心排血量。

e.诊断用单克隆抗体:单克隆抗体是由一个B细胞产生的抗体,只针对抗原分子上的一个特异抗原决定簇,专一性强。能用于检测病毒、细菌、寄生虫或细胞的一个抗原分子片段,测定体内激素的含量(如前列腺素),诊断T淋巴细胞亚群和B淋巴细胞亚群及检测肿瘤相关抗原,病毒性传染源的分型分析等。

f.诊断用DNA芯片:应用基因芯片进行突变基因检测是对遗传病、肿瘤等进行临床诊断的重要手段,如血友病和癌症等,癌基因芯片与抑癌基因芯片的应用现已愈来愈广泛。

1.1.2 生物制药技术概述

生物制药是指利用生物体或生物过程生产生物药物的技术。生物制药技术主要包括发酵工程技术、生化工程技术、细胞工程技术、基因工程技术、酶工程技术和抗体工程技术等。

1)发酵工程技术

发酵工程技术是生物制药技术领域最为基础,也是应用最为普遍的技术领域。发酵工程技术又称为微生物工程技术,是指通过控制微生物的培养条件和代谢过程,使微生物合成所需目的药物的技术。

发酵工程制药工艺过程如图1.1所示。

(1)获取菌种

菌种决定着发酵产量的高低,一个优良的生产菌种应具备以下4个条件:

①生长繁殖快,发酵单位高。

②遗传性能稳定,持续高产。

③培养条件粗放,发酵过程易控制。

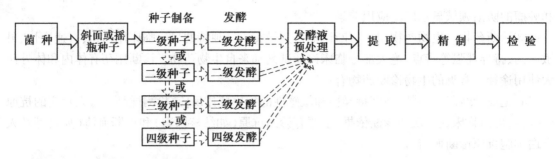

图 1.1　发酵工程制药的一般工艺流程

④合成的副产物少,产品质量高。

（2）斜面或摇瓶种子制备

菌种筛选后,制备斜面或摇瓶种子。培养基应营养成分丰富和完全,但不宜过浓;易被菌体分解利用,氮肥丰富(利于菌丝生长)。

（3）种子制备

对于大工业化的发酵生产过程来说,摇瓶种子的量依然满足不了生产的要求,必须要通过种子罐进一步扩大培养。种子罐种子制备的工艺过程,因菌种不同而异,一般可分为一级种子、二级种子和三级种子的制备。种子罐的级数主要决定于菌种的性质和菌体生长速度及发酵设备的规模。

将摇瓶种子接种入较小的种子罐培养后形成的种子为一级种子,把一级种子转入到发酵罐内发酵,称为一级发酵。如果将一级种子接入体积较大的种子罐内,经过培养以形成更多的种子,这样制备的种子称为二级种子,将二级种子转入发酵罐内发酵,称为二级发酵。同样道理,使用三级种子的发酵,称为三级发酵。

种子培养所用培养基,除要求成分丰富和完全,氮源和维生素含量较高之外,还要尽可能和发酵培养基接近,这可以使种子培养环境与发酵环境接近,有利于种子从种子罐到发酵罐的过渡,缩短种子进入发酵罐后的生长延迟期。

（4）发酵

发酵的目的主要是利用微生物大量分泌产物。发酵开始前,有关设备和培养基必须经过严格的灭菌,然后接入合格的种子。接种量一般为 5% ~ 20% 。发酵周期根据不同的产品特点,长短不一,短的 10 h,例如以获得菌体为目的的酵母菌发酵;长的则要经历几天,例如青霉素的发酵生产,要经历 5 d 左右。在发酵过程中要不断通入无菌空气及搅拌,维持一定的罐温和罐压,并定时取样进行生化分析和杂菌检验。发酵过程中可供分析的主要参数有菌丝形态、残糖含量、氨基氮、溶解氧浓度、pH 值和产物浓度。发酵过程中必须重点控制罐温、补料、酸碱、消泡剂、某些专用前体、促进剂或抑制剂的用量。发酵过程控制的好坏,直接关系到预期产量能否实现,必须要密切配合,严格操作管理。

（5）提取和精制

发酵结束后,需对发酵液进行预处理,初步除杂,有时还需细胞破碎,释放目的物质。提取一般依据产品的性质选择相应的方法,固-液提取或萃取。常用的精制方法包括离心、过滤、层析、沉淀、蒸馏、结晶、浓缩、干燥等。

（6）检验

根据现行药典的要求需逐项对所生产的产品进行分析检验,项目包括效价检定、毒性试验、无菌试验、热原试验、水分测定、水溶液酸碱度及浑浊度测定、结晶颗粒的色泽及大小的测定等。

2）生化工程技术

生化工程技术制药主要是从天然动植物器官、组织、血浆、细胞中分离及纯化制得生化药品。传统生化工程技术制药的基本工艺过程如图1.2所示。

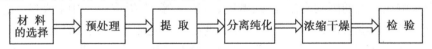

图1.2　生化工程制药的一般工艺流程

（1）生物材料的选择与保存

生物材料选择时需考虑其来源、目的物含量、杂质的种类、价格、材料的种属特性等，其原则是要选择富含所需目的物、易于获得、易于提取的无害生物材料。选择的生物材料要求来源丰富。由于生物材料中的有效成分含量与品种、产地、组织部位、生长发育阶段及生理状态等因素有关，因此在选材时均需充分考虑。

由于生理活性物质容易失活，因此在采集时必须保持材料的新鲜，防止腐败变质及微生物污染。采集的材料要及时速冻，低温保存。保存生物材料的方法主要有速冻、冻干、有机溶剂脱水等。

（2）生物材料的预处理

生物活性物质大多存在于组织细胞中，必须将其结构破坏才能有效地提取目的物，常用的组织与细胞破碎方法有物理法、化学法和生物法。物理方法包括磨切法、压力法、震荡法、冻融法等；化学方法包括稀酸法、稀碱法、有机溶剂或表面活性剂处理等；生物法包括组织自溶法、酶解法等。

有些有效成分与细胞的细胞器结合，为了进一步分离目的产物，必须先获得特定的细胞器。常用方法是先匀浆破碎细胞，再离心分离。

有些材料在提取前，还要经过丙酮处理，以脱水和脱脂，制成丙酮粉。固态的丙酮粉可保证某些成分的稳定，且结构松散，有利于提取，还可以减少原料体积，便于贮藏和运输。

（3）生物活性物质的提取

提取是利用制备目的物的溶解特性，将目的物与细胞的固形成分或其他结合成分分离，使其由固相转入液相或从细胞内的生理状态转入特定溶液环境的过程。生物活性物质的提取方法按是否需要加热可分为浸渍法（用冷溶剂溶出固体材料中的活性成分，无须加热）与浸煮法（用热溶剂溶出目的物，需要加热）；按提取时所用的溶剂种类可分为水溶液法（所用提取溶剂为水溶液，包括酸溶液、碱溶液和盐溶液）与有机溶剂法（包括乙醇、氯仿、丙酮等）。

在生化工程技术制药中，提取是工艺的第一步，也是非常关键的一步。一种好的提取方法要尽可能充分地提取目的物质，并除去与目的物性质差异大的杂质，且对目的物有浓缩的作用。提取成功与否，主要决定于提取所用溶剂与提取条件两个方面。选择什么样的溶剂和提取条件，须根据目的产物的性状而定。常见的目的物的性状包括溶解性质、分子量、等电点、存在方式、稳定性、相对密度、粒度、黏度、含量、主要杂质种类及性质等。

生物药物的药效或药理作用都与生物分子的空间结构紧密相联，而生物分子的空间结构往往相当脆弱，容易被破坏而失活，因此，生物药物在提取过程中，一定要注重对其活性进行保护。常用的保护措施有利用缓冲溶液作提取溶剂、添加保护剂、添加能抑制降解生物活性物质酶的抑制剂等。例如,在蛋白药物的提取过程中,采用磷酸盐、柠檬酸盐、醋酸盐、硼酸盐、Tris等缓冲溶液作提取溶剂,可有效避免 pH 的大幅波动引起蛋白质变性;酶类药物的活性中心极易被氧化失活,因此,在提取过程中常添加半胱氨酸、还原型谷胱甘肽、二巯基赤藓糖等带还原性的物质作保护剂,可有效避免酶因氧化而失活。

对提取影响比较大的因素有温度、酸碱度、盐浓度等,在提取过程中需要特别注意。温度越高,物质的溶解性越高,但许多生物药物在温度超过一定限度后就很容易失活,因此在选择提取温度时,一定要注意提取对象的热稳定性质,对不耐热物质一定要注意避免高温。酸碱度除了影响目的物的溶解性外,也会影响目的物的稳定性。例如,多糖在碱性溶液中比酸性溶液中更稳定,故提取多糖时需采用碱性溶液有利于保护多糖的稳定性;蛋白质在等电点附近的溶解性最差,因此,在提取时要注意避开等电点附近的 pH 范围。稀盐溶液对蛋白质等生物大分子有助溶作用,一些不溶于水的球蛋白在稀盐中能增加溶解度,这是由于盐离子作用于生物大分子表面,增加了表面电荷,使之极性增加,水合作用增强,促使形成稳定的双电层,此现象称为"盐溶"。

(4)有效成分的分离与纯化

有效生物活性物质的分离纯化比提取更为复杂,其方法多种多样,不一而足。在选择分离与纯化方法时,要重点考查分离及纯化对象与杂质的理化性质的区别。例如,如果了解到分离纯化对象与杂质的分子形状和大小相差很大,则可以优先选择差速离心、超速离心、膜分离(透析、电渗等)、超滤法、凝胶过滤法等,可以收到很好的效果;如果分离纯化对象与杂质的分子电荷性质不同,则可选择离子交换法、电泳法、等电聚焦法等;如果分离纯化对象与杂质的吸附性不同,则可采用选择性吸附与吸附层析法等;如果分离纯化对象与某种已有物质具有特异的亲和性,则可优先选用亲和层析法和亲和沉淀法等。

目的产物的分离纯化往往不是一个单元操作可完成的,需经过多种单元操作,才能达到所需的纯度要求。在生化工程技术制药过程中,分离纯化所涉及的技术含量和成本都是最高的,也是生物工程制药工艺流程中的重点和难点。

(5)浓缩与干燥

由于制得的有效成分溶液浓度过低或制剂需要,有效成分溶液往往还需浓缩或干燥,制成原料(呈固体状态)或原液(呈液体状态)。

3)细胞工程技术

细胞工程技术常包含动物细胞工程技术和植物细胞工程技术。传统的以动植物组织为原料提取生物药品的生化制药,存在一些缺陷:

①原料来源受限　目前,随着越来越多的药用动植物品种由珍贵变成珍稀,相应的生物药品生产原料来源越来越短缺。

②生产受季节性影响明显波动　由于动植物的生长规律都与季节联系得非常紧密,直接导致原料的来源受季节影响显著。

③有效成分含量偏低　由于受动植物本身的代谢调控限制,动植物组织内的有效成分含量一般都较低,杂质种类多,制取十分困难。这在客观上引起生产成本居高不下,经济效益偏低。

为了克服上述传统生化工程技术制药的不足,以人工培养动植物细胞代替天然动植物材料的细胞工程技术制药应运而生。

细胞工程技术制药的基本工艺过程如图1.3所示。

图1.3 细胞工程技术制药的一般工艺流程

(1)获得细胞种

①植物细胞种的获得 植物细胞工程技术制药指的是在无菌和人工控制的营养及环境条件(光照、温度等)下,控制其代谢过程,合成生物药物的工艺操作。植物细胞培养工程技术用来生产的生物药物种类主要包括有机酸、生物碱、糖苷类、挥发油等。虽然植物细胞在生物制药方面的前景十分广阔,但成功的例子并不多。世界上第一个植物细胞培养技术生产的产品是紫草细胞培养生产的紫草素。

植物细胞种一部分来源于自然的植株组织器官,经人工培养获得愈伤组织,再把愈伤组织打散就可以获得分散的植物细胞种;另一部分来源于天然细胞经遗传诱变后形成的突变体。

②动物细胞种的获得 由于动物细胞无细胞壁,且对营养条件要求相当苛刻,故动物细胞工程技术用于生物制药的成本相对较高。目前,动物细胞培养技术主要用于病毒类疫苗、基因工程药物和部分单克隆抗体的生产。病毒类疫苗生产所用的动物细胞种主要有猴肾细胞、地鼠肾细胞、人胚肺二倍体细胞等。单克隆抗体生产用的动物细胞由能产生单克隆抗体的脾细胞与鼠骨髓瘤细胞杂交而成的杂交瘤细胞。

(2)细胞培养

植物细胞与动物细胞的结构和功能差别很大,因而两类细胞在进行人工培养时所要求的条件也大相径庭。

①植物细胞培养 植物细胞培养分为固态培养和悬浮培养两种培养方式。固态培养主要用于植物组织或愈伤组织的培养。而用于生产生物药物时,以悬浮培养最为普遍。植物细胞的悬浮培养类似于微生物的液体培养技术。

②动物细胞培养 动物细胞培养无论是对人员素质的要求,还是对设备和环境条件的要求,都要远远高于植物细胞。动物细胞的分裂周期相对较长,一般为12~48 h,在长时间培养过程中极易污染微生物,因此对无菌条件要求严格;除了血细胞等少数细胞外,绝大部分细胞都必须贴附于固体基质上才能生长,贴附过程需要贴附因子的帮助,当细胞与细胞接触时,生长随即停止,出现所谓的接触抑制现象,因此动物细胞在培养时既要提供足够面积的贴附基质,还要注意控制好细胞密度,当密度过高时要及时分出一部分,防止出现接触抑制现象;除少数异倍体细胞外,正常的二倍体细胞的寿命是有限的,培养一段时间后,就会死亡,因此需经常性制备新的细胞种;动物细胞对渗透压、pH、离子浓度、剪切力、微量元素等的变化耐受力弱,因此在培养过程中需对这些因素水平严格控制;最后,动物细胞对培养基的要求,也远远复杂于微生物细胞及植物细胞,除了需要常见的碳源、氮源和无机盐外,还需要至少12种氨基酸、8种维生素、多种无机盐和微量元素,并需添加小牛血清以补充各种生长因子和贴附因子。

动物细胞培养时,所接触的器皿必须经过严格的清洗和消毒,仅极少量残存的化学物质都会对动物细胞产生毒性,并影响细胞贴壁。清洗时,一般要经过浸泡、刷洗、泡酸和冲洗4个环节。动物细胞培养用水需用蒸馏、离子交换、电渗析、反渗透、中空纤维过滤等方法综合处理，以使水中金属离子降至最低，电阻值大于 18 MΩ，并再经除热原后方可使用。pH 必须严格控制在 7.2 ~ 7.4，一般用缓冲溶液控制。渗透压控制在 290 ~ 300 mOsm/kg，通过增减 NaCl 的浓度进行控制。哺乳动物细胞培养时温度控制在 37 ℃±0.5 ℃，昆虫细胞则为 27 ℃±0.5 ℃。溶氧控制在饱和氧值的 60% 左右。

（3）产品分离纯化

细胞工程技术制药产品采用的分离纯化方法与生化工程技术类似，完全可以借用相关的方式和方法。

4）基因工程技术

基因工程技术实际上就是通过现代的分子生物学手段，把某一生物不具有的基因导入该生物细胞中，或者对生物细胞的遗传物质进行改良，使之满足人类生产的需要。部分生物药品成分属于人体细胞基因合成，这类药物生产的原材料严重短缺，基因工程技术就可以解决这一难题。例如，人生长激素，就可通过将合成人生长激素的基因导入酵母细胞中，从而实现人生长激素在酵母细胞中的合成。另有部分生物药物，例如青霉素，虽然野生型青霉菌也能合成，但合成的产量低，通过基因工程对其基因进行改造，可消除青霉菌对青霉素合成的遗传性调控限制，实现青霉素的大量合成。

基因工程技术主要用于对生物细胞进行遗传改造或改良。理论上，所有生物细胞均可作为基因工程技术改造或改良的对象。对动物细胞进行改造后，可以得到具有多种优良性状的转基因动物；对植物细胞进行改造后，同样也可得到更为优良的新植物品种。对生物制药领域而言，基因工程技术最主要还是用于对微生物细胞进行改造或改良。这主要是因为微生物在生产上相对于动植物细胞而言所具有诸多优点的缘故。以微生物为对象进行的基因工程药物制备的一般程序见图 1.4。

图 1.4　基因工程制药的一般工艺流程

（1）获得目的基因

获得目的基因是基因工程菌构建的前提。获得目的基因的方法主要有逆转录法和化学合成法。其中，在分离真核生物基因过程中，以逆转录法最为普遍。只有那些 DNA 长度比较短的目的基因，在完全知道其 DNA 核苷酸序列的情景下，方可使用化学合成法。对部分原核生物的目的基因，也可直接采用定向 PCR 扩增后再分离的方法。

（2）组建重组质粒

目的基因一般不具有启动自我复制和转录的序列，为了让目的基因获得这两种功能，将其与特定的质粒进行拼接，借助质粒上的复制和转录序列，就可以实现启动目的基因的复制和转录。人工制备的基因工程质粒一般为环形，其上含有供目的基因拼接进去的多克隆位点。借助一些工具酶的帮助，可以很方便地将目的基因拼接入质粒的多克隆位点，形成重组质粒。

（3）构建基因工程菌

构建基因工程菌的过程，就是将组建的重组质粒转入某一微生物细胞并随该细胞稳定遗传的过程。常用的宿主菌有大肠杆菌、枯草芽孢杆菌、酵母菌等。

（4）培养工程菌与产物分离纯化

培养工程菌与产物分离纯化可借鉴发酵工程技术的基本理论和方法。

5）酶工程技术

酶工程技术是酶学和工程学相互渗透、结合、发展而形成的一门新的技术科学。酶工程技术用于生物制药，则是根据酶的催化特性，为酶创造一定的反应条件，使其将特定的底物转化为所需的药用产物。例如，利用 5′-磷酸二酯酶的催化活性，将原料 RNA 分解为 5′-复合单核苷酸。

酶工程技术制药包括酶的分离纯化、酶的固定化及酶反应器、酶的修饰、酶的抑制剂与激活剂的开发等。

酶工程技术所使用的酶，除经分离纯化的纯酶之外，还包括未被分离纯化的粗酶，甚至与合成该酶的细胞一起被使用。例如，将大肠杆菌固定化后，催化青霉素 G 转化为 6-氨基青霉烷酸的工艺过程中，在形式上看，使用的似乎是细胞，但本质上利用的依然是大肠杆菌所分泌的青霉素酰化酶。

1.1.3 生物制药发展历程

依照生物制药发展的技术特征，生物制药的发展历程大致可划分为 3 个阶段。

1）传统生物制药发展阶段

传统生物制药阶段生产技术落后、产品纯度低、产量低，不能满足市场需要。人类利用传统生物药物治疗疾病有着悠久的历史，古代的中国在此方面创造了光辉的成就。神农最早应用生物材料制成治疗剂，如用紫河车（胎盘）作强壮剂，用蟾酥治疗创伤，用羚羊角治脑卒中，用鸡内金治遗尿及消食健胃。明代李时珍在《本草纲目》中记载药物 1 892 种，其中包括植物药、动物药，并有人体代谢物、分泌物及排泄物等入药的记载。在现代制药工业发展以前，属于生物药物的草药已经为人类服务了上千年，中国、印度和欧洲、南美洲的古文明中都可以看到它的身影。

早期的生物药物多以植物组织和动物脏器为原料，其有效成分不明确，多为粗制剂。到了 20 世纪 20 年代，动物脏器的有效成分才被逐渐了解。有关蛋白质和酶的分离纯化技术，如沉淀技术和固液分离技术等开始应用于制药工业领域，一些生物药物的制造工艺相继出现。

2）近代生物制药发展阶段

近代生物制药阶段根据生物化学和免疫学原理，应用近代生化分离技术从生物体制取含有特异生化成分的具有针对性治疗作用的生物药物。1928 年 Fleming 发现青霉素对人们认识抗生素具有划时代的意义，微生物制药工业快速步入发酵工程技术新阶段，菌种选育、培养、诱变、深层多级发酵技术的出现，促使发酵工程技术成为近代生物制药工业的基础技术。随后灭菌技术、发酵控制技术和补料技术等发酵新技术也相继出现，在 20 世纪 50—60 年代，抗生素工业、氨基酸工业、酶制剂工业在近代生物制药工业中已居重要地位。20 世纪 60 年代后，生物分离工程技术与设备在生物制药工业中获得广泛应用，离子交换技术、凝胶色谱技术、膜分离技术、亲和色谱技术、细胞培养与组织工程技术及其相关设备为近代生物制药工业的发展提供了强有力的技术支撑,许多结构明确、疗效独特的生物技术药物迅速占领市场,如胰岛素、前列腺素、尿激酶、链激酶、溶菌酶、缩宫素和肝素等。

1796年英国医生琴纳发明了预防天花的牛痘疫苗,从而保护了人类免受天花病毒的侵害,肯定了生物制品预防传染病的有效性。随着病毒培养技术的发展,疫苗种类日益增多,制造工艺日新月异。20世纪30年代中期,建立了小鼠和鸡胚培养病毒的方法,从而通过小鼠脑组织或鸡胚制成黄热病、流感、乙型脑炎、森林脑炎和斑疹伤寒疫苗。20世纪50年代,在离体细胞培养物中繁殖病毒的技术取得突破,从而研制成功预防小儿麻痹症、麻疹、腮腺炎等新疫苗。预防性生物制品(包括传染性疾病疫苗和非传染性疾病疫苗,如肿瘤疫苗、风湿性关节炎疫苗等)已成为现代生物制药工业的重要发展领域。

3)现代生物制药发展阶段

现代生物制药阶段开始应用现代生物技术生产具有比天然物质更高活性的类似物或与天然品结构不同的全新的药理活性的生物药物。1976年全球首家DNA重组技术新药研发公司——美国的Genetech公司诞生。随后,DNA重组动物球虫病疫苗、重组人胰岛素、重组人生长激素等先后投放市场,形成了一个以基因工程为主导,包括现代细胞工程、发酵工程、酶工程和组织工程为技术基础的现代生物制药工业新领域。第1代重组药物是其结构与天然产物完全一致的药物,第2代生物技术药物是应用蛋白质工程技术制造的自然界不存在的新重组药物。

21世纪以来,随着越来越多的与疾病相关基因被发现,蛋白质工程的深入,以及新剂型、新疫苗的开发等,生物药物的研制和生产进入了更迅速的发展阶段。

任务1.2　生物医药产业现状

我国生物制药产业起步于1989年,与发达国家相比,起步并不晚,为促进其发展,在国家"十五"高科技产业发展中,生物技术工程被列入国家十二大高技术工程。2009年6月2日,国务院办公厅发布的《促进生物产业加快发展的若干政策》中,生物医药是我国现代生物产业发展的重点领域。可以说,我国政府一直在不遗余力地发展生物制药。

1.2.1　生物制药产业的特点

1)投资大

生物药物技术含量高,开发难度大,新药研发成本高。在国际上,研发一种生物新药需投入2亿~3亿美元;由于起点较高,各方面成本低等原因,据估计,中国研发一种新药平均成本约2亿人民币。

2)风险大

研发成功率较低,且有进一步降低的趋势。2014年发表在Nat Biotech杂志中论文显示,新药从Ⅰ期研发到上市的成功率是10.4%,并且有统计表明,过去几十年以来,每花10亿美元研究经费发明出来的新药数量每隔 9 年减少一半。2013 年十大失败的医药研发案例见表 1.1,其中失败的多数药物为生物药物。

表 1.1　2013 年十大失败的医药研发案例

排名	药物	类 型	公司	适应症	成本/美元
1	Iniparib	苯甲酰胺(4-iodo-3-nitrobenzamide) 烟酰胺类似物	赛诺菲	新诊断转移性(第四阶段)鳞状非小细胞肺癌	5.25 亿
2	Darapladib	口服抑制剂 Lipoprotein-associated 磷脂酶 2(Lp-PLA2)	葛兰素史克	慢性冠心病(CHD)的成年病人	约 2.46 亿
3	Prelade	腺苷负责受体拮抗剂	默沙东	帕金森病	约 1.81 亿
4	Fostamatinib	口服脾酪氨酸激酶抑制剂	阿斯利康 &Rigel	类风湿性关节炎	1.36 亿
5	Tabalumab	Anti-BAFF(B 细胞活化因素)单克隆抗体	礼来	类风湿性关节炎	约 6 000 万
6	Enzastaurin	口服小分子丝氨酸/苏氨酸激酶抑制剂的 PKCβ 和一种蛋白激酶通路	礼来	预防复发患者弥漫大 B 细胞淋巴瘤(DL-BCL)	约 3 000 万
7	Edivoxetine	去甲肾上腺素再提取抑制剂	礼来	辅助治疗重度抑郁症	约 1 500 万
8	Tivozanib	口服酪氨酸激酶抑制剂的 VEGF 受体 1、2 和 3	安斯泰来 &Aveo Oncology	晚期肾细胞癌(RCC);结肠癌(CRC)	800 万
9	Allovectin	Intratumoral	Vical	转移性黑色素瘤	290 万
10	Palifosfamide	DNA 烷化剂	Ziopharm 肿瘤学	转移性软组织肉瘤	160 万 ~180 万

3)周期长

一个新药从开始研发到上市后大批量销售大约需耗时 10 年(开发 6 ~ 7 年,临床运用和推广 2 ~ 3 年)。

4)回报高

新药研发成功后,研发企业确立了技术垄断优势,并且申请专利后将在较长时间内享有制造、销售和使用该新药的专有权利(我国发明专利保护期限为 20 年)。预期一个新药研发成功 2 ~ 3 年后即可收回成本,回报 10 倍以上。

5)低污染

生物药物在洁净室中生产,生产条件一般为常温常压,很少应用危险化学品或用量较少,能源和原材料消耗较少,几乎对生产人员无危害,对周围环境几乎不产生污染。

1.2.2　我国生物医药产业发展现状

1）成长迅速，行业地位提升明显

生物医药工业发展迅速，增速明显快于 GDP，尤其是我国生物医药工业增速明显。2011 年美国 GDP 增长 1.7%，但制药业增长 7.3%；同年，中国 GDP 增长明显减速，为 7.8%，但医药工业增长 21.8%，明显高于整体经济增速。中国医药工业占 GDP 的比重从 1978 年的 2.17% 上升至 2011 年的 3.2%。

2）规模较小，集中度较低

我国生物医药企业规模普遍较小，规模与世界同行业有一定的差距，缺乏大型龙头企业，并且行业集中度较低。以 2011 年为例：世界生物医药企业前 20 强销售总额 5 765.7 亿美元，集中度 65.52%；中国生物医药企业前 20 强销售总额 2 665 亿元人民币，集中度 21.32%，即我国生物医药行业前 20 家最大企业所占市场份额之和只占我国生物医药企业总和的 21.32%，远远低于世界同行业水平。

3）研发投入少、创新能力弱

美国每年用于新药研发（research and development，R&D）的资金超过 1 000 亿美元。跨国制药公司绝大多数 R&D 投入比例为年销售收入的 15% ~ 20%，即便是同样以仿制为主的印度制药公司，R&D 投入的比例也接近年销售收入的 10%。而中国制药公司 R&D 投入明显较少，不同企业之间存在较大差异，现在大多数药企的 R&D 投入只占到销售额的 1% ~ 2%，为数不多的创新型企业 R&D 投入稍大，个别能达到 10%。

表 1.2　2011 年世界制药巨头与我国研发投入较多企业的研发投入比较

跨国企业	研发费用/亿美元	研发强度	我国企业	研发强度
辉瑞	94	16.07%	东阳光	11.7%
罗氏	92	23.53%	绿叶	10.0%
默沙东	81.2	20.40%	先声	9.7%
诺华	80.8	19.24%	恒瑞	9.6%
强生	68.4	30.54%	天士力	9.3%
葛兰素史克	60.9	16.82%	辰欣	6.9%
赛诺菲-安万特	59.4	14.74%	复星	5.6%
阿斯利康	53	15.92%	康缘	5.0%
礼来	48.8	23.13%	石药	5.0%
百时美施贵宝	35.6	18.26%	齐鲁	4.8%

注：1. 研发强度是指研发投入占销售额比。

　　2. 数据来源于 SFDA 南方医药经济研究所。

4）盈利能力弱，利润率低

在世界市场上，医药产业高附加值、高回报的特征明显，2011 年，世界制药前十强的平均利润率为 19.99%。

我国医药工业的创新程度较低,低端产品供大于求,市场化竞争不充分,盈利能力较世界水平有差距,利润率目前仅为 10.40%,尤其是大企业盈利能力不强,医药工业上市公司营业收入前十强的净利润率平均为 6.23%。

表 1.3　世界制药巨头与我国制药企业的净利润比较

跨国企业	净利润/百万美元	净利润率	我国企业	净利润率
辉瑞	8 298	14.18%	哈药股份	4.29%
诺华	9 969	23.74%	华北制药	1.03%
赛诺菲-安万特	9 215	22.87%	云南白药	10.7%
默克	982	2.47%	天士力	9.3%
罗氏	8 891	22.74%	太极集团	0.32%
葛兰素史克	1 853	5.12%	双鹤药业	8.27%
阿斯利康	8 081	24.27%	华润三九	13.76%
强生	13 334	59.53%	健康元	5.47%
礼来	5 241	24.84%	恒瑞医药	19.26%

注:数据来源于 SFDA 南方医药经济研究所。

5)同种产品生产厂家过多,产业结构不合理

仿制药多,尖端产品少。2014 年,我国已批准上市的 13 类 25 支 382 个不同规格的基因工程药物和疫苗中,有 6 类 9 支 21 个规格属于原创,其余的都是仿制药。产品结构低、水平重复,形成目前绝大部分品种产能严重过剩的现状。例如生产 α-干扰素的企业约 20 家,EPO 约 10 家,G-CSF、GM-CSF 约 25 家。以基因工程药物的生产特点,1 ~ 2 家的产量完全可以满足国内市场要求,对这些成熟产品来说,恶性竞争无可避免。哪个企业都无法满负荷生产,不仅造成生产能力的巨大浪费,而且降低了利润率,阻碍了整个生物医药产业创新能力的提高。

6)融资困难,发展资金匮乏

我国资本市场仍不完善,中介体系不完备,融资渠道单一、不畅,生物医药企业融资困难,生物企业发展资金严重缺乏,严重影响科技成果转化及迅速产业化。

7)下游工程技术明显落后,成果转化率低

和美国等医药发达国家相比,我国生物制药产业规模相差甚远,虽然我国生物技术经过 20 多年的发展,已经取得了很大的进展,但众多的上游研究成果中转化成为生物药物的却寥寥无几。我国科研人员的成果大多停留在论文发表上,申请专利及转化成产品的意识不强。造成此现象重要的原因之一就是下游工程技术的发展落后于上游生物技术的发展。我国在这方面尤其突出,不仅在下游工程设备、材料和新生产工艺研制开发与世界先进水平差距很大,而且在投资与下游工程人员配置方面也急需加强。由此导致我国在生物制药产业产品研究开发领域中上游生物技术比国际先进水平落后 3 ~ 5 年,而下游工程技术至少落后了 15 年以上。

任务 1.3 生物制药生产车间概述

1.3.1 厂区的设计

1)厂址的选择

①应在大气含尘、含菌浓度低、无烟雾和有害气体、自然环境好的区域。

②应远离铁路、码头、机场、交通要道以及散发大量粉尘、有害气体和烟雾的采石场、化工厂、污水处理厂、储仓、堆场等严重污染区域以及振动、噪声干扰区域。如不能远离时,则应位于最大频率风向上风侧或全年最小频率风向下风侧。

③洁净厂房与市政交通干道之间距离不宜小于 50 m。

④应有良好的供电、供水、交通和运输条件,并符合城市发展规划。

2)厂区的布局

①厂区应按行政、生产、辅助、仓储和生活等划区布局。

②生产厂房应位于厂区内环境清洁,人流、物流不穿越或少穿越的地方,并应考虑产品工艺特点和防止生产时交叉污染,合理布置,间距恰当,经济实用。

③生产厂房布局应根据主流风向及生产流程、供料、供电、供热、供气、给排水情况综合考虑,洁净区和生活区应置于上风,生产区、辅助区和污水处理区置于下风。

④厂区道路应贯彻人流与物流分流的原则,道路面层选用整体性好、发尘少的材料(沥青、混凝土路面)。

⑤厂区内不能有裸露的土地,绿化(不产生花粉、绒毛、絮状物)面积应不少于 50%,建筑物面积不大于 30%。

⑥有安全隐患或有毒有害区域应集中单独布置,并采取有效的防护措施,以达到安全和卫生的要求。

⑦产生或使用相同易燃易爆物质的厂房,应尽量集中在一个区域;对性质不同的危险物质的生产或使用,尤其是两者相遇会产生爆炸物质的生产区域应分开设置。防爆区域内有良好的通、排风系统及电气报警系统并与其他区域用防爆墙隔离。

⑧空气洁净度级别要求高的精烘包区域与其他生产区域要有效隔离,并置于厂区上风位置,以保证生产环境的洁净要求。

⑨高毒(如抗癌药物)、高致敏性(如青霉素)和激素类药物的生产应有单独的厂房,且其空气净化系统的排风口不得位于其他厂房吸风口的附近。

1.3.2 制药车间的设计

1)制药车间的组成

车间一般由生产区域(一般生产区及洁净区)、辅助生产区域、行政-生活区域和通道区域组成。

（1）辅助生产区域

辅助生产区域包括物料净化用室、原辅料外包装清洁室、包装材料清洁室、灭菌室、称量室、配料室、设备容器具清洁室、清洁工具洗涤存放室、洁净工作服洗涤干燥室、动力室（真空泵和压缩机室）、配电室、分析化验室、维修保养室、通风空调室、冷冻机室、原料、辅料和成品仓库等。

（2）行政-生活区域

行政-生活区域由人员净化用室（包括雨具存放间、管理间、换鞋室、存外衣室、盥洗室、洁净工作服室、空气吹淋室等）和生活用室（包括办公室、会议室、厕所、淋浴室与休息室，保健室和吸烟室等）组成。

通道区域包括洁净通道和一般通道。通道中人流通道和物流通道须分开，避免交叉。为了便于参观，一般还设有参观通道。

2）车间布置设计应考虑的因素

①本车间与其他车间及生活设施在总平面的位置上，力求联系便捷。

②满足生产工艺及建筑、安装和检修要求。

③合理利用车间的建筑面积和土地。

④满足人员职业安全、车间安全卫生及防腐蚀措施需要。

⑤人流、物流分别独立设置，避免交叉往返。

⑥符合GMP要求，满足各项设计规范和规定。

⑦考虑车间发展的可能性，留有发展空间。

⑧厂址所在区域的气象、水文、地质等情况。

3）设计遵循的规范和规定

设计依据包括中华人民共和国卫生部《药品生产质量管理规范》（2010年修订）、中华人民共和国国家标准《医药工业洁净厂房设计规范》（GB 50457—2008）、《洁净厂房设计规范》（GB 50073—2013）、《建筑设计防火规范》（GB 50016—2014）、《工业企业采暖通风和空气调节设计规范》（GB 50019—2012）、《建筑给排水设计规范》（GB 50015—2009）等。在上述规范和标准的指导下，确定车间的防火等级和车间的洁净度等级，并设计、施工建设车间。

4）车间的总体布置

车间布置设计既要考虑车间内部的生产、辅助生产、管理和生活的协调，又要考虑车间与厂区供水、供电、供热和管理部分的呼应。

（1）厂房的组成形式

①集中式 指组成车间的生产、辅助生产和生活-行政部分集中安排在一栋厂房中。生产规模较小，车间中各工段联系紧密，生产特点（主要指防火、防爆等级和生产毒害程度等）无显著差异，厂区面积小，地势平坦，在符合建筑设计防火规范和工业企业设计卫生标准的前提下，可采取集中式。

②单体式 指组成车间的一部分或几部分相互分离并分散布置在几栋厂房中。生产规模较大，车间各工段生产特点差异显著，厂区平坦地形面积较小，可采用单体式。

（2）单层与多层厂房

工业厂房有单层、双层或单层和多层结合的形式。选用原则：主要根据工艺流程的需要综合考虑占地和工程造价而定。

①单层厂房的特点

a. 可设计成大跨度厂房,柱子少,分隔房间灵活紧凑,节约面积,便于以后工艺变化更新设备或进一步扩大产量。

b. 外墙面积小,能耗少,受外界污染也少。

c. 车间可按工艺流程最合理布置,做到布置紧凑而又减少交叉污染机会。

d. 投资少、施工周期短,尤其对地质条件较差地区,厂房的基础容易处理。

e. 原料、包装材料及成品易采用机械化运输。

f. 不足的是占地面积大,适合厂区面积大的药厂。

②多层厂房的特点

a. 生产在不同标高的楼层上进行:生产在不同标高楼层上进行,每层之间不仅有水平的联系,还有垂直方向的联系。因此,在厂房设计时,不仅要考虑同一楼层各工段间应有合理的联系,还必须解决好楼层与楼层间的垂直联系,并安排好垂直方向的交通。多层者须有防火分隔和抗爆泄压措施。少数因工艺生产需要,确需采用高层建筑者,必须通过必要的程序进行充分论证。

b. 节约用地:多层厂房具有占地面积少、节约用地的特点。例如,建筑面积为 10 000 m² 的单层厂房,它的占地面积就需要 10 000 m²,若改为 5 层多层厂房,其占地面积仅需 2 000 m² 就够了,就比单层厂房节约用地 4/5。

c. 节约投资:减少土建费用:由于多层厂房占地少,从而使地基的土石方工程量减少,屋面面积减少,相应也减少了屋面天沟、雨水管及室外的排水工程等费用;缩短厂区道路和管网:多层厂房占地少,厂区面积也相应减少,厂区内的铁路、公路运输线及水电等各种工艺管线的长度缩短,可节约部分投资。

d. 对不同产品较多的车间可减少相互干扰,物料利用位差较易输送。

e. 在疏散、消防及工艺调整等方面受到约束,竖向通道增加药品污染的危险。

(3)厂房的高度

厂房的高度主要取决于工艺设备布置、安装和检修要求,同时也要考虑通风、采光和安全要求。一般框架或混合结构的多层厂房,层高多采用 5~6 m,不得低于 4.5 m。

(4)厂房宽度、长度和柱距

多层厂房的总宽度,由于受到自然采光和通风的限制,应不超过 24 m,一般为 12 m 和 15 m。单层厂房的总宽度,不超过 30 m,一般为 18 m。宽度较小的单层厂房内一般不设立柱,即采用单跨,跨度为厂房的宽度。

常用的厂房跨度有 6 m,9 m,12 m,15 m,18 m,24 m,30 m 等数种。

1.3.3 车间设备布置

1)满足 GMP 的要求

①设备设计、选型、安装应符合生产要求,易于清洗、消毒或灭菌,便于生产操作和维修、保养,并防止差错或减少污染。

②设备布置应易于清洗、灭菌和检查、维修。

③生产设备应有明显的状态标志,并定期维修、保养和验证。设备安装、维修、保养的操作不得影响产品的质量。不合格的设备如有可能应搬出生产区,未搬出应有明显标志。

④防止设备间物料的交叉污染。

⑤生产、检验设备均应有使用、维修、保养记录,并由专人管理。

2)满足工艺要求

①必须满足生产工艺要求是设备布置的基本原则,即车间内部的设备布置尽量与工艺流程一致,并尽可能利用工艺过程使物料自动流送,避免中间体和产品有交叉往返的现象。为此,一般可将计量设备布置在最高层,主要设备(如反应器等)布置在中层,贮槽及重型设备布置在最低层。

②设备的布置应尽可能对称,在布置相同或相似设备时应集中布置,并考虑相互调换使用的可能性和方便性,以充分发挥设备的潜力。

③在操作中相互有联系的设备应布置得彼此靠近,并保持必要的间距。除了要照顾到合理的操作地位、行人的方便、物料的输送外,还应考虑在设备周围留出堆存一定数量原料、半成品、成品的空地,必要时可作一般的检修场地。如果附近有经常需要更换的设备,必须考虑设备搬运通道应该具备的最小宽度,同时还应留有车间扩建的位置。

④设备布置时必须保证管理方便和安全。关于设备与墙壁之间的距离,设备之间的距离的标准以及运送设备的通道和人行道的标准都有一定规范,设计时应予遵守(如塔与塔间距离 1.0 ~ 2.0 m,换热器与换热器间距离不小于 1.0 m)。

3)满足建筑要求

①在使用上、操作上可以露天的设备,尽量布置在厂房外面,这样可大大节约建筑物的面积和体积,减少设计和施工的工作量,节约基建投资。但是,设备的露天放置必须考虑该地区自然条件和生产操作的可能性。

②在不影响工艺流程的原则下,将较高的设备集中布置,可简化厂房的立体布置,避免由于设备高低悬殊造成建筑体积的浪费和操作人员过多地往返于楼层之间。

③笨重设备或在生产中能产生很大震动的设备,如压缩机、巨大的通风机及离心机等尽可能布置在厂房的地面层,以减少厂房的荷载和震动。剧烈震动的机械,其基础和操作台等切勿与建筑物的柱、墙连在一起,以免影响建筑物的安全。

④设备穿孔必须避开主梁,次梁在必要时可以移动。

⑤操作台必须统一考虑,避免平台支柱凌乱重复,以节约厂房类构筑物所占用的面积。

⑥厂房出入口,交通道路,楼梯位置都要安排恰当,一般厂房大门宽度要比所通过的设备宽度大 0.2 m 左右,要比满载的运输设备宽度大 0.6 ~ 1.0 m。

4)满足安全和卫生要求

①要创造良好的采光条件,设备布置时尽可能做到工人背光操作。高大设备避免靠窗设置,以免影响采光。如必须布置在窗前时,设备与墙的净距离应大于 0.6 m。

②对于高温及有毒气体的厂房,要适当加高建筑物层高,以利通风散热。

③必须根据生产过程中有毒物质、易燃、易爆气体的逸出量及其在空气中允许浓度和爆炸极限,确定厂房每小时通风次数,对产生大量热量的车间,也需作同样考虑。在厂房楼板上设

置中央通风孔,可加强自然对流通风和解决厂房中央采光不足的问题。

④对于接触腐蚀性介质的设备,除设备本身的基础须加防护外,对于设备附近的墙、柱等建筑物,也必须采取防护措施,必要时可加大设备与墙、柱间的距离。

⑤设备不应布置在建筑物的沉降缝和伸缩缝处。

⑥如有一定量有毒气体逸出的设备,即使设有排风装置,也应将此设备布置在下风的地位;对特别有毒的岗位,应设置隔离的小间(单独排风)。处理大量可燃性物料的岗位,特别是在二楼、三楼,应设置消防设备及紧急疏散等安全设施。

⑦对防爆车间,工艺上必须尽可能采用单层厂房,避免车间内有死角,防止爆炸性气体及粉尘的积累,建筑物的泄压面积一般为 $0.05~\mathrm{m^2/m^3}$。若用多层厂房,楼板上必须留出泄压孔,防爆厂房与其他厂房连接时,必须用防爆墙(防火墙)隔开;加强车间通风,保证易燃、易爆物质在空气中的浓度不大于允许极限浓度;采取防止引起静电现象及着火的措施。

任务 1.4　生物制药安全生产知识

药品企业所有人员应当明确并理解自己的职责,熟悉与其职责相关的要求,并接受必要的安全培训。尤其对于生物制药企业,制药过程中存在微生物和生物活性物质等生物因子,可能出现生物因子扩散、溢洒或泄漏等生物安全隐患,更需严格组织开展安全培训,使员工掌握安全生产的知识和技能。

1.4.1　安全生产中的术语及常识

安全(safety):在生产活动过程中,能将人员伤亡或财产损失控制在可接受水平之内的状态。

危险(danger):在生产活动过程中,人员或财产遭受损失的可能性超出了可接受范围的一种状态。

事故(fault):在生产和行进过程中,突然发生的与人们的愿望和意志相反的情况,使生产进程停止或受到干扰的事件。

事故隐患(accident potential):生产系统中可导致事故发生的人的不安全行为、物的不安全状态和管理上的缺陷,是一种潜藏的祸患。

安全性(safety property):确保安全的程度,是衡量系统安全程度的客观量。

安全生产(work safety):在生产经营活动中,为避免造成人员伤害和财产损失的事故而采取相应的事故预防和控制措施,以保证从业人员的人身安全,保证生产经营活动得以顺利进行的相关活动。具体地说,安全生产是指企事业单位在劳动生产过程中的人身安全、设备和产品安全,以及交通运输安全等。

生物因子(biological agents):微生物和生物活性物质。

生物危害(bio-hazard):由生物因子形成的伤害。

1.4.2 生物危害及其防治措施

1) 生物危害概况

（1）生物危害

生物制药中造成生物危害的因素主要有：菌毒种和细胞株等生物体；生产中的生物活性物质；危险废物等。

潜在的生物危害包括：生物感染；死菌体或死细胞及其成分或代谢物对人体和其他生物的致毒性、致敏性和其他生物学反应等。

（2）生物感染的途径

生物感染的主要途径有：微生物气溶胶的吸入；刺伤与割伤；皮肤、黏膜污染；食入；其他不明原因的感染等。

微生物气溶胶吸入是已知造成人感染的最主要因素。气溶胶是悬浮于气体介质中的粒径一般为 $0.001 \sim 100 \ \mu m$ 的固态或液态微小粒子形成的相对稳定的分散体系，其中含有微生物的称为微生物气溶胶。微生物气溶胶无色无味，在许多操作中可以产生并随空气扩散，污染工作场所空气。当工作人员吸入微生物气溶胶后，便可以引起相关感染。危害程度取决于微生物本身的毒力、气溶胶的浓度、气溶胶粒子大小以及室内环境等。

（3）生物危险标志

生物危险标志用于指示该区域或物品中的生物物质（致病微生物、细菌等）对人类及环境会有危害。国际通用的生物危险标志是由美国退休环境卫生工程师 Baldwin 于1966 年设计的，标志为橙红色，有三边。存放生物危险废弃物、血液和其他有潜在传染性的物品的容器及进行生物危险物质操作的二级以上生物防护安全实验室的入口处等都贴有此标志。目前，生物危险标志的主体均为该标志，但颜色及背景可以为其他颜色，用于表示不同的生物安全级别，该标志下方还可以附带相应的警示信息（图 1.5）。

图 1.5　生物危险标志

2) 生物危害的防治措施

（1）生物危害的预防原则

生物危害遵循三级预防原则。

①一级预防　生产中选用无害或危害性小的生物因子，从根本上使劳动者尽可能不接触有害因素，或采取预防措施控制作业场所中有害因素水平侵害人体或溢入环境。

②二级预防　对作业人员实施健康监护，早期发现职业损害，及时处理、有效治疗、防止病情进一步发展。

③三级预防　对受到生物危害的患者积极治疗，避免危害扩散，促进患者恢复健康。

生物危害预防应突出一级预防，加强二级预防，做好三级预防。

（2）生物危害的综合防护

①菌毒种的控制　生物制药一般选用不会引起人类或者动物疾病的微生物或者选用虽能够引起人类或动物疾病，但一般情况下对人、动物或者环境不构成严重危害的微生物。生物制药企业一直致力于使用经 SFDA 批准的减毒或弱毒株，非自然界人间传染的病原微生物，无致病性的基因工程生物体做菌毒种，尽量降低菌毒种本身对人群的危害。

②隔离　避免作业人员直接与有害因素接触是控制危害最彻底、最有效的措施，隔离的目的就是降低或避免工作人员和外面环境暴露于危险之中。敞开式生产过程中，生物因子会散发、外溢，危害工作人员和环境。隔离常采用封闭、设置屏障和机械化代替人工操作等措施，实现操作人员与有害物质和生产设备等的隔离。

③个体防护　作业环境中存在有害生物因子时，生物制药人员必须使用适宜的个体防护用品避免或减轻危害程度。个体防护用品主要有头部防护器具、呼吸防护器具、眼防护器具、身体防护用品、手足防护用品等。使用个体防护用品是一种保护健康的辅助措施，并不能消除工作场所中危害物质的存在，所以作业时要保证个体防护用品的完整性和使用的正确性，以有效阻止有害物进入人体。接种生产用菌毒种的相关疫苗，是避免工作人员感染的有效手段。

④良好的习惯　工作人员在作业期间应严格遵守操作规程，认真执行各项防护措施。要养成良好的卫生习惯，不在作业场所吃饭、饮水、吸烟，坚持饭前漱口、班后洗浴、清洗工作服等，可有效避免有害物质从呼吸系统、消化道和皮肤进入人体。

⑤定期体检　员工入职时必须接受体检，杜绝有过敏史人员参与相关产品生产。企业要定期对从事有害作业的劳动者进行健康检查，以便能对受害者早期发现、早期治疗。如，从事卡介苗或结核菌素生产的人员应当定期进行肺部 X 光透视或其他相关项目健康状况检查。

（3）微生物气溶胶的控制

①围场操作　围场操作是把感染性物质局限在一个尽可能小的空间（例如生物安全柜）内进行操作，使之不与人体直接接触，并与开放空气隔离，避免人的暴露。生物安全室也是围场，是第二道防线，可起到"双重保护"作用。目前，进行围场操作的设施设备往往组合应用了机械、气幕、负压等多种防护原理。

②屏障隔离　微生物气溶胶一旦产生并突破围场，要靠各种屏障防止其扩散，因此屏障也被视为第二层围场。例如，生物安全实验室围护结构及其缓冲室或通道，能防止气溶胶进一步扩散，保护环境和公众健康。

③定向气流　对生物安全三级以上实验室的要求是保持定向气流。其要求包括：

a. 实验室周围的空气应向室内流动，以杜绝污染空气向外扩散的可能，保证不危及公众。

b. 在实验室内部，清洁区的空气应向操作区流动，保证没有逆流，以减少工作人员暴露的机会。

c. 轻污染区的空气应向污染严重的区域流动。

④有效消毒灭菌　生物安全的各个环节都需要应用消毒技术，消毒主要包括空气、表面、仪器、废物、废水等的消毒灭菌。在应用中应注意根据生物因子的特性和消毒对象进行有针对性地选择。

⑤有效拦截 是指生物安全实验室内的空气在排入大气之前,必须通过高效粒子空气(HEPA)过滤器过滤,将其中感染性颗粒阻拦在滤材上。HEPA滤器的滤材是多层、网格交错排列的,其拦截气溶胶颗粒的原理为:

a.过筛:直径小于滤材网眼的颗粒可能通过,大于的被拦截。

b.沉降:由于重力和热沉降或静电沉降作用,粒子有可能被阻拦在滤材上。

c.惯性撞击:气溶胶粒子直径虽然小于网眼,由于粒子的惯性撞击作用也可能阻拦在滤材上。

d.粒子扩散:对于直径较小的气溶胶粒子,虽然小于网眼,由于粒子的扩散作用也可能被阻拦在滤材上。

(4)健全的操作规程及管理制度

参照生物制药相关法律、法规,结合生物制药企业生产特点所建立的生物安全操作规程及管理制度,能为工作人员免受生物危害提供保障。

①生物制品生产、检定用菌毒种管理规程 《中国药典(2010版)》三部中设有生物制品生产、检定用菌毒种管理规程。菌毒种是指直接用于制造和检定生物制品的细菌、立克次体或病毒等。该规程对菌毒种的登记程序、菌毒种的检定、菌毒种的保存、菌毒种的销毁、菌毒种的索取、分发与运输等环节均作出明确规定。该规程与《人间传染的病原微生物名录》《可感染人类的高致病性病原微生物菌(毒)种或样本运输管理规定》等共同为安全使用菌毒种提供了有效保证。

②生物制药危险废物分类管理 《国家危险废物名录》是危险废物管理的重要依据和基础,《危险废物焚烧污染控制标准(GB 18484—2001)》等是对废物采取处置措施的依据。此类法律法规便于工作人员认定、处理危险废物,确保了生物制药危险废物不会对人员和环境造成伤害。《国家危险废物名录》所收录的生物制药中常见危险废物见表1.4。

表1.4 生物制药常见的危险废物

废物类别	行业来源	废物代码	危险废物	危险特性
HW02 医药废物	生物、生化制品的制造	276-001-02	利用生物技术生产生物化学药品、基因工程药物过程中的蒸馏及反应残渣	毒性
		276-002-02	利用生物技术生产生物化学药品、基因工程药物过程中的母液、反应基和培养基废物	毒性
		276-003-02	利用生物技术生产生物化学药品、基因工程药物过程中的脱色过滤(包括载体)物与滤饼	毒性
		276-004-02	利用生物技术生产生物化学药品、基因工程药物过程中废弃的吸附剂、催化剂和溶剂	毒性
		276-005-02	利用生物技术生产生物化学药品、基因工程药物过程中的报废药品及过期原料	毒性

③生物安全实验室 《实验室生物安全通用要求》(GB 19489—2008)指出,涉及生物因子操作的实验室需配套相应生物安全防护级别的实验室设施、设备和安全管理。根据对所操作

生物因子采取的防护措施,实验室生物安全防护水平分为四级,一级防护水平最低,四级防护水平最高。仅从事体外操作的实验室的相应生物安全防护水平为 BSL-1(bio-safety level-1)、BSL-2、BSL-3 和 BSL-4,以 ABSL-1(animal bio-safety level-1)、ABSL-2、ABSL-3、ABSL-4 表示包括从事动物活体操作的实验室的相应生物安全防护水平。

依据国家相关规定:

a. level-1 实验室适用于操作在通常情况下不会引起人类或者动物疾病的微生物。

b. level-2 实验室适用于操作能够引起人类或者动物疾病,但一般情况下对人、动物或者环境不构成严重危害,传播风险有限,实验室感染后很少引起严重疾病,并且具备有效治疗和预防措施的微生物。

c. level-3 实验室适用于操作能够引起人类或者动物严重疾病,比较容易直接或者间接在人与人、动物与人、动物与动物间传播的微生物。

d. level-4 实验室适用于操作能够引起人类或者动物非常严重疾病的微生物,以及我国尚未发现或者已经宣布消灭的微生物。

本标准对于我国实验室生物安全工作的健康发展发挥了重要指导和规范作用。

④应急方案 《中华人民共和国安全生产法》规定:生产经营单位的主要负责人对组织制定并实施本单位的生产安全事故应急救援预案负责。生物制药企业必须制定各项应急预案,并进行应急处理训练,以应对生产过程中可能发生的各项事故和意外,避免突发事件直接或间接造成生物危害。生物制药企业需制定的应急方案主要包括特种设备事故应急救援预案、急性化学品中毒事件处理应急预案、消防安全预案和生物安全事故应急处置预案等。

只要我们谨记"安全第一,预防为主"的安全生产方针,掌握生物危害产生的原因和生物感染人体的途径,并采取有效的预防和应急措施,就能避免生物制药过程中产生生物危害,保证人类和环境的安全。

· **项目小结** ·

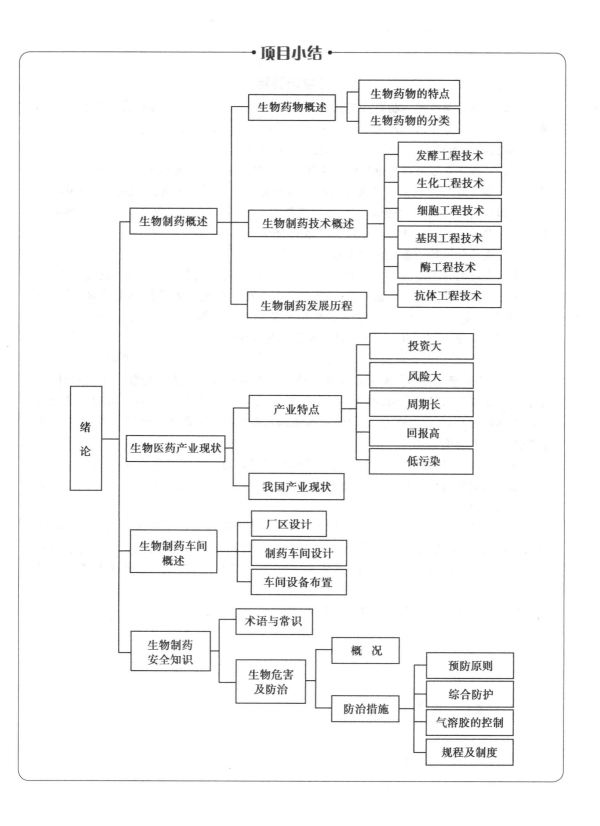

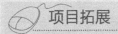 项目拓展

生物仿制药

生物仿制药与原研生物药具有相同的活性成分,在剂量、剂型、给药途径、安全性和有效性、质量、治疗作用以及适应症上没有显著差异。具有降低医疗支出、提高药品可及性、提升医疗服务水平等重要经济和社会效益的作用。

医药产业正在经历以生命科学为主导的第三次工业革命,生物仿制药成为新兴的价值洼地。各国政府控制医药卫生费用快速增长鼓励仿制药的发展,到2015年有640亿美元生物专利药到期,又给世界生物仿制药留下井喷式空间,预测市场规模2020年将达到200多亿美元,未来10年复合增长率达到56%。

研发生物仿制药必备的6种能力:

①最先进的分析能力 高通量筛选,体外功能生物检定,复杂算法指导功能开发。

②多重生物技术发展和医学装备能力需求 技术开发能力是指细胞构建、多元技术、多元化开发、药物开发;医学装备开发能力是指医学装备开发的专业知识、可靠的第三方技术提供者、符合ISO13485/21CFR8220质量管理体系。

③建立快速、规模合理的临床项目和保证快速推进项目的能力 主要挑战是大量关键的临床Ⅲ期研究将耗费大量的时间和精力。需要的核心能力包括临床试验设计,与监管当局商议临床研究革新,病人招募等。这就需要公司可信度高,有广阔的临床试验网络和卓越的CRO管理能力,需要教育医生病人和生物类似药坚定的拥护者,并与临床试验点密切面对面交流。

④与监管部门的协调能力和创建高质量档案的能力 了解世界范围内的监管原则,获得监管机构的信任程度,以协商创新发展项目,建立文件档案的经验和世界范围内获得批准的能力。

⑤可靠的工作业绩和广泛的生产能力 药品生产阶段需要多种技术(细胞培养、微生物、PEG化),以及高质量、具有成本优势和商业规模的生产能力,完成阶段的多种技术(药瓶、注射器、装置),高质量、具有成本优势和商业规模的填充、包装和设备组装能力。

⑥根据产品、市场、渠道采取合适的推广渠道。

 项目检测

一、论述题

1.简述生物药物的特性,并说明参照这些特性,生产中应注意哪些事项?

2.常用的生物制药技术有哪些?请简述利用这些技术生产生物药物的一般工艺流程。

3.请针对我国生物医药产业发展现状,简述如何能够促进我国生物医药产业更快、更好地发展。

4.通过学习本项目,走访生物医药企业,请简述生物制药企业厂区设计、制药车间设计和车间设备布置的要点。

5.生物制药过程中存在哪些生物危害?请简述生物危害的预防原则。

6.为了防止生物危害的发生,可以采取哪些措施?

7.生物制药企业常采取哪些综合防护措施?

8.如何控制微生物气溶胶?

9.为了保护安全生产,生物制药企业需制备哪些规定和制度?

10.谈谈你对生物药物和生物制药行业的认识。

二、思考题

1.生物制药过程中,如因容器破裂而导致少量致病性菌种发生泄漏,该如何处理?

2.随着现代生物技术水平快速地发展,出现了哪些生物制药新技术?

项目2 生化药物的生产技术

【知识目标】

➢ 了解生化药物的分类与特点。

➢ 熟悉传统生化药物的一般生产工艺过程及其在医药中的应用。

➢ 掌握氨基酸类药物的理化性质及其生产工艺过程。

➢ 掌握肽类和蛋白质类药物的理化性质及其生产工艺过程。

➢ 掌握核酸类药物的理化性质及其生产工艺过程。

➢ 掌握酶类药物的理化性质及其生产工艺过程。

➢ 掌握多糖类药物的理化性质及其生产工艺过程。

➢ 掌握脂类药物的理化性质及其生产工艺过程。

➢ 掌握维生素与辅酶类药物的理化性质及其生产工艺过程。

【技能目标】

➢ 能正确认识生化制药的相关法律法规、生化制药的岗位要求。

➢ 能正确认识生化制药的基本原理、方法和适用药物的范围。能够正确采用该方法进行药物制备。

➢ 能利用生化制药基本方法来制备胃膜素、甘露醇等生化药物。

【项目简介】

生化药品的生产,传统上主要是从动植物器官、组织、血浆(细胞)中分离、纯化制得。生化制药技术是指利用现代生物化学技术从生物体中分离、纯化、制备用于预防、治疗和诊断疾病的具有活性的"生化物质"。从生物材料的选取和保存,根据活性成分的性质,对生物材料进行预处理,制定科学合理的提取方法,对提取物进行纯化及对纯品的初步检验。

该项目主要介绍了氨基酸类药物、肽类和蛋白质类药物、核酸类药物、多糖类药物、酶类药物、脂类药物、维生素与辅酶类药物的基本性质及其生产工艺过程。传统生化制药的内容是现代生物技术制药的基础,了解传统生化制药工艺对学习掌握现代生物制药技术是十分必要的。

【工作任务】

任务 2.1 生化制药技术概述

生化药物是运用生理学和生物化学的理论、方法及研究成果直接从生物体分离或用微生物合成,或用现代生物技术制备的一类用于预防、治疗、诊断疾病,有目的地调节人体生理机能的生化物质。这类物质都是维持生命正常活动的必需生化成分,包括氨基酸、多肽、蛋白质、多糖、核酸、脂肪、维生素、激素等。

2.1.1 生化药物的概念及含义

广义的生化药物,是指从生物体分离、纯化所得,用于预防、治疗和诊断疾病的生化基本物质,以及用化学合成或现代生物技术制得的这类物质。传统生物化学药物定义的基本依据:一是来自生物体;二是生物体中的基本生化成分。

2.1.2 生化药物的分类

生化药物主要按其化学本质和化学特性进行分类,该分类方法有利于比较同一类药物的结构与功能的关系、分离制备方法的特点和检测方法的统一,因此一般均按此法分类。

①氨基酸及其衍生物类药物 这类药物包括天然的氨基酸和氨基酸混合物以及氨基酸衍生物。

②多肽和蛋白质类药物 多肽和蛋白质是一类在化学本质上相同,性质相似,仅相对分子质量不同,而导致其生物学性质上有较大差异的生化物质,如分子大小不同的物质其免疫原性就不一样。

③酶类药物 酶类药物可按其功能分为:消化酶类、消炎酶类、心脑血管疾病治疗酶类、抗肿瘤酶类、氧化还原酶类等。

④核酸及其降解物和衍生类药物 这类药物包括核酸(DNA,RNA)、多聚核苷酸、单核苷酸、核苷、碱基以及人工化学修饰的核苷酸、核苷、碱基等的衍生物,如 5-氟尿嘧啶、6-巯基嘌呤等。

⑤糖类药物 糖类药物以黏多糖为主。多糖类药物是由糖苷键将单糖连接而成,但由于糖苷键的位置不同,故多糖种类繁多,药理活性各异。

⑥脂类药物 这类药物具有相似的性质,能溶于有机溶剂而不易溶于水,其化学结构差异较大,功能各异。这类药物主要有脂肪和脂肪酸类、磷脂类、胆酸类、固醇类、卟啉类等。

⑦维生素与辅酶类药物 这类药物是人体的活性物质,维生素通过辅酶或辅基的形式对机体代谢起调节和整合作用。如 B 族维生素、维生素 K、E 等,辅酶如辅酶 Q_{10} 等。

2.1.3　生化药物的发展过程

迄今为止,生化药物按照其产品纯度、工艺特点和临床应用大体经历了3个发展阶段。

①第一阶段　20世纪50—70年代,一些利用生物材料加工制成的含有某些天然活性物质与其他共存成分的粗制剂相继问世,如利用牛、羊胆酸与胆红素等制成的人工牛黄等。

②第二阶段　随着近现代生化分离、纯化技术的发展,利用生物化学和免疫学原理从生物体中提取的具有针对性治疗作用的生化成分已被作为生物化学药物应用于临床,如从猪胰脏中获得的猪胰岛素、胰激肽原酶,从男性尿中获得的尿激酶等。

③第三阶段　利用基因重组等生物工程技术生产的天然生物活性物质,如人胰岛素、α-干扰素等数百个品种开创了获取生化药物的新途径,通过蛋白质工程原理设计制造具有比天然物质更高活性的类似物或者与天然物质结构不同的全新药理活性成分,使相关技术成为今后生物药开发生产的主流方向。

2.1.4　生化药物的特点

1)生物原材料的复杂性

生物原材料的复杂性主要表现在以下方面:

①同一种生化物质的原料可来源于不同生物体。如,人、动物、微生物、植物、海洋生物等。

②同一种物质也可由同种生物体的不同组织、器官、细胞产生,如在猪胰脏和猪的颌下腺中都有血管舒缓素并且从两者获得的血管舒缓素并无生物学功能的差别。

③同一种生物体或组织可产生结构完全不同的物质及结构相似物质。因此,生物原材料的复杂性也造成对制备技术要求的多样性和复杂性。

2)生化物质种类多、有效成分含量低

生物原材料中生化成分组成复杂、种类多、有效成分含量低、杂质多,尤其那些生化活性越高的成分,含量往往越低。

3)生物材料种属特性

由于生物体间存在着种属特性关系,许多内源性生理活性物质的应用受到了限制。例如,人脑垂体分泌的生长素在治疗侏儒症有特效,但猪脑垂体分泌的生长素对人体是无效的。

4)药物活性与分子空间构象相关

生化成分中的大分子物质都是以其严格的空间构象维持其生物活性功能的,原有的构象一旦发生变化,其生理活性就完全丧失。

5)对制备技术条件要求高

由于生物材料及产品的特殊性,对其生产技术、生产条件、检测方法、检测内容及生产人员都有较高的要求:

①不管是原料还是产品均为高营养物质,极易染菌腐败,因而对原料的采集、保藏、产品的生产等都有温度和无菌条件的要求。

②因有效成分含量低、稳定性差等对生产过程中的 pH 值、温度、剪切力、重金属含量、压力等操作条件均需严格控制。

③检测内容不但要有理化检测指标更要求有生物活性检验指标,对生物技术药物还需有工程菌(细胞)的各种分析资料及产物的鉴定分析资料。

④检测方法要求重现性好,有较高的灵敏度和专属性。

⑤要求生产、管理人员具备一定的知识深度和相当的知识结构。

2.1.5　传统生化制药的一般工艺过程

1)材料的选择

选取生物材料时需考虑其来源、目的物含量、杂质的种类、价格、材料的种属特性等,其原则是要选择富含所需目的物、易于获得、易于提取的无害生物材料。

(1)来源

选材时应选用来源丰富的生物材料,尽量做到不与其他产品争原料,且最好能综合利用。

(2)与有效成分含量相关的因素

生物材料中目的物含量的高低直接关系到终产品的价格,在选择生物材料时需从以下方面考虑:

①合适的生物品种　根据目的物的分布,选择富含有效成分的生物品种是选材的关键。

②合适的组织器官　不同组织器官所含有效成分的量与种类以及杂质的种类和含量多有不同,应选择合适的组织器官。

③生物材料的种属特异性　为保证产品的有效性,选材时应予以充分考虑生物材料的种属特异性。对于种属差异大,无法满足临床需求的成分只能借助于生物技术进行生产。

④合适的生长发育阶段　生物在不同的生长、发育阶段合成不同的生化成分,所以生物的生长发育阶段对生理活性物质的含量影响很大。

⑤合适的生理状态　生物在不同生理状态时所含生化成分也有差异,如动物饱食后宰杀,胰脏中的胰岛素含量增加,对提取胰岛素有利,但因胆囊收缩素的分泌使胆汁排空,对收集胆汁则不利。

2)材料的采集与保存

(1)天然生物材料的保存

由于生理活性物质易失活、降解,所以采集时必须保持材料的新鲜,防止腐败、变质微生物污染。如胰脏采摘后要立即速冻,防止胰岛素活力下降。

(2)动物细胞的保存方法

动物细胞的保存方法有组织块保存、细胞悬液保存、单层细胞保存及低温冷冻保存等。

①组织块保存法　胚胎组织块等保存方法是取出新生胎儿肾脏剪成小块,洗涤后加生长培养液,于 4 ℃过夜,换液一次,可置冰瓶。

②细胞悬液保存法　在一定条件下,细胞悬液可短期保存,不同种类的细胞保存条件并不完全相同,通常于 4 ℃,在生长培养液中可保存数日或数周。

③单层细胞保存法　通过降低温度来延长细胞的正常代谢时间,保存过程中经常更换生

长培养液可提高保存的效果。

④低温冷冻保存 将细胞冻存于-70 ℃的低温冰箱或液氮中。在低温冰箱中可冻存 1 年以上,在液氮中可长期保存。

3)生物材料的预处理

(1)组织与细胞的破碎

生物活性物质大多存在于组织细胞中,必须将其结构破坏才能有效地提取目的物,常用的组织与细胞破碎方法有物理法、化学法、生物法。

(2)细胞器的分离

为获得结合在细胞器上的一些生化成分或酶系,常常要先获得特定的细胞器,再进一步分离目的产物。方法是匀浆破碎细胞,离心分离,包括差速离心和密度梯度离心。

(3)制备丙酮粉

在生化物质提取前,有时还采用丙酮处理原材料,制成"丙酮粉"。其作用是使材料脱水、脱脂,使细胞结构松散,增加某些物质的稳定性,有利于提取。常用的方法是将匀浆(或组织糜)悬浮于 0.01 mol/L pH 值为 6.5 的磷酸盐缓冲液中,于 0 ℃下边搅拌边缓慢加入 5～10 倍的-10 ℃无水丙酮中,静置 10 min,离心过滤取其沉淀物,用冷丙酮反复洗数次,真空干燥即得丙酮粉。丙酮粉在低温下可保存数年。

4)生物活性物质的提取

生化活性物质的提取常有 4 种方法。

(1)用酸、碱、盐水溶液提取

用酸、碱、盐水溶液可以提取各种水溶性、盐溶性的生化物质。这类溶剂提供了一定的离子强度、pH 值及相当的缓冲能力。如胰蛋白酶用稀硫酸提取;肝素用 pH 值为 9 的 3% 氯化钠溶液提取。对某些与细胞结构结合牢固的生物大分子,在提取时采用高浓度盐溶液(如 4 mol/L 盐酸胍,8 mol/L 脲或其他变性剂),这种方法称为"盐解"。

(2)用表面活性剂提取与反胶束提取

表面活性剂分子兼有亲水与疏水基团,分布于油水界面时有分散、乳化和增溶作用。表面活性剂可分为阴离子型、阳离子型、中性与非离子型。离子型表面活性剂作用强,但易引起蛋白质等生物大分子的变性,非离子型表面活性剂变性作用小,适合于用水、盐系统无法提取的蛋白质或酶的提取。某些阴离子去垢剂如十二烷基磺酸钠(SDS)等可以破坏核酸与蛋白质的离子键作用,对核酸酶又有一定抑制作用,因此常用于核酸的提取。反胶束是表面活性剂分散于连续的有机相中自发形成的纳米的聚集体,可用于某些蛋白质和氨基酸的提取。

(3)用有机溶剂提取

有机溶剂提取法是目前应用比较广泛的提取方法。可分为固-液提取和液-液提取(萃取)两类,这些方法利用"相似相溶"的原理,对目标物进行提取。

①固-液提取 常用于水不溶性的脂类、脂蛋白、膜蛋白结合酶等。常用的有机溶剂有甲醇、乙醇、丙酮、丁醇等极性溶剂以及乙醚、氯仿、苯等非极性溶剂。极性溶剂既有亲水基团又有疏水基团,从广义上说,也是一种表面活性剂。乙醚、氯仿、苯是脂质类化合物的良好溶剂。

②液-液萃取 液-液萃取是利用溶质在两个互不混溶的溶剂中溶解度的差异,将溶质从

一个溶剂相向另一个溶剂相转移的操作。影响液-液萃取的因素主要有目的物在两相的分配系数(K)和有机溶剂的用量等。

5）生物活性物质的纯化方法

生物材料经过以上合适的提取方法进行提取后,目的物已经最大限度地与所选材料进行分离并富集,但是生物材料的组分非常复杂,与目的物相伴的杂质很多,需进一步将目的物分离纯化,使其纯度符合药典的要求。

(1)色层分离

色层分离又称色谱法、层析法等,是一种高效的分离技术。近10年来,色谱技术广泛应用于工业生产。操作是在柱中进行的,包含两个相——固定相和移动相,生物物质因在两相间分配情况不同,在柱中的运动速度也不同,从而获得分离。

(2)结晶

结晶是指物质从液态中形成晶体析出的过程。结晶的前提条件是溶液要达到过饱和,正确控制温度等条件可以控制晶体的生长。结晶主要用于小分子量物质的纯化,生物大分子结晶较困难,要求条件相对苛刻。

6）生物活性物质的浓缩与干燥

经过提取和纯化以后,最后还需要一些加工步骤。如浓缩、无菌过滤和去热原、干燥等。

(1)生物活性物质的浓缩

浓缩可以采用升膜或降膜式的薄膜蒸发来实现。对热敏性物质,可采用真空薄膜蒸发器,离心薄膜蒸发可处理黏度较大的物料。膜技术也可应用于浓缩,对大分子溶液的浓缩可以用超滤膜,对小分子溶液的浓缩可用反渗透膜。

(2)无菌过滤和去热原

热原通常是磷脂多醇与蛋白质结合而成的复合物。注入人体会使体温升高,因此应该除去,去除药液中热原常用的方法有活性炭吸附法、离子交换法、超滤法等。

(3)干燥

干燥是使物质从固体或半固体状经除去存在的水分或其他溶剂,从而获得干燥物品的过程。在生化制药工艺中,干燥目的在于提高药物或药剂的稳定性,以利于保存与运输。

干燥多用加热法进行,常用的方法有膜式干燥、气流干燥、减压干燥等。此外,冷冻干燥、喷雾干燥,以及红外线干燥等也常选用。

2.1.6　生化药物的发展趋势

目前,生化药物的发展主要集中在扩大新的生物资源、寻找新的活性物质、开展新的临床应用、建立新的研究平台等方面。从海洋、湖沼生物、昆虫和藻类等低等生物获取的组织进行研究,已经发现了具有抗肿瘤、抗血栓、镇痛、抗病毒、调节血脂、降低血压等药理作用的药物,随着分离纯化和鉴定手段的不断更新,通过高通量筛选,将陆续发现一些活性高、结构新、作用独特的新型生物活性物质。在新的研究平台方面,应用噬菌体展示技术建立活性多肽化合物库,筛选开发活性小肽,利用蛋白质组学研究细胞全部蛋白质的表达状态和功能状态,通过建立天然代谢产物样品信息库,利用生物分离与活性评价相结合的策略,以药理活性为导向的生物有效成分的研究,均已成为当前发现新药的有效技术。研究表明,天然生化药物仍为现代生物药物研究与开发的重点领域,从海洋中开发生化药物是未来研究开发的重点,具有广阔的临床应用前景。

利用基因重组技术和细胞工程技术建立工程菌或工程细胞,使所需要的基因在宿主细胞内表达,制造各种生物活性物质,适合于含量低、活性高的一些微量物质的生产,是生物制药工业的重要发展领域,对生化药物的发展具有重要作用。

任务 2.2　氨基酸类药物的生产

2.2.1　氨基酸的结构及理化性质

氨基酸是组成蛋白质的基本单位,通常由五种元素即碳、氢、氧、氮、硫组成。研究发现,在自然界中,组成生物体各种蛋白质的氨基酸有 20 种,其分子结构的共同点是构成生物体蛋白质的氨基酸都有一个 α-氨基和 α-羧基。故组成天然蛋白质的氨基酸统称为 α-氨基酸。所有 α-氨基酸的表达通式为(见图 2.1):

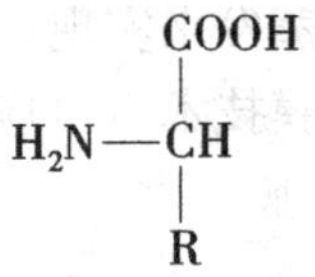

$$\begin{array}{c} \text{COOH} \\ | \\ \text{H}_2\text{N}\!-\!\text{CH} \\ | \\ \text{R} \end{array}$$

图 2.1　α-氨基酸化学式

在构成天然蛋白质的 20 种氨基酸(除甘氨酸外)中,碳原子均为不对称碳原子,具有立体异构现象,且天然蛋白质的氨基酸都是 L-型,故称为 L-型氨基酸。它们彼此的区别,主要是 R 基团结构的不同,故其理化性质也各异。

1) 物理通性

天然氨基酸纯品均为白色结晶性粉末,其熔点及分解点均在 200 ℃以上,如谷氨酸的钠盐有鲜味,是味精的主要成分。还有的有甜味、苦味等。各种氨基酸均能溶于水,但溶解度不同。所有氨基酸都不溶于乙醚、氯仿等非极性溶剂,而均溶于强酸、强碱中。除甘氨酸外,所有天然氨基酸都具有旋光性。天然氨基酸的旋光性在酸液中可以保持,在碱液中由于互变异构,容易发生外消旋化。

2) 化学通性

α-氨基酸共同的化学反应有两性解离、酰化、烷基化、酯化、酰氯化、叠氮化、脱羧及脱氨反应、肽键结合反应等。此外,某些氨基酸的特殊基团也产生特殊的理化反应,如:酪氨酸的酚羟基可产生米伦反应与福林—达尼斯反应;精氨酸的胍基产生坂口反应等。另外色氨酸、苯丙氨酸及酪氨酸均有特征紫外吸收,色氨酸的最大吸收波长为 279 nm,苯丙氨酸为 259 nm,酪氨酸为 278 nm。但构成天然蛋白质的 20 种氨基酸在可见光区均无吸收。

2.2.2　氨基酸的命名与分类

1)氨基酸的命名

氨基酸的化学名称是根据有机化学标准命名法命名的。氨基位置有 α、β、γ、δ、ε 之分。例如,赖氨酸的化学名为 α,ε-二氨基己酸(图 2.2)。

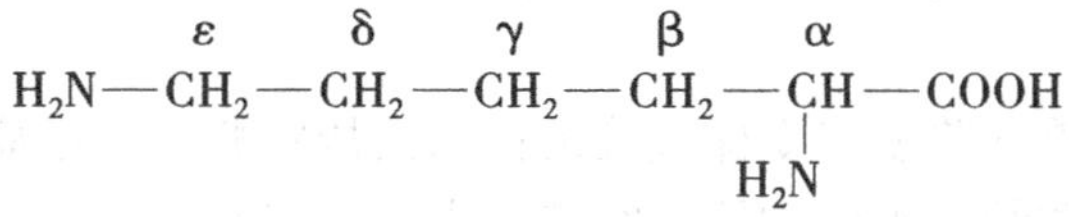

$$\overset{\varepsilon}{H_2N}—CH_2—\overset{\delta}{CH_2}—\overset{\gamma}{CH_2}—\overset{\beta}{CH_2}—\overset{\alpha}{CH}—COOH$$
$$\underset{H_2N}{|}$$

图 2.2　赖氨酸化学式

2)氨基酸的分类

氨基酸的分类方法有 4 种:

①根据氨基酸在 pH 值为 5.5 溶液中带电状况可分为酸性、中性及碱性氨基酸三大类。

②按照氨基酸侧链的化学结构,可将氨基酸分为脂肪族氨基酸、芳香族氨基酸、杂环族氨基酸和亚氨基酸四大类。

③根据氨基酸侧链基团的极性,把氨基酸分为极性氨基酸和非极性氨基酸两类。

④从对人体营养的角度,根据氨基酸对人体生理的重要性和人体内能否合成,将氨基酸分为必需氨基酸和非必需氨基酸两大类。

在蛋白组成中,除上面常见的基本氨基酸外,从少数蛋白质中还分离出一些特有的氨基酸,如动物结缔组织的纤维状胶原蛋白质中的 4-羟脯氨酸和 5-羟赖氨酸等,它们都是在蛋白质生物合成以后经专一酶的作用修饰而成的,因此不归入基本氨基酸之列。

2.2.3　氨基酸的生产方法

目前,氨基酸的生产方法有 5 种:直接发酵法、微生物生物合成法、酶法、化学合成法、蛋白质水解提取法。通常将直接发酵法和微生物生物合成法统称为发酵法。现在除少数几种氨基酸(如酪氨酸、半胱氨酸、胱氨酸和丝氨酸)用蛋白质水解提取法生产外,多数氨基酸都采用发酵法生产,也有几种氨基酸采用酶法和化学合成法生产。

1)化学合成法

化学合成法是利用有机合成和化学工程相结合的技术生产氨基酸的方法。它的最大优点是在氨基酸的品种上不受限制,除制备天然氨基酸外,还可用于制备各种特殊结构的非天然氨基酸。但由于合成得到的氨基酸都是 DL 型外消旋体,必须经过拆分才能得到人体能够利用的 L-氨基酸。

2)酶法

酶法是利用微生物特定的酶系作为催化剂,使底物经过酶催化生成所需的产品,由于底物选择的多样性,因而不限于制备天然产品。借助于酶的生物催化,可使许多本来难以用发酵法或合成法制备的光学活性氨基酸有工业生产的可能。赖氨酸、色氨酸等均可用酶法进行制备。

3)蛋白质水解法

以毛发、血粉及废蚕丝等蛋白为原料,通过酸、碱或酶水解成多种氨基酸的混合物,经分离纯化获得各种氨基酸的生产方法。蛋白质水解分为酸水解法、碱水解法及酶水解法。

4)直接发酵法

按照生产菌株的特性,直接发酵法可分为四类:

①第一类是使用野生型菌株直接由糖和铵盐发酵生产氨基酸,如谷氨酸、丙氨酸和缬氨酸的发酵生产。

②第二类是使用营养缺陷型突变株直接由糖和铵盐发酵生产氨基酸。

③第三类是由氨基酸结构类似物抗性突变株生产氨基酸。

④第四类是使用营养缺陷型兼抗性突变株生产氨基酸。

表2.1　氨基酸的中间产物及发酵应用的微生物

氨基酸	前体(中间产物)	微生物	产率/$(g \cdot L^{-1})$
丝氨酸	甘氨酸	嗜甘油棒状杆菌	16
色氨酸	氨茴酸	异常汉逊酵母	3
色氨酸	吲哚	麦角菌	13
蛋氨酸	2-羟基-4-甲基-硫代丁酸	脱氨极毛杆菌	11
异亮氨酸	α-氨基丁酸	黏质赛氏杆菌	8
D-苏氨酸		阿氏棒状杆菌	15

5)微生物生物合成法

微生物生物合成法是以氨基酸中间产物为原料,用微生物将其转化为相应的氨基酸,这样可以避免氨基酸生物合成途径中的反馈抑制作用。

2.2.4　氨基酸的分离方法

氨基酸分离方法较多,通常有等电点沉淀法、特殊试剂沉淀法及离子交换法等。

1)等电点沉淀法

等电点沉淀法是氨基酸提取方法中最简单的一种方法。它是采用氨基酸的两性解离与等电点性质,不同的氨基酸有不同等电点,在等电点时,氨基酸分子的净电荷为零,氨基酸的溶解度最小,氨基酸分子彼此吸引成大分子沉淀下来。

2)特殊试剂沉淀法

氨基酸可以和一些有机化合物或无机化合物生成具有特殊性质的不溶性衍生物,利用这一性质可以分离纯化某些氨基酸。

3)离子交换法

离子交换法是利用离子交换剂对不同氨基酸吸附能力的差异进行分离的方法。氨基酸为两性电解质,在特定的条件下,不同氨基酸的带电性质及解离状态不同,对同一种离子交换剂的吸附力也不同,故可对氨基酸混合物进行分组或单一成分的分离。

2.2.5　氨基酸及其衍生物在医药中的应用

在生命活动中人和动物通过消化系统吸收氨基酸,并通过与蛋白质间的转化,维持其体内的动态平衡,若其动态平衡失调则机体代谢紊乱,甚至引起疾病,而且许多氨基酸还有特定的药理效应,所以在临床治疗中具有重要的应用价值。

1)氨基酸的营养价值及其与疾病的关系

氨基酸是构成蛋白质的基本单位,它参与体内代谢和各种生理机能活动。故蛋白质营养价值实际是氨基酸作用的反应。

2)治疗消化道疾病的氨基酸及其衍生物

治疗消化道疾病的氨基酸及其衍生物有谷氨酸及其盐酸盐、谷氨酰胺、乙酰谷酰胺铝、甘氨酸及其铝盐等。其中谷氨酸、谷氨酰胺、主要通过保护消化道或促进黏膜增生,而达到防治综合性胃溃疡病、十二指肠溃疡、神经衰弱等疾病。

3)治疗肝病的氨基酸及其衍生物

治疗肝病的氨基酸有精氨酸盐酸盐、磷葡精氨酸、鸟氨酸、赖氨酸盐酸盐及天冬氨酸等。精氨酸是鸟氨酸循环中的一员,具有重要的生理意义。精氨酸可以增加肝脏中精氨酸酶活性,有助于将血液中的氨转变为尿素而排泄出去。

4)用于治疗肿瘤的氨基酸及其衍生物

近年来,发现不同癌细胞的增殖需要大量消耗某种特定氨基酸。寻找这种氨基酸的结构类似物——代谢拮抗剂,被认为是治疗癌症的一种有效手段,天冬酰胺的结构类似物是 S-氨甲酰基-半胱氨酸。

5)治疗其他疾病的氨基酸及其衍生物

L-色氨酸能促进红细胞再生和乳汁的形成,L-天冬酰胺可辅助治疗乳腺小叶增生,L-脯氨酸参与能量代谢及解毒,乙酰半胱氨酸可溶解痰液,L-苏氨酸可辅助治疗贫血;L-胱氨酸能促进毛发生长;L-谷氨酸可促进红细胞生成;L-酪氨酸可改善肌肉运动,用于治疗震颤性麻痹症等。

2.2.6　氨基酸生产实例——谷氨酸的生产

1)谷氨酸的结构及其理化性质

谷氨酸是制造味精的前题物质。谷氨酸有 L 型和 D 型之分,只有 L 型谷氨酸具有生理活性。L 型谷氨酸的化学名称为 L-α-氨基戊二酸。

谷氨酸分子式为 $C_5H_9O_4N$,相对分子质量为 147.13,为无色斜方晶系,密度为 1.538 g/mL,不易溶于水,不溶于乙醚。谷氨酸在水中主要以兼性离子或偶极离子的形式存在。

谷氨酸含有一个碱性基团氨基和两个酸性基团羧基,它可以和酸生成盐也可以和碱生成盐,是一个两性物质。在碱性溶液中,氨基被抑制,谷氨酸的酸性基团便与碱结合成盐并成负离子解离出来。谷氨酸等电点为3.22。

α-氨基酸的水溶液遇水合茚三酮生成蓝紫色产物。这种颜色反应常被用于α-氨基酸的比色测定和色层分析的显色。谷氨酸或谷氨酸钠在水溶液中长时间加热会引起完全失水生成焦谷氨酸或焦谷氨酸钠。

2)发酵法生产谷氨酸

(1)工艺流程图

L-谷氨酸发酵生产主要包括以下工序:碳源预处理、培养基配制、种子培养、发酵、谷氨酸提取与精制(见图2.3)。

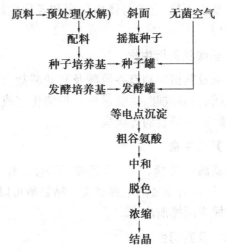

图2.3　谷氨酸发酵工艺流程示意图

(2)菌种

现有谷氨酸生产菌主要是棒状杆菌属、短杆菌属、小杆菌属及节杆菌属中的细菌。目前国内大多数厂家使用的菌种是天津工业微生物研究所选育的T6-13及其变异株。这些菌株均是优良的谷氨酸生产菌,具有产酸高、转化率高等特点。

(3)培养基

培养基包括碳源、氮源、无机盐、微量元素和生长因子。

①碳源　已知所有谷氨酸产生菌株都不含淀粉酶,不能直接利用淀粉,而只能以葡萄糖或糖蜜等作为碳源。

②氮源　氮源是合成菌体蛋白质、核酸等含氮物质和合成谷氨酸的氨基的来源。一般的发酵工业碳氮比为100∶(0.2~2.0),谷氨酸发酵的碳氮比为100∶(15~30)。当碳氮比在100∶11以上才开始积累谷氨酸。

③无机盐　包括磷酸盐、硫酸镁、钾盐、微量元素。磷含量对谷氨酸发酵影响很大。磷含量过低,菌体生长不好;镁的离子状态是许多重要的酶的激活剂;钾不参与细胞结构物质的组成。它是许多酶的激活剂;生物素是谷氨酸产生菌的必需生长因子,培养基中必须提供生物素。

(4)发酵条件及其控制

①温度对谷氨酸发酵的影响　谷氨酸产生菌的最适生长温度为30~34 ℃,其中,T6-13

菌株比较耐高温。产生谷氨酸最适温度为 35 ~ 37 ℃。在谷氨酸发酵前期长菌阶段和种子培养时应满足菌体生长最适温度。

②pH 值对谷氨酸发酵的影响　首先尿素被分解放出氨,使 pH 值升高,当氨被菌体利用以及糖被利用生成有机酸等中间代谢产物使 pH 值下降。因此,要不断补充尿素作为氮源和调节 pH 值。当流加尿素后,尿素分解又使 pH 值升高,氨被利用和产物生成又使 pH 值下降,这样反复进行直至发酵结束。

③溶氧对谷氨酸发酵的影响　谷氨酸产生菌是兼性好氧菌,在谷氨酸发酵中,供氧对谷氨酸发酵的影响很大。一般在菌体生长繁殖期比谷氨酸生成期溶氧的要求低,长菌阶段要求溶氧系数在 $(4 ~ 6) \times 10^{-7} mol/(mL \cdot min)$,形成谷氨酸阶段要求溶氧系数为 K_d 在 $(1.5 ~ 1.8) \times 10^{-6} mol/(mL \cdot min)$。

(5)提取与纯化

将谷氨酸生产菌在发酵液中积累的 L-谷氨酸提取出来,再进一步中和、除铁、脱色、加工精制成谷氨酸钠盐(俗称味精)这个过程称为提炼。目前生产上可分为谷氨酸提取与精制两个阶段。

谷氨酸的分离提纯,通常应用它的两性电解质的性质、溶解度、分子大小、成盐作用等,从发酵液中提取出来。

目前国内各味精厂主要采用以下 3 种方法提取谷氨酸。

①等电点法　这是从发酵液提取谷氨酸最简便的方法。发酵液加盐酸调 pH 值至谷氨酸的等电点,使谷氨酸沉淀析出,其收率可达 60% ~ 70%。如果采用冷冻低温等电点法,液温冷却至 5 ℃以下,收率可达 78% 左右。

②离子交换法　先将发酵液稀释至一定浓度,用盐酸将发酵液调至一定的 pH 值,采用阳离子交换树脂吸附谷氨酸,然后用洗脱剂将谷氨酸从树脂上洗脱下来,达到浓缩和提纯的目的。收率可达 85% ~ 90%。

③金属盐法　金属盐法包括锌盐法和钙盐法,即利用谷氨酸与 Zn^{2+}、Ca^{2+}、Co^{2+} 等金属离子作用,生成难溶于水的谷氨酸金属盐,沉淀析出。酸性环境中谷氨酸金属盐被分解,在 pH 值为 2.4 时,谷氨酸溶解度最小,重新以谷氨酸形式结晶析出。

任务 2.3　多肽和蛋白质类药物的生产

2.3.1　多肽与蛋白质类药物的基本概念

多肽类生化药物是以多肽激素和多肽细胞生长调节因子为主的一大类内源性活性成分。自 1953 年人工合成了第一个有生物活性的多肽——催产素以后,整个 20 世纪 50 年代都集中于脑垂体所分泌的各种多肽激素的研究。

20 世纪 60 年代,研究的重点转移到控制脑垂体激素分泌的多肽激素的研究。20 世纪 70 年代,神经肽的研究进入高潮。生物胚层发育渊源关系的研究表明,很多脑活性肽也存在于胃肠道组织中,从而推动了胃肠道激素研究的进展,极大地丰富了生化药物的内容。

蛋白质生化药物包括蛋白质类激素、蛋白质细胞生长调节因子、血浆蛋白质类、黏蛋白、胶原蛋白及蛋白酶抑制剂等,其作用方式从对机体各系统和细胞生长的调节,扩展到被动免疫、替代疗法和抗凝血等。

细胞生长调节因子是在体内和体外对效应细胞的生长、增殖和分化起调控作用的一类物质,这些物质大多是蛋白质或多肽,也有非多肽和蛋白质形式者。许多生长因子在靶细胞上有特异性受体,它们是一类分泌性、可溶性介质,仅微量就具有较强的生物活性。细胞生长调节因子常称为生长因子,包括细胞生长抑制因子和细胞生长刺激因子。

2.3.2　多肽与蛋白质类药物的分类

1)多肽类药物

现已知生物体内分泌的多肽类激素核细胞生长因子有上千种之多,仅脑中就存在近40种,而且人类还在不断地发现、分离、纯化新的活性多肽。多肽类药物主要有多肽激素、多肽类细胞生长调节因子和含有多肽成分的组织制剂。

①多肽激素　多肽激素主要包括垂体多肽激素、下丘脑多肽激素、甲状腺多肽激素、胰岛多肽激素、肠胃道多肽激素和胸腺多肽激素等。

②多肽类细胞生长调节因子　多肽类细胞生长调节因子包括表皮生长因子、转移因子、心钠素等。

③含有多肽成分的组织制剂　这是一类临床确有疗效,但有效成分还不十分清楚的制剂,主要有:骨宁、眼生素、血活素、氨肽素、妇血宁、蜂毒、蛇毒、胚胎素、助应素、神经营养素、胎盘提取物、花粉提取物、脾水解物、肝水解物、心脏激素等。

多肽是生物体内重要的活性成分,主要有以下生理功能和特性:

①作为生理活性的调节因子,参与调节各种生理活动和生化反应。

②多肽具有非常高的生物活性,$1×10^{-7}$mol/L 浓度就可发挥活性,有的甚至在极低浓度下依然具有活性,如胆囊收缩素在1/1 000 就可以发挥作用。

③分子结构小,结构易于改造,可通过化学合成的方法生产。

④活性多肽的合成过程往往是由蛋白质经加工剪切转化而来的,因此许多多肽之间具有共同的来源和相似的结构。

2)蛋白质类药物

①蛋白质类激素　蛋白质类激素主要包括垂体蛋白质激素和促性腺激素。

②血浆蛋白质　血浆蛋白中的主要成分有白蛋白、纤维蛋白溶酶原、血浆纤维结合蛋白、免疫丙种球蛋白、抗淋巴细胞免疫球蛋白、病免疫球蛋白、抗-D 免疫球蛋白、免疫球蛋白、抗血友病球蛋白、纤维蛋白原(Fg)等。不同物种间的血浆蛋白质存在着种属差异,虽然动物血与人血的蛋白质结构非常相似,但不能用于人体。

③蛋白质类细胞生长调节因子　蛋白质类细胞生长调节因子主要包括干扰素 α、β、γ(IDN),白细胞介素 1~16 (11)、神经生长因子(NGF)、肝细胞生长因子(HGF)、骨发生蛋白(BMP)等。

④黏蛋白　主要有胃膜素、硫酸糖肽、内在因子、血型物质 A 和 B 等。

⑤胶原蛋白　主要有明胶、氧化聚合明胶、阿胶、冻干猪皮等。

⑥碱性蛋白质　主要有硫酸鱼精蛋白。

⑦蛋白酶抑制　主要有胰蛋白酶抑制剂、大豆胰蛋白酶抑制剂等。

2.3.3　多肽与蛋白质类药物的特性

1）多肽类药物的特性

多肽是 α-氨基酸以肽链连接在一起而形成的化合物，它也是蛋白质水解的中间产物。由两个氨基酸分子脱水缩合而成的化合物称为二肽，同理类推还有三肽、四肽、五肽等。通常由 10～100 氨基酸分子脱水缩合而成的化合物称为多肽。它们的分子量低于 10 000 Da。多肽具广泛的溶解性，要长期保存多肽试剂，最好冷冻干燥，冷干粉可在-20 ℃或更低存放几年而很少或无降解。溶液中的多肽很不稳定。多肽易受细菌降解，应用无菌纯化水溶解。

2）蛋白质类药物的特性

蛋白质的基本化学组成是 20 种常用的 L 型 α-氨基酸（甘氨酸和脯氨酸除外），平均含氮量为 16%，这是蛋白质元素组成的一个特点，也是凯氏定氮法测定蛋白质含量的理论基础。蛋白质是生物大分子，相对分子质量变化范围很大，其分子的大小已达到胶粒 1～100 nm。

蛋白质是由氨基酸组成的大分子化合物，其理化性质与氨基酸相似，如两性电离、等电点、呈色反应、成盐反应等，也有一部分又不同于氨基酸，如高分子量、胶体性、变性等。

2.3.4　多肽与蛋白质类药物的主要生产方法

1）提取法

提取法是指通过生化工程技术，从天然动植物及重组动植物体中分离纯化多肽与蛋白质。天然动植物体内的有效成分含量低，杂质多。重组动植物指的是通过基因工程技术，将药物基因或能对药物基因起到调节作用的基因转导入动植物组织细胞，以提高动植物组织合成药用成分的能力。

2）发酵法

微生物发酵法是多肽与蛋白质类药物的主要生产方式。利用基因工程菌发酵生产多肽与蛋白质类药物，具有周期短、成本低、产品质量高的优点，一直受到全世界生物制药企业的青睐。多肽与蛋白质类药物多属于人体特有的细胞因子、激素、蛋白质，目前经过基因工程方法可生产绝大多数多肽与蛋白质类药物。

2.3.5　生物技术在该类药物中的应用

活性多肽和蛋白研究是生化药物中非常活跃的一个领域，20 世纪 70 年代以后，随着基因工程技术的兴起和发展，人们首先把目标集中在应用基因工程技术制造重要的多肽和蛋白质药物上，已实现工业化的产品有胰岛素、干扰素、白细胞介素、生长素等，现正从微生物和动物细胞的表达向转基因动、植物方向发展。

许多活性蛋白质、多肽都是由无活性的蛋白质前体,经过酶的加工剪切转化而来的,它们中间都有许多共同的来源、相似的结构,甚至还保留着若干彼此所特有的生物活性。如 HCG 的 ρ 亚单位的结构有 80% 与 LH 的 ρ 亚单位相同;生长激素与催乳激素的肽链氨基酸顺序有近一半是相同的,生长激素具有弱的催乳激素活性,而催乳激素也有弱的生长激素活性。因此,研究活性多肽、蛋白质的结构与功能的关系及活性多肽之间结构的异同与其活性的关系,将有助于设计和研制新的药物。

另外,鉴于一些蛋白质和多肽生化药物有一定的抗原性、容易失活、在体内的半衰期短、用药途径受限等难以克服的缺点,对一些蛋白质生化药物进行结构修饰,应用计算机图像技术研究蛋白质与受体及药物的相互作用,发展蛋白质工程及设计相对简单的小分子来代替某些大分子蛋白质药物,起到增强疗效或增加选择性的作用等,已成为现代生物技术药物研究的主要内容。

2.3.6 多肽与蛋白质类药物的生产实例——降钙素的生产

1)结构、功能与性质

降钙素是由 32 个氨基酸残基组成的单链多肽,相对分子质量约 3 500,其氨基端为半胱氨酸,它与第 7 位上的半胱氨酸形成二硫键,羧基端为脯氨酸。羧基端的脯氨酸对降钙素的活性至关重要,如果失去该氨基酸,剩下的 31 个氨基酸组成的多肽完全无降钙素的活性。

降钙素分子的极性较强,不溶于丙酮、乙醇、氯仿、乙醚、苯、异丙醇、四氯化碳等有机溶剂和有机酸,易溶于水和碱性溶液。降钙素易被光氧化,保存时需避光,在避光的条件下 25 ℃ 保存可稳定两年。干燥状态比水溶液中稳定,一般需制成固体制剂。

2)降钙素的生产工艺

降钙素的生产工艺一般采用天然的猪甲状腺和鲑、鳗的心脏或心包膜为原料通过生化分离提取。

(1)工艺流程

降钙素的生产工艺流程如图 2.4 所示。

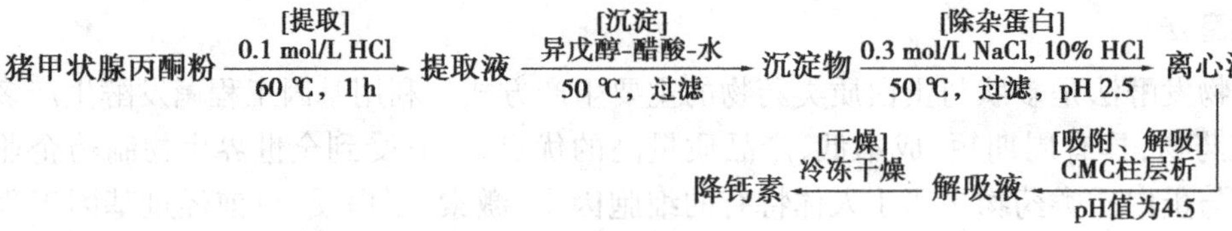

图 2.4　降钙素生产工艺路线

(2)工艺过程及控制要点

①猪甲状腺经绞碎,用丙酮脱脂,制成脱脂的猪甲状腺丙酮粉。

②用 0.1 mol/HCl 作为提取液,用量为甲状腺丙酮粉的 0.55 ~ 0.6 倍(v/w),提取温度 60 ℃,边加热边搅拌,提取时间约 1 h,加丙酮粉质量的 0.6 倍水(v/w),充分搅拌 1 h,离心,沉淀用水洗涤,合并上清液和洗液后,继续搅拌 2 h 后离心。

③上清液用0.5倍体积的异戊醇-醋酸-水（20∶32∶48）的混合液混匀沉淀得降钙素粗品,沉淀时控制温度50 ℃,沉淀加少量硅藻土作助滤剂过滤,收集沉淀。

④沉淀用适量0.3 mol/L NaCl 溶液溶解,用10% HCl 调pH值为2.5,离心除去不溶物,收集离心液。

⑤离心液用10倍水稀释后,通过CMC（羧甲基纤维钠）柱（5 cm×50 cm）。柱预先用0.02 mol/L醋酸缓冲液（pH值为4.5）平衡。收集含有降钙素的组分。

⑥收集的降钙素组分,冻干或用2 mol/L NaCl 盐析,制得降钙素粉末。

由此法生产出来的降钙素含量约为3.6 U/mg,若需更高纯度,则需进一步纯化。

（3）生物活性测定

样品用经过0.1 mol/L CH₃COONa 溶液稀释过的0.1%白蛋白溶液溶解,取0.2 mL 样品按倍比稀释法配制,选用雄性大白鼠,静脉注射后1 h 收集血液,测定血液样品中的钙含量。血液中钙含量用原子吸光光度计测量。用猪甲状腺中提取的降钙素标准品作对照,稀释成10 mU/mL、25 mU/mL、50 mU/mL 和100 mU/mL 浓度梯度,然后用同样方法注射大白鼠,1 h 后取血样测钙含量,以钙含量对降钙要素标准品浓度作直角坐标标准曲线。将待测样品的钙值与标准曲线对照,可查出待测样品的生物活性。

任务2.4　酶类药物的生产

2.4.1　酶类药物的基本概念

酶是由生物活细胞产生的具有特殊催化功能的一类生物活性物质,其化学本质是蛋白质,故也称为酶蛋白。药用酶是指可用于预防、治疗和诊断疾病的一类酶制剂。生物体内的各种生化反应几乎都是在酶的催化作用下进行的,所以酶在生物体的新陈代谢中起着至关重要的作用。

2.4.2　酶类药物的分类

根据药用酶的临床用途,可将其分为以下6类。

①促进消化酶类　这类酶的作用是水解和消化食物中的成分,如蛋白酶、淀粉酶、脂肪酶和纤维素酶等。

②消炎酶类　蛋白酶的消炎作用已被实验所证实,其中用得最多是溶菌酶,其次为菠萝蛋白酶和胰凝乳蛋白酶。消炎酶一般作成肠溶性片剂。

③与治疗心脑血管疾病有关的酶类　健康人体血管中很多酶有助于促进血栓的溶解,也有助于预防血栓的形成。目前已用于临床的酶类主要有链激酶、尿激酶、纤溶酶、凝血酶和蚓激酶等。

④抗肿瘤的酶类　已发现有些酶能用于治疗某些肿瘤,如门冬酰胺酶、谷氨酰胺酶、蛋氨

酸酶、酪氨酸氧化酶等。其中门冬酰胺酶是一种引人注目的抗白血病药物。它是利用门冬酰胺酶选择性地争夺某些类型瘤组织的营养成分，干扰或破坏肿瘤组织代谢，而正常细胞能自身合成门冬酰胺故不受影响。谷氨酰胺酶能治疗多种白血病、腹水瘤、实体瘤等。神经氨酸苷酶是一种良好的肿瘤免疫治疗剂。

⑤与生物氧化还原电子传递有关的酶　这类酶主要有细胞色素 C、超氧化物歧化酶、过氧化物酶等。细胞色素 C 是参与生物氧化的非常有效的电子传递体，是组织缺氧治疗的急救和辅助用药；超氧化物歧化酶在抗衰老、抗辐射、消炎等方面也有显著疗效。

⑥其他药用酶　酶在解毒方面的应用研究已引起人们的注意，如青霉素酶、有机磷解毒酶等。青霉素酶能分解青霉素，可应用于治疗青霉素引起的过敏反应；透明质酸酶可分解黏多糖，使组织间质的黏稠性降低，有助于组织通透性增加，是一种药物扩散剂等。

2.4.3　酶类药物的特点

酶类药物作为具有药理作用的一类特殊酶类，一般具有以下特点：

①用量少、药效高　酶类药物是作为生物催化剂，通过催化生物体内生化反应而表现其药效的。因此，只需少量的酶制剂就能催化血液或组织中较低浓度的底物发生化学反应，发挥有效的药理作用。

②纯度高　酶类药物在使用时，要求纯度高，特别是注射用的酶类药物纯度要求更高。

③活力高、稳定性好　通常在生理 pH（中性环境）下，要求酶类药物具有最高活力和稳定性。例如，胰淀粉酶作用的最适 pH 值为 6.7～7.0。

④免疫原性　酶类药物都不同程度地存在免疫原性。可以将酶包埋在半透膜的囊中，使酶和底物接触而不能和其对应的抗体接触，故能延长其作用时间。

⑤易失活　酶类药物是生物活性物质，有时工艺条件的变化导致其失活。因此，对酶类药物除了用通常采用的理化法检测外，还需用生物检定法进行检定。

2.4.4　酶类药物的基本生产方法

1)酶类药物的生产技术

酶类药物的生产技术主要有生化提取酶技术、微生物发酵产酶技术和动植物细胞培养产酶技术。

（1）生化提取酶技术

生化提取酶技术即使从符合条件的含酶材料中制取酶的方法。一般包括 4 个步骤：酶原材料的选择和预处理、酶的提取、酶的纯化、酶活力的测定和纯度检测。

①原料选择原则　生物材料和体液中虽普遍含有酶，但各种酶的含量非常少。个别酶的含量在 0.000 1%～1%，因此在提取酶时应根据各种酶的分布特点和存在特性选择适宜的生物材料。

a.酶在生物材料中的分布：生物体内酶在各部位的含量是不同的，选择适宜的生物原料，确保该部位酶的含量比较高，如乙酰化氧化酶在鸽肝中含量高，提取此酶时宜选用鸽肝为原料。表2.2列举了某些酶在组织中的含量。

表2.2 某些酶在组织中的含量

酶	来源	含量 /(g·100g 组织湿重$^{-1}$)	酶	来源	含量 /(g·100g 组织湿重$^{-1}$)
胰蛋白酶	牛胰	0.55	细胞色素 C	肝	0.015
甘油醛-3-磷酸脱氧酶	兔骨骼肌	0.40	柠檬酸酶	猪心肌	0.07
过氧化氢酶	辣根	0.02	脱氧核糖核酸酶	胰	0.000 5

b.不同发育阶段及营养状况:不同发育阶段和营养状况下,酶含量的差别及杂质干扰的情况是不同的。如从鸽肝提取乙酰化酶,在饥饿状态下取材,可排除杂质肝糖原对提取过程的影响;凝乳酶只能用哺乳期的小牛胃作材料。

c.动物材料要新鲜:用动植物组织作为原料,应在动物组织宰杀后立即取材。取材量大而来不及在短时间内处理的,一般要低温或冷冻(-50~-10 ℃)保存,并加酶的保护剂,以降低酶的分解速度。

d.综合成本:选材时应注意原料来源应丰富,能综合利用一种资源获得多种产品。还应考虑纯化条件的经济性。

②生物材料的预处理 生物材料中酶多存在于组织或细胞中,因此提取前需将组织或细胞预处理,以便酶从其中释放出来,利于提取。生物材料的预处理方法有以下4种:

a.机械法:用绞肉机将事先切成小块的组织绞碎。当绞成组织糜后,许多酶都能从粒子较粗的组织糜中提取出来,实验室常用的是玻璃匀浆器和组织捣碎器,工业上可用高压匀浆泵或高速珠磨机。高压匀浆泵处理容量大,适合于细菌和大多数真菌的细胞破碎,也可用于动物组织的预处理,但不适用于丝状微生物细胞的破碎。高速珠磨机具有破碎和冷却双重功能,破碎效率高,对真菌菌丝和藻类的破碎效果也较好。

b.反复冻融法:对材料冷冻到-10 ℃左右,再缓慢溶解至室温,如此反复多次而达到破壁作用,从而使酶释放出来。由于细胞中冰晶的形成,及剩下液体中盐浓度的增高,可使细胞中颗粒及整个细胞破碎,此法多用于动物性材料和细胞壁较脆弱的菌体。

c.制备丙酮粉:组织经丙酮迅速脱水干燥制成丙酮粉,不仅可减少酶的变性,同时因细胞结构的破坏使蛋白质与脂质结合的某些化学键打开,促使某些结合酶释放到溶液中。常用方法是将匀浆(或组织糜)悬浮于0.01 mol/L pH 6.5的磷酸盐缓冲液中,于0 ℃下边搅拌边慢慢加入5~10倍体积的-15 ℃无水丙酮中,静置10 min,离心过滤取其沉淀物,用冷丙酮反复洗数次,真空干燥即得含酶丙酮粉。丙酮粉在低温下可保存数年。如鸽肝乙酰化酶就是用此法处理。

d.酶解法:利用微生物本身产生的酶进行组织自溶或利用溶菌酶、蛋白水解酶等外源性的酶对细胞膜或细胞壁的降解作用使细胞崩解破碎。酶解法常与冻融法等破碎方法联合使用。

(2)微生物发酵产酶技术

利用发酵法生产药用酶的工艺过程,同其他发酵产品相似,下面简要讨论一下发酵法生产药用酶的技术关键。

①高产菌株的选育 菌种是工业发酵生产酶制剂的重要条件。优良菌种不仅能提高酶制

剂产量和发酵原料的利用率,而且还与增加品种、缩短生产周期、改进发酵和提炼工艺条件等密切相关。一个优良的产酶菌种应具备:产酶量高、繁殖快、生产周期短、能利用廉价原料、容易培养和管理、产酶性能稳定、菌株不易退化、产物易于分离等特点。

高产菌株可从3种途径获得:从自然界分离筛选;用物理或化学方法进行诱变育种;用基因重组与细胞融合技术育种。

②发酵工艺的优化 优良的生产菌株,只是酶生产的先决条件,要有效地进行生产还必须探索菌株产酶的最适培养基和培养条件。首先要合理选择培养方法、培养基、培养温度、pH 值和通气量等。在工业生产中还要摸索一系列工程和工艺条件,如培养基的灭菌方式、种子培养条件发酵罐的形式、通气条件、搅拌速度、温度和 pH 值调节控制等。还要研究酶的分离、纯化技术和制备工艺,这些条件的综合结果将决定酶生产本身的经济效益。

③培养方法 目前药用酶生产的培养方法主要有固体培养方法和液体培养方法。

a.固体培养法:固体培养法也称麸曲培养法,该法是利用麸皮或米糠为主要原料,另外还需要添加谷糠、豆饼等,加水拌成含水适度的固态物料作为培养基,经灭菌、冷却后,加入产酶菌株,在一定条件下进行发酵。固体发酵法主要用于真菌的酶的生产,其中用米曲霉生产淀粉酶,用曲霉和毛霉生产蛋白酶在我国已有悠久历史。该法所需设备简单,操作方便,麸曲中酶的浓度较高,特别适用于各种霉菌的培养和发酵产酶。目前我国酿造业用的糖化曲霉,普遍采用固体培养法。

b.液体深层培养法:液体培养法是利用液体培养基于发酵容器中,经灭菌、冷却后,加入产酶细胞,在一定条件下进行发酵。借用发酵设备,通入无菌空气及搅拌,使气液接触面积尽量增大而进行发酵。其主要特点是机械化程度较高、技术管理较严、培养条件容易人为控制、不容易染菌、酶产率较高、质量好、产品回收率较高、生产效率较高。不仅适用于微生物细胞,也可用于各种植物细胞和动物细胞的悬浮培养和发酵。液体深层通气培养是现代酶制剂大规模生产的主要方法。

(3)动植物细胞培养产酶技术

与微生物细胞相比,动植物细胞大几倍至数十倍,培养时间周期长,对培养基的要求高,培养过程需要供氧,又不耐搅拌等剪切力强的操作条件,尤其是动物细胞无壁,对剪切力更敏感。动物细胞属于异样型细胞,很多营养成分不能自己合成,因而对培养基成分要求苛刻,往往必须加血清或其代用品,大多数动物细胞,有附壁生长的特点,因而要实现大规模培养更加困难,动植物细胞培养产酶要点如下:

①植物细胞组织培养产酶的工艺特点 植物细胞组织培养有固体培养和液体培养两大类。培养方式又分批式、半连续式和连续式。

a.培养基:植物细胞组织培养基由碳源、氮源、大量元素、微量元素、维生素和植物激素 5 类组分合成。常用有 murashige-skoog(MS)培养基和 gamborg's B_5(B_5)培养基。

b.温度和 pH:一般植物细胞组织培养的适宜温度在 $20 \sim 25$ ℃,酶合成温度因植物种类而异,总体上,温度一般控制在室温范围。植物细胞组织培养要求稳定的 pH,一般在微酸性范围,pH 最好控制在 $5.6 \sim 6.1$。

c.通气与搅拌:植物细胞组织培养需要一定量的溶氧,因而需要搅拌与通气。和微生物相比,植物细胞代谢较慢,耗氧速度也较小,加之细胞比较大,对剪切力较敏感,所以搅拌与通气不能太剧烈。

d. 添加促进物和前体:添加适当的促进物和前体可以提高酶合成量。如花生细胞合成苯丙氨酸氨裂合酶时,添加霉菌细胞壁碎片,可使酶合成量提高20倍。

②动物细胞组织培养产酶的工艺特点 动物细胞组织培养生产疫苗、细胞生长因子等,技术上已经很成熟。动物细胞组织培养有悬浮培养法和固体或半固体培养法。动物细胞培养必须依附于固体或半固体的表面才能正常代谢,这就是动物细胞的附壁生长特性。

a. 培养基:通常以葡萄糖为碳源;各种阳离子总数必须与阴离子总数相等,溶液的渗透压必须与细胞内的渗透压相等,即是等渗溶液;添加血清或其代用品来提供必需氨基酸、必需脂肪酸、动物激素等,确定各种必需氨基酸、脂肪酸等的配比时,既要考虑相互之间的关系,还要注意离子间的平衡和等渗等的要求。

b. 培养条件控制:动物细胞对温度控制的要求很严,温度的波动范围只能在±0.25 ℃;pH常用 $NaHCO_3$ 来调节;溶氧条件调解,常用纯氧、氮、二氧化碳和空气4种气体的不同比例进行,不直接通气,更不搅拌;要严格控制渗透压。

动植物细胞组织培养产酶结束后,收取培养物,用酶提取缓冲液洗涤除去材料表面附着的培养基,然后加适量的提取缓冲液,匀浆破碎细胞,离心,收集酶液,再分离纯化。

2) 酶的提取

酶的提取方法主要有水溶液法,有机溶剂法和表面活性剂法3种。应根据酶的溶解性质、稳定性及其影响因素、酶与其他物质结合的性质等选择适宜的方法。

(1) 水溶液法

常用低浓度或等渗的稀盐溶液或缓冲液提取。经过预处理的原料,包括组织糜、匀浆、细胞颗粒以及丙酮粉等,都可用水溶液抽提。一般在低温下操作,以保证酶的稳定性并使酶有较高的溶解度。如提取胃蛋白酶,为了水解黏膜蛋白,需在40 ℃左右水解2~3 h提取。但对温度耐受性较高的酶(如超氧化物歧化酶),应提高温度,以使杂蛋白变性,利于酶的提取和纯化。提取溶剂的 pH 也要适宜,其选择原则如下:在酶稳定的 pH 范围内,选择偏离等电点的适当 pH,酸性酶用碱性溶液提取,碱性酶用酸性溶液提取。

(2) 有机溶剂法

某些结合酶如微粒体和线粒体膜的酶,由于和脂质牢固结合,用水溶液很难提取,为此必须除去结合的脂质,且不能使酶变性,最常用的有机溶剂是丁醇。丁醇亲脂性强,特别是亲磷脂性强,兼具有亲水性,在0 ℃仍有较好的溶解度,在脂与水分子间能起到类似去垢剂的桥梁作用。

用丁醇提取方法有两种:一种是用丁醇提取组织的匀浆然后离心,取下相层,但许多酶在与脂质分离后极不稳定,需加注意;另一种是在每克组织或菌体的干粉中加5 mL丁醇,搅拌20 min,离心,取沉淀(接着用丙酮洗去沉淀上的丁醇,再在真空中除去溶剂,所得干粉可进一步用水提取。该法适用于易在水溶液中变性的材料。

(3) 表面活性剂法

表面活性剂分子具有亲水或憎水性的基团。分为阴离子型、阳离子型和非离子型表面活性剂3种。表面活性剂能与酶结合使之分散在溶液中,故可用于提取结合酶,其中,非离子型表面活性剂比离子型的温和,不易引起酶失活,故使用较多。

3) 酶的纯化

酶的纯化是一个复杂的过程,不同的酶,因性质不同,其纯化工艺可有很大不同。评价一个纯化工艺是否恰当,主要看两个指标:比活力(纯度)和总活力回收率。一个好的纯化工艺应是比活力(纯度)提高多,总活力回收率高,而且重现好。

(1)杂质的去除

酶提取液中,除所需酶外,还含有大量的杂蛋白、多糖、脂类和核酸等,为了进一步纯化,可用下列方法去除:

①调 pH 值和加热沉淀法 利用蛋白质在酸碱条件下的变性性质可以通过调 pH 值和等电点除去某些杂蛋白,也可利用不同蛋白质对热稳定的差异,将酶液加热到一定温度,使杂蛋白变性而沉淀。超氧化歧化酶就是利用这个特点,加热到 65 ℃、10 min,以除去大量的杂蛋白。

②蛋白质表面变性法 利用蛋白质表面变性性质的差别,也可除去杂蛋白。例如制备过氧化氢酶时,加入氯仿和乙醇进行震荡,可以除去杂蛋白。

③选择性变性法 利用蛋白质稳定性的不同,除去杂蛋白。如对胰蛋白酶、细胞色素 C 等少数特别稳定的酶,甚至可用 2.5% 三氯乙酸处理,这时其他杂蛋白都变性而沉淀,而胰蛋白酶和细胞色素 C 仍留在溶液中。

④降解或沉淀核酸法 在用微生物制备酶时,常含有较多的核酸,为此,可用核酸酶将核酸降解成核苷酸,使黏度下降便于离心分离。也可用一些核酸沉淀挤入三甲基十六烷基溴化胺、硫酸链霉素、聚乙烯亚胺等沉淀剂使之沉淀去除。也可以用核酸酶将核酸降解成核苷酸后离心除去。黏多糖常用乙酸铅、乙醇、单宁酸等处理后除去。

⑤利用结合底物保护法除去杂蛋白 酶和底物结合或与竞争性抑制剂结合后,稳定性大大提高,这样就可以用加热法除去杂蛋白。如 D-氨基酸氧化酶加抑制剂 O-甲基苯甲酸后耐热性显著提高。

(2)脱盐

酶的提纯以及酶的性质研究中,常常需要脱盐。最常用的脱盐方法是透析和凝胶过滤。

①透析 透析可除去酶液中的盐类、有机溶剂、低相对分子质量的抑制剂等。最常用的是玻璃纸袋,其截留相对分子质量极限一般在 5 000 左右。由于透析主要是扩散过程,如果袋内外的盐浓度相等,扩散就会停止,因此需经常更换溶剂。一般一天换 2~3 次,并且最好在 0~4 ℃下透析,以防样品变性。

②凝胶过滤 这是脱盐目前最常用的方法,不仅可除去小分子的盐,而且也可除去其他相对分子质量较小的物质。用于脱盐的凝胶主要有 Sephadex G-10、G-15、G-25 等。

(3)浓缩

酶的浓缩方法很多,有冷冻干燥、离子交换、超滤、凝胶吸水等。

①冷冻干燥法 此法是目前最有效的方法之一,最适宜于容积为水的酶溶液,它可将酶液制成干粉。采用这种方法既能使酶浓缩,酶又不易变性,便于长期保存。酶液量大时可用大型冷冻干燥机。

②离子交换法 此法常用的变换剂有 DEAE Sephadex A50,PAE-Sephadex A50 等。调节酶液的 pH 使酶蛋白带上一定的电荷,酶液通过交换柱时,几乎全部的酶蛋白会被吸附,然后用改变洗脱液 pH 值或离子强度等法即可达到浓缩目的。

③超滤法 在一定的外加压力下,使待浓缩液通过只允许水和小分子选择性透过的微孔超滤膜,酶等大分子被截留,浓缩的同时也可以脱盐。超滤的优点在于操作简单、快速且温和,

操作中不产生相的变化。

④凝胶吸水法 由于 Sephadex G-25 或 G-50 都具有吸收水及相对分子质量较小化合物的性能,因此用这些凝胶干燥粉末和需要浓缩的酶液混在一起后,干燥粉末就会吸收溶剂,再用离心或过滤方法除去凝胶,酶液就得到浓缩。

（4）酶的结晶

酶的结晶是指缓慢降低酶蛋白的溶解度,使其处于过饱和状态,酶分子有规律周期性排列成晶体而析出的过程。把酶提纯到一定纯度以后(通常纯度应达 50% 以上),可进行结晶,伴随着结晶的形成,酶的纯度经常有一定程度的提高。从这个意义上讲,结晶既是提纯的结果,也是提纯的手段。酶的结晶方法有:

①盐析法 在适当的 pH 值、温度等条件下,保持酶的稳定,加入一定浓度的无机盐,中和酶蛋白表面电荷,并破坏其表面的水化膜而使酶结晶析出。酶制剂工业中,结晶时采用的盐有硫酸铵和硫酸钠。实验室常用硫酸铵。盐析必须在低温下(一般在 0 ℃ 左右),缓冲液 pH 接近酶的等电点。

②有机溶剂法 有机溶剂的主要作用是降低溶液的介电常数,使酶蛋白分子间引力增强而溶解度降低。因此,在低温下向酶液中滴加有机溶剂能使酶形成结晶。同时选择使酶稳定的 PH。这种方法的优点是结晶悬液中含盐少。缺点是容易引起酶失活。结晶常用的有机溶剂有乙醇、丙醇、丁醇等。

③等电点法 在等电点状态下,酶蛋白分子所带电荷为零。彼此之间的排斥最小,溶解度最低,因而容易结晶析出,这一特征为酶的结晶条件提供了理论根据。

④透析平衡法 将酶液装入透析袋中,置于一定饱和度的盐溶液或有机溶剂中进行透析平衡,袋中的酶可缓慢地达到过饱和状态而结晶。利用透析平衡进行结晶也是常用方法之一。它既可进行大量样品的结晶,也可进行微量样品的结晶。

⑤复合结晶法 可以利用某些酶与有机化合物或金属离子形成复合物或盐的性质来结晶。

2.4.5 酶类药物的药用价值

1)酶与某些疾病的关系

酶缺乏所致的疾病多为先天性或遗传性,如白化病是因酪氨酸羟化酶缺乏;蚕豆病或对伯氨喹啉敏感患者是因 6-磷酸葡萄糖脱氢酶缺乏。许多中毒性疾病几乎都是由于某些酶被抑制所引起的,如常用的有机磷农药(如敌百虫、敌敌畏、1059、乐果)中毒。

2)酶在疾病诊断上的应用

正常人体内酶活性较稳定,当人体某些器官和组织受损或发生疾病后,某些酶被释放入血、尿或体液内。如急性胰腺炎时,血清和尿中淀粉酶活性显著升高;肝炎和其他原因肝脏受损,肝细胞坏死或通透性增强,大量转氨酶释放入血,使血清转氨酶升高;心肌梗塞时,血清乳酸脱氢酶和磷酸肌酸激酶明显升高。

3)酶在临床治疗上的应用

酶疗法已逐渐被人们所认识,广泛受到重视,各种酶制剂在临床上的应用越来越普遍。如胰蛋白酶、糜蛋白酶等,能催化蛋白质分解,此原理已用于外科扩创,化脓伤口净化及胸、腹腔浆膜粘连的治疗等。在血栓性静脉炎、心肌梗塞、肺梗塞以及弥漫性血管内凝血等病的治疗中,可应用纤溶酶、链激酶、尿激酶等,以溶解血块。

2.4.6　酶类药物的生产实例——L-天冬酰胺酶的生产

1)结构与性质

L-天冬酰胺酶(L-asparaginase,L-ASP,EC.3.5.1.1),又名L-门冬酰胺酶或L-天门冬酰胺酶,商品名为左旋门冬酰胺酶,目前在临床上已被用于儿童急性淋巴细胞白血病的治疗。L-ASP 单独使用时,对儿童急性淋巴细胞白血病的有效率为60%,与长春碱及皮质甾类药物联合使用时,有效率可高达95%。另外,L-ASP 对单细胞白血病、淋巴肉瘤、白血病性网状内皮组织增多症以及慢性髓细胞白血病也有一定的疗效,对胰腺癌细胞的增多还有一定的抑制作用,是临床治疗白血病的重要药物。

L-ASP 抗肿瘤的作用机制在于它能够降低人体内 L-天冬酰胺和 L-谷氨酰胺的浓度,这两种氨基酸是合成嘌呤环和嘧啶环的重要组成部分。肿瘤细胞缺乏天冬酰胺合成酶,不能合成 L-天冬酰胺,需要摄取外源 L-天冬酰胺才能存活。当外源 L-天冬酰胺被分解掉时,癌细胞合成核苷酸和蛋白质的能力就会显著降低,因此 L-ASP 能有效抑制肿瘤细胞的增殖。

L-ASP 是由4个相同亚基(A、B、C、D)组成的同型四聚体,有222个对称轴,在 AB 或 CD 之间存在6对相互作用力,形成两对二聚物,所以更准确地说 L-ASP 是两个二聚物的二聚体。它的每个亚基含有326个氨基酸残基,包 N 端和 C 端两个 β 结构域。两个结构域之间由一段连接序列相连。

L-ASP 性状呈白色粉末状,微有吸湿性,溶于水,不溶于丙酮、氯仿、乙醚及甲醇。20% 水溶液室温贮存 7 d,5 ℃贮存 14 d 均不减少酶的活力。干燥品50 ℃、15 min 酶活力降低30%,60 ℃、1 h 内失活。最适 pH 8.5,最适温度37 ℃。

L-天冬酰胺酶的产生菌是霉菌和细菌。

2)生产工艺

(1)工艺路线

L-天冬酰胺酶生产工艺流程如图 2.5 所示。

(2)工艺过程及控制要点

①菌种培养　采取大肠杆菌 ASl-375,普通肉汤培养基,接种后于37 ℃培养24 h。

②种子培养　16% 玉米浆,接种量1% ~1.5%,37 ℃通气搅拌培养4~8 h。

③发酵罐培养　玉米浆培养基,接种量8%,37 ℃通气搅拌培养6~8 h,离心分离发酵液,得菌体,加2倍量丙酮搅拌,压滤,滤饼过筛,自然风干成菌体干粉。

④提取、沉淀、热处理　每千克菌体干粉加入 0.01 mol/L、pH 8.0 的硼酸缓冲液 10 L,37 ℃保温搅拌 1.5 h,降温到 30 ℃以后,用 5 mol/L 醋酸调节 pH 值至 4.2~4.4 进行压滤,滤液中加入 0.2 倍体积的丙酮,放置 3~4 h,过滤,收集沉淀,自然风干,即得干粗酶。取粗制酶,加入 0.3% 甘氨酸溶液,调节 pH 值为 8.8,搅拌 1.5 h,离心,收集上清液,加热到 60 ℃,30 min 进行热处理。离心弃去沉淀,上清液加 2 倍体积的丙酮,析出沉淀,离心,收集酶沉淀,

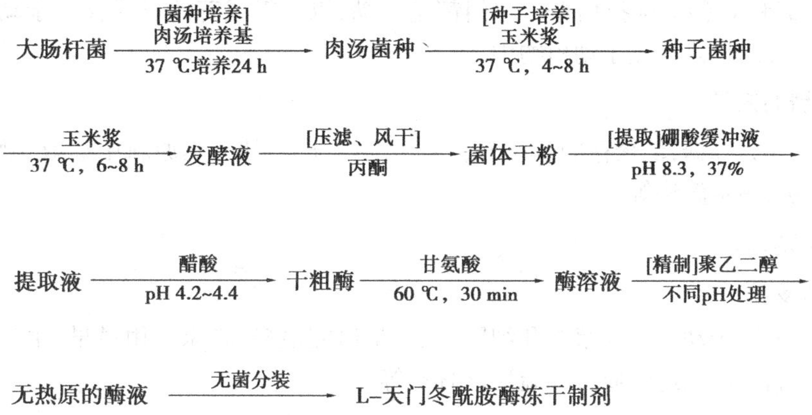

图 2.5 L-天冬酰胺酶生产的工艺流程

用 0.01 mol/L,pH 8.0 磷酸缓冲液溶解,再离心弃去不溶物,得上清酶溶液。

⑤精制、冻干 上述酶溶液调节 pH 8.8,离心弃去沉淀,清液再调 pH 值为 7.7 加入 50% 聚乙二醇,使浓度达到 16%。在 2～5 ℃放置 4～5 d,离心得沉淀。用蒸馏水溶解,加 4 倍量的丙酮,沉淀,同法重复 1 次,沉淀用 pH 6.4,0.05 mol/L 磷酸缓冲液溶解,50% 聚乙二醇重复处理 1 次,即得无热原的 L-天冬酰胺酶。溶于 0.5 mol/L 磷酸缓冲液,在无菌条件下用 6 号垂熔漏斗过滤,分装,冷冻干燥制得注射用 L-天冬酰胺酶成品,每支 1 万或 2 万单位。

任务 2.5 糖类药物的生产

2.5.1 糖类药物的类型

糖及其衍生物广布于自然界生物体中,种类繁多。按照所含糖基数目的不同可分为单糖、低聚糖和多糖等形式。

①单糖 单糖是糖的最小单位,如葡萄糖、果糖、氨基葡萄糖等;单糖的衍生物如 6-磷酸葡萄糖、1,6-二磷酸果糖、磷酸肌醇等。

②低聚糖 常指由 2～20 个单糖以糖苷键相连组成的聚合物,如麦芽乳糖、乳果糖、水苏糖等。

③多聚糖 常称为多糖,是由 20 个以上单糖聚合而成的,如香菇多糖、右旋糖酐、肝素、硫酸软骨素、人参多糖和刺五加多糖等。多糖在细胞内的存在方式有游离型与结合型两种。

2.5.2 糖类药物的来源

1) 单糖及其衍生物的来源

自然界已发现的单糖主要是戊糖和己糖。常见的戊糖有 D-(－)-核糖、D-(－)-2-脱氧核糖、D-(+)-木糖和 L-(+)-阿拉伯糖。它们都是醛糖,以多糖或苷的形式存在于动植物中。己糖以游离或结合的形式存在于动植物中。

2)低聚糖的来源

低聚糖又称为寡糖,低聚糖的获取方法大体上可分为:从天然原料中提取、微波固相合成法、酸碱转化法、酶水解法等。

3)多糖的来源

(1)动物多糖

动物多糖来源于动物结缔组织和细胞间质,是研究最多、临床应用最早、生产技术最成熟的多糖,重要的有肝素、透明质酸和硫酸软骨素等。

(2)植物多糖

植物多糖来源于植物的各种组织,从各种中草药中可以提取分离出药用的多糖。我国近年来对植物多糖,特别是中草药多糖的药物活性研究越来越深入。据研究,这些多糖络合物具有免疫调节、抗肿瘤、降血糖、抗放射、抗突变等多方面的药理作用。

(3)微生物多糖

微生物多糖是一类无毒、高效、无残留的免疫增强剂,能够提高机体的非特异性免疫和特异性免疫反映,增强对细菌、真菌、寄生虫及病毒的抗感染能力和对肿瘤的杀伤能力,具有良好的防病治病的效果。微生物多糖的生产不受资源、季节、地域等的限制,而且周期短,工艺简单,易于实现生产规模大型化和管理技术自动化。微生物多糖的种类繁多,依生物来源可分为细菌多糖、真菌多糖和藻类多糖,现已经从真菌得到真菌多糖已达数百种,如香菇多糖、云芝多糖、灵芝多糖等。

常见的糖类药物见表2.3。

表2.3 常见糖类药物

类 型	品 名	来 源	作用与用途
单糖及其衍生物	甘露醇	由海藻提取或葡萄糖电解	降低颅内压、抗脑水肿
	山梨醇	由葡萄糖氢化或电解还原	降低颅内压、抗脑水肿、治青光眼
	葡萄糖	由淀粉水解制备	制备葡萄糖输液
	葡萄糖醛酸内脂	由葡萄糖氧化制备	治疗肝炎、肝中毒、解毒、风湿性关节炎
	葡萄糖酸钙	由淀粉或葡萄糖发酵	钙补充剂
	植酸钙(菲汀)	由玉米、米糠提取	营养剂、促进生长发育
	肌醇	由植酸钙制备	治疗肝硬化、血管硬化、降血脂
	1,6-二磷酸果糖	酶转化法制备	治疗急性心肌缺血休克、心肌梗死

类　型	品　名	来　源	作用与用途
多糖	右旋糖酐	微生物发酵	血浆扩充剂、改善微循环、抗休克
	右旋糖酐铁	用右旋糖酐与铁络合	治疗缺铁性贫血
	糖酐酯钠	由右旋糖酐水解酯化	降血脂、防治动脉硬化
	猪苓多糖	由真菌猪苓提取	抗肿瘤转移、调节免疫功能
	海藻酸	由海带或海藻提取	增加血容量抗休克、抑制胆固醇吸收
	透明质酸	由鸡冠、眼球、脐带提取	化妆品基质、眼科用药
	肝素钠	由肠黏膜和肺提取	抗凝血、抗肿瘤转移
	肝素钙	由肝素制备	抗凝血、防治血栓
	硫酸软骨素	由喉骨、鼻中膈提取	治疗偏头痛、关节炎
	硫酸软骨素 A	由硫酸软骨素提取	降血脂、防治冠心病
	冠心舒	由猪十二指肠提取	治疗冠心病
	甲壳素	由甲壳动物外壳提取	人造皮、药物赋形剂
	脱乙酰壳多糖	由甲壳质提取	降血脂、金属解毒、止血、消炎

2.5.3　糖类药物的生理活性

多糖是研究得最多的糖类药物。多糖类药物具有以下多种生理活性。

①调节免疫功能　多糖对免疫功能具有重要的调节作用。包括对各种免疫细胞的调节、对细胞因子的调节以及对补体的调节等。主要表现为影响补体活性,促进淋巴细胞增生,激活或提高吞噬细胞的功能,增强机体的抗肿瘤、抗炎、抗氧化和抗衰老。多糖的抗肿瘤活性一般是通过增强机体免疫功能来实现的。香菇多糖已用于临床,还有灵芝多糖、地黄多糖等也具有抗肿瘤活性。

②抗感染作用　多糖可提高机体组织细胞对细菌、原虫、病毒和真菌感染的抵抗能力。如甲壳素对皮下肿胀有治疗作用,对皮肤伤口有促进愈合的作用。

③促进细胞 DNA、蛋白合成　可促进细胞增殖和生长。

④抗辐射损伤作用　茯苓多糖、紫菜多糖、透明质酸等均有抗^{60}Co-γ 射线损伤的作用。

⑤抗凝血作用　如肝素是天然抗凝剂,用于防治血栓、周围血管病、心绞痛、充血性心力衰竭与肿瘤的辅助治疗。甲壳素、芦荟多糖、黑木耳多糖等均具有类似的抗凝血作用。

⑥降血脂、抗动脉粥样硬化作用　如硫酸软骨素、小分子肝素等具有降血脂、降胆固醇抗动脉粥样硬化作用。

⑦其他作用　多糖类药物除上述活性作用外,还具有其他多方面的活性作用,如:右旋糖酐可以代替血浆蛋白以维持血液渗透压,中等相对分子质量的右旋糖酐用于增加血容量、维持血压,而小相对分子质量的右旋糖酐是一种安全有效的血浆扩充剂;海藻酸钠能增加血容量,使血压恢复正常。

2.5.4　糖类药物生产的一般方法

1) 单糖、低聚糖及其衍生物的生产

游离单糖及小分子寡糖易溶于冷水及温乙醇,可以用水或在中性条件下以50%乙醇为提取溶剂,也可以用80%乙醇,在70~78 ℃下回流提取。溶剂用量一般为材料的20倍,需多次提取。一般提取流程如下:粉碎植物材料,乙醚或石油醚脱脂,边搅拌边加碳酸钙,以50%乙醇温浸,浸液合并,于40~45 ℃减压浓缩至适当体积,用中性醋酸铅去杂蛋白及其他杂质,铅离子可通 H_2S 除去,再浓缩至黏稠状;以甲醇或乙醇温浸,去不溶物(如无机盐或残留蛋白质等);醇液经活性炭脱色,浓缩,冷却,滴加乙醚,或置于硫酸干燥器中旋转,析出结晶。单糖或小分子寡糖也可以在提取后,用吸附层析法或离子交换法进行纯化。

2) 多糖的分离与纯化

多糖来自动物、植物和微生物。来源不同,提取分离的方法也不同。植物体内含有水解多糖及其衍生物的酶,必须抑制或破坏酶的作用后,才能提取天然存在形式的多糖。在动物组织中,黏多糖常以一定方式与蛋白质相结合,所以必须首先用酶降解蛋白质或用碱及浓盐使蛋白质同多糖之间的键断裂开以促进黏多糖在提取时溶解在提取液中。提取用原材料必须保证其新鲜,同时应干燥保存,速冻冷藏是保存提取多糖材料的有效方法。

(1) 多糖的提取

提取多糖时,一般需先进行脱脂,以便多糖释放。方法:将植物材料粉碎,用甲醇或乙醇-乙醚(1:1)混合液,加热搅拌温浸1~3 h,也可用石油醚脱脂。动物材料可用丙酮脱脂,脱水处理方法是组织糜或匀浆悬浮于 0.01 mol/L,pH 6.5 的磷酸缓冲液中,在 0 ℃下一般边搅拌边慢慢倒入 10 倍体积的−15 ℃无水丙酮,10 min 后,离心过滤取其沉淀,反复用冷丙酮洗几次,真空干燥即得丙酮粉。

多糖的提取方法主要有以下3种。

①稀碱液提取　主要用于难溶于冷水、热水、可溶于稀碱的多糖。此类多糖主要是不溶性的胶类,如木聚糖等,提取时可先用冷水浸润材料,使其溶胀后,再用 0.5 mol/L NaOH 提取,提取液用盐酸中和、浓缩后,加乙醇沉淀多糖。如在稀碱中不易溶出者,可加入硼砂,如甘露醇聚糖、半乳聚糖等能形成硼酸配合物,用此法可得到相当纯的产品。

②热水提取　适用于难溶于冷水和乙醇,易溶于热水的多糖。提取时材料先用冷水浸泡,再用热水(80~90 ℃)搅拌提取,提取液除蛋白质,离心,得清液。透析或用离子交换树脂脱盐后,用乙醇沉淀的多糖。

③黏多糖的提取　大多数黏多糖可用水或盐溶液直接提取,但因有些黏多糖与蛋白质结合于细胞中,需用酶解法或碱解法裂解糖-蛋白间的结合键,促使多糖释放。

a. 碱解:多糖与蛋白质结合的糖肽键对碱不稳定,故可用碱解法使糖与蛋白质分开。

碱处理时,可将组织在 40 ℃以下,用 0.5 mol/L NaOH 溶液提取,提取液以酸中和,透析后,以高岭土、硅酸铝或其他吸附剂除去杂蛋白,再用酒精沉淀多糖。

一般来说,用碱性液提取效果较好,其主要原因是可防止黏多糖被破坏,而且在碱性液提取时又可用蛋白水解酶处理原料。水解下来的蛋白质可用普通的蛋白质沉淀剂如硫酸铝等使之沉淀,也可调节 pH 值和加热促使蛋白质沉淀,这样大大简化了工艺。在生产中用三氯乙酸、酚或乙酸提取黏多糖,也可获得好的效果。

b. 酶解:蛋白酶水解法已逐步取代碱提取法而成为提取多糖的最常用方法。理想的工具酶是专一性低的、具有广谱水解作用的蛋白水解酶。由于蛋白酶不能断裂糖肽键及其附近的肽键,因此成品中会保留较长的肽段。为除去长肽段,常与碱解法合用。常用的酶制剂有胰蛋白酶、木瓜蛋白酶等。酶解液中的杂蛋白可用三氯醋酸法、磷钼酸-磷钨酸沉淀法等方法去除,再经透析后,用乙醇沉淀即可制得粗品多糖。

酶解时要防止细菌生长,可加甲苯、氯仿、酚等作为抑菌剂。

（2）多糖的纯化

多糖的纯化方法很多,但必须根据目的物的性质及条件选择合适的纯化方法,而且往往用一种方法不易得到理想的结果,因此必要时应考虑合用几种方法。

在分级分离黏多糖之前,需要先除去低分子量的消化产物和残存的蛋白质,通常用5%左右的三氯醋酸沉淀蛋白质,低温存放数小时或过夜,使蛋白质沉淀完全,然后离心去除沉淀,收集上清液,调至中性后进行透析,大规模生产时消化液体积很大,不宜使用透析方法,而是常用膜过滤代替透析直接沉淀蛋白质,通常采用乙醇和季铵盐作为沉淀剂。

①乙醇沉淀法　乙醇沉淀法是制备黏多糖的最常用手段。乙醇的加入,改变了溶液的极性,导致糖溶解度下降。供乙醇沉淀的多糖溶液,以含多糖的浓度为1%～2%为佳。如使用充分过量的乙醇,黏多糖浓度低于0.1%也可以沉淀完全,向溶液中加入一定浓度的盐,如醋酸钠、醋酸钾、醋酸铵或氯化钠有助于使黏多糖从溶液中析出,盐的最终浓度5%即可。使用醋酸盐的优点是在乙醇中其溶解度更大,即使在乙醇过量时,也不会发生这类盐的共沉淀。一般只要黏多糖浓度不太低,并有足够的盐存在,加入4～5倍乙醇后,黏多糖可完全沉淀。可以使用多次乙醇沉淀法使多糖脱盐,也可以用超滤法或分子筛法（Sephadex G-10 或 G-15）进行多糖脱盐。加完酒精,搅拌数小时,以保证多糖完全沉淀。沉淀物可用无水乙醇、丙酮、乙醚脱水,真空干燥即可得疏松粉末状产品。

②分级沉淀法　不同多糖在不同浓度的甲醇、乙醇或丙酮中的溶解度不同,因此可用不同浓度的有机溶剂分级沉淀分子大小不同的黏多糖。在 Ca^{2+}、Zn^{2+} 等二价金属离子的存在下,采用乙醇分级分离黏多糖可以获得最佳效果。

分级沉淀的方法是:在搅拌下,缓慢将乙醇加入到以5%乙酸钙和0.5 mol/L乙酸为溶剂的1%～2%黏多糖溶液中。4 ℃过夜,离心收集沉淀,而上清液则以较高浓度乙醇进行再沉淀,用80%乙醇洗涤,用无水乙醇和乙醚洗涤,干燥。对于每次加入乙醇的浓度的递增情况,取决于分级分离混合物的性质,如果增加的浓度小于5%,其结果不会产生明显改进。

③季铵盐络合法　黏多糖与一些阳离子表面活性剂如十六烷基三甲基溴化铵（CTAB）和十六烷基氯化吡啶（CPC）等能形成季铵盐络合物。这些络合物在低离子强度的水溶液中不溶解,在离子强度增大时,这些络合物可以解离、溶解、释放。利用这种性质达到的目的。

④离子交换层析法　黏多糖因具有酸性基团(如糖醛酸和各种硫酸基),在溶液中以聚阴离子形式存在,故可用阴离子交换剂进行交换吸附。常用的阴离子交换剂有 Dowex-X2、ECTEOIA-纤维素等。吸附时可以使用低盐浓度溶液,洗脱时可以逐步提高盐浓度如梯度洗脱或分步阶梯洗脱。如以 Doxexl 进行分离时,分别用 0.5 mol/L、1.25 mol/L、1.5 mol/L、2.0 mol/L 和 3.0 mol/L NaCl 洗脱,可分离透明质酸、硫酸乙酰肝素、硫酸软骨素、肝素和硫酸角质素。

此外,区带电泳法、超滤法及金属络合法等在多糖的分离纯化中也常采用。

2.5.5 多糖类药物生产实例——硫酸软骨素的生产

1)结构与性质

硫酸软骨素(CS)按其化学组成和结构差异,又分 A,B,C,D,E,F,…,H 等多种,药用硫酸软骨素是从动物软骨中提取的,主要是 A、C 及各种硫酸软骨素的混合物(图 2.6)。一般硫酸软骨素含 50～70 个双糖基本单位,相对分子质量为 10 000～50 000。

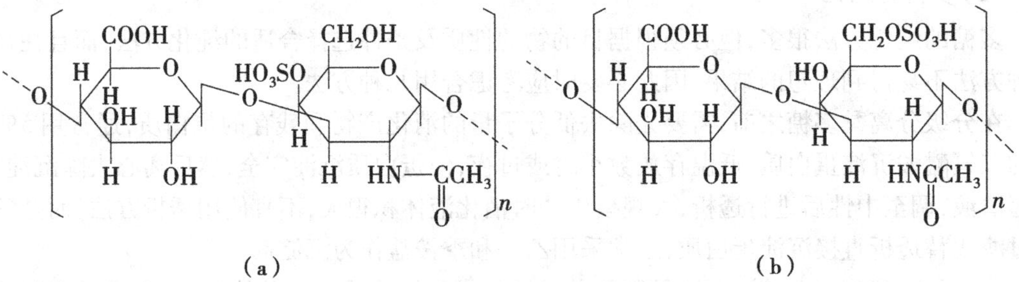

图 2.6 硫酸软骨素化学式
(a)硫酸软骨素 A;(b)硫酸软骨素 C

硫酸软骨素为白色粉末,有引湿性。硫酸软骨素或其钠盐及钙盐等易溶于水,不溶于乙醇、丙酮、乙醚、氯仿等有机溶剂。此外硫酸软骨素还具有以下化学性质。

①水解反应 硫酸软骨素可被浓硫酸降解成小分子,并被硫酸化,降解的程度和硫酸化的程度随着温度的升高而增加,在 $-30～-5$ ℃的温度下,2 h 可使平均分子量 M 降至 3 000～4 000。硫酸软骨素也可以在稀盐酸溶液中水解而成为小分子产物,温度越高,水解速率越快。

②酯化反应 硫酸软骨素分子中的游离羟基可以被酯化,生成多硫酸衍生物。

③中和反应 硫酸软骨素呈酸性,其聚阴离子能与多种阳离子生成盐。这些阳离子包括金属离子和有机阳离子如碱性染料甲苯胺蓝等。可以利用此性质对它进行纯化,如用阴离子交换树脂纯化等。

2)生产工艺

(1)工艺流程

硫酸软骨素的生产工艺流程如图 2.7 所示。

(2)工艺过程及控制要点

①预处理 将新鲜的软骨去除脂肪等结缔组织后,置于冷库中保存。提取时取出,用粉碎机粉碎。

②提取 将粉碎的软骨置于不锈钢反应罐内,加入 1 倍量的 40%氢氧化钠溶液,加热升温至 40 ℃,保温搅拌提取 24 h,然后冷却,加入工业盐酸调 pH 至 7.0～7.2,用双层纱布过滤,滤渣弃去,收集滤液。

③酶解 将上述滤液置于不锈钢消化罐中,在不断搅拌的条件下,加入 1∶1 盐酸调 pH 值至 8.5～9.0,并加热至 50 ℃,加入 3%(按原软骨的量计)相当于 1∶25 倍胰酶,继续升温,

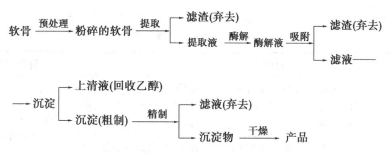

图 2.7 硫酸软骨素的生产工艺路线

控制消化温度在 53 ~ 54 ℃,共计 5 ~ 6 h。在水解过程中,由于氨基酸的增加,pH 值下降,需用 100 g/L(10%)氢氧化钠调整 pH 值至 8.8 ~ 9。水解终点检查,取少许反应液过滤于比色管中,10 mL 滤液滴加 100 g/L(10%)三氯乙酸 1 ~ 2 滴,若微显混浊,说明消化良好,否则酌情增加胰酶。

④吸附 当罐内温度达 53 ~ 54 ℃时,用 1∶1 盐酸调节 pH 值至 6.8 ~ 7,加入 14%(按原软骨的量计)活性白陶土、1% 活性炭,在搅拌的条件下,用 100 g (10%)氢氧化钠调整 pH 值保持在 6.8 ~ 7,搅拌吸附 1 h,再用 1∶2 盐酸调节 pH 值至 5.4,停止加热,静置片刻,过滤,收集澄清滤液。

⑤沉淀 将上述澄清滤液置于搪瓷缸中,然后迅速用 100 g/L(10%)氢氧化钠调节 pH 值至 6.0,并加入澄清液体积 10 g/L(1%)的氯化钠,溶解,过滤至澄清。

在搅拌的条件下,缓缓加入 90% 乙醇,使含醇量达 70%,每隔 30 min 搅拌 1 次,搅拌 4 ~ 6 次,使细小颗粒增大而沉降,静置 8 h 以上,吸去上清液,沉淀用无水乙醇充分脱水洗涤 2 次,抽干,于 60 ~ 65 ℃ 干燥或真空干燥得粗品。

⑥精制 将上述粗品置于不锈钢反应罐中,按 10% 左右浓度溶解,并加入 1% 氯化钠。再加入 1% 的胰酶,调节 pH 值为 8.5 ~ 9.0,控制消化温度为 53 ~ 54 ℃,酶解 3 L 左右,然后升温至 100 ℃,过滤至澄清,滤液用盐酸调 pH 至 2 ~ 3,过滤,然后再用氢氧化钠调 pH 值至 6.5,用 90% 乙醇沉淀过夜,然后过滤收集沉淀。

⑦干燥 将沉淀经无水乙醇脱水,然后真空干燥后得精品。

任务 2.6 脂类药物的生产

2.6.1 脂类药物的分类

脂类是脂肪、类脂及其衍生物的总称,其中具有特定生理、药理效应者称为脂类药物。脂类药物分为复合脂类和简单脂类两大类:复合脂类包括与脂肪酸相结合的脂类药物,如卵磷脂、脑磷脂等;简单脂类药物为不含脂肪酸的脂类,如甾体化合物、色素类及 CoQ_{10} 等。

由于脂类分子中的碳氢比例都较高,能够溶解在乙醚、氯仿、苯等有机溶剂中,不溶或微溶于水。脂类化合物往往是互溶在一起的。简单脂类药物在结构上极少有共同之处,其性质差异较大,所以其来源和生产方法也是多种多样的。脂类药物分类见表2.4。

表2.4 脂类药物分类表

	复合脂类		简单脂类
甘油三酯	甘油和脂肪酸结合而成,其脂肪酸中含碳原子12~22个,且仅存在偶数碳的化合物,是天然存在最普通的化合物,分为饱和脂肪酸和不饱和脂肪酸	萜类化合物	产生香味的重要化合物,在香辛植物中含量很高
饱和脂肪酸	脂肪酸中碳与碳之间以单键相连,在常温下呈凝聚状态,在动物脂肪中含量较高		
不饱和脂肪酸	脂肪酸中碳与碳之间存在双键或三键,在常温下呈液状态,称为"油",在植物脂中含量较高,常见的有油酸、亚油酸和亚麻酸	甾类化合物	包括对代谢起调节作用的性激素、肾上腺皮质激素和胆汁酸,与心血管疾病相关的胆固醇
甘油磷酸	含有磷酸的酯,是生物膜中最重要的成分,包括卵磷脂、脑磷脂和肌醇等,在蛋黄和大豆中含量较高		
其他	包括鞘磷脂和蜡等		

2.6.2 脂类药物的理化性质

1)脂肪和脂肪酸

①水溶性 脂肪一般不溶于水,易溶于有机溶剂如乙醚、石油醚、氯仿、二硫化碳、四氯化碳、苯等。由低级脂肪酸构成的脂肪则能在水中溶解。脂肪的比重小于1,故浮于水面上。脂肪虽不溶于水,但经胆酸盐的作用而变成微粒,就可以和水混匀,形成乳状液,此过程称为乳化作用。

②熔点 饱和脂肪酸的熔点依其分子量而变动,分子量越大,其熔点就越高。不饱和脂肪酸的双键越多,熔点越低。纯脂肪酸和由单一脂肪酸组成的甘油酯,其凝固点和熔点是一致的。而由混合脂肪酸组成的油脂的凝固点和熔点则不同。

③吸收光谱 脂肪酸在紫外和红外区显示特有的吸收光谱,可对脂肪酸进行定性、定量以及结构研究。饱和酸和非共轭酸在220 nm以下的波长区域有吸收峰。共轭酸中的二烯酸在230 nm附近显示出吸收峰。红外吸收光谱可有效地应用于测定脂肪酸的结构,它可以用于判断有无不饱和键、反式还是顺式以及脂肪酸侧链的情况。

④皂化作用 脂肪内脂肪酸和甘油结合的酯键容易被氢氧化钾或氢氧化钠水解,生成甘油和水溶性的肥皂。这种水解称为皂化作用。通过皂化作用得到的皂化价(皂化1 g脂肪所需氢氧化钾的毫克数),可以求出脂肪的分子量。

⑤加氢作用 脂肪分子中如果含有不饱和脂肪酸,可因双键如氢而变为饱和脂肪酸。

⑥加碘作用 脂肪不饱和双键可以加碘,100 g脂肪所吸收碘的克数称为碘价。脂肪中饱和脂肪酸越多,或不饱和脂肪酸所含的双键越多,则碘价越高。

⑦氧化和酸败作用 脂肪分子中的不饱和脂肪酸可受空气中的氧或各种细菌、霉菌所产

生的脂肪酶和过氧化物酶所氧化,形成一种过氧化物,最终生成短链酸、醛和酮类化合物,这些物质能使油脂散发刺激性的臭味,这种现象称为酸败作用。

2)磷脂

磷脂中因含有甘油和磷酸,故可溶于水。它还含有脂肪酸,故又可溶于脂肪溶剂。但磷脂不同于其他脂类,在丙酮中不溶解。根据此特点,可将磷脂和其他脂类分开。卵磷脂、脑磷脂及神经鞘磷脂的溶解度在不同的脂肪溶剂中具有显著的差别,可利用来分离此三种磷脂。神经鞘磷脂很稳定,不溶于醚及冷乙醇,但可溶于苯、氯仿及热乙醇。卵磷脂为白色蜡状物,在空气中极易氧化,迅速变成暗褐色,可能由于磷脂分子中不饱和脂肪酸氧化所致。神经鞘磷脂对氧较为稳定,这一点与卵磷脂和脑磷脂不同。

3)胆固醇

胆固醇为白蜡状结晶片,不溶于水而溶于脂肪溶剂,可与卵磷脂或胆盐在水中形成乳状物。胆固醇与脂肪混合时能吸收大量水分。胆固醇不能皂化,能与脂肪酸结合成胆固醇酯,为血液中运输脂肪酸的方式之一。脑中含胆固醇很多,约占湿重的 2%,几乎完全以游离的形式存在。

类固醇与固醇比较,甾体上的氧化程度较高,含有两个以上的含氧基团,这些含氧基团以烃基、酮基、羧基和醚基的形式存在,主要化合物有胆酸、鹅去氧胆酸、熊去氧胆酸、睾酮、雌二醇、黄体酮(孕酮)等。

2.6.3 脂类药物的一般制备方法

1)脂类的生产

工业上常根据脂类药物在生物体组织中的存在形式及各成分的性质,通过适当的生产方法制取。常用的方法有直接提取法、水解法、生物转化法、化学合成法等。

(1)直接提取法

①往往采用几种溶剂的结合的方式进行的,以醇作为组合溶剂的必需组分。醇能裂开脂质-蛋白质复合物,溶解脂类和使生物组织中脂类降解酶失活。醇溶剂的缺点是糖、氨基酸、盐类等也被提取出来,要除去水溶性杂质,最常用的方法是水洗提取物,但可能形成难处理的乳浊液。采用 $V(氯仿):V(甲醇):V(水)=1:2:0.8$ 组合溶剂提取脂质,提取物再用氯仿和水稀释,形成两相体系,$V(氯仿+甲醇):V(水)=1:0.9$,水溶性杂质分配进入甲醇-水相,脂类进入脂肪相,基本能克服上述问题。

②提取一般在室温下进行,阻止其发生过氧化与水解反应,如有必要,可低于室温。提取不稳定的脂类时,应尽量避免加热。

③使用含醇的混合溶剂,能使许多酯酶和磷脂酶失活,对较稳定的酶,可将提取材料在热或沸水中浸 1~2 min,使酶失活。提取溶剂要新鲜蒸馏的,不含过氧化物。

④提取高度不饱和的脂类时,溶剂中要通入氮气去除空气,操作应置于氮气环境下进行。不要使脂类提取物完全干燥或在干燥状态下长时间放置,应尽快溶于适当的溶剂中。

⑤脂类具有过氧化与水解等不稳定性质,提取物不宜长期保存;如要保存可溶于新鲜蒸馏的 $V(氯仿):V(甲醇)=2:1$ 的溶剂中,于 $-15\sim0\ ℃$ 保存,时间较长者(1~2 年),必须加入

抗氧化剂,保存于-40 ℃。

（2）水解法

在体内有些脂类药物和其他成分构成复合物质,含这些成分的组织需经水解或适当处理后,再进行提取分离纯化,或先提取再水解。如脑干中胆固醇酯经丙酮提取,浓缩后残留物用乙醇结晶,再用硫酸水解和结晶才能获得胆固醇；辅酶 Q_{10} 与动物细胞内线粒体膜蛋白结合成复合物,故从猪心提取辅酶 Q_{10} 时,需将猪心绞碎后用氢氧化钠水解,然后用石油醚提取,经分离纯化制得；在胆汁中,胆红素大多与葡萄糖醛酸结合成共价化合物,故提取胆红素需先用碱水解胆汁,然后用有机溶剂抽提；胆汁中胆酸大都与牛磺酸或甘氨酸形成结合型胆汁酸,要获得游离胆酸,需将胆汁用 10% 氢氧化钠溶液加热、水解后,再进一步分离纯化才可得到产物。

（3）生物转化法

生物转化法包括微生物发酵、动植物细胞培养和酶工程技术。来源于生物体的多种脂类药物也可采用此法生产。例如,微生物发酵法或烟草细胞培养法生产辅酶 Q_{10}；紫草细胞培养用于生产紫草素；以花生四烯酸为原料,用类脂氧化酶-2 为前列腺素合成酶的酶原,通过酶工程技术将原料转化合成前列腺素。

2）脂类药物的分离

脂类生化药物种类较多,结构各异、性质相差较大,其分离纯化通常用溶解度法及吸附法分离。

（1）溶解度法

溶解度法是依据脂类药物在不同溶剂中溶解度差异进行分离的方法。如游离胆红素在酸性条件溶于氯仿及二氯甲烷,故胆汁经碱水解、酸化后,用氯仿抽提,其他物质难溶于氯仿,而胆红素则溶出,因此得以分离。又如卵磷脂溶于乙醇,不溶于丙酮,脑磷脂溶于乙醚而不溶于丙酮和乙醇,故脑干丙酮提取液用于制备胆固醇,不溶物用乙醇提取可得卵磷脂,用乙醚提取可得脑磷脂,从而使三种成分得以分离。

（2）吸附分离法

吸附分离法是根据吸附剂对各种成分吸附力差异进行分离的方法。如从家禽胆汁中提取的鹅去氧胆酸粗品经硅胶柱层析及乙醇-氯仿溶液梯度洗脱即可与其他杂质分离。前列腺素 E_2 粗品经硅胶柱层析及硝酸银硅胶柱层析分离得精品。CoQ_{10} 粗制品经硅胶柱吸附层析,以石油醚和乙醚梯度洗脱,即可将其中杂质分开。胆红素粗品也可通过硅胶柱层析及氯仿-乙醇梯度洗脱分离。

3）脂类药物的精制

经分离后的脂类药物中常有微量杂质,需用适当方法精制,常用的有结晶法、重结晶法及有机溶剂沉淀法。如用层析分离的 PGE2 经醋酸乙酯-己烷结晶,以及用层析分离后的 CoQ_{10} 经无水乙醇结晶均可得相应纯品。经层析分离的鹅去氧胆酸及自牛羊胆汁中分离的胆酸需分别用醋酸乙酯及乙醇结晶和重结晶精制,半合成的牛黄熊去氧胆酸经分离后需用乙醇-乙醚结晶和重结晶精制。

2.6.4　脂类的药用价值

1）胆酸类的药用价值

胆酸类化合物是人及动物肝脏生产的甾体类化合物，集中于胆囊，排入肠道对脂肪起乳化作用，促进脂肪消化吸收，同时促进肠道正常菌落繁殖，抑制致病菌生长，保持肠道正常功能。不同的胆酸又有不同的药理效应及临床应用。

2）色素类的药用价值

色素类药物有胆红素、原卟啉、血卟啉及其衍生物。胆红素用于消炎、镇静等，也是人工牛黄的重要成分。胆绿素是胆南星、胆黄素等消炎药的成分。原卟啉用于治疗肝炎。血卟啉为激光治疗癌症的辅助剂，临床上用于治疗多种癌症。血红素用于制备抗癌特效药，临床上可制成血红素补铁剂。

3）不饱和脂肪酸的药用价值

不饱和脂肪酸主要包括前列腺素、亚油酸、亚麻酸、花生四烯酸及二十碳五烯酸等。前列腺素主要用于肝炎、肝硬化、脑梗死、糖尿病、呼吸系统疾病，用于催产、中早期引产、肾功能不全、抗早孕及抗男性不育症。亚油酸用于防治动脉粥样硬化，用于治疗高血压、糖尿病等。花生四烯酸治疗冠心病、糖尿病、预防脑血管疾病，对婴幼儿的大脑、神经及视神经系统的发育也具有重要作用。二十碳五烯酸用于预防和改善动脉硬化，防止高血压等。

4）磷脂类的药用价值

磷脂类药物包括卵磷脂、脑磷脂和大豆磷脂。卵磷脂用于预防高血压、心脏病、老年痴呆症、痛风、糖尿病等，临床上可用于治疗神经衰弱及防治动脉粥样硬化。脑磷脂用于防治肝硬化、肝脂肪性病变、动脉粥样硬化，治疗神经衰弱，有局部止血作用。大豆磷脂用于口服制剂的乳化，治疗高血脂、急性脑梗死和神经衰弱等。

5）固醇类的药用价值

固醇类药物包括胆固醇、麦角固醇及 β-谷固醇等。胆固醇为合成人工牛黄原料、机体多种甾体激素和胆酸原料。麦角固醇是机体维生素 D_2 的原料。

6）人工牛黄的药用价值

人工牛黄类药品包括胆红素、胆酸、猪胆酸、胆固醇及无机盐等。临床上用于治疗热病癫狂、神昏不语、小儿惊风、恶毒症及咽喉肿胀等，外用可治疗疔疮及口疮。

常见的脂类药物的来源及主要用途见表 2.5。

表 2.5　脂类药物的来源及主要用途

品　名	来　源	主要用途
胆固醇	脑或脊髓提取	人工牛黄的原料
麦角固醇	酵母提取	维生素 D_2 原料，防治小儿软骨病
β-谷固醇	蔗渣及米糠提取	降低血浆胆固醇
脑磷脂	酵母及脑中提取	止血、防治动脉粥样硬化及神经衰弱

续表

品　名	来　源	主要用途
卵磷脂	脑、大豆及卵黄中提取	防治动脉粥样硬化,肝病及神经衰弱
卵黄油	蛋黄中提取	抗绿脓杆菌及治疗烧伤
亚油酸	玉米胚及豆油中提取	降血脂
亚麻酸	亚麻油中提取	降血脂,防治动脉粥样硬化
花生四烯酸	动物肾上腺中提取	降血脂,合成前列腺素 E_2 原料
鱼肝油脂肪酸钠	鱼肝油中分离	止血,治疗静脉曲张及内痔
前列腺素 E_1 和 E_2	羊精囊中提取或酶转化	中期引产,催产或降血压
辅酶 Q_{10}	心肌提取、发酵或合成	治疗亚急性肝坏死及高血压
胆红素	胆汁提取或酶转化	抗氧剂,消炎,人工牛黄原料
原卟啉	动物血红素中分离	治疗急性及慢性肝炎
血卟啉及其衍生物	由原卟啉合成	肿瘤激光疗法辅助剂及诊断试剂
胆酸钠	由牛羊胆汁中提取	治疗胆汁缺乏,胆囊炎及消化不良
胆酸	由牛羊胆汁中提取	人工牛黄的原料
α-猪去氧胆酸	由猪胆汁中提取	降低胆固醇,治疗支气管炎
胆石去氧胆酸	胆酸脱氢制备	治疗胆囊炎
鹅去氧胆酸	禽胆汁提取或半合成	治疗胆结石
熊去氧胆酸	由胆酸合成	治疗急性或慢性肝炎,溶胆石
牛黄熊去氧胆酸	化学半合成	治疗炎症,退烧
牛黄鹅去氧胆酸	化学半合成	抗艾滋病,流感及副流感病毒感染
牛黄去氧胆酸	化学半合成	抗艾滋病,流感及副流感病毒感染
人工牛黄	由胆红素、胆酸配制	清热解毒,抗惊厥

2.6.5　脂类药物生产实例——胆固醇的生产

1)胆固醇的理化性质

胆固醇化学名称为胆甾-5-烯-3β-醇,相对分子质量为386.64,胆固醇是最初由胆结石中分离得到的一种有羟基的物质,属固醇类化合物,存在于脑、脊髓、神经、血液、肝、骨、胰脏等组织中,是胆结石的主要成分。主要用作人工牛黄原料,也用于合成维生素 D_2 和 D_3 的起始材料和化妆品原料。难溶于水,易溶于丙酮、乙醇、乙醚、苯、三氯甲烷、油脂等有机溶剂。

2)胆固醇生产工艺

胆固醇生产方法以猪脑及脊髓为原料。

(1)工艺流程

胆固醇生产工艺流程如图2.8所示。

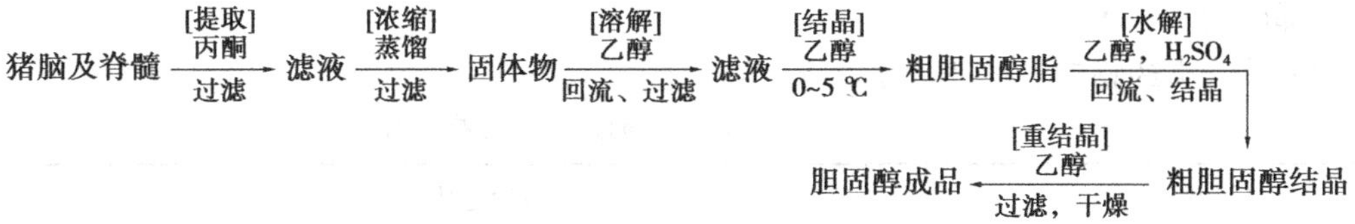

猪脑及脊髓 —[提取] 丙酮 过滤→ 滤液 —[浓缩] 蒸馏 过滤→ 固体物 —[溶解] 乙醇 回流、过滤→ 滤液 —[结晶] 乙醇 0～5 ℃→ 粗胆固醇脂 —[水解] 乙醇、H₂SO₄ 回流、结晶→

胆固醇成品 ←[重结晶] 乙醇 过滤、干燥— 粗胆固醇结晶

图 2.8　胆固醇生产工艺流程

（2）技术要点

①提取、结晶　取新鲜动物脑及脊髓（除去脂肪和脊髓膜）若干，绞碎，40～50 ℃烘干，得干脑粉。干脑粉加 1.2 倍量丙酮浸渍，不断搅拌，提取 4.5 h，反复提取 6 次，过滤，合并提取液，蒸馏浓缩至出现大量黄色固体物，同时回收丙酮。向固体物中加 10 倍量乙醇，加热回流溶解 1 h，得胆固醇乙醇溶液，过滤，滤液在 0～5 ℃冷却，静置，结晶，过滤，得粗胆固醇酯结晶。

②精制胆固醇　取粗胆固醇酯结晶加 5 倍量乙醇和 5%～6% 的硫酸，加热回流 8 h，得水解液，0～5 ℃冷却，结晶，过滤，得晶体，加 95% 乙醇洗至中性。将洗至中性的晶体加 10 倍量 95% 乙醇，加 3% 活性炭，加热溶解，回流脱色 1 h，保温过滤，滤液在 0～5 ℃冷却结晶，反复 3 次，过滤，把结晶压干，挥发除去乙醇，70～80 ℃真空干燥，得精制胆固醇。

任务 2.7　核酸类药物的生产

2.7.1　核酸类药物的基本概念

核酸（RNA、DNA）是由许多核苷酸以 3′,5′-磷酸二酯键连接而成的大分子化合物，是构成生命的最基本的物质。在生物的遗传、变异、生长发育以及蛋白质合成等方面起着重要作用。在疾病的发病过程中，核酸功能的改变是发病的重要因素，如恶性肿瘤、病毒的致病作用和遗传性疾病等都与核酸有关。所以核酸类药物对防治那些最危害人类的几大类疾病都有着重大的意义。生物体内核酸代谢与核苷酸代谢密切相关。核苷酸是核酸的基本结构，核苷酸由碱基、戊糖和磷酸三部分组成，碱基与戊糖组成的单元叫核苷。因而核酸类药物包括：核酸、核苷酸、核苷、碱基及其衍生物。

2.7.2　核酸类药物的分类

核酸类药物可分为两大类。

①具有天然结构的核酸类物质　这些物质都是生物体合成的原料，或是蛋白质、脂肪、糖等生物合成、降解以及能量代谢的辅酶。属于这一类的核酸类药物有肌苷、ATP、辅酶 A、脱氧核苷酸、肌苷酸、鸟三磷（GTP）、胞三磷（CTP）、尿三磷（UTP）、腺嘌呤、辅酶Ⅰ、辅酶 A 等。

②自然结构碱基、核苷、核苷酸结构类似物或聚合物　临床上用于抗病毒的这类药物有三氟代胸苷、叠氮胸苷等 8 种。此外还有氮杂鸟嘌呤、巯嘌呤、氟胞嘧啶、肌苷二醛、聚肌胞、阿糖

胞苷等都已用于临床。

常见核酸类药物的名称和治疗范围见表2.6。

表2.6　常见核酸类药物的名称及治疗范围

名　称	治疗范围
核糖核酸(RNA)	口服用于精神迟缓、记忆衰退、动脉硬化性痴呆治疗;静脉注射用于刺激造血和促进白细胞生成,治疗慢性肝炎、肝硬化、初期癌症
脱氧核糖核酸(DNA)	有抗放射性作用;能改善肌体虚弱疲劳;与细胞毒药物合用,能提高细胞毒药物对癌细胞的选择性作用;与红霉素合用,能降低其毒性,提高抗癌疗效
免疫核糖核酸(iRNA)	推动正常的RNA分子在基因水平上通过对癌细胞DNA分子进行诱导,或通过反转录酶系统促使癌细胞发生逆分化,如可用于肝炎治疗的抗乙肝iRNA
转移因子(TF)	相对分子质量较小,含有多核苷酸、多肽化合物,M_r<10 000,它只传递细胞免疫信息,无体液免疫作用,不致促进肿瘤生长,治疗恶性肿瘤比较安全;也可用于治疗肝炎等
聚肌胞苷酸(Poly I：C)	干扰素诱导物,具有广谱抗病毒作用;用化学合成、酶促合成方法生产
腺苷三磷酸(ATP)	用于心力衰竭、心肌炎、心肌梗死、脑动脉和冠状动脉硬化、急性脊髓灰质炎、肌肉萎缩、慢性肝炎等
核酸-氨基酸混合物	用于气管炎、神经衰弱等
辅酶A(CoA)	用于动脉硬化、白细胞、血小板减少,肝、肾病等
脱氧核苷酸钠	用于放疗、化疗引起急性白细胞减少症
腺苷-磷酸(AMP)	有周围血管扩张作用、降压作用;用于静脉曲张性溃疡等
鸟苷三磷酸(GTP)	用于慢性肝炎、进行性肌肉萎缩等症
辅酶Ⅰ(NAD)	用于白细胞减少及冠状动脉硬化
辅酶Ⅱ(NADP)	促进体内物质的生物氧化

2.7.3　核酸类药物的性质

1)理化性质

RNA和核苷酸的纯品都是白色粉末或结晶。DNA则为白色类似石棉样的纤维状物。除肌苷酸、尿苷酸具有鲜味外,核酸和核苷酸大多具有酸味。

RNA、DNA和核苷酸都是极性化合物,一般溶于水,不溶于乙醇、氯仿等有机溶剂,它们的钠盐比游离酸更易溶于水,RNA钠盐在水中溶解度可达4%。相对分子质量在10^8以上的DNA在水中浓度达1%以上时,呈黏性胶体溶液。在酸性溶液中,RNA、DNA和核苷酸分子上的嘌呤易水解,分别成为具有游离糖醛基的无嘌呤核酸和磷酸酯。在中性或弱碱性溶液中较稳定。

RNA、DNA和核苷酸既有磷酸基又有碱性基,故为两性电解质,但总体上酸性较强,能与Na^+、K^+等金属离子结合成盐,也易于碱性化合物结合成复合物。核酸具有很强的旋光性,旋光方向为右旋,这是核酸的一个重要特性。

2)核酸的颜色反应

RNA 和 DNA 经水解后,易脱下嘌呤形成无嘌呤的醛基化合物,或水解得到核糖和脱氧核糖,这些物质与某些酚类、苯胺类化合物结合形成有色物质,可用来作定性分析或根据颜色的深浅作定量测定。

3)核苷酸的解离性质

核苷酸由磷酸、碱基和核糖组成,为两性电解质,在一定 pH 条件下可解离而带有电荷,各种核苷酸分子上可解离的基团有氨基、烯醇基等,这是电泳和离子交换法分离各种核苷酸的重要依据。在 pH 为 3.5 的条件下,进行电泳可将这 4 种核苷酸分开,迁移速度 UMP>GMP>AMP>CMP,将斑点用稀盐酸洗脱下来,用紫外分光光度法测定,用核苷酸的摩尔吸光系数可计算出含量。

4)核苷酸的紫外吸收性质

由于核酸、核苷酸类物质都含有嘌呤、嘧啶碱,都具有共轭双键,故对紫外光有强烈的吸收。在一定 pH 条件下,各种核苷酸都有特定紫外吸收的吸光度比值。

2.7.4 核酸类药物生产方法

核酸类药物的生产方法主要有酶解法、半合成法、直接发酵法。

1)酶解法

利用微生物的胞外酶水解 RNA 或 DNA。将这种微生物的培养液加入核酸进行分解或将分离菌丝体后的培养液进行分解核酸。如先用糖质原料、亚硫酸纸浆废液或其他原料发酵生产酵母,再从酵母菌体中提取核糖核酸(RNA),提取出的核糖核酸经过青霉菌属或链霉菌属等微生物产生的酶进行酶解,制成各种核苷酸。

2)半合成法

半合成法即微生物发酵和化学合成并用的方法。例如由发酵法先制成 5-氨基-4-甲酰胺咪唑核苷(AICAR),再用化学合成制成鸟苷酸。

3)直接发酵法

直接发酵法是根据生产菌的特点,采用营养缺陷型菌株或营养缺陷型兼结构类似物抗性菌株,通过控制适当的发酵条件,打破菌体对核酸类物质的代谢调节制,使之发酵生产大量的目的核苷或核苷酸。例如利用产氨短杆菌腺嘌呤缺陷型突变株直接发酵生产肌苷酸。

以上 3 种生产方法各有优点。用酶解法可同时得到腺苷酸和鸟苷酸,如果其副产物尿苷酸和胞苷酸能被开发利用,其生产成本可以进一步降低。发酵法生产腺苷酸和鸟苷酸的工艺正在不断改良,随着核苷酸的代谢控制及细胞膜的渗透性等方面研究的进展,其发酵产率可望得到提高。半合成法可以避开反馈调节控制,获得较高的产量。近年来发展起来的化学酶合成法,大大提高了效率,降低了成本。

2.7.5　核酸类药物的临床应用

①机体缺乏天然结构的核酸类物质,会使生物体代谢造成障碍,发生疾病。提供这类药物,有助于改善机体的物质代谢和能量代谢平衡,加速受损组织的修复,促使机体恢复正常生理机能。临床已广泛使用于血小板减少症、白细胞减少症、急慢性肝炎、心血管疾病、肌肉萎缩等代谢障碍性疾病。

②具有自然结构碱基、核苷、核苷酸结构类似物或聚合物是当今治疗病毒、肿瘤、艾滋病的重要药物,也是产生干扰素、免疫抑制剂的临床药物。这类药物大部分由自然结构的核酸类物质通过半合成生产。

2.7.6　核酸类药物的生产实例——三磷酸腺苷（ATP）的生产

1）三磷酸腺苷的理化性质

三磷酸腺苷也叫做 ATP 或腺三磷。ATP 分子式的简写形式是 A—P ~ P ~ P。由腺苷和三个磷酸基所组成,分子式 $C_{10}H_{16}N_5O_{13}P_3$,分子量 507.184。三个磷酸基团从腺苷开始被编为 α、β 和 γ 磷酸基。ATP 的化学名称为 5′-三磷酸-9-β-D-呋喃核糖基腺嘌呤。

ATP 为白色结晶或类白色粉末,无臭,略有酸味,有引湿性。在水中易溶,在乙醇、乙醚、氯仿及苯中极微溶解。碱性溶液中较稳定,酸性及中性溶液中易分解。受热也易分解。用途用于心肌梗死及脑出血时,应在发病后 2 ~ 3 周开始应用。副反应较少;静脉注射宜慢。用途是辅助酶类药,用于进行性肌萎缩、脑出血后遗症、心功能不全、心肌疾患及肝炎等的治疗。

2）三磷酸腺苷的生产

三磷酸腺苷是重要的医药品。自然界中,ATP 广泛分布在生物细胞内,以哺乳动物肌肉中含量最高,为 0.25% ~ 0.4%。

（1）氧化磷酸法

①氧化磷酸法生产工艺流程　如图 2.9 所示,以酵母为工具,加入 AMP、葡萄糖、无机磷,经 37 ℃培养发酵,把葡萄糖氧化成乙醇和二氧化碳,同时释放大量的能量,转化为化学能,促使 AMP 生成 ATP,在酵母中腺苷酸激酶几乎可以定量地把 AMP 转化成 ATP,其转化率达 90%,理论收率达 85%。

②生产工艺过程和控制要点

a. 氧化反应:取 AMP（纯度 85% 以上）50 g 用 2 L 水溶解,必要时用 6 mol/L NaOH 溶液调至全部溶解。另取 $K_2HPO_4 \cdot 3H_2O$ 184.8 g,KH_2PO_4 57.7 g,$MgSO_4 \cdot 7H_2O$ 17.5 g,溶于 5 L 自来水中。再将两溶液混合后,投入离心甩干的新鲜酵母 1.8 ~ 2 kg 及葡萄糖 175 g,立即在 30 ~ 32 ℃下缓慢搅拌,全部反应时间为 4 ~ 6 h。然后将反应液冷却至 15 ℃左右,加入 400 g/L（约 40%）三氯乙酸 500 mL,并用盐酸调 pH 值至 2,用尼龙布过滤,去酵母菌体和沉淀物,得上清液。

b. 分离纯化:在上清液中加入处理过的颗粒活性炭,于 pH 2 下缓慢搅动 2 h,吸附 ATP。用倾泻法去除上清液后,用 pH 2 的水洗涤活性炭,漂洗去大部分酵母残体后装入色谱柱中,再

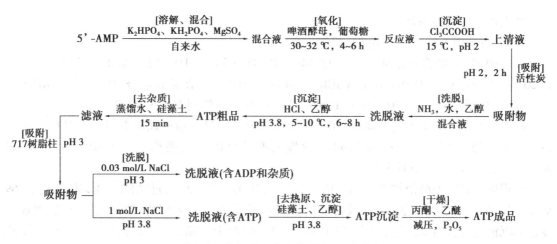

图 2.9　氧化磷酸法生产 ATP 工艺路线

用 pH 2 的水洗至澄清,用 $V($氨水$):V($水$):V(95\%$乙醇$)=4:6:100$ 的混合洗脱液以 30 mL/min 的流速洗脱 ATP。

将 ATP 氨水洗脱液置于水浴中,用 HCl 调 pH 值至 3.8,加 3 ~ 4 倍体积的 95% 乙醇,在 5 ~ 10 ℃静置 6 ~ 8 h,倾去乙醇,沉淀即为 ATP 粗品。将粗品置于 1.5 L 蒸馏水中,加硅藻土 50 g,搅拌 15 min,布氏漏斗过滤,取上清液调 pH 值至 3,上 717 氯型阴离子柱,一般 100 g 树脂可吸附 10 ~ 20 g 的 ATP,吸附饱和后用 pH 3 的 0.03 mol/L 氯化钠溶液洗柱,去 ADP 杂质。然后用 pH 3.8 的 1 mol/L 氯化钠溶液洗脱,收集遇乙醇沉淀部分的洗脱液。

c.精制:洗脱液加硅藻土 25 g,搅拌 15 min,抽滤,清液调 pH 值至 3.8,加 3 ~ 4 倍体积的 95% 乙醇,立即产生白色 ATP 沉淀,置于 4 ℃冰箱中过夜。次日倾去上液,用丙酮、乙醚洗脱沉淀,脱水,用垂熔漏斗过滤,置 P_2O_5 干燥器中,减压干燥,即得 ATP 成品。按 AMP 质量计算,收率 100% ~ 120%,含量 80% 左右。

（2）直接发酵法

①生产工艺流程　如图 2.10 所示,产氨短杆菌在适量浓度的 Mn^{2+} 存在时,其 5′-磷酸核糖、焦磷酸核糖、焦磷酸核糖激酶和核苷酸焦磷酸化酶能从细胞内渗出来,若在培养基中加入嘌呤碱基,可分段合成相应的核苷酸。其能源供应和氧化磷酸化法一样。

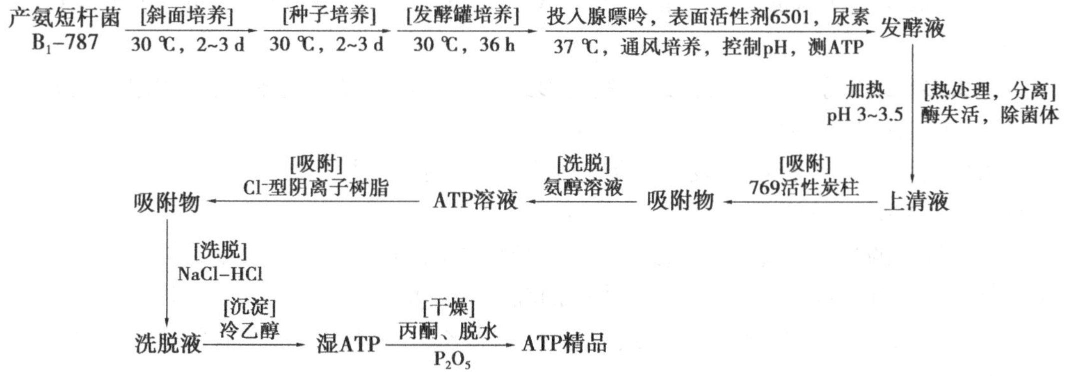

图 2.10　直接发酵法生产 ATP 工艺路线

②生产工程及控制要点

a. 菌种:采用产氨短杆菌 B-787 进行发酵。

b. 菌种培养:培养基组成为葡萄糖 10%、$MgSO_4 \cdot 7H_2O$ 1%、尿素 0.2%、$FeSO_4 \cdot 7H_2O$ 0.001%、$ZnSO_4 \cdot 7H_2O$ 0.001%、$CaCl_2 \cdot 2H_2O$ 0.01%、玉米浆适量、K_2HPO_4 1%、KH_2PO_4 1%,pH 7.2。种龄通常为 20~24 h,接种量 7%~9%,pH 控制在 6.8~7.2。

c. 发酵培养:500 L 发酵罐培养,培养温度 28~30 ℃,24 h 前通风量 1:0.5 L/(L·min),24 h 后通风量 1:1 L/(L·min),40 h 后投入腺嘌呤 0.2%、表面活性剂 6501 0.15%、尿素 0.3%,升温至 37 ℃,pH 7.0。

d. 提取、精制:发酵液加热使酶失活后,调节 pH 值至 3~3.5,过滤除菌体,滤液通过 769 活性炭柱,用氨醇溶液洗脱,洗涤液再经过氯型阴离子柱,经 NaCl-HCl 溶液洗脱,洗脱液加入冷乙醇沉淀,过滤,丙酮洗涤,脱水,置 P_2O_5 真空干燥器中干燥,得 ATP 精品。按发酵液体积计算,收率为 2 g/L。

任务 2.8　维生素及辅酶类药物的生产

2.8.1　维生素及辅酶类药物的基本概念

维生素是维持机体正常代谢机能的一类化学结构不同的小分子有机化合物,它们在体内不能合成,大多数需从外界摄取。人体所需的维生素广泛存在于食物中,其在机体内的生理作用有以下特点。

①维生素不能供给能量,也不是组织细胞的结构成分,而是一种活性物质,对机体代谢起调节和整合作用。

②维生素需求量很小,例如人每日需维生素 A 0.8~1.7 mg、维生素 B_1(硫胺素)1~2 mg、维生素 B_2(核黄素)1~2 mg、维生素 B_3(泛酸)3~5 mg、维生素 B_6(吡哆素)2~3 mg、维生素 D 0.01~0.02 mg、叶酸 0.4 mg、维生素 H(生物素)0.2 mg、维生素 E 14~24 μg、维生素 C 60~100 mg 等。

③绝大多数维生素是通过辅酶或辅基的形式参与体内酶促反应体系,在代谢中起调节作用,少数维生素还具有一些特殊的生理功能。

④人体内维生素缺乏时,会发生一类特殊的疾病,称"维生素缺乏症"。人体每日需要量应根据机体需要提供,使用不当,反而会导致疾病。

维生素缺乏的临床表现是源于多种代谢功能的失调,大多数维生素是许多生化反应过程中酶的辅酶和辅基。例如维生素 B_1 在体内的辅酶形式是硫胺素焦磷酸(TPP),是 α-酮酸氧化脱羧酶的辅酶;又如泛酸,其辅酶形式是 CoA,是转乙酰基酶的辅酶。有的维生素可在体内转变为激素,因此用维生素及辅酶能治疗多种疾病。

2.8.2　维生素与辅酶类的分类

维生素通常根据它们的溶解性质分为脂溶性和水溶性两大类。脂溶性维生素主要有维生素 A,D,E,K,Q 和硫辛酸等;水溶性维生素有 B_1,B_2,B_6,B_{12},烟酸,泛酸,叶酸,生物素和维生素 C 等。目前世界各国已将维生素的研究和生产列为制药工业的重点。我国维生素产品研究开发近年来也有很大发展,新老品种已超过30种。维生素及辅酶类药物见表2.7。

表 2.7　维生素及辅酶类药物

维生素名称	主要功能	生产方式	临床用途
维生素 A	促进黏多糖的合成,维持上皮组织正常功能,促进骨的形成	合成、发酵、提取	用于夜盲症等维生素 A 的缺乏症,也用于抗癌
维生素 D	促进成骨作用	合成	用于佝偻病、软骨病等
维生素 E	抗氧化作用,保护生物膜,维持肌肉正常功能,维持生殖机能	合成	用于进行性肌营养不良、心脏病、抗衰老等
维生素 K	促进凝血酶原和促凝血球蛋白等凝血因子的合成,解痉止痛作用	合成	用于维生素 K 缺乏所致的出血症和胆道蛔虫等
硫辛酸	转酰基作用,转氨作用	合成	试用于肝炎、肝昏迷等
维生素 B_1	α-酮酸脱羧作用,转酰基作用	合成	用于脚气、食欲不振等
维生素 B_2	递氢作用	发酵、合成	用于口角炎等
烟酸、烟酸胺	扩张血管作用,降血脂,递氢作用	合成	用于末梢痉挛、高脂血症、糙皮症
维生素 B_6	参与氨基酸的转氨基、脱羧作用,参与转 C1 反应,参与多烯脂肪酸的代谢	合成	用于白细胞减少症等
生物素	与 CO_2 固定有关	发酵	用于鳞屑状皮炎、倦怠等
泛酸	参与转酰基作用	合成	用于巨细胞贫血等
维生素 B_{12}	促进红细胞的形成,转移,促进血红细胞成熟,维持神经组织正常功能	发酵、提取	用于恶性贫血、神经疾患等
维生素 C	氧化还原作用,促进细胞间质形成	合成、发酵	用于治疗坏血病和感冒等,也用于防治癌症等
谷胱甘肽	疏基酶的辅酶	合成、提取	治疗肝脏疾病,具有光谱解毒作用
芦丁	保持和恢复毛细管的正常弹性	提取	治疗高血压等疾病
维生素 U	保持黏膜的完整性	合成	治疗胃溃疡、十二指肠溃疡等
胆碱	神经递质,促进磷脂合成等	合成	治疗肝脏疾病
辅酶 A(CoA)	转乙酰基酶的辅酶,促进细胞代谢	发酵、提取	用于白细胞减少症、肝脏疾病等

续表

维生素名称	主要功能	生产方式	临床用途
辅酶 I (NAD)	脱氢酶的辅酶	发酵、提取	冠心病、心肌炎、慢性肝炎等
辅酶 Q (CoQ)	氧化还原酶的辅酶	发酵、提取	用于治疗肝病和心脏病

2.8.3 维生素及辅酶类药物的一般生产方法

维生素及辅酶类药物的生产,在工业上大多数是通过化学合成—酶促或酶拆分法获得的,近年来发展起来的微生物发酵法代表着维生素生产的发展方向。

1) 化学合成法

根据已知维生素的化学结构,采用有机化学合成原理和方法,制造维生素,近代的化学合成,常与酶促合成、酶拆分等结合在一起,以改进工艺条件,提高收率和经济效益。用化学合成法生产的维生素有:烟酸、烟酰胺、叶酸、维生素 B_1、硫辛酸、维生素 B_6、维生素 D、维生素 E、维生素 K 等。

2) 发酵法

发酵法是用人工培养微生物方法生产各种维生素,整个生产过程包括菌种培养、发酵、提取、纯化等。目前完全采用微生物发酵法或微生物转化制备中间体的有维生素 B_{12},维生素 B_2,维生素 C 和生物素,维生素 A 原(β 胡萝卜素)等。

3) 直接从生物材料中提取

直接从生物材料中提取维生素及辅酶类药物的生产方法是主要从生物组织中,采用缓冲液抽提、有机溶剂萃取等,如:从猪心中提取辅酶 Q_{10},从槐花米中提取芦丁,从提取链霉素后的废液中制取 B_{12} 等。

在实际生产中,有的维生素既用合成法又用发酵法,如维生素 C、叶酸、维生素 B_2 等;也有既用生物提取法又用发酵法的,如辅酶 Q_{10} 和维生素 B_{12} 等。

2.8.4 维生素及辅酶类药物生产实例——辅酶 A 的生产

1) 辅酶 A 组成与性质

CoA 分子由 β-巯基乙胺、4′-磷酸泛酸和 3′,5′-二磷酸腺苷所组成。纯品为白色或淡黄色粉末,最高纯度为 95%,一般为 70% ~ 80%,未结晶。具有典型的硫醇味,易溶于水,不溶于丙酮、乙醚和乙醇中。兼有核苷酸和硫醇的通性,是一种强酸。它的盐,除不溶于酸的汞、银和亚铜的硫醇化合物以外,其他了解的还很少。易被空气、过氧化氢、碘、高锰酸钾等氧化成无催化活性的二硫化合物。与谷胱甘肽、半胱氨酸可形成混合的二硫化物。二硫键可被锌和盐酸、锌汞齐、碘化氢或碱金属硼氢化物所破坏。稳定性随着制品纯度的增加而降低,纯度为 1.5% ~ 4% 的 CoA 丙酮粉,在室温条件下干燥储存 3 年尚不失活。水溶液 pH 值小于 7,数天内不失活;pH 7 时,在热压温度 120 ℃,30 min 失活 23%;在 pH 8 时,40 ℃、24 h 失活 42%。真空干燥时温度 40 ℃,4 h 失活 14.3%,24 h 失活 15%;76.8 ℃,4 h 失活 21.3%,24 h 失活 21.6%;100 ℃,4 h 失活 70.5%,24 h 失活 89.5%。高纯度的冻干粉,有很强的吸湿性,暴露在空气中很快吸收水分并失活。在碱性溶液中易失活。在酸性溶液中,如 pH 2.6 时,其活性不但没有损失,反而有所增加。活性的增加与时间、温度有关,在 40 ℃,3 h 达到 20% ~25%,为最大值,4 h 以后,活性开始下降,并于 24 h 回复到原来水平。

2)辅酶 A 的生产工艺过程

制取 CoA 有用动物肝、心、酵母等为原料的提取法和微生物合成法等。

(1)以猪肝为原料的 GMA 提取法

①工艺路线以猪肝为原料的 CoA 提取工艺流程如图 2.11 所示。

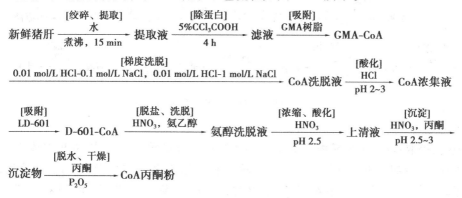

图 2.11　以猪肝为原料的 CoA 提取工艺

②工艺过程

a.绞碎、提取:将新鲜猪肝去除结缔组织,绞碎,得肝浆,再投入 5 倍体积的沸水中,立即煮沸,保温搅拌 15 min,迅速过滤,冷却至 30 ℃以下,过滤得提取液。

b.除蛋白:在搅拌下向提取液中加入 50 g/L(5%)三氯乙酸,加入量为 2%,静置 4 min 吸取上清液,沉淀过滤,收集并合并滤液与上清液。

c.吸附、梯度洗脱、酸化:将 pH 值约为 5 的清液,直接流入经再生的 GMA 树脂柱,柱比 1∶7 ~1∶10,树脂与提取液比 1∶50 ~1∶60,流速每分钟为树脂体积的 10% ~15%。

吸附完毕,以去离子水洗涤树脂柱至清,用 3 ~4 倍体积的 0.01 mol/L 盐酸-0.1 mol/L 氯化钠以 2% 的流速流洗树脂柱,最后用 5 倍体积的 0.01 mol/L 盐酸-1 mol/L 氯化钠以 2% 的流速洗脱 CoA,收集至洗脱液呈无色,pH 下降至 3 ~2 为止。洗脱液用盐酸调节 pH 2 ~3,过滤除沉淀,得 CoA 浓缩液。

d.吸附、脱盐、洗脱:取上述浓集液,于交换柱中装入 GMA 1/2 体积得 LD-601,以 5% 流速吸附。LD-601 用 1 倍体积 pH 3 的硝酸水以 2% ~4% 的流速通过,洗去黏附于 LD-601 大孔吸附树脂表面的氯化钠,至洗液无氯离子反应。再用 3 ~4 倍体积的氨醇液 V(乙醇)∶V(水)∶V(氨水)= 40∶60∶0.1,以 1% ~2% 的流速洗脱,弃去少量无色液,得氨醇洗脱液。

e.浓缩、酸化:将氨醇洗脱液薄膜浓缩至原体积的 1/20,用稀硝酸酸化至 pH 2.5,放置 4 ℃冰箱过夜,次日离心除去不溶物,得澄清液。

f.沉淀、脱水、干燥:上述清液在搅拌下逐渐加入 10 倍体积的 pH 2.5 ~3 的酸化丙酮中,静置沉淀。离心,收集沉淀,用丙酮洗涤 2 次,置于五氧化二磷真空干燥器中,干燥,即得 CoA 丙酮粉。

（2）以酵母为原料的提取法

①工艺路线　以酵母为原料的提取 CoA 工艺流程如图 2.12 所示。

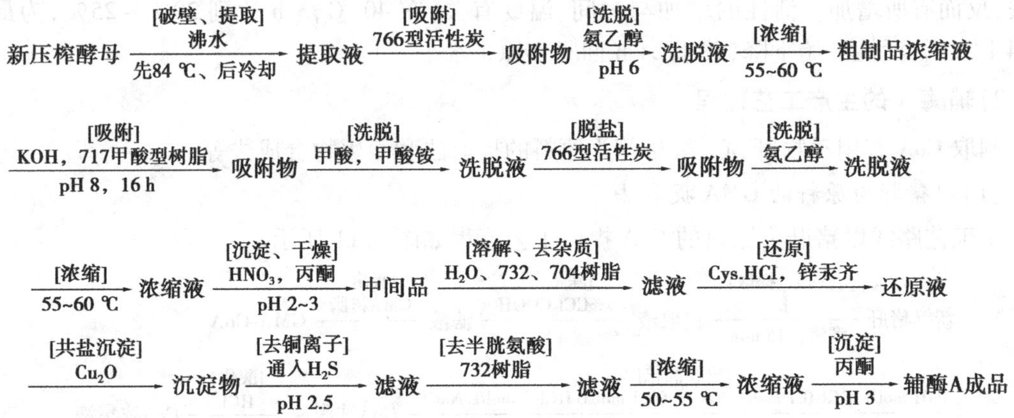

新压榨酵母 $\xrightarrow[\text{先84 ℃、后冷却}]{\substack{[\text{破壁、提取}]\\ \text{沸水}}}$ 提取液 $\xrightarrow{[\text{吸附}]\\ \text{766型活性炭}}$ 吸附物 $\xrightarrow[\text{pH 6}]{\substack{[\text{洗脱}]\\ \text{氨乙醇}}}$ 洗脱液 $\xrightarrow[\text{55～60 ℃}]{[\text{浓缩}]}$ 粗制品浓缩液

$\xrightarrow[\text{pH 8, 16 h}]{\substack{[\text{吸附}]\\ \text{KOH, 717甲酸型树脂}}}$ 吸附物 $\xrightarrow{\substack{[\text{洗脱}]\\ \text{甲酸、甲酸铵}}}$ 洗脱液 $\xrightarrow{\substack{[\text{脱盐}]\\ \text{766型活性炭}}}$ 吸附物 $\xrightarrow{\substack{[\text{洗脱}]\\ \text{氨乙醇}}}$ 洗脱液

$\xrightarrow[\text{55～60 ℃}]{[\text{浓缩}]}$ 浓缩液 $\xrightarrow[\text{pH 2～3}]{\substack{[\text{沉淀、干燥}]\\ HNO_3\text{、丙酮}}}$ 中间品 $\xrightarrow{\substack{[\text{溶解、去杂质}]\\ H_2O\text{、732、704树脂}}}$ 滤液 $\xrightarrow{\substack{[\text{还原}]\\ Cys.HCl\text{, 锌汞齐}}}$ 还原液

$\xrightarrow{\substack{[\text{共盐沉淀}]\\ Cu_2O}}$ 沉淀物 $\xrightarrow[\text{pH 2.5}]{\substack{[\text{去铜离子}]\\ \text{通入}H_2S}}$ 滤液 $\xrightarrow{\substack{[\text{去半胱氨酸}]\\ \text{732树脂}}}$ 滤液 $\xrightarrow[\text{50～55 ℃}]{[\text{浓缩}]}$ 浓缩液 $\xrightarrow[\text{pH 3}]{\substack{[\text{沉淀}]\\ \text{丙酮}}}$ 辅酶A成品

图 2.12　以酵母为原料的提取 CoA 工艺

②工艺过程

a. 破壁、提取:取新鲜压榨酵母 100 kg 投入预先搅动的等量沸水中,立即升温至 84 ℃,放入碎冰中搅拌,冷却至 30 ℃以下,离心或绢丝袋吊滤去渣（提取细胞色素 C）。滤液为提取液。

b. 吸附、洗脱、浓缩:将浓缩液从柱顶加入 766 型颗粒活性炭柱,进行吸附,加入流速 1.9～2.1 mL/min,吸附完后用自来水冲洗至流出澄清液为止,再用 40% 乙醇洗涤,直至以数滴洗液加 10 倍丙酮不呈白色混浊为止,约需 1 600 L。再以 3.2% 氨乙醇洗脱,出现微黄色开始收集,pH 约 6,洗脱液加过量丙酮至不显白色浑浊为止,边洗脱边真空浓缩,以除去乙醇和氨,至洗脱液体积的一半,真空浓缩的温度控制在 55～60 ℃,得粗品浓缩液（4 ℃冰箱中可保存一月）。

c. 吸附、洗脱、浓缩、干燥:将粗浓缩液,用 10 mol/L 氢氧化钾调节,再加入 13.5 kg 60～80 目 717 甲酸型树脂（先以 2 mol/L 氢氧化钠处理,水洗至中性后,再加 1 mol/L 甲酸及 0.5 mol/L 甲酸铵溶液处理,最后经 1 mol/L 甲酸处理即可使用）,搅拌吸附 16 h 取出,树脂以蒸馏水清洗,然后上柱,用蒸馏水平衡,至中性,最后用 1 mol/L 甲酸及 0.5 mol/L。甲酸铵液洗脱,约 320 L,再用一根小的 766 型颗粒活性炭柱（活性炭加 2 mol/L 盐酸浸没煮沸 5 min,用蒸馏水洗至中性）吸附脱盐,倾入流速为 65～70 mL/min,吸完后用蒸馏水洗至中性,以 150 L 的 40% 乙醇洗,再以 65 L 含氨 3.2% 的 40% 乙醇液洗脱 CoA,真空浓缩至 6 L,温度 55～60 ℃。浓缩用 8 mol/L 硝酸调节 pH 值为 2～3,逐步倒入 10 倍以上 pH 值为 2～3 的丙酮,沉淀离心取上清液,沉淀以无水丙酮洗 1～2 次,减压干燥即得中间品。

d. 溶解、去杂质:取中间体溶于 5 倍体积的水中,有不溶物应离心除去,加入中间品 2.5 倍量的 732 强酸性离子交换树脂,搅拌 5 min,过滤,再以 2 倍水洗树脂,滤液合并。再加 5 倍 704 弱碱性离子交换树脂,调整 pH 值为 2～3,迅速过滤,以 3 倍水洗沉淀,滤液合并,再加入中间品 0.3 倍量半胱氨酸盐酸盐,并以 10 mol/L 氢氧化钾调 pH 值为 7,放置 10 min,加入等体积的 5 mol/L 硫酸（1∶1,按中间品质量计算）,将已活化好的锌汞齐以中间品的 2.5 倍加入,振摇 10 min,有大量的气泡产生,溶液色泽由深变浅,倾去上清液,并以少许水洗锌汞齐 2 次,滤液与上清液合并。在水浴中加热至 35～40 ℃,分次加入混悬的氧化亚铜[V(中间体):V(氧化亚铜)=8:1.5],应较快溶解,每加 1 次后应以 0.1 mL 吸管吸出反应液,并观察管中反应液是否迅速呈白色混浊状,否则,再加氧化亚铜,直至析出检测液时,反应液呈白色混浊为止。随搅动迅速加入 3 倍量水中,即有大量的白色沉淀析出,离心分离沉淀,以 0.125 mol/L 硫酸洗涤沉淀物两次,再水洗至不呈硫酸根反应为止。

e. 去铜离子、去半胱氨酸:将沉淀物悬浮于水[V(水):m(中间品)=10:6]中,用 10 mol/L 氢氧化钠调 pH 值为 2.5,通硫化氢 2～2.5 h,pH 值应不小于 3.5。再以 4 mol/L 盐酸调 pH 值至 2～3,离心倾取上清液,用少许水洗残渣 2 次,合并洗液,呈无色或微黄色澄明液。加入 5 倍量 732 树脂,搅拌 5 min,布氏漏斗过滤,合并水洗液,减压浓缩,温度 50～55 ℃,至 250 mL 左右,再加 pH 3 的 20 倍体积丙酮,剧烈振摇,有白色沉淀析出,放置 10 min,离心,以无水丙酮脱水 2 次,真空干燥即得成品。按新鲜压榨酵母质量计算,收率 3 000 U/kg。

实训 2.1　胃膜素的生产

一、实验目的

①掌握胃膜素的生产原理与工艺方法。
②掌握一些相关仪器的使用方法。

二、实验原理

胃膜素是从猪胃黏膜中提取的一种以黏蛋白为主要成分的药物,其多糖组分含葡萄糖醛酸、甘露糖、乙酰氨基葡萄糖和乙酰氨基半乳糖。氨基己糖的总含量为 5%～8%,胃膜素吸水后膨胀为黏液,遇酸沉淀,遇热不凝固,胃膜素水溶液能被 60% 以上乙醇或丙酮沉淀。胃膜素与酸较长时间作用,能分解各种蛋白质和多糖成分,胃膜素的等电点为 3.3～5。胃膜素的提取工艺流程如图 2.13 所示。

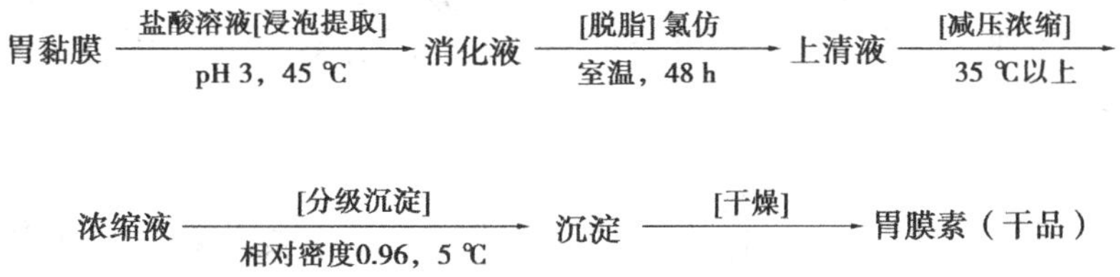

图 2.13　胃膜素的生产工艺

三、实验仪器和试剂

(1)试剂

工业盐酸、丙酮、氯仿。

(2)仪器设备

耐酸锅、浓缩罐、真空干燥器。

四、实验材料

猪胃黏膜。

五、实验方法与步骤

①消化　胃黏膜200 kg加蒸馏水120 kg和工业盐酸4 L左右,使pH值为2.5～3.0,维持温度45～50 ℃,消化约3 h。

②脱脂分层　消化液冷到30 ℃以下,加氯仿16 kg,充分搅拌,室温静置48 h以上。

③减压浓缩　将上清液吸入减压浓缩罐中,于35 ℃以下浓缩到原来体积1/3左右(25 ℃时相对密度为1.15左右),得浓缩液,预冷到5 ℃以下,下层残渣回收氯仿。

④胃膜素分离　将预冷到5 ℃以下的丙酮在搅拌下缓缓加入冷到5 ℃以下的浓缩液中,至相对密度为0.96～0.98,即有白色长丝状的胃膜素沉淀出来。静置20 h左右(5 ℃以下),捞取胃膜素,以适量的60%冷丙酮洗涤两次,然后用70%冷丙酮洗涤一次,70 ℃真空干燥,得胃膜素。

实训 2.2　甘露醇的生产

一、实验目的

①掌握甘露醇的生产原理与工艺方法。

②掌握一些相关仪器的使用方法。

二、实验原理

甘露醇在海藻、海带中含量较高,是提取甘露醇的重要资源。甘露醇易溶于水(15.6 g,18 ℃),不溶于有机溶剂,可用乙醇沉淀甘露醇。海藻洗涤液和海带洗涤液中甘露醇的含量分别为2%与1.5%。

生产工艺流程如图2.14所示。

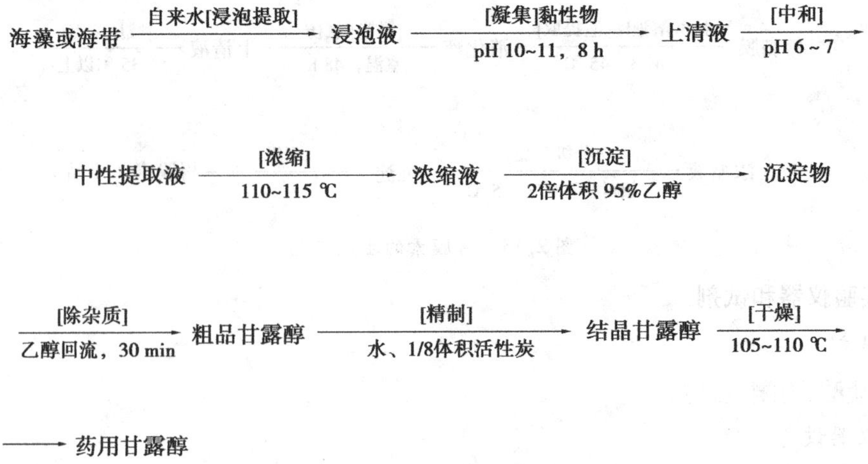

海藻或海带 —自来水[浸泡提取]→ 浸泡液 —[凝集]黏性物 pH 10~11, 8 h→ 上清液 —[中和] pH 6～7→

中性提取液 —[浓缩] 110~115 ℃→ 浓缩液 —[沉淀] 2倍体积95%乙醇→ 沉淀物

—[除杂质] 乙醇回流, 30 min→ 粗品甘露醇 —[精制] 水、1/8体积活性炭→ 结晶甘露醇 —[干燥] 105~110 ℃→

—→ 药用甘露醇

图 2.14　甘露醇的生产工艺

三、实验仪器和试剂

（1）试剂

氢氧化钠、硫酸、乙醇、活性炭。

（2）仪器设备

提取罐、浓缩罐、回流装置、结晶罐。

四、实验材料

海藻或海带。

五、实验方法与步骤

①浸泡提取、碱化、中和　海藻或海带加20倍量自来水，室温浸泡2～3 h，浸泡液套用作第二批原料的提取溶剂，一般套用4批，浸泡液中的甘露醇含量已较大。取浸泡液用30% NaOH，调pH值为10～11，静置8 h，凝集沉淀多糖类黏性物。虹吸上清液，用50% H_2SO_4 中和至pH值为6～7，进一步除去胶状物，得中性提取液。

②浓缩、沉淀　沸腾浓缩中性提取液，除去胶状物，直到浓缩液含甘露醇30%以上，冷却至60～70 ℃趁热加入2倍量95%乙醇，搅拌均匀，冷至室温离心收集灰白色松散沉淀物。

③精制　沉淀物悬浮于8倍量94%乙醇中，搅拌回流30 min，出料，冷却过夜，离心得粗品甘露醇，含量70%～80%。重复操作1次，经乙醇重结晶后，含量大于90%，氯化物含量小于0.5%。取此样品重溶于适量蒸馏水中，加入1/8～1/10活性炭，80 ℃保温0.5 h，滤清。清液冷却至室温，结晶，抽滤，洗涤，得精品甘露醇。

④干燥　结晶甘露醇于105～110 ℃烘干。

⑤包装　检验 Cl^- 合格后（Cl^-<0.007%）进行无菌包装，含量98%～102%。

实训2.3　胆红素的生产

一、实验目的

①掌握胆红素的生产原理与工艺方法。

②掌握一些相关仪器的使用方法。

二、实验原理

胆红素是血红蛋白分解代谢后的还原产物，主要在肝中生成，其次是肾。在新鲜胆汁中与1个或2个葡萄糖醛酸结合形成胆红素酯存在。结合型胆红素呈弱酸性，溶于水。游离型胆红素不溶水，溶于脂肪，易透过细胞膜进入细胞。胆汁中胆红素含量较高，比血液、皮肤、脑中的胆红素容易提取。各种动物以乳牛及狗胆汁中含量最高，猪胆汁次之，牛胆汁更次之。

胆红素酯在碱性条件下与钙盐生成凝聚物，在酸性条件与抗氧化剂存在条件下，胆红素以游离态存在，然后用氯仿提取胆红素。胆红素的生产工艺如图2.15所示。

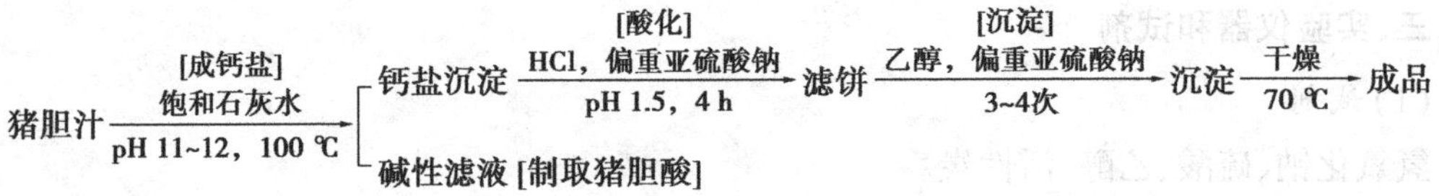

猪胆汁 $\xrightarrow[\text{pH } 11\sim12,\ 100\ ℃]{[\text{成钙盐}]\ \text{饱和石灰水}}$ 钙盐沉淀 $\xrightarrow[\text{pH } 1.5,\ 4\ h]{[\text{酸化}]\ HCl,\ \text{偏重亚硫酸钠}}$ 滤饼 $\xrightarrow[3\sim4次]{[\text{沉淀}]\ \text{乙醇,\ 偏重亚硫酸钠}}$ 沉淀 $\xrightarrow[70\ ℃]{\text{干燥}}$ 成品

碱性滤液 [制取猪胆酸]

图 2.15　胆红素的生产工艺

三、实验仪器和试剂

（1）试剂

饱和石灰水、盐酸、乙醇、偏重亚硫酸钠。

（2）仪器设备

提取罐、60 目筛、结晶罐、蒸馏器、回流装置。

四、实验材料

新鲜胆汁。

五、实验方法与步骤

①钙盐的制备　取新鲜胆汁 1 kg，加入 4 ~ 4.5 倍澄清饱和石灰水，搅拌均匀，加热至 95 ℃。捞取液面橙红色胆钙盐，并趁热压干。

②酸化　于钙盐中加入适量蒸馏水，捣成糊状，过 60 目筛，加入 1% 的偏重亚硫酸钠。在搅拌下加入醋酸调 pH 1 ~ 2，静置 30 s，过滤得沉淀。

③乙醇处理　沉淀中加入适量 95% 的乙醇，捣成棚状，再加入 300 ~ 400 mL 95% 乙醇和 0.5% 的偏重亚硫酸钠，搅拌均匀，使 pH 值为 3 ~ 3.5。静置，虹吸去除乙醇（可回收），下层加入适量 40 ~ 50 ℃ 温水，静置分层，虹吸去除下层废水。

④提取　于收集物中加入氯仿 400 mL，回流提取或不断搅拌抽提，然后在分液器分层，收集下层氯仿层，于常压下蒸发出氯仿（水搭温度小于 85 ℃），于残留物中加入适量无水乙醇，继续蒸馏直至无氯仿味，趁热过滤，抽干，真空干燥得成品。

⑤产率　产率在 0.016 4% ~ 0.016 8%，平均 30 ~ 35 个猪胆产 1 g。

⑥胆红素纯度　采用摩尔吸收系数法。

实训 2.4　肌苷的生产

一、实验目的

通过本实验学习掌握肌苷的生产工艺及其制备的方法。

二、实验原理

肌苷是合成肌苷酸（IMP）的原料，工业上用发酵法生产肌苷，用 732H$^+$ 树脂柱在发酵液中吸附肌苷，用 pH 3 的水把肌苷从柱上洗脱下来。肌苷本身亦可作医药品，肌苷能直接进入细胞，参与糖代谢，促进机体内能量代谢和蛋白质合成，尤其能提高低氧病态细胞的 ATP 水平，使处于低能、低氧状态的细胞顺利地进行代谢。

生产工艺流程如图2.16所示。

菌株选育 → 种子培养 → 发酵 → 提取 → 吸附 → 洗脱 → 精制 → 肌苷精制品 → 制剂 → 检测

图2.16 肌苷的生产

三、实验仪器和试剂

（1）试剂

硫酸镁、氯化钾、磷酸氢二钠、尿素、硫酸铵、有机硅油（消泡剂）等。

（2）仪器设备

三角瓶、往复式摇床、50 L发酵罐、732H$^+$树脂柱、769活性炭柱等。

四、实验材料

葡萄糖、酵母浸膏、琼脂、蛋白胨、玉米浆、淀粉水解糖、干酵母水解液、豆饼水解液。

五、实验方法与步骤

①菌株选育　将变异芽孢杆菌7171-9-1接种到斜面培养基上，30～32 ℃培养48 h。在4 ℃冰箱中可保存1个月。斜面培养基成分为葡萄糖1%、蛋白胨0.4%、酵母浸膏0.7%、牛肉浸膏1.4%、琼脂2%。灭菌前pH 7，120 ℃下灭菌20 min。

②种子培养　包括一级种子和二级种子。

a.一级种子：培养基成分为葡萄糖2%、蛋白胨1%、酵母浸膏1%、玉米浆0.5%、尿素0.5%、NaCl 0.25%。灭菌前pH 7，用1 L三角瓶装115 mL培养基，115 ℃下灭菌15 min。每个三角瓶中接入菌苔，在往复式摇床上，于32 ℃±1 ℃、100次/min条件下培养18 h。

b.二级种子：培养基与一级种子培养基相同，放大50 L发酵罐，定容25 L，接种量3%，32 ℃±1 ℃培养12～15 h，搅拌速度320 r/min，通风量1∶0.25 L/(L·min)，生长指标为菌体A$_{650}$=0.78，pH 6.4～6.6。

③发酵　50 L不锈钢标准发酵罐，定容体积35 L。培养基成分为淀粉水解糖10%、干酵母水解液1.5%、豆饼水解液0.5%、硫酸镁0.1%、氯化钾0.2%、磷酸氢二钠0.5%、尿素0.4%、硫酸铵1.5%、有机硅油（消泡剂）0.5 mL/L（0.05%）。pH 7，接种量0.9%，32 ℃±1 ℃培养93 h，搅拌速度320 r/min，通风量1∶0.5 L/(L·min)。

500 L发酵罐，定容体积350 L。培养基成分为淀粉水解糖10%、干酵母水解液1.5%、豆饼水解液0.5%、硫酸镁0.1%、氯化钾0.2%、磷酸氢二钠0.5%、硫酸铵1.5%、碳酸钙1%、有机硅油（消泡剂）小于0.3%。pH 7，接种量7%，32 ℃±1 ℃培养75 h，搅拌速度230 r/min，通风量1∶0.25 L/(L·min)。

④提取、吸附、洗脱　取发酵液30～40 L调节pH 2.5～3，连同菌体通过两个串联的3.5 kg 732H$^+$树脂柱吸附。发酵液上柱后，用相当树脂总体积3倍的pH 3.0的水洗1次，然后把两个柱分开，用pH 3的水把肌苷从柱上洗脱下来。上769活性炭柱吸附后，先用2～3倍体积的水洗涤，后用70～80 ℃、1 mol/L的氢氧化钠浸泡30 min，最后用0.01 mol/L氢氧化钠液洗脱肌苷，收集洗脱液真空浓缩后在pH 11或6.0下放置，结晶析出，过滤，得肌苷粗制品。

⑤精制　取粗制品配成50～100 g/L（5%～10%）溶液，加热溶解，加入少量活性炭作助滤剂，热滤，放置冷却，得白色针状结晶，过滤，少量水洗涤1次，80 ℃烘干得肌苷精制品。

实训 2.5 胃蛋白酶的生产

一、实验目的

①了解胃蛋白酶的物理化学性质及其胃蛋白酶生产之间的关系。

②掌握从猪胃黏膜中分离提取胃蛋白酶的工艺。

二、实验原理

胃蛋白酶是一种消化性蛋白酶,由胃部中的胃黏膜主细胞所分泌,胃蛋白酶在酸性环境中具有较高活性,其最适 pH 值约为 3。胃蛋白酶易溶在水中,在中性或碱性 pH 值的溶液中,胃蛋白酶会发生解链而丧失活性。

胃蛋白酶提取工艺流程如图 2.17 所示。

猪胃黏膜 $\xrightarrow[45~48\ ℃,3~4\ h]{(自溶、过滤)H_2O、HCl}$ 自溶液 $\xrightarrow[24~28\ h]{[脱脂、去杂质]三氯甲烷或乙醚}$ 上清液 $\xrightarrow[40\ ℃以下]{[浓缩、干燥]}$ 成品

$\xrightarrow{}$ 胃蛋白酶颗粒制备 $\xrightarrow{}$ 检测

图 2.17 胃蛋白酶的生产工艺

三、实验仪器和试剂

(1)仪器设备

夹层锅、旋转蒸发仪、球磨机等。

(2)试剂

盐酸、氯仿等。

四、实验材料

猪胃黏膜。

五、实验方法与步骤

①酸解、过滤 在夹层锅内预先加水 100 L 及盐酸,加热至 50 ℃时,在搅拌下加入 200 kg 猪胃黏膜,快速搅拌使酸度均匀,45~48 ℃,消化 3~4 h。用纱布过滤除去未消化的组织,收集滤液。

②脱脂、去杂质 将滤液降温至 30 ℃以下用氯仿提取脂肪,水层静置 24~48 h。使杂质沉淀,分出弃去,得脱脂酶液。

③浓缩、干燥 取脱脂酶液,在 40 ℃以下浓缩至原体积的 1/4 左右,真空干燥,球磨,即得胃蛋白酶粉。

六、注意事项

猪胃黏膜必须新鲜或冷藏。

• 项目小结 •

　　该项目重点介绍了生化的概念、分类及特点,生化药物的发展阶段,一般生产工艺过程,及其生化药物的发展趋势。主要内容除生化制药技术的概述外,还包括 7 个任务:氨基酸类药物的生产、肽类和蛋白质类药物的生产、核酸类药物的生产、酶类药物的生产、多糖类药物的生产、脂类药物的生产、维生素与辅酶类药物的生产。每个任务介绍该类药物的理化性质,一般生产工艺,该类药物的药用价值,以及该类药物的生产实例。从相关理论知识到生产实践对每个任务进行了详尽的讲述。使学生在学习生化药物生产理论知识的同时,提高学生生化制造的核心操作技能。

项目拓展

基因工程技术与生化药品的关系

　　生物技术制药是采用现代生物技术,人为地创造一些条件,借助某些微生物、植物或动物来生产所需的医药品,还可以通过一些科技手段让基因完全按照我们的意愿发挥生物学功能。生物技术应用到医药领域不仅扩大了疑难病症的研究范围,而且很好地控制了原来威胁人类健康的重大疾病。目前全世界的药品已有一半是通过生物合成的,特别是合成分子结构复杂的药物时,生物方法不仅比化学合成法简便,而且有更高的经济效益。而真正给现代医药行业带来重大变革的还是基因工程药物的产生,基因工程药物是现代生物技术和制药工业完美结合的产物。

　　1977 年,美国加利福尼亚大学的遗传学家博耶等人,利用基因重组技术,在大肠杆菌中制造出了 5 mg 的人生长激素抑制因子。如果用传统的技术从羊脑中提取 5 mg 生长激素抑制因子,需要用 50 万个羊脑。而用基因工程方法生产这一激素只需要 50 L 大肠杆菌培养液。基因工程制药不仅给我们带来技术上的突破,还带来了难以估计的经济效益。

　　世界第一个基因重组药物——胰岛素:1921 年,29 岁的班廷和 22 岁的拜斯特经过两个多月的艰苦奋战,终于从狗的胰腺中提出了胰腺抽提液,注射这种抽提液可使狗过高的血糖浓度迅速下降。1923 年,班廷由于这一贡献获得了医学和生理学诺贝尔奖。半个多世纪以来,胰岛素都是从牛、猪等大牲畜的胰脏中提取,一头牛的胰脏或一头猪的胰脏只能产生 30 mL 的胰岛素,而一个糖尿病患者每天则需要 4 mL 的胰岛素,胰岛素产量远远不能满足需要。由于胰岛素分子量很大,在实验室很难通过化学合成。1978 年,基因泰克(Genentech)公司利用重组 DNA 技术成功地使大肠杆菌生产出胰岛素。1982 年首先将重组人胰岛素投放市场的是美国礼来(Eli Lilly)公司,这是全球开发的第一个基因重组药物,标志着基因重组技术的应用正式成为一个产业。

项目检测

1.生化药物的特点有哪些?
2.简述糖类药物的生产方法。
3.简述氨基酸一般生产方法。
4.简述多肽类药物的功能特性。
5.简述酶类药物的纯化技术。
6.简述维生素及辅酶类药物重要的生理作用。

项目 3　发酵工程制药技术

📖【知识目标】
- ➢ 了解发酵工程类药物的主要品种。
- ➢ 熟悉制药微生物的主要类别。
- ➢ 掌握发酵工程制药的基本工艺流程及发酵过程控制关键点。
- ➢ 掌握基本的发酵工程制药的分离纯化技术。

📖【技能目标】
- ➢ 能熟练地把握发酵工程制药基本操作流程,并编制生产工艺方案。
- ➢ 能熟练掌握四环素制备工艺。
- ➢ 能进行培养料(基)制备与灭菌、接种等操作。
- ➢ 能正确操作发酵罐等发酵设备。
- ➢ 能正确处理发酵过程中出现的系列问题。

📖【项目简介】

　　发酵工程制药技术又称为微生物制药技术,它是以微生物为载体,通过液体深层发酵技术为手段生产药物的技术。发酵工程制药技术主要涉及药用微生物菌种的保藏技术、培养基制备相关技术、微生物菌体发酵相关过程控制技术、药用成分分离纯化相关技术、药用成分干燥相关技术。

📖【工作任务】

任务 3.1　发酵工程制药技术概述

3.1.1　发酵工程的概念

　　发酵工程是指采用现代工程技术手段,利用微生物的某些特定功能,为人类生产有用的产品,或直接把微生物应用于工业生产过程的一种新技术。

现代发酵工程已形成完整的工业体系,包括抗生素、氨基酸、维生素、有机酸、有机溶剂、多糖、酶制剂、单细胞蛋白、基因工程药物、核酸类物质及其他生物活性物质等的生产。

3.1.2 发酵工程的四个发展阶段

1)天然发酵时期

人类利用微生物的代谢产物作为食品和药品,已有几千年的历史。如先民用蘖制造饴糖,用散曲中的黄曲霉制造酱油和醋,用盐水腌制泡菜等。在这一时期,人们还没有对微生物有深入的了解,并不知道微生物与发酵的关系,很难人为地控制发酵过程。生产也只能凭借经验,因此称为天然发酵时期。

2)纯培养发酵时期

1968年,荷兰人列文虎克发明了显微镜后,人类利用显微镜观察到了微生物。生物学家巴斯德用巴氏瓶证明了发酵是由微生物引起的。之后,德国人科赫发明了固体培养基,建立了微生物纯培养技术,第一次分离得到微生物纯种。由此人类开始人为地控制发酵的过程。

3)深层培养技术的建立

随着发酵技术的不断提高,人们发现对于发酵的不同时期,改变发酵条件可以改变代谢工艺和提高发酵效率。20世纪40年代,弗莱明发现了青霉素,由于需求量巨大,开始采用深层发酵法大量生产青霉素。该方法使用液体深层发酵罐,从底部通入大量的无菌空气并由搅拌桨使之分散成微小气泡以促进氧气的溶解(图3.1)。这种利用大型发酵罐罐底深层培养发酵的方法称为液体深层发酵法。

图3.1　产黄青霉菌液态法生产青霉素

4)微生物工程时期

1953年,美国的Watson和Crick发现了DNA双螺旋结构,为基因工程的理论和实际应用奠定了基础。20世纪70年代,基因重组技术、细胞融合技术等生物工程技术的飞速发展,为人类定向培育微生物开辟了新的途径,微生物工程应运而生。通过DNA的重组和细胞工程手段,能按照人类的设计创造出具有新功能的"工程菌",而后通过发酵生产出目的产物。传统的发酵技术与现代生物工程中的基因工程、细胞工程、蛋白质工程和酶工程等相结合,使得发酵工业进入微生物工程的阶段。微生物工程也被称为大规模发酵工程。如图3.2所示为重组酵母菌液态发酵法生产重组乙肝疫菌。

图 3.2 重组酵母菌液态发酵法生产重组乙肝疫苗

3.1.3 发酵工程制药技术的概念

利用微生物技术,通过高度工程化的新型综合技术,以利用微生物反应过程为基础,依赖于微生物机体在反应器内的生长繁殖及代谢过程来合成一定产物,通过分离纯化进行提取精制,并最终制剂成型来实现药物产品的生产。

3.1.4 发酵工程制药的研究范畴

发酵工程药物主要包括一系列通过微生物发酵生产抗细菌、抗真菌、抗病毒、抗肿瘤、抗高血脂、抗高血压作用的药物,以及抗氧化剂、酶抑制剂、免疫调节剂、强心剂、镇静剂、止痛剂等药物的总称。这些药物主要包括抗生素、维生素、氨基酸、核苷或者核苷酸、药用酶及其抑制剂、菌体制剂以及其他药理活性物质。

1)抗生素

由细菌、霉菌或其他微生物在生活过程中所产生的具有不同抗病原体的抗生素药物或其他活性的一类物质。自1943年,青霉素应用于临床,到现在抗生素的种类已达几千种。在临床上常用的也有几百种。其主要是从微生物的培养液中提取或者用合成、半合成方法制造。临床上使用较多的抗生素主要有 β-内酰胺类抗生素、氨基糖苷类抗生素、酰胺醇类抗生素、大环内酯类抗生素、多肽类抗生素等(图 3.3)。

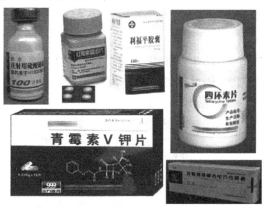

图 3.3 利用发酵法生产的抗生素药物

2）维生素

目前,工业生产中利用微生物大规模发酵生产的维生素主要有维生素 B_2、维生素 B_{12}、维生素 C、维生素 D、维生素 E、维生素 K、β-胡萝卜素等,这些维生素被广泛地作为药物或者化妆品添加剂在日常生活中获得广泛应用(图3.4)。

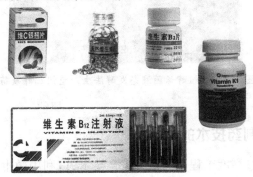

图 3.4　利用发酵法生产的维生素类药物

3）氨基酸

从理论上讲,我们可以利用发酵的方法生产各种氨基酸,但是限于技术方面的原因,在生产实践中能够利用发酵法大规模生产的氨基酸主要有谷氨酸和赖氨酸,其他的氨基酸如天冬氨酸、鸟氨酸、脯氨酸、谷氨酰胺和组氨酸等氨基酸也能够生产,但是至今无法利用大规模深层发酵技术大量生产(图3.5)。

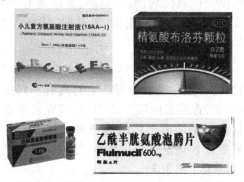

图 3.5　利用发酵法生产的氨基酸类药物

4）核苷酸及核苷

目前已有较成熟的发酵的方法生产肌苷,鸟苷,黄苷,腺苷,尿苷,胞苷(图3.6)。但是核苷酸极性较大,难于透过细胞膜,因此增加了菌体发酵生产核苷酸的难度。目前利用直接发酵法生产核苷酸仅适于生产 5′-肌苷酸和 5′-鸟苷酸。

图 3.6　利用发酵法生产的核苷药物

5) 药用酶及酶抑制剂

当前,利用发酵工程的方法生产的酶制剂,有促进消化酶类,如蛋白酶、淀粉酶、脂肪酶和纤维素酶等;消炎酶类,如溶菌酶;抗肿瘤酶类,如天冬酰胺酶就是一种抗白血病的药物,它的主要作用是水解天冬酰胺成为天冬氨酸和氨,从而达到抗肿瘤的效果(图3.7)。

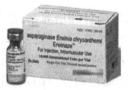

治疗白血病的天冬酰胺酶注射液

图 3.7　利用发酵法生产的酶类及酶抑制剂药物

除了上述酶类外,利用发酵的方法生产的酶类药物还有青霉素酶、葡萄糖酶、透明质酸酶等。由微生物产生的酶抑制剂有几十种,如抑肽素、洛伐他汀、几丁质酶抑制剂等。

6) 菌体制剂

利用发酵工程制药的菌体制剂主要是益生菌,目前,研究的益生菌主要有酵母菌、乳酸菌、双歧杆菌等。研究的热点主要集中在双歧杆菌和乳酸菌这两大类菌。在中国市场上,已经商品化的菌体制剂主要有酵母片、乳酸菌素片、枯草杆菌颗粒、粪链球菌菌剂。

3.1.5　发酵工程制药的工艺特点及要求

1) 发酵工程制药与化学制药的区别

跟化学制药相比,发酵工程制药有其独特的优势,但是也有其缺点,具体见表3.1。

表 3.1　发酵工程制药与化学制药的区别

制药方法	优　点	缺　点
发酵工程制药	结构复杂,控制较复杂	副产物多,分离难
	生产安全	反应复杂,反应速度慢
	原料再生	反应密度低,转化率低
	原料纯度要求不高,易替换	生产稳定性较差
	设备通用	设备大,投资高
	生产力易提高	废水废渣多
	产物类型可塑	生产过程易被污染,能耗大

续表

制药方法	优 点	缺 点
化学制药	生产简单,易于控制	生产安全较差
	稳定性好,收率高	原料纯度较高,不易替换
	反应浓度高,收率高	多数原料不可再生
	废水废渣少	只能生产结构简单的药物
	生产不易受微生物污染	设备通用性较差

2）发酵工程药物生产的一般工艺过程

一般来说,发酵工程制药的工艺主要过程包括选取菌种和培养基;制备孢子(产孢子菌需要制备);制备种子;接种进入发酵罐,同时通入无菌空气进行发酵;发酵结束后,对发酵液进行预处理(目的产物是分泌到微生物细胞外的收集发酵液,目的产物存在微生物细胞内收集菌体);目的产物的粗提取;目的产物的精制;目的产物质量检验;保存备用。具体的工艺流程图见图3.8。

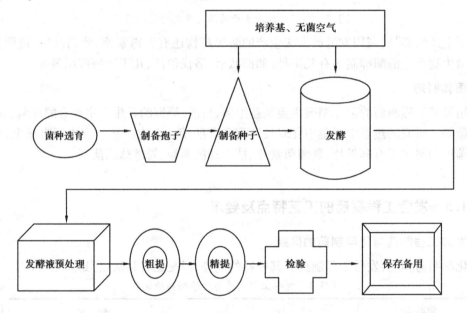

图3.8　发酵工程药物生产的一般工艺流程图

3）菌种特点及要求

发酵工程制药要求菌种品系纯正,生产有效成分能力高;整个发酵过程必须采取各种措施,确保发酵罐内无污染;必须严格按照发酵程序对菌种进行扩繁和接种;要定期对所采用的菌种进行分离复壮,防止退化;在每次发酵过程中要保留备用菌种;发酵生产所采用的菌种要保存妥当,如用冷冻干燥或液氮保存。

4）发酵工艺特点及要求

发酵工程制药的发酵工艺过程要求发酵原料质量稳定,即给药用微生物提供的 C 源、N 源等营养物质稳定;发酵过程的每一步严格灭菌,确保整个发酵过程不会感染杂菌;发酵罐以及相关联的管道系统的密封性必须非常好,防止感染杂菌;在整个发酵过程为了给药用微生物提供充分的氧气,一般都要进行通气和搅拌;发酵的过程一般分为两个阶段,即微生物的生长繁殖阶段和产药阶段,一般情况下这两个阶段的发酵控制工艺条件是不同的。

5)提取工艺特点和要求

利用发酵工程制药技术生产的生物药物大多数性质都不是很稳定,在提取的时候要求低温清洁和严格控制操作环境,防止药物活性丧失,这在生物制品的纯化过程中尤其要注意;由于发酵工程制药技术生产的药物大多数都是微生物的次级代谢产物,一般含量较低,因此需要先进行粗提取,然后再进行精提取;在提取过程中要进行严格质控,每一步提取过程都必须进行有效成分含量检测,判断上一步提取纯化工序是否正常;很大一部分利用发酵工程制药技术生产的生物药物要制成注射剂,因此,在整个提取过程要求做到提炼全过程无菌,防止化学和生物污染。

任务 3.2　制药微生物与产物的生物合成

3.2.1　制药微生物的种类

微生物种类繁多,代谢类型更是千差万别,其代谢产物的化学结构和生物活性的多样性更是难以估计。截止到目前为止,至少有 1 500 万株微生物药物产生菌被分离出来,被分离出来的微生物药物有 15 000 种,每年还有近 300 种微生物来源的药物被报道。这些被发现的药物中,有 10 000 种左右是放线菌产生的,其中很多药物在临床实践中频繁使用。除了放线菌之外,细菌和丝状真菌也能够产生很多药物。

1)放线菌

放线菌产生的抗菌药物中化学类别较多,如 β-内酰胺类、氨基糖苷类、大环内酯类等。

由放线菌所产生的 β-内酰胺类抗生素主要有头孢菌素以及近年出现的头霉素、硫霉素、橄榄酸、棒酸诺卡菌素。他们能够杀死革兰氏阴性菌和革兰氏阳性菌。

氨基糖苷类抗生素使用比例较大,主要有链霉素及其衍生物双氢链霉素、羟基链霉素、新霉素、巴龙霉素等。这类抗生素具有广谱抗菌活性,部分还具有抗分枝杆菌活性。

四环类抗生素也是临床上使用较为频繁的抗生素,主要有四环素、氧四环素、氯四环素、去甲基氯四环素等。具有广谱的抗菌活性,其中四环素的产生菌较多,主要有生绿链霉菌、金霉素链霉菌等;褐黄链霉菌、华沙链霉菌、普拉特链霉菌等主要产生氧四环素;生绿链霉菌和金霉素链霉菌还能产生氯四环素和去甲基氯四环素。

大环内酯类抗生素的产生菌均为链霉菌。常用的抗生素主要有红霉素(最常用)、竹桃霉素、柱晶白霉素、交沙霉素、螺旋霉素等。这类抗生素主要抗革兰氏阳性细菌,对军团菌、支原体和衣原体也具有抗菌作用。其中红霉素的产生菌主要有红霉素链霉菌、灰平链霉菌;竹桃霉素的产生菌主要有抗生链霉菌、橄榄产色链霉菌;柱晶白霉素的产生菌主要是北里链霉菌;交沙霉素的产生菌主要是那波链霉菌交沙霉素亚种;螺旋霉素的产生菌主要是螺旋霉素链霉菌。

糖肽类抗生素是在临床上具有较大应用价值的抗生素,主要包括万古霉素、去甲万古霉素、泰古霉素、瑞斯托菌素等。这类抗生素主要抗革兰氏阳性细菌,尤其是对产生耐药性的金黄色葡萄球菌和肠球菌具有较好的杀菌效果。其中万古霉素可由东方拟无枝酸菌 M43-05865 菌株所产生;去甲万古霉素由东方拟无枝酸菌万-23 菌株所产生;泰古霉素是由泰古霉素游动放线菌所产生;瑞斯托菌素是由苍黄诺卡菌所产生。

多烯类抗生素主要包括制霉菌素、金褐霉素、两性霉素、可念菌素等。多烯类抗生素主要用于抗真菌的治疗。两性霉素主要由节状链霉菌产生;可念菌素主要由灰色链霉菌 3570 和灰红链霉菌菌株产生;制霉菌素主要由诺尔斯链霉菌 ATCC11455 菌株所产生;金褐霉素主要由金褐链霉菌所产生。

2) 细菌

利用细菌来生产药物的情况很少,而且能产生有临床应用价值的抗生素的菌株也不多,其中除了一种环状芽孢杆菌能够产生氨基糖苷类丁苷菌素外,其他几种菌产生的抗生素均为多肽。

3) 真菌

真菌是第一个应用于临床的抗生素青霉素的产生菌,并从此进入了抗菌治疗中的抗生素时代。在真菌中还发现了头孢菌素 C、灰黄霉素以及具有其他生理活性的真菌药物环孢菌素。青霉素和头孢菌素属于 β-内酰胺抗生素,主要对细菌具有抗菌作用,主要抗菌机制是通过作用于细胞壁合成中的转肽酶和羧肽酶来抑制细胞壁合成。灰黄霉素主要功效是抑制真菌生长,菌丝顶端形成弯曲。作用于微孔蛋白,抑制纺锤体形成,使细胞停止分裂。具体见表 3.2。

表 3.2　产抗菌药物的真菌

抗菌药物	产生菌	备　注
青霉素	点青霉	产生菌较多,多数属于青霉素
	产黄青霉	
	棕红青霉	
	暗绿青霉	
	环形青霉	
	蓝棕青霉	
	荧光青霉	
	灰棕色青霉	
	黄曲霉	
	构巢曲霉	
头孢菌素 C	顶头孢霉	产生菌较少,属于头孢菌素
灰黄霉素	灰黄青霉	产生菌较多,多属于青霉素,从我国土壤分离出来的荨麻青霉 68 和 74 也产灰黄霉素
	詹氏青霉	
	荨麻青霉	

除了上述真菌外,还有很多真菌本身就是药用真菌,如灵芝、茯苓、虫草等,利用它们菌体本身入药已经有很多年的历史。

4)基因工程菌

基因工程菌(gene engineering bacteria)是利用基因工程技术,将外源目的基因导入宿主细胞使其表达所需蛋白的重组菌。随着基因工程技术的完善和发展,不断地有新的基因工程产品面市,如人胰岛素、白细胞介素-2、干细胞因子、乙肝表面抗原和表皮生长因子等。基因工程菌发酵是为了获得大量的外源基因表达产物,不仅与工程菌本身的遗传性状有关,与发酵工艺的控制也有非常重要的关系。一般来说,现在较为常用的基因工程菌主要分为以下3种:

(1)大肠杆菌类工程菌

大肠杆菌因其培养要求低、生长迅速、遗传背景清楚和表达量高等优点,是生命科学研究的模式生物之一;其表达系统是目前人类掌握最成熟、应用范围最广的原核表达系统。但大肠杆菌产内毒素,且表达外源蛋白多是非分泌型,会在细胞内部形成不可溶解的包涵体,容易导致产物活性低、纯化难度大;并且缺乏翻译后对真核蛋白修饰加工的功能,导致表达产生的蛋白无法进行糖基化、磷酸化以及正确折叠和分泌等修饰,只适合表达不需要修饰的外源蛋白,这些问题限制了其在工程菌发酵中的工业化应用。

(2)枯草杆菌类工程菌

枯草杆菌全基因组序列已经被测定,是非致病的土壤微生物,被美国食品药品监督委员会授予"GRAS"(generally regarded as safe)的称号。由于可以高效分泌表达外源蛋白到发酵液中,使得回收和纯化外源蛋白较为简单。但是枯草杆菌也有自身的局限性,主要体现在:质粒具有不稳定性,外源基因表达受到限制;对数生长末期细胞大量产生各种蛋白酶,容易破坏外源蛋白;不能正确折叠外源蛋白的三维结构等,这些因素均制约了其在生产蛋白质药物中的应用。

(3)酵母类工程菌

酵母菌是单细胞低等真核生物,安全可靠,生长繁殖快,培养周期短,且在表达真核基因方面能够弥补原核表达系统的不足,因此成为最普遍的真核表达系统之一。巴斯德毕赤酵母遗传背景清晰,易于高密度发酵,外源蛋白为整合表达且表达量高,适合大批量生产外源蛋白。但毕赤酵母不是食品微生物,因其具有高效的甲醇氧化酶启动子,发酵时需添加甲醇诱导,用它来生产药品或食品还存在争议。其次,表达分泌的外源蛋白在发酵液中容易被毕赤酵母自身产生的蛋白酶降解,并且蛋白酶浓度会随着高密度培养的进行而增大,增加了降解外源蛋白的几率。因此,虽然毕赤酵母在基因调控表达研究方面比较热门,却仍然不是商业化外源蛋白的最佳表达系统。除了毕赤酵母外,酿酒酵母也是常用来作为表达蛋白的工程菌,但是其表达产量不够,发酵过程不宜控制,限制了其应用。

3.2.2　制药微生物的保藏方法

菌种是发酵工程制药最重要的生物资源,一般来说,用于发酵工程制药上的菌种都是经过科学家不断地选育、反复实验获得的优良菌株,如何让优良菌株的产药能力保持、稳定下来获得较好的发酵效果是至关重要的,这就需要我们掌握有效的菌种保藏方法。

1)微生物菌种保藏的原理

菌种保藏主要是根据微生物生理生化特点,人工创造条件,使微生物代谢处于不活泼、生长繁殖受抑制的休眠状态,即采取低温、干燥、缺氧3个条件,使菌种暂时处于休眠状态。一种好的保藏方法首先应能长期保持菌种原有的优良性状不变,同时还需考虑到方法本身的简便和经济,以便生产上能推广使用。

2)微生物菌种保藏的主要方法

(1)定期移植法

定期移植法也称传代培养保藏法,包括斜面培养、穿刺培养、液体培养(保藏厌氧细菌)等。将菌种接种于适宜的培养基中,最适条件下培养,待生长充分后,于4~6℃进行保存并间隔一定时间进行移植培养。保藏时间依微生物的种类不同而不同。此法操作简单,但保存时间短,需要经常移种,易变异。只能作为菌种的短期保藏,适合在发酵工程制药中实验室研究使用。

(2)液体石蜡保藏法

液体石蜡保藏法也称矿物油保藏法。选用优质化学纯液体石蜡,采用以下两种方式进行灭菌:

①121℃湿热灭菌30 min,置40℃恒温箱中蒸发水分,经无菌检查后备用。

②160℃干热灭菌2 h,冷却后,经无菌检查后备用。

把液体石蜡注入已长好菌的斜面上并高出斜面顶端1 cm,使菌种与空气隔绝。将试管直立,置低温(4~6℃)干燥处或室温下保存。保藏期间应定期检查,如培养基露出液面,应及时补充无菌的液体石蜡。

此方法简便有效,保藏时间2~10年,可用于丝状真菌、酵母、细菌和放线菌的保藏。特别对难以冷冻干燥的丝状真菌和难以在固体培养基上形成孢子的担子菌等的保藏更为有效。缺点是必须直立存放,占空间大,不便携带。某些以石蜡为碳源,或对液体石蜡保藏敏感的菌株都不能用此法保藏。

(3)沙土管保藏法

取60~80目河沙,用磁铁吸去铁质,用10%盐酸浸泡24 h后弃盐酸,用水洗至中性,将沙子烘干备用。取地面下40~60 cm非耕作层贫瘠且黏性较小的土,研碎后100目过筛并用水洗至中性,烘干备用。将处理后的沙、土按质量比2∶1混合。混匀的沙土分装入安瓿管或小试管中,高度为1 cm左右,塞好棉塞,121℃湿热灭菌30 min,无菌检验合格后方可使用。把制备好的菌悬液分装每支沙土管0.5 mL,放线菌和霉菌可直接挑取孢子拌入沙土管中。塞好棉塞放入盛有干燥剂的容器中,用真空泵抽去水分。抽检合格后封口,存放于低温(4~6℃)干燥处保藏,每隔半年验证1次。

本法方法简便,设备简单,适用于产孢子和有芽孢的菌种保藏,可保存两年,但对营养细胞不适用。由于在真空干燥过程中,机械力容易造成孢子的死亡,因此在保藏放线菌和部分真菌的孢子时最好用干法接种。

(4)真空冷冻干燥保藏法

①好养菌冷冻干燥管保藏法 安瓿管用2%盐酸浸泡过夜,用自来水冲洗并用蒸馏水浸泡至pH中性,烘干后加入脱脂棉塞,灭菌备用。保护剂可选择血清、脱脂牛奶和海藻糖等。

将培养好的菌体或孢子加入保护剂制成菌悬液,分装于安瓿管中,每支0.2 mL。然后放入冰箱冷冻2 h以上,达到-35~-20 ℃。再置于冷冻干燥箱内进行冷冻干燥直至其中水分被抽干,时间一般为8~20 h。将安瓿管在真空条件下熔封,低温或常温保藏。

②厌氧菌冷冻干燥管保藏法　主要程序与需氧菌操作相同,注意保护剂的选择和准备,保护剂使用前应在100 ℃的沸水中煮沸15 min左右,脱气后放入冷水中急冷,除掉保护剂中的溶解氧。

真空冷冻干燥保藏法为菌种保藏方法中应用最广泛的,是国际菌种保藏机构通常采用的方法之一,几乎所有的微生物均可采用此法保藏。适用于菌种长期保存,一般可保存数年至十余年。方便之处在于因冷冻干燥管无须低温保藏,所以运输方便,但此法所需设备要求高,操作复杂,费用昂贵。

(5)冷冻保藏法

①普通冷冻保藏法　将培养好的固体或液体菌种用橡胶塞封口,置于-20 ℃普通冰箱中保藏。这一方法虽操作简单但不适宜长期保藏。

②超低温冷冻保藏技术　将生长至对数生长中后期的微生物细胞,加入新鲜培养基使其悬浮,然后加入等体积的20%甘油或10%二甲基亚砜作为冷冻保护剂,混匀后分装入冷冻管或安瓿管中,于-80~-70 ℃超低温冰箱中保藏。若干细菌和真菌菌种可通过此保藏方法保藏5年而活力不受影响。

③液氮超低温保藏法　主要程序与超低温冷冻保藏技术(-80~-60 ℃)相同。需注意分装好的安瓿管在放入液氮前需用控速冷冻机预冻,冷冻速率以1 ℃/min为宜,冷冻到-35 ℃。如果无控速冷冻机,可将安瓿管置于-70 ℃冰箱中冷冻4 h,然后迅速移入液氮罐中保存。使用时从液氮罐中取出,立即放置在38~40 ℃水浴中使其溶化,然后直接将其接种到适宜的培养基中即可。

此法存活率高,稳定性强,保藏时间长,是长期保藏菌种最好的方法。适合各种菌种的保藏,特别适合用于难以用真空干燥保藏等方法保藏的菌种,可保藏15~20年。但是该方法需要定期向液氮罐中补充液氮,以保证液氮罐中的温度。

(6)基因工程菌特殊保藏法

①穿刺保藏法　在容量为2~3 mL旋盖玻璃小瓶中加入相当于约2/3容量的固体培养基,灭菌后备用。用接种针挑取被保藏菌株单菌落,针刺至瓶底,在适当温度下培养过夜后避光保藏于4 ℃或室温。穿刺法可保藏细菌2年之久。

②甘油管冷冻保藏法　在细菌培养物中加入适量甘油(使甘油终浓度为15%),分装至保存管内,置于-20 ℃或-70 ℃冰箱中保藏。此法可保藏1~10年。

由于微生物的多样性,不同的微生物往往对不同的保藏方法有不同的适应性。因此,生物菌种在具体选择保藏方法时必须对被保藏菌株的特性、保藏物的使用特点及现有条件等进行综合考虑。对于一些比较重要的微生物菌株,则要尽可能多地采用各种不同的手段进行保藏,以免因某种方法的失败而导致菌种的丧失。

3.2.3 制药微生物的衰退和复壮

1) 制药微生物菌种的衰退

(1) 菌种衰退的表现

总体上来说,菌种衰退从宏观上主要表现在菌落和细胞形态发生改变、菌种的生产能力下降、对环境的适应能力减弱。菌种的退化会使微生物个体和群体特征的各个方面发生变化,其中最重要的是使所需产物的生产产量下降、营养物质代谢和生长繁殖能力下降、发酵周期延长、抗不良环境条件的性能减弱等。菌种的退化不同于培养过程中由环境条件变化引起的表面的、暂时的变化,而是由个别、少数菌体细胞衰退后逐渐导致整个菌株退化的一个从量变到质变的遗传变异过程。

(2) 菌种衰退的原因

菌种衰退的原因有多方面,具体原因如下:

①菌种保藏不妥　菌种的保藏主要是通过控制低温、干燥、缺氧等条件,使微生物营养体或休眠体处于不活泼的状态,维持最低代谢水平,尽可能保证活力和不发生变异。但是,各种菌种的保藏法对阻止菌种变异的效果不尽相同,用效果较差的条件保藏菌种时,菌种就较易发生退化。此外,保藏操作不当也会影响保藏效果,甚至导致菌种的变异。

②菌种传代次数过多　菌种连续传代是菌种发生退化的直接原因。由于连续传代使培养物经常处于旺盛的生长状态,且每次传代时营养和环境等培养条件都是在不断地变化,与处于休眠状态的培养物相比,细胞的自发突变率要高得多。因此,菌株经过连续传代后,含突变基因的个体在数量上逐渐占优势,退化现象就逐渐显露出来。此外,培养基灭菌升、降温的不同,培养基存放时间的不同,采用老龄菌和多核菌丝传代等都比较容易引起菌种退化。

③菌种自发突变　菌种自身突变也会引起菌种退化。菌种的自发突变和回复突变是引起菌种自身退化的主要原因。微生物细胞在每一世代中的突变概率一般为 $10^{-9} \sim 10^{-8}$,虽然保藏在 $0 \sim 4\ ^\circ\!C$ 时这一突变概率更小,但仍然不能排除菌种退化的可能。例如对营养缺陷型菌种未充足供给所需营养物,菌种就会发生突变而丧失已有的特性。

④菌种发生回复突变　很多发酵制药工业中的菌种都是经过反复诱变的菌株,很容易发生回复突变。菌种的回复突变是指变异菌株因遗传组成的自身修复,使原有的遗传障碍解除,代谢途径发生变化,从而恢复原有的特性,表现出原育种过程中已获得的优良性状的退化。

⑤菌种生长条件发生改变　菌种生长的条件要求没有得到满足,或是遇到不利的条件,或是失去某些需要的条件,菌种就会为了适应该环境条件发生一定程度的改变,改变的结果遗传下来就出现了菌种衰退现象。如菌种培养基可通过影响菌种的生理状况而影响发酵产量。菌种培养基营养过于丰富不利于孢子形成,因而影响发酵。菌种培养基营养贫乏也同样不利于发酵。此外,菌种在营养贫乏的培养基中多次传代,会使菌体细胞内缺乏某些生长因子而衰老甚至死亡。

2) 防止微生物菌种衰退的措施

要防止菌种衰退,应该做好保藏工作,使菌种优良的特性得以保存,尽量减少传代次数。如果菌种已经发生退化,产量下降,则要进行分离复壮。

（1）菌种的分离

菌种发生衰退时，并不是所有的菌种都衰退，其中未衰退的菌体往往是经过环境条件考验的、具有更强生命力的。因此，采用单细胞菌株分离的措施，即用稀释平板法或用平板划线法，以取得单细胞所长成的菌落，再通过菌落和菌体的特征分析和性能测定，就可获得具有原来性状的菌株，甚至性能更好的菌株。如对芽孢杆菌，可先将菌液用沸水处理几分钟，再用平板进行分离，从所剩下的孢子中挑选出最优的菌体。如果遇到某些菌株即使进行单细胞分离仍不能达到复壮的效果，则可改变培养条件，达到复壮的目的。如 AT3.942 栖土曲霉的产孢子能力下降，可适当提高培养温度，恢复其能力。同时通过实验选择一种有利于高产菌株而不利于低产菌株的培养条件。菌种分离方法有：

①在一定的培养条件下，对退化菌株进行单菌落或单细胞分离，淘汰退化的个体，保留纯化菌种。

②对于芽孢杆菌，可将菌体的悬液加热至 90 ℃处理数分钟，杀灭已退化的菌体，保留芽孢；再将芽孢或孢子进行传代，以淘汰退化的个体。

③提供特殊的培养条件，使环境有利于优良性状菌株的生长而不利于退化菌株的生长，从而淘汰已退化的菌株个体。

④将分离后得到的初筛菌株先保藏，再进行复筛考察，从中选出稳定性较好的菌种。

⑤同时应用上述方法的两种或两种以上的方法，会收到更好的复壮效果。

（2）菌种的复壮

菌种的复壮有狭义的复壮和广义的复壮。狭义的复壮是菌种已经发生衰退后，再通过纯种分离和性能测定等方法，从衰退的群体中找出尚未衰退的少数个体，以达到恢复该菌种原有典型性状的一种措施。而广义的复壮是一种积极的措施，即在菌种的生产性能尚未衰退前就经常有意识地进行纯种分离和生产性能的测定工作，使菌种的生产性能逐步提高，所以，这实际上是一种利用自发突变（正变）从生产中不断进行选种的工作。

（3）提供良好的环境条件

进行合理的传代，减少传代次数可防止由于菌种的遗传稳定性变化而引起的自发突变，以及由于环境条件变化导致的退化。菌种允许使用的传代次数必须通过传代的稳定性试验确定。发酵生产上一般只用三代内的菌种。采用合适的传代条件使培养条件有利于高产菌的生长，而不利于低产菌的生长，减少突变的发生。

（4）用优良的保藏方法

尽可能采用如斜面冰箱保藏法、砂土管保藏法、真空冷冻干燥保藏法以及采用干孢子保藏等优越的保藏方法保藏菌种，以防止菌种的退化。

（5）定期纯化菌种

对菌种进行定期的分离纯化，可减少其中共存的自发突变菌或"突变不完全"产生的退休型菌株的增殖机会，保持原来的优良特性。诸如对营养缺陷型菌种在纯化过程中提供足够的营养物，以保持菌株的优势，避免回复突变体的竞争。同样在进行抗性突变的菌种纯化时在培养基中加入相应的抗性药物，可保持菌株的抗性优势，避免产生无抗性的回复突变体。遗传性稳定的菌体作为菌种、采用合适的接种物传代等可减少和防止菌种的自身突变。

3.2.4　微生物药物的生物合成

随着现代生物技术的发展,人类不仅能从微生物代谢产物中发掘对人类生命活动有益的新代谢产物,而且通过基因工程构建多种基因工程菌,通过发酵工程生产基因工程产品,服务于人类。发酵工程制药产业能得到如此迅猛的发展,主要源于微生物的3个重要特点:

①微生物能够适应多种环境条件,可以把菌种从自然界转种到实验室或者工厂生产,使其由自然状态下的随意生长到人工有意识、有方向、有目的地培养,在廉价的碳源、氮源的条件下合成若干种有价值的代谢产物。

②微生物的比表面积特别大,有利于迅速摄取所需要的各种营养物质,维持极高的生长繁殖速度和很高的生物合成活动。

③微生物能够进行极其多样化的代谢反应(尤其是次级代谢),可以为人类提供无穷无尽的药物(次级代谢产物)。

1)微生物的初级代谢和次级代谢

一切生命现象都直接或者间接地与机体内进行的化学反应有关,生物体内的化学反应称为代谢,它是一切生命有机体的基本特征。代谢包括合成代谢和分解代谢:简单的小分子物质合成复杂的大分子物质的代谢称为合成代谢;各种营养物质或者细胞物质降解为简单产物的代谢称为分解代谢。合成代谢和分解代谢有明显差别又紧密相关,分解代谢为合成代谢提供能量和原料;合成代谢又是分解代谢的基础。它们在生物体内偶联进行,相互对立而又统一,共同决定着生命的存在和发展。

一般将微生物从外界吸收各种营养物质,通过分解代谢和合成代谢,生成维持生命活动的物质和能量的过程,称为初级代谢。次级代谢是指微生物在一定的生长时期,以初级代谢产物为前体,合成一些对微生物的生命活动无明确功能的物质的过程。这一过程的产物,即为次级代谢产物。有人把超出生理需求的过量初级代谢产物也看作是次级代谢产物。次级代谢产物大多是分子结构比较复杂的化合物。根据其作用,可将其分为抗生素、激素、生物碱、毒素及维生素等类型。

次级代谢与初级代谢关系密切,初级代谢的关键性中间产物往往是次级代谢的前体,比如糖降解过程中的乙酰 CoA 是合成四环素、红霉素的前体;次级代谢一般在菌体对数生长后期或稳定期间进行,但会受到环境条件的影响;质粒与次级代谢的关系密切,控制着多种抗生素的合成。次级代谢不像初级代谢那样有明确的生理功能,因为次级代谢途径即使被阻断,也不会影响菌体生长繁殖。

2)微生物初级代谢产物的生物合成

微生物合成的初级代谢产物不仅用于菌体自身的生长繁殖,而且其中若干产物如氨基酸、维生素、核苷酸、蛋白质、脂肪酸、多糖、酶类、低级有机酸和醇类被分离精制成医药产品、轻化工产品等。开发种类在日益增多之中,这些产品的应用范围也不断扩大。能够在其体内大量地累积该产物的微生物都是代谢失调的突变菌株,如营养缺陷型株、生化代谢调节株、抗性突变株等。这类代谢产物的具体生物合成途径如糖酵解、三羧酸循环等过程在生物化学和分子生物学等课程中已经学习过,在这里不一一赘述。

3)微生物次级代谢产物的生物合成

（1）微生物次级代谢产物的种类

微生物次级代谢产物种类繁多,有的研究者按照次级代谢产物的产生菌不同来区分;有的根据次级代谢产物的结构或作用来区分。这里主要按照次级代谢产物的作用来做一简单介绍。

①抗生素　这是微生物所产生的,具有特异抗菌作用的一类次级产物。目前发现的抗生素已有 2 500 ~ 3 000 种,青霉素、链霉素、四环素、红霉素、新生霉素、新霉素、多粘霉素、利福平、放线菌素(更生霉素)、博莱霉素(争光霉素)等几十种抗生素已进行工业生产。

②激素　微生物产生的一些可以刺激动、植物生长或性器官发育的一类次级物质。例如,赤霉菌(*Gibberella fujikuroi*)产生的赤霉素。

③生物碱　大部分生物碱是由植物产生的。麦角菌(*Claviceps purpurea*)可以产生麦角生物碱。

④毒素　大部分细菌产生的毒素是蛋白质类的物质。如破伤风梭菌(*Clostridium tetani*)产生的破伤风毒素,白喉杆菌(*Corynebacterium diphtheriae*)产生的白喉毒素,肉毒梭菌(*Clostridium botulinum*)产生的肉毒素及苏云金杆菌(*Bacillus thuringiensis*)产生的伴胞晶体等。放线菌,真菌也产生毒素。例如,黄曲霉(*Aspergillus flavus*)产生的黄曲霉毒素;担子菌产生的各种蘑菇毒素等。

⑤色素　不少微生物在代谢过程中产生各种有色的产物。例如,由粘质沙雷氏菌(*Serratia marcescens*)产生灵菌红素,在细胞内积累,使菌落呈红色。有的微生物将产生的色素分泌到细胞外,使培养基呈现颜色。

⑥维生素　作为次生物质,是指在特定条件下,微生物产生的远远超过自身需要量的那些维生素,例如丙酸细菌(*Propionibacterium* sp.)产生维生素 B_{12},分枝杆菌(*Mycobacterium*)产生吡哆素和烟酰胺,假单胞菌产生生物素,以及霉菌产生的核黄素和 β-胡萝卜素等。

（2）初级代谢和次级代谢的关系

次级代谢和初级代谢产物对产生菌的生长繁殖作用不同,但它们的生物合成途径相互联系。已有研究结果表明,次级代谢产物基本上由微生物代谢产生的中间产物和初级代谢产物合成的。从生化代谢方面看,次级代谢产物的来源和生物合成途径虽然比较复杂,但是它们的合成途径与初级代谢途径相互交叉又相互制约。因此,菌体代谢过程中产生的某些中间产物既可用于合成初级代谢产物,又可用于合成次级代谢产物,这种中间产物叫作"分叉中间体"。如乙酰辅酶 A 既可被产生菌用于合成脂肪酸,又可用于四环素等次级代谢产物的合成。

根据已有的研究结果表明,催化次级代谢途径中各步反应的酶或者酶系,既有初级代谢途径的酶、糖酵解途径的酶,也有次级代谢特有的酶,如青霉素合成中的酰基转移酶、链霉素合成中的脒基转移酶。特异性酶活性的高低与次级代谢产物的产量密切相关。在代谢调节方面,由于两种代谢途径相互交叉,因而调节控制方面也是相互影响。但初级代谢受菌体的控制比次级代谢更为严格。同时某些初级代谢产物对次级代谢有着一定的调节作用。

从遗传角度来看,初级代谢与次级代谢都受到核内遗传物质的控制,而在许多抗生素产生菌如天蓝链霉菌、金霉素链霉菌、灰色链霉菌、龟裂链霉菌、卡那霉素链霉菌等中发现,抗生素的合成同时受到核外遗传物质质粒的控制。因此,有人将受到质粒控制的代谢产物称为"质粒产物"。

（3）微生物合成次级代谢产物的基本特征

①次级代谢产物具有种特异性　能够产生次级代谢产物如抗生素等的产生菌，在分类学上的位置与产生的次级代谢产物的结构之间没有明确的内在联系。分类学上相同的菌种能产生不同结构的抗生素，如灰色链霉菌，既能合成氨基环醇类抗生素中的链霉素，又能合成多烯大环内酯类抗生素中的杀假丝菌素。

②分批发酵时，产生菌生长周期分为3个时期　3个时期为菌体生长期、产物合成期以及菌体自溶期。3个时期中产生菌对营养成分和环境条件的要求是不同的，从生长期转化到生产期的过程中，菌体的生理特性和形态学都发生了变化，如菌体合成 DNA、RNA、蛋白质等的合成速率明显下降，某些芽孢杆菌开始形成芽孢，原生质开始出现凝聚，出现菌丝片段，有的菌形成"沉没孢子"，次级代谢产物大量合成，直至高峰。因此，可以认为次级代谢产物的合成是菌体细胞分化的伴生现象。

③次级代谢产物不少是结构相似的混合物　产生菌能同时合成多种结构相似的次级代谢产物，其原因是：参与次级代谢产物的合成的酶系的底物特异性不强，如产黄青霉菌能合成5种以上具有不同生物活性的青霉素（青霉素 G、V、O、F、X）；产生菌利用 $1\sim2$ 种以上初级代谢产物合成一种主要的次级代谢产物，产生菌继续对该产物进行多种化学修饰而同时合成多种衍生物。

④次级代谢产物的合成受多基因控制　控制次级代谢产物合成的基因有的在染色体上，有的在质粒上，若干实验表明，质粒在次级代谢产物合成中起着重要的作用。但是，在深层培养中，由于环境的作用，质粒容易丢失而丧失功能，导致次级代谢的不稳定。

（4）次级代谢产物的生源说和生物合成途径

生源说是指次级代谢产物分子中构建单位的各种原子的起源，实质上是有机化学问题。生物合成是构建单位在多种酶的作用下合成次级代谢产物的过程，实质上是生物化学问题。研究次级代谢产物生物合成时，将两个概念紧密联系起来，可使次级代谢产物合成途径的研究进入一个新的时期。微生物合成的次级代谢产物是由微生物代谢的中间产物如碳水化合物降解形成的五碳（C_5）、四碳（C_4）、三碳（C_3）、二碳（C_2）化合物和一些初级代谢产物合成的。上述的一些物质可能被菌体直接并入次级代谢产物分子中，而自身结构无明显改变，这种物质称为前体。而有些物质进入次级代谢途径被转化为一种或者多种不同的物质，这些转化物质经进一步代谢才形成次级代谢途径终产物，这样的物质称为次级代谢中间体。次级代谢产物的中间体主要有短链脂肪酸、异戊二烯单位、氨基酸、糖与氨基糖、环己烷与氨基环己醇、脒基、嘌呤和嘧啶碱类、芳香中间体和芳香族氨基酸、甲基等。

①短链脂肪酸途径　许多次级代谢产物是由乙酸、丙酸、丁酸单位和某些短链脂肪酸通过聚酮体途径衍生而来的，如大环内酯类抗生素的内酯环、四环素类抗生素的苯并体、蒽环类抗生素的蒽醌环等。聚酮体合成的起始单位有乙酰辅酶 A、丙酰辅酶 A、丁酰辅酶 A 等。而作为链的延长单位有丙二酰辅酶 A、甲基丙二酰辅酶 A、乙基丙二酰辅酶 A 等，它们是 C_3、C_2、C_4 的供体。

②甲羟戊醛途径　甲羟戊酸是很多种次级代谢产物的构建单位。甲羟戊酸被磷酸化后就生成了甲羟戊醛-3-焦磷酸，再经过脱羧和脱水作用后就形成具有生物活性的异戊二烯焦磷酸。亮氨酸经转氨等反应也可以降解形成异戊二烯焦磷酸。这种活化的 C_5 单位几乎可以与任何数量的单元相结合，生成自然界中形形色色的异戊二烯类或者萜类次级代谢产物，如赤霉素、生物碱等。还能合成若干种生物体的必需物，如甾醇、胡萝卜素。

③糖类和氨基糖途径　次级代谢产物分子中含有的糖类比糖代谢的中间产物的数目还

多。它们以 O-糖甘、N-糖苷、S-糖苷、C-糖苷等与次级代谢产物分子中的糖苷配基连接，葡萄糖和戊糖是这些糖类和氨基糖的前体，葡萄糖的碳架经过异构化、氨基化、脱氧、碳原子重排、氧化还原反应或脱羧等修饰后并入次级代谢产物的分子中。一般来说，葡萄糖的化学修饰作用都发生于被二磷酸核苷活化状态，如链霉素分子中的双氢链霉糖的合成，就是葡萄糖先形成活化型的脱氧腺苷-5-二磷酸葡萄糖，经过中间体修饰而成的。再如大环内酯类抗生素分子中的红霉糖胺、碳霉糖胺等是由葡萄糖衍生而来。

④非蛋白氨基酸途径　出现于蛋白结构中的 20 种氨基酸都是蛋白类氨基酸。在次级代谢产物中发现 200 余种非蛋白氨基酸，如 D-氨基酸、N-甲基氨基酸、二氨基丁酸等；在多肽类次级代谢产物中非蛋白氨基酸占了 50% 以上。这些非蛋白氨基酸的生物合成途径所知甚少，一般认为 D-氨基酸可能由 L-氨基酸通过氨基酸消旋酶催化形成的，这种消旋作用似乎发生在 L-氨基酸被并入到中间产物过程中，如青霉素合成中，只有 D-缬氨酸才能被产生菌并入青霉素的 LLD 三肽中间体(L-α-氨基己二酰-L-半胱氨酰-D-缬氨酸三肽)，一般认为青霉素前体中的这种 D-缬氨酸是在三肽合成时，活化了的 L-缬氨酸被消旋酶转化为 D-缬氨酸后结合到肽链上的。

⑤环多醇和氨基环多醇途径　环多醇是带羟基的环碳化合物。氨基环多醇是环多醇分子中的一个或多个羟基被氨基取代的衍生物。在氨基环多醇类抗生素(链霉素、庆大霉素、卡那霉素等)的分子中最常见的环多醇部分是由葡萄糖衍生而来的，如 2-脱氧链霉胺是由葡萄糖经过磷酸化、环化等反应形成环多醇，继续经过氨基化等反应衍生而来的。

⑥非核酸的嘌呤碱和嘧啶碱途径　在次级代谢产物中出现的非核酸嘌呤碱基和嘧啶碱基是由合成核酸用的嘌呤和嘧啶经过化学修饰而形成的，嘌呤霉素的生物合成过程中，腺嘌呤核苷酸直接被产生菌作为前体而并入嘌呤霉素分子中，而不是菌体先将腺嘌呤核苷酸水解成腺嘌呤和核糖后再用于抗生素的合成。

⑦芳香中间体途径　许多抗生素的芳香环结构部分是由莽草酸途径的中间体或终产物形成的。如氯氨苯醇和棒状杆菌素的生色团是由分支酸衍生的；利福霉素的发色团来自奎宁酸或者脱氢莽草酸；绿脓菌素的吩嗪骨架源自邻氨基苯甲酸；新生霉素和占托西林的芳香部位衍生自酪氨酸。

⑧甲基途径　次级代谢产物生物合成中所需要的甲基基团，是经过甲基转移酶催化的转甲基化反应，将 S-腺苷蛋氨酸上的甲基转移酶转移至甲基受体上，形成带甲基的次级代谢产物。甲基的供体是蛋氨酸。

任务 3.3　发酵工艺条件的确定

3.3.1　培养基的选择和确定

1) 培养基的营养成分

微生物的营养活动是依靠向外界分泌大量的酶，将周围环境中大分子的蛋白质、糖类、脂肪等营养物质分解成小分子化合物，再借助细胞膜的渗透作用，吸收这些小分子营养来实现的。所有发酵培养基都必须提供微生物生长繁殖和产物合成所需的能源,包括碳源、氮源、无机元素、生长因子及水、氧气等。对于大规模发酵生产,除考虑上述微生物的需要外,还必须重视培养基原料的价格和来源。

(1)能源

在实际的工业生产上,自养微生物生长所需的能源主要有光、氢、硫胺、亚硝酸盐、亚铁盐等,如光合细菌以光为能源、硝化细菌以亚硝酸盐为能源。异养微生物所需的能源一般为碳水化合物等有机物,还有的以石油、天然气、醋酸等为能源,它们也属于碳源。

(2)碳源

凡可被微生物用来构成细胞物质或代谢产物中碳骨架来源的营养物通称碳源(carbon source)。碳是微生物细胞需要量最大的元素,又是产生各种代谢产物和细胞内贮藏物质的重要原料。从 CO_2 到复杂的天然有机含碳化合物之间的各种无机、有机碳化合物均能不同程度地被微生物利用。纵观整个微生物界,微生物所能利用的碳源种类远远超过动植物。至今人类已发现的能被微生物利用的含碳有机物有 700 多万种,可见,微生物的碳源谱极其宽广。

碳源分为无机碳源和有机碳源。对于利用有机碳源的异养型微生物来说,其碳源往往同时又是能源。此时,可认为碳源是一种具有双功能的营养物。另一类种类较少的自养型微生物,则以 CO_2 为主要碳源,合成碳水化合物,进而转化为复杂的多糖、类脂、蛋白质和核酸等细胞物质。化能异养型微生物以有机碳化合物为碳源。常用的碳源物质有糖类(单糖、寡糖和多糖)、有机酸、醇、脂类、烃类及芳香族化合物等。其中糖类是利用最广泛的碳源,其次为醇类、有机酸和脂类等。微生物对糖类的利用,单糖优于双糖和多糖;己糖优于戊糖;葡萄糖、果糖优于甘露糖和半乳糖;淀粉明显优于纤维素和几丁质等纯多糖;纯多糖则优于琼脂和木质素等杂多糖。氨基酸和蛋白质既可提供氮素,也能提供碳素,但用作碳源时不够经济。异养微生物的碳源同时充作能源,即碳源物质同时提供碳素和能量。

微生物对碳源的利用因种不同而异,可利用的种类差异很大。有的微生物能广泛利用各种不同类型的含碳物质,如假单胞菌属(Pseudomonas)中的某些种可利用 90 种以上不同的碳源。有的微生物利用碳源的能力却十分有限,只能利用少数几种碳源,如某些甲基营养型细菌只能利用甲醇或甲烷等一碳化合物。又如某些产甲烷细菌、自养型细菌仅可利用 CO_2 为主要碳源或唯一碳源。

工业发酵生产中所供给的碳源,大多数来自植物体,如山芋粉、玉米粉、麸皮、米糠、糖蜜等,其成分以碳源为主,但也包含其他营养成分。实验室中,常用于微生物培养基的碳源主要有葡萄糖、果糖、蔗糖、淀粉、甘露醇、甘油和有机酸等。

异养细菌虽然必须以有机碳为碳源,但不少种类,尤其是生长在动物血液、组织和肠道中的有益或致病微生物,还需少量 CO_2 才能正常生长。培养这类微生物时,常需提供 CO_2。

(3)氮源

能被微生物用来构成微生物细胞组成成分或代谢产物中氮素来源的营养物通称为氮源(nitrogen source)。有机与无机含氮化合物及分子态氮,均可被相应的微生物用作氮源。微生物能利用的氮源种类十分广泛,从 N_2、无机氮化物到复杂的有机氮化合物均能在不同程度上为微生物利用,但不同微生物能利用的氮源各异。有些氮源还能在氧化过程中放出能量,为微生物提供能源(NH_3 等氧化)。

有机含氮化合物包括尿素、胺、酰胺、嘌呤、嘧啶、蛋白质及其降解产物——多肽与氨基酸等,均可被不同微生物所利用。其中蛋白质水解产物是许多微生物的良好氮源。仅有某些微生物可以利用嘌呤与嘧啶,如尿酸发酵梭菌(*Clostridium acidiurici*)和柱孢梭菌(*Clostridium cylindrosporum*)只能利用嘌呤与嘧啶为氮源、碳源和能源,而不能利用葡萄糖、蛋白胨或氨基酸。工业发酵中利用的有机含氮化合物,主要来源于动物、植物及微生物体,如鱼粉、黄豆饼粉、花生饼粉、麸皮、玉米浆、酵母膏、酵母粉、发酵废液及废物中的菌体等。

大多数微生物能利用无机含氮化合物,如铵盐、硝酸盐和亚硝酸盐等,但仅有固氮微生物可利用分子态氮作氮源。蛋白胨和肉汤中含有的肽、多种氨基酸和少量的铵盐及硝酸盐,一般能满足各类细菌生长的需要。因此,铵盐、硝酸盐、蛋白胨和肉汤等是实验室培养微生物常用的氮源。

根据微生物对氮源利用的差异将其分为3个类型:

①固氮微生物　能以空气中的分子态氮(N_2)为唯一氮源,通过固氮酶系统将其还原成NH_3,进一步合成所需的各种有机氮化物。

②氨基酸自养型　能以无机氮(铵盐、硝酸盐和尿素等)为唯一氮源,合成氨基酸,进而转化为蛋白质及其他含氮有机物。这是数量最大,种类最多的一个类群。

③氨基酸异养型　不能合成某些必需的氨基酸,必须从外源提供这些氨基酸才能生长。

绿色植物和很多微生物均为氨基酸自养型生物,动物和部分异养微生物为氨基酸异养型生物。如乳酸细菌(*Lactobacillus*)需要谷氨酸、天门冬氨酸、半胱氨酸、组氨酸、亮氨酸和脯氨酸等外源氨基酸才能生长。

将微生物分为氨基酸自养型和异养型有重要的实践意义。人和直接为人类服务的动物都需要外界提供现成的氨基酸或蛋白质,这些蛋白质和氨基酸来自绿色植物。植物蛋白质生产受气候、时间等因素制约,其产量远不能满足人类和养殖业对蛋白质食物和蛋白质饲料的需要。利用氨基酸自养型微生物将廉价的尿素、铵盐和硝酸盐等无机氮转化为菌体蛋白或各种氨基酸,是解决人类食物和其他动物饲料蛋白质不足的一个重要途径。

(4)无机盐

根据微生物生长繁殖对无机盐(mineral salts)需要量的大小,可分为大量元素和微量元素两大类。凡是生长所需浓度在$10^{-4} \sim 10^{-3}$mol/L范围内的元素,可称为大量元素,如S、P、K、Na、Ca、Mg、Fe等。凡所需浓度在$10^{-8} \sim 10^{-6}$mol/L范围内的元素,则称为微量元素,如Cu、Zn、Mn、Mo、Co、Ni、Sn、Se等。Fe实际上是介于大量元素与微量元素之间,故置于两处均可。

在配制微生物培养基时,对于大量元素,可以加入有关化学试剂,常用K_2HPO_4及$MgSO_4$。因为它们可提供4种需要量最大的元素。对于微量元素,由于水、化学试剂、玻璃器皿或其他天然成分的杂质中已含有可满足微生物生长需要的各种微量元素,因此在配制普通培养基时一般不再另行添加。但如果要配制研究营养代谢等的精细培养基,所用的玻璃器皿应是硬质的,试剂是高纯度的,此时就应根据需要加入必要的微量元素。

(5)生长因子

生长因子(growth actor)通常指那些微生物生长所必需而且需要量很小,但微生物自身不能合成或合成量不足以满足机体生长需要的有机化合物。根据生长因子的化学结构和它们在机体中的生理功能的不同,可将生长因子分为维生素(vitamin)、氨基酸、嘌呤与嘧啶三大类(表3.3)。维生素在机体中所起的作用主要是作为酶的辅基或辅酶参与新陈代谢;有些微生物自身缺乏合成某些氨基酸的能力,因此必须在培养基中补充这些氨基酸或含有这些氨基酸的小肽类物质,微生物才能正常生长;嘌呤与嘧啶作为生长因子在微生物机体内的作用主要是作为酶的辅酶或辅基,以及用来合成核苷、核苷酸和核酸。

表3.3　维生素及其在代谢中的作用

化合物	代谢中的作用
对氨基苯甲酸	四氢叶酸的前体，一碳单位转移的辅酶
生物素	催化羧化反应的酶的辅酶
辅酶 M	甲烷形成中的辅酶
叶酸	四氢叶酸包括在一碳单位转移辅酶中
泛酸	辅酶 A 的前体
硫辛酸	丙酮酸脱氢酶复合物的辅基
尼克酸	NAD、NADP 的前体，它们是许多脱氢酶的辅酶
吡哆素（B_6）	参与氨基酸和酮酶的转化
核黄素（B_2）	黄素单磷酸（FMN）和 FAD 的前体，它们是黄素蛋白的辅基
钴胺素（B_{12}）	辅酶 B_{12} 包括在重排反应里（为谷氨酸变位酶）
硫胺素（B_1）	硫胺素焦磷酸脱羧酶、转醛醇酶和转酮醇酶的辅基
维生素 K	甲基酮类的前体，起电子载体作用（如延胡索酸还原酶）
氧肟酸	促进铁的溶解性和向细胞中的转移

2）发酵制药中常用培养基的类型

（1）斜面培养基

斜面培养基是供微生物细胞生长繁殖用的培养基。包括细菌、酵母等的斜面培养基以及霉菌、放线菌生孢子培养基或麸曲培养基等。这类培养基主要作用是供给细胞生长繁殖所需的各类营养物质。斜面培养基具有以下特点：

①富含有机氮源，少含或不含糖分。有机氮有利于菌体的生长繁殖，能获得更多的细胞。

②对于放线菌或霉菌的产孢子培养基，氮源和碳源均不宜太丰富，否则容易长菌丝而较少形成孢子。

③斜面培养基中宜加少量无机盐类，供给必要的生长因子和微量元素。

（2）种子培养基

种子培养基包括摇瓶种子培养基和小罐种子培养基。种子培养的目的是扩大培养，增加细胞数量；同时也必须培养出强壮、健康、活性高的微生物细胞，为下一步接种到大发酵罐的大规模发酵打下基础。为了使细胞迅速进行分裂或菌丝快速生长，种子培养基必须具备以下特点：

①必须有较完全和丰富的营养物质，特别需要充足的氮源和生长因子。

②种子培养基中各种营养物质的浓度不必太高。供孢子发芽生长用的种子培养基，可添加一些易被吸收利用的碳源和氮源。

③种子培养基成分还应考虑与发酵培养基的主要成分相近。

（3）发酵培养基

发酵培养基是发酵生产中最主要的培养基，它不仅耗用大量的原材料，而且也是决定发酵生产成功与否的重要因素。一般来讲，在发酵制药工业中，发酵培养基应该具备以下特点：

①发酵培养基的选择必须跟产物的合成相联系。对菌体生长与产物相偶联的发酵类型，充分满足细胞生长繁殖的培养基就能获得最大的产物。对于生产氨基酸等含氮的化合物时，

它的发酵培养基除供给充足的碳源物质外,还应该添加足够的铵盐或尿素等氮素化合物。

②发酵培养基的各种营养物质的浓度应尽可能高些,这样在同等或相近的转化率条件下有利于提高单位容积发酵罐的利用率,增加经济效益。

③发酵培养基需耗用大量原料,因此,原料来源、原料质量以及价格等必须予以重视。发酵培养基在选择的时候务必要考虑经济节约,尽量少用或不用主粮,努力节约用粮,或以其他原料代主粮。糖类是主要的碳源。碳源的代用品主要是寻找植物淀粉、纤维水解物,以废糖蜜代替淀粉、糊精和葡萄糖,以工业葡萄糖代替食用葡萄糖;以石油作为碳源的微生物发酵也可以生产以粮食为碳源的发酵产品。有机氮源的节约和代替主要为减少或代替黄豆饼粉、花生饼粉、食用蛋白胨和酵母粉等含有丰富蛋白质的原料为目标,代用的原料可以是棉籽饼粉、玉米浆、蚕蛹粉、杂鱼粉、黄浆水或麸汁、饲料酵母、石油酵母、骨胶、菌体、酒糟,以及各种食品工业下脚料等。这些代用品大多蛋白质含量丰富,价格低廉,便于就地取材,方便运输。

发酵培养基是发酵制药工业中的最关键的培养基,发酵培养基选择的好坏直接关系到后续发酵过程是否顺利、发酵目的产物产量是否达标、发酵后提取过程是否顺利、发酵成本是否合理等。在发酵培养基选择上要遵循以下原则:

①必须提供合成微生物细胞和发酵产物的基本成分。

②有利于减少培养基原料的单耗,即提高单位营养物质所合成产物数量或最大产率。

③有利于提高培养基和产物的浓度,以提高单位容积发酵罐的生产能力。

④有利于提高产物的合成速度,缩短发酵周期。

⑤尽量减少副产物的形成,便于产物的分离纯化。

⑥原料价格低廉,质量稳定,取材容易。

⑦所用原料尽可能减少对发酵过程中通气搅拌的影响,利于提高氧的利用率,降低能耗。

⑧有利于产品的分离纯化,并尽可能减少产生"三废"的物质。

3)培养基的确定方法

(1)做好调查研究工作

了解菌种的来源、生活习惯、生理生化特性和一般的营养要求。工业生产主要应用细菌、放线菌、酵母菌和霉菌四大类微生物。它们对营养的要求既有共性,也有各自的特性,应根据不同类型微生物的生理特性考虑培养基的组成。具体见表3.4。

表3.4 四大类微生物的典型培养基

微生物的类型		常用培养基名称	培养基成分/%				培养基的酸碱度
			碳源	氮源	无机盐类	生长素	
细菌	自养菌	化学合成	空气中的二氧化碳	硫酸铵0.04	粉状硫1 硫酸镁0.05 磷酸二氢钾0.4 硫酸亚铁0.001 氯化钙0.025	无	2.0~4.0
	异养菌	牛肉膏、蛋白胨培养基	牛肉膏0.5	蛋白胨1.0	氯化钠0.5	牛肉膏中已有	7.0~7.2

续表

微生物的类型	常用培养基名称	培养基成分/%				培养基的酸碱度
		碳源	氮源	无机盐类	生长素	
放线菌	高氏培养基	可溶性淀粉 2.0	硝酸钾 0.1	磷酸氢二钾 0.05 氯化钠 0.05 硫酸镁 0.05 硫酸亚铁 0.001	无	7.0~7.2
酵母菌	麦芽汁 米曲汁 豆芽汁	汁中已有	汁中已有	汁中已有	汁中已有	自然 pH
霉菌	查氏培养基	蔗糖 3.0	硝酸钠 0.3	磷酸氢二钾 0.1 氯化钾 0.05 硫酸镁 0.05 硫酸亚铁 0.001	无	4.0~6.0
	麦芽汁 米曲汁 豆芽汁 马铃薯汁	汁中已有	汁中已有	汁中已有	汁中已有	自然 pH

（2）对生产菌种的培养条件

生物合成的代谢途径、代谢产物的化学性质、分子结构、一般提炼方法和产品质量要求等也需要有所了解，以便在选择培养基时做到心中有数。

（3）最好先选择一种较好的化学合成培养基做基础

开始时先做一些摇瓶试验，然后进一步做小型发酵罐培养，摸索菌种对各种主要有机碳源和氮源的利用情况和产生代谢产物的能力。注意培养过程中的 pH 变化，观察适合于菌种生长繁殖和适合于代谢产物形成的两种不同 pH，不断调整配比来适应上述各种情况。

（4）注意每次只限一个变动条件

有了初步结果以后，先确定一个培养基配比，其次再确定各种重要的金属和非金属离子对发酵的影响，即对各种无机元素的营养要求，试验其最高、最低和最适用量。在合成培养基上得出一定结果后，再做复合培养基试验。最后试验各种发酵条件和培养基的关系。培养基内 pH 可由添加碳酸钙来调节，其他如硝酸钠、硫酸铵也可用来调节。

（5）添加必要的前体物质

有些发酵产物，如抗生素等，除了配制培养基以外，还要通过中间补料法，一面对碳及氮的代谢予以适当的控制，一面间歇添加各种养料和前体类物质，引导发酵走向合成产物的途径。

（6）根据生产和科学研究的需要选择培养基

工业上，液体深层培养具有占地面积小、发酵效率高、操作方便、易于机械化和自动化生产、降低劳动强度等优点。因此,发酵工业中大多采用液体培养基培养种子和进行液体发酵,并根据微生物对氧气的要求,分别做表面静止培养或深层通气培养。实验室或制种车间进行固体培养常采用试管、扁瓶和培养皿。工业生产中也常采用固体原料,如小米、大米、麸皮、马铃薯等直接制作斜面,或在茄子瓶表面培养霉菌、放线菌。具有设备简单、投资少、易推广等优点。大规模生产中,固体培养的缺点是占地面积多,劳动强度大,生产稳定性差。

(7)根据培养基成本选择原料

考虑经济节约,尽量少用或不用主粮,努力节约用粮,或以其他原料代粮。糖类是主要的碳源。碳源的代用方向主要是寻找植物淀粉、纤维水解物,以废糖蜜代替淀粉、糊精和葡萄糖,以工业葡萄糖代替食用葡萄糖。同时,使用稀薄的培养基,适当减少碳氮配比。有机氮源的节约和代替主要为减少或代替黄豆饼粉、花生饼粉、食用蛋白胨和酵母粉等含有丰富蛋白质的原料。代用的原料可以是棉籽饼粉、玉米浆、蚕蛹粉、杂鱼粉、黄浆水或麸汁、饲料酵母、石油酵母、骨胶、菌体、酒糟,以及各种食品工业下脚料等。这些代用品大多蛋白质含量丰富,货源充足,价格低廉,便于就地取材,方便运输。

3.3.2　发酵工艺条件的确定

1)温度的确定

任何微生物的生长都需要有最适的生长温度,在此温度范围内微生物生长繁殖最快。如果所培养的微生物能承受稍高一些的温度进行生长和繁殖,这对生产有很大的好处,即可减少污染杂菌的机会和夏季培养所需降温的辅助设备,因此培养耐高温的菌种有一定的生产现实意义。通常在生物学范围内每升高 10 ℃,生长速度就加快一倍。此外,温度直接影响酶反应,对于微生物来说,温度直接影响其生长和合成酶。但是,机体的重要组成如蛋白质、核酸等都对温度较敏感,随着温度的增高有可能遭受不可逆的破坏。微生物可生长的温度范围较广,一般在−10～95 ℃。

在发酵工业中,温度的控制一般有两个点:一个是在发酵初期和中期,维持发酵罐的温度为菌体的最适生产繁殖温度,让罐子中的菌体迅速生产繁殖,获得大量的能够合成次级代谢产物的菌体;另一个是在发酵后期,选择一个最适合的产目的产物的温度,让微生物的次级代谢更加旺盛,达到产量最大化的目的。

2)pH 值

培养基中的 pH 值与微生物生命活动有着密切关系,各种微生物有其可以生长的和最适生长的 pH 范围。微生物通过其活动也能改变环境的 pH 值。发酵过程中,控制发酵液的 pH 值是控制生产的指标之一,pH 值过高、过低都会影响微生物的生长繁殖以及代谢产物的积累。控制 pH 值不但可以保证微生物良好的生长,而且可以防止杂菌的污染。

培养基 pH 在发酵过程中能被菌体代谢所改变。若阴离子(如醋酸根、磷酸根)被吸收或氮源被利用后产生 NH_3,则 pH 上升;阳离子(如 NH_4^+、K^+)被吸收或有机酸的积累,使 pH 下降。一般来说,高碳源培养基倾向于向酸性 pH 转移,高氮源培养基倾向于向碱性 pH 转移,这都跟碳氮比直接有关。

3）溶氧

微生物对氧的需要不同，是由于依赖获得能量的代谢方面的差异。好气性菌主要是有氧呼吸或氧化代谢，厌气菌为厌气发酵，兼性厌气菌则两者兼而有之。不同微生物或同一微生物的不同生长阶段对通风量的要求也不相同。

4）通风和搅拌

通气可以供给大量的氧。通气量与菌种、培养基性质、培养阶段相关。通气量的多少，最好按氧溶解的多少来决定。只有氧溶解的速度大于菌体的吸氧量时，菌体才能正常地生长和合成酶。因此随着菌体繁殖，呼吸增强，必须按菌体的吸氧量加大通气量，以增加溶解氧的量。搅拌则能使新鲜氧气更好地与培养液混合，保证氧的最大限度溶解，并且搅拌有利于热交换，使培养液的温度一致，还有利于营养物质和代谢物的分散。

此外，挡板则有助于搅拌，使其效果更好。一般来说，若培养罐深，搅拌转速大，通气管开孔小或多，气泡在培养液内停留时间就长，氧的溶解速度就大，而且在这些因素确定下，培养基的黏度越小，氧的溶解速度也越大。搅拌可以提高通气效果，但是过度地剧烈搅拌会导致培养液大量涌泡，容易增加杂菌污染的机会，液膜表层的酶容易氧化变性，微生物细胞也不宜剧烈搅拌。

5）种龄与接种量

种子培养期应取菌种的对数生长期为宜，菌种过嫩或过老，不但延长发酵周期，而且会降低产量。接种量的大小直接影响发酵周期。大量地接入培养成熟的菌种可以缩短生长过程的延缓期，因而缩短了发酵周期，提高了设备利用率；节约了发酵培养的动力消耗，并有利于减少染菌机会。一般都将菌种扩大培养，进行两级发酵或三级发酵。接种量与培养物的生长过程的延缓期长短成反比，但也没有必要接种量过多，因为培养种子时，过多地移入代谢废物，反而会影响正常发酵。

任务 3.4　发酵过程及优化控制

3.4.1　发酵的基本过程

一般来说发酵工程制药主要分为 3 个阶段：

①准备阶段　主要工作是器具的准备；培养基的准备；优良菌种的选择或培育；器具和培养基的消毒。

②发酵阶段　主要工作是保存、纯化、复壮菌种；制备种子；进行发酵。

③产物的分离提取阶段　主要包括发酵液的预处理；产物的粗提取；产物的精制。

因此，发酵的基本过程主要为菌种、种子制备和发酵这 3 个步骤。

1）菌种

发酵水平的高低与菌种的性能和质量有直接的关系，菌种的生产能力、生长繁殖的情况和代谢特性是决定发酵水平的内在因素。这就要求用于生产的菌种产量高、生长快、性能稳定、容易培养。目前国内外发酵工业中所采用的优良菌种绝大多数是经过人工选育的优良菌种，为了防止菌种衰退，生产菌种必须以休眠的状态，最好的方法是菌种与防冻剂甘油混合后用液氮冷冻后保存在-80 ℃的超低温冰箱中或者直接放于液氮中保存备用。如果受到条件限制，没有超低温冰箱，可以保存在沙土管或者冷冻干燥管中，置于4 ℃冰箱中保存。使用时可临时取出，接种后仍然需要冷藏。生产菌种必须严格规定使用期限，一般沙土管保存的菌种使用期限是 1~2 年，用液氮保藏的菌种使用期限一般为 15~20 年。生产菌种应该不断地纯化和复壮，淘汰变异菌株，防止菌种衰退。

2) 种子的制备

种子制备是发酵工程开始的重要环节，这一过程的目的是使得菌种繁殖，获得足够数量的菌体，以便接种在发酵罐中。种子制备可以在摇瓶中或者小发酵罐内进行。大型发酵罐的种子要经过两次扩大培养，才能够进入发酵罐中。摇瓶培养是在三角瓶中装入一定量的液体培养基，灭菌后接入菌种，然后放在往复式或者恒温式摇床上培养。种子罐一般用铜或者不锈钢材质，构造跟大发酵罐类似。种子罐接种之前有关设备与培养基必须进行严格灭菌。种子罐可以用微孔压差法或者打开接种阀门，在火焰的保护下进行接种，接种后在一定的空气流量、罐温、罐压等条件下进行培养，并定时取样做无菌试验，菌丝形态观察和生化分析，以确保种子质量。

3) 发酵

这一过程的目的是使微生物产生大量的目的产物，是发酵工序的关键步骤。发酵一般在钢制或者不锈钢的罐内进行，有关设备和培养基应该经过严格灭菌，然后将培养好的种子接入，接种量一般为 5%~20%。在整个发酵过程中务必要不断地搅拌、通气，维持一定罐温、罐压，并定时取样分析做无菌试验，观察代谢产物含量情况，是否有杂菌污染等。在发酵过程中还会产生大量的泡沫，所以常常在发酵过程中或者发酵前加入消泡剂进行消泡控制。加入酸或者碱控制发酵液的酸碱度，多数品种的发酵还需要间歇或者连续地加入葡萄糖或者铵盐化合物，或者补进料液或者目的产物的前体物质，以促进产物的合成。发酵中可供分析的参数有通气量、搅拌转速、罐温、罐压、培养基总体积、黏度、泡沫情况、菌丝形态、pH、溶解氧浓度、排气中的二氧化碳含量以及培养基中的总糖、还原糖、总氮、氨基氮、磷和产物含量等。一般根据各品种的需要和可能，测定其中若干个项目即可。发酵周期因菌种的品种不同而呈现出差异，大多数微生物的发酵周期是 2~8 d，但也有少于 24 h 或者长达 2 周以上的。

3.4.2 发酵工艺的优化

微生物细胞具有完善的自我调控机制，使得细胞内复杂的生物化学反应高度有序地进行，并对外界环境条件的改变迅速地做出反应。因此，必须通过控制微生物的培养和生长环境条件影响其代谢过程，以便获得高产量的产物。为了使发酵生长能够得到最佳的效果，可测定与发酵条件和代谢变化有关的各个参数，以了解产生菌对环境条件的要求和代谢变化规律，并根据各个参数的变化情况，结合代谢调控理论，有效地控制发酵。

1)培养基的优化

(1)培养基的类型及功能

按照纯度来分,培养基分为合成培养基、半合成培养基、天然培养基。合成培养基是指用各种成分明确、性质稳定的化学试剂配制成的培养基,例如高氏一号培养基。合成培养基的优点是成分明确,能定量,但是其营养成分较为单一,且价格较高。适合于实验室研究和特殊发酵工业,适合于研究菌种的基本代谢过程。天然培养基是采用一些化学成分不清楚或者化学成分不恒定的一些原料作为培养基。天然培养基主要包括很多粮食作物如大米、小麦、玉米等为原料做的培养基,还包括工业废水解液的下脚料或者干粉,如糖蜜废液、甘蔗渣废液。半合成培养基是指既含有天然成分又含有纯化学试剂的培养基,如PDA培养基。这类培养基既含有天然成分也含有纯的化学试剂,它价格适中,优缺点介于天然培养基和化学培养基之间,比较适合作为发酵培养基,在实际生产实践中,发酵罐中的发酵培养基都属于半合成培养基。

按照物理状态分,培养基主要分为固体培养基、半固体培养基和液体培养基。固体培养基主要用于发酵制药工业中菌种的活化;半固体培养基在发酵工业上用得很少;液体培养基是大规模发酵工业最常用的培养基。

按照用途分,培养基分为孢子培养基、种子培养基和发酵培养基。一般来说,很多发酵工业中,种子制备过程中,都需要经过斜面菌种到孢子的过程,因此孢子培养基要求能够产生大量孢子,因此,其营养成分尤其是氮源不能够太丰富,同时盐浓度、水分、酸碱度也要合适,在生产实践上大米和小米常用作霉菌孢子培养基,因它们含氮少、疏松、表面积大,是较好的孢子培养基。种子培养基是供孢子萌发、菌体生长和大量繁殖的培养基。在种子扩培过程中,各级种子培养基的成分往往不一样。种子培养基营养相对比较丰富,最后一级的种子培养基的成分比较接近发酵培养基。这样在接种到发酵培养基中的时候,菌体能够迅速适应,大大缩短延滞期。发酵培养基是供菌体生长、繁殖和合成产物之用,它是发酵工业中最重要的培养基,它也是发酵制药工程中培养基控制和优化的重点。发酵培养基必须具有以下特点:

①培养基能够满足产物合成的需要。

②培养基的原料应因地制宜,价格低廉;质量稳定,资源丰富,便于运输、储藏。

③所选用的培养基应能满足总体工艺的要求,如不应该影响通气、提取、纯化及废物处理等。

④杂质少,发酵后所形成的副产物尽可能少。

(2)培养基优化的目标

培养基优化的目标有三个:第一是提高生产效率,主要是提高发酵中目标药物的产量和缩短发酵时间;第二是通过筛选更为廉价的生产原料来降低生产成本,增加药物的利润空间;第三是降低物耗、能耗、三废排放。

(3)培养基优化的对象

①选择合适的碳源、氮源、合适的碳氮比 发酵工业中,由于需要的碳源和氮源量巨大,因此一般来说选择价格较为便宜的碳源和氮源。如碳源一般选择淀粉和糖蜜等,氮源一般选择花生饼粉、豆饼粉、棉子饼、玉米浆、鱼粉、蚕蛹粉、尿素、废菌丝体和酒糟等。一般情况下,碳氮比越高,意味着碳源剩余较多,就容易形成较多的有机酸,导致发酵液pH下降,影响发酵进程;而碳氮比过低,则容易导致氮源剩余过多,导致发酵液pH上升,对发酵过程产生影响。因

此,在发酵制药工程中,一般根据发酵菌种的不同、生理状态的差异、目的产物的需要,根据实验确定相对最适合的碳氮比,一般来说碳氮比都在 $100/(1\sim20)$。

②注意在发酵过程中添加合适浓度的无机盐类、微量元素、维生素、生长因子、药物前体、产物促进剂和抑制剂。

一般来说,无机盐类和微量元素是微生物细胞生理活性物质组成或生理活性作用的调节物,微生物对其需求的浓度比较低,高浓度的时候,会有明显的抑制作用,表3.5是常用的无机盐类在发酵过程中的浓度范围。

表3.5　发酵液中常用无机盐类浓度范围表

成　分	浓度/$(g \cdot L^{-1})$	成　分	浓度/$(g \cdot L^{-1})$
KH_2PO_4	$1.0\sim4.0$	$ZnSO_4 \cdot 8H_2O$	$0.1\sim1.0$
$MgSO_4 \cdot 7H_2O$	$0.25\sim3.0$	$MnSO_4 \cdot H_2O$	$0.01\sim0.1$
KCl	$0.5\sim12.0$	$CuSO_4 \cdot 5H_2O$	$0.003\sim0.01$
$CaCO_3$	$5\sim17$	$Na_2MoO_4 \cdot 2H_2O$	$0.01\sim0.1$
$FeSO_4 \cdot 4H_2O$	$0.01\sim0.1$		

其中很多次级代谢过程对磷酸盐浓度的承受限度比生长繁殖过程低,故必须严格控制磷元素的含量;硫存在于细胞的蛋白质中,是含硫氨基酸的组分和某些辅酶的活性基,如辅酶A、谷胱甘肽等。硫是某些产物如青霉素、头孢菌素等分子的组成部分,在培养基中加入 Na_2SO_4 等含硫化合物作硫源;铁是细胞色素、细胞色素氧化酶和过氧化氢酶的成分,因此铁是菌体有氧氧化必不可少的元素;一些产含氯代谢物如金霉素和灰黄霉素等的发酵中,除天然含有外,通常还需加入0.1%氯化钾。在啤酒生产中,$20\sim60$ mg/mL 的氯对酶和酵母有一定的促进作用;锌、镁、钴、锰等是某些酶的辅基或激活剂。镁离子还可提高抗生素生产菌对自己所产生抗生素的耐性;钴既是一些酶的激活剂,又是 VB_{12} 的组成元素,发酵中加入一定量的钴盐,能使维生素 B_{12} 的产量提高数倍。锰对于羧化作用是必需的,糖代谢中许多酶的活性都与锰有关;钠、钾离子与维持细胞的渗透压有关。钾离子是许多酶的激活剂,能促进糖代谢。钙是某些酶(如蛋白酶)的激活剂,还参与细胞膜通透性的调节。培养基中钙盐过多时,容易形成磷酸钙沉淀。上述这些微量元素在代谢过程中注意酌情添加并控制合适的浓度。

在发酵制药工业中,前体是指某些化合物加入到发酵培养基中,能直接被微生物在生物合成过程中结合到产物分子中去,而其自身的结构并没有多大变化,但是产物的产量却因加入前体而有较大的提高。

产物促进剂是指那些非细胞生长所必需的营养物,又非前体,但加入后却能提高产量的添加剂。产物促进剂添加量也不宜过大,一般浓度为0.01%~2%。

2)溶氧的优化

在发酵工程制药中,很多制药微生物需要在有氧的环境才能够生长,培养这类微生物需要采用通气发酵,适量溶解氧能够维持其呼吸代谢和代谢产物的合成。在通气发酵中,氧气的供给是一个核心问题。在发酵制药工业中的发酵过程中,供氧不足会导致代谢异常,降低产物的产量。因此,保证发酵液中溶氧和加速气相、液相和微生物之间的物质传递对提高发酵的效率是至关重要的。

（1）溶氧的影响

溶氧是需氧发酵控制最重要的参数之一。氧气在水中溶解度极小,需要不断地通气和搅拌,才能够满足微生物的溶氧要求。溶氧的大小对菌体生长和产物的性质及产量都会产生不同程度的影响。需氧发酵并不是溶氧浓度越大越好。虽然在通常情况下溶氧能够促进菌体生长和产物合成,但是有时候,高的溶氧浓度反而会抑制产物的形成。因此,为避免这种情况,发酵应处于限氧条件,需要考察每一种发酵产物的临界氧气浓度和最适合氧气浓度,并使得发酵过程处于最适合溶氧的浓度。最适合的溶氧浓度的大小跟菌体和产物合成代谢的特征有关,具体需要通过反复试验确定。

（2）发酵过程中的溶氧变化

发酵过程中,在已有设备和正常的发酵条件下,每种产物发酵的溶氧浓度变化有自己的规律。在发酵过程中,有时出现溶氧量明显降低或者升高的异常变化,常见的是溶氧下降。造成异常变化的原因是耗氧或者供氧出现了异常因素或者发生了障碍。从发酵液中溶氧浓度的变化,就可以了解微生物生长代谢是否正常、工艺控制是否合理、设备供氧能力是否充足等问题,进而帮助查找发酵不正常的原因,进而更好地控制发酵生产。

（3）溶氧浓度的优化方法

发酵液中的溶氧浓度是由供氧和需氧两方面所决定的。也就是说,当发酵液的供氧量大于需氧量时候,溶氧浓度就上升,直至饱和;反之就下降。因此,要优化发酵液中的溶氧浓度就需要从这两个方面着手。

①供氧方面　主要是设法提高氧传递的推动力和液相体积氧传递系数的值。在可能的条件下,采取适当的措施设法提高溶氧浓度。比如提高搅拌转速和通气速率来控制供氧。但供氧量的大小还必须跟需氧量相协调,即要有适当的工艺条件来控制需氧量。使生产菌的生长和产物形成对氧的需求量不超过设备的供氧能力,最终使得生产菌达到最佳的生产能力,这对生产实践具有重要意义。

发酵液的需氧量受到菌体浓度、基质种类和浓度以及培养条件等因素的影响。其中以菌体浓度的影响最为显著。发酵液的摄氧率随菌体浓度增加而按照一定比例增加。但是氧气的传递效率是随着菌体浓度增加而逐渐减少的,因此在生产实践上主要控制菌体的比生长速率比临界值略微高一些,达到最适的菌体浓度,这是控制最适溶氧浓度的常用方法。

②菌体浓度方面　最适的菌体浓度既能保证产物的比生长速率维持在最大值,又不会使得需氧大于供氧。除了控制菌体浓度外,在工业上还常常采用调节温度（适当降低发酵液的温度可以提高溶氧浓度）、液化培养基、中间补水、添加表面活性剂等工艺措施优化溶氧浓度。

3）温度的优化

温度的变化对发酵过程主要产生两个方面的影响:一方面是影响各种酶促反应的速率和蛋白质的性质。温度对菌体生长的酶以及代谢产物合成的酶的反应影响往往是不同的。温度能够改变代谢产物合成的方向,对多组分次级代谢产物的组成比例产生影响。另一方面是影响发酵液的物理性质。发酵液的黏、基质和氧在发酵液中的溶解度和传递速率、某些基质的分解和吸收速率等都受到温度变化的影响,进而影响发酵的动力学特征和产物的生物合成。因此,温度对菌体的生长和合成代谢的影响是极其复杂的,需要综合考察它对发酵的影响。

（1）影响发酵温度变化的原因

在整个发酵过程中,既有产生热能的因素,又有散失热能的因素,因而会引起发酵过程中温度的变化。产热的因素主要有生物热和搅拌热,散热的因素主要有蒸发热、辐射热和湿热。产生的热能减去散失的热能所得到的净热能就是发酵热,它就是发酵温度变化的最主要因素。

（2）最佳温度的选择

在发酵过程中,菌体生长和产物的合成均与温度有密切关系。最佳温度是指既适合菌体生长又适合代谢产物合成的温度。但在实际生产过程中,最适菌体生长温度和最适合产物合成温度往往不是一致的。在发酵过程中到底该选择何种温度需要视发酵阶段而定,一般来说在发酵前中期主要选择微生物生长的最适温度;在发酵中后期,主要选择产物合成的最适合温度。

另外,最适合温度并不是一成不变的,还会随着菌种、培养基成分、培养条件和菌体生长阶段而改变。例如,在较差的通气条件下,由于氧的溶解度随温度下降而升高,因此降低发酵温度对发酵是有利的,因为低温可以提高氧气的溶解度、降低菌体的生长速率、减少氧的消耗量,从而可以弥补通气条件较差带来的不足。培养基的成分差异和浓度的大小对培养温度的确定也有影响,在使用易利用或者较稀薄的培养基时,如果在高温发酵条件下,营养物质往往代谢快,耗竭过早,最终导致菌体自溶解,使得代谢产物的产量下降。因此,发酵温度的确定还跟培养基的成分具有密切的关系。

（3）发酵温度优化的方法

在工业生产上,所用的大型发酵罐在发酵过程中一般不需要加热,因为发酵过程就释放了大量的热能,反而需要冷却的情况较多,利用自动控制或者手动控制的阀门,将冷却水通入发酵罐夹层或者蛇形管中,通过热交换来降温,保持恒温发酵。如果气温较高,冷却水温度又高,导致冷却效果较差,降低不到预定的温度,可以采用冷冻盐水进行循环式降温,以迅速降到恒温。

4）酸碱度的优化

（1）pH 对发酵的影响

发酵培养基的酸碱度对微生物生长具有非常明显的影响,同时对微生物生长中各种酶活性也具有重要的影响。发酵 pH 值不当会严重影响菌体的生长和产物的合成。与温度一样,发酵过程同样具有最适生长 pH 和最适生产 pH。大多数微生物生长的酸碱度是 3~6,最大生长速率的 pH 变化范围是 0.5~1.0。多数微生物生长都有最适 pH 范围及其最适的上下限,上限一般都在 8.5 左右,超过此上限,微生物将无法忍受而自溶解;酵母菌能忍受的 pH 下限最低为 2.5 左右。pH 对产物的合成也具有明显的影响,菌体生长和产物的合成都是酶促反应的结果。因而代谢产物的合成也有最适的 pH 范围,这两种 pH 范围是发酵过程 pH 控制的关键参数。

（2）发酵过程 pH 的变化特点

在发酵过程中,pH 的变化决定于所用的菌种、培养基的成分和培养条件。在产生菌的代谢过程中,菌体本身具有一定的调整周围 pH 和建成最适 pH 环境的能力,培养基中营养物质的代谢,也是引起酸碱度变化的重要因素,发酵中所选用碳源种类的不同也是引起 pH 变化的重要因素。

（3）发酵 pH 的优化方法

微生物发酵的 pH 范围一般为 5~8。由于发酵是多酶复合反应系统,各个酶的最适 pH 也不尽相同。同一种酶的生长最适 pH 与产物合成最适 pH 是不一样的。最适 pH 是根据实验结果来确定的,将发酵培养基调节成不同的初始 pH 进行发酵,在发酵过程中,定时测试和调节

pH 以分别维持最初 pH,或者利用缓冲液来配制培养基以维持 pH。用同样的方法,可测得产物生成的最适 pH。但同一产品的最适 pH 还与所用菌种、培养基组分和培养条件有关系。在确定最适发酵 pH 时,还要考虑培养温度的影响,若温度提高或者降低 pH 都要有相应的改变。

在了解发酵过程中最适 pH 要求后,就要采用各种方法来控制 pH。首先要考虑试验发酵培养基的基础配方,使其有一个适当的配比,使其在发酵过程中 pH 变化在适当的范围内。使用该方法调节 pH 的范围是有限的,如果达不到调节要求,可通过在发酵过程中直接加酸、碱或者补料的方式来控制,补料的方式控制 pH 是目前发酵工业中最常用的 pH 调节方法。以往的发酵工业中,加酸和碱添加的都是硫酸和氢氧化钠,现在发酵工业中常常添加的是硫酸铵和氨水,它们不仅仅能够调节 pH,更是一种速效氮源。目前,大多数发酵过程 pH 控制都采用补料的方法。如在氨基酸和抗生素的发酵过程中,都通过补加尿素的方法来优化发酵 pH。这种方法可以达到稳定 pH,又可以不断地补充营养物质,少量多次补加还可以解除对产物合成的阻碍作用,提高产物含量。

在发酵过程中,要选择好发酵培养基的成分、配比,并控制好发酵的工艺条件,才能保证 pH 不会产生明显的波动,维持在最佳范围内,从而获得良好的发酵效果。

任务 3.5   粗分离与精制技术

3.5.1   发酵工程药物中粗分离和精制技术介绍

1) 发酵工程药物中粗分离和精制技术的意义

发酵制药工程中粗分离和精制的目的在于从发酵液或培养液中分离纯化具有一定纯度、符合药典或其他法定标准规定的各种药物,又称发酵液的后处理或下游加工过程。这是个非常繁复的过程。发酵工程制药中的发酵液是复杂的多样系统,含有微生物细胞、代谢产物、未耗尽的培养基等成分。其中我们需要的目的产物的含量是很低的,例如抗生素含量一般是 $10 \sim 30$ mg/m³,酶类药物一般含量为 $2 \sim 5$ mg/m³,杂质含量极高,并且某些杂质又具有非常相似的化学结构和理化性质,加上发酵工程药物的生物活性非常不稳定,遇热、酸、碱等容易失活,特别是蛋白类药物,其生物活性更是极易失去,因此从发酵液中提取生物活性物质是一项难度较大的工作。

根据各种资料统计,在发酵工程制药工业中,后处理技术的费用要占产品总成本的很大比例,按照产品不同,为 40% ~ 70%。对抗生素工业而言,粗分离和精制部分的投资费用约为发酵部分的 4 倍;对有机酸或者氨基酸生产而言,为 1.5 倍;对基因工程药物来说,分离纯化技术要求更高,可占整个生产费用的 80% ~ 90%。因此研究后处理技术,降低其生产成本,对整个发酵制药工业而言非常重要。

2) 发酵工程制药中粗分离和精制技术的基本过程

发酵工程制药中粗分离和精制主要分为两种情况,如果所生产的药物是胞内产物,则需要经过细胞破碎,细胞碎片分离等步骤;如果所生产的药物是胞外产物,则需要去除细胞,对余下的液体进行初步纯化。在初步纯化的各步操作中,处理的体积较大,着重于浓缩,称为粗分离技术,以后的各步操作为较精细的分类操作,着重于纯化,称为精制技术。其基本过程如图3.9所示。

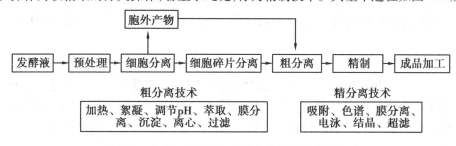

图3.9　发酵工程制药粗分离和精制的基本过程图

3.5.2　发酵工程药物中粗分离技术

1)发酵液的预处理技术

根据所要获得的目标药物性质的不同,比如对酸、碱和热的稳定性,是蛋白质还是非蛋白质等,预处理方法也不同。一般来说,在发酵工程制药过程中,预处理的目的是改变发酵液的物理化学性质尤其是黏度特性,除去一些盐离子,为下一步的过滤等分离操作打下基础。预处理的主要手段有加水稀释和加热法、离心法、凝聚和絮凝、调节酸碱度、加入助滤剂、加入反应剂、膜处理等。

(1)加水稀释和加热法

加水稀释法能降低液体黏度,但会增加悬浮液的体积,加大后继过程的处理任务。因此,加水稀释法不是一个上佳的方法。加热是发酵液预处理最简单最常用的方法。加热可有效降低液体黏度,提高过滤速率。同时,在适当温度和受热时间下可使蛋白质凝聚,形成较大颗粒的凝聚物,进一步改善了发酵液的过滤特性。对于黏度较高的发酵液,稀释或者加热可以降低发酵液黏度,有利于输送和过滤等后续操作。

(2)离心法

离心的方法适合于规模较小的发酵制药工程,如干扰素等发酵提取过程。国内在这方面的报道,主要反映了高速离心能耗大、设备昂贵,因而得不到推广应用。国内有些厂家仿效国外的做法,采用高速蝶片式喷嘴离心机分离菌体,虽对谷氨酸菌体的除去有一定效果,但对菌丝较轻细的肌苷菌体至今未取得满意的结果且设备价格昂贵。

(3)凝聚和絮凝

絮凝预处理能显著加快发酵液中固体颗粒的沉降,提高过滤速度。研究证明:发酵液经絮凝预处理后,不仅可以大大改善发酵液的固液分离效果,同时滤清液的纯度也有一定幅度的提高,在超滤过程中污染程度明显减少,渗透通量增加。发酵制药工程中常用的絮凝剂主要有以下3类:

①聚丙烯酰胺类　用量少,絮凝体粗大,分离效果好,絮凝速度快,适用范围广。

②天然有机高分子絮凝剂　如壳聚糖和葡聚糖等聚糖类,还有明胶、骨胶、海藻酸钠等。

③微生物絮凝剂　是近年来研究和开发的新型絮凝剂,由微生物产生的具有絮凝细胞功能的物质。主要成分是糖蛋白、粘多糖、纤维素及核酸等高分子物质。微生物絮凝剂和天然絮凝剂与化学合成的絮凝剂相比,最大的优点是安全、无毒、不污染环境。

（4）调节 pH 值

调节 pH 值可以改善发酵液吸附性质和使蛋白变性。对于加入离子型絮凝剂的发酵液，调节 pH 值可改变絮凝剂的电离度，从而改变分子链的伸展状态。发酵液初始 pH 调至 6 左右为宜。

（5）加入助滤剂

助滤剂是一种不可压缩的多孔微粒，它能使滤饼疏松，吸附胶体，扩大过滤面积，滤速增大。助滤剂的添加可以改善发酵液过滤性质。助滤剂作为胶体粒子的载体，均匀地分布于滤饼层中，相应地改变了滤饼结构，降低了滤饼的可压缩性，也就减小了过滤阻力。

2）萃取

从发酵或其他生物反应溶液中除去不溶性固体物质后，通常就进入产物提取阶段。生物工程不同于化工生产，主要表现在生物分离往往需要从浓度很稀的水溶液中除去大部分的水，而且反应溶液中存在多种副产物和杂质，在分离提取产物的同时，也往往使物理化学性质类似的杂质浓集，从而使产物的分离纯化费用增加。萃取和吸附是分离液体混合物常用的操作方法，在发酵和其他生物工程生产上的应用也相当广泛。萃取操作不仅可以提取和增浓产物，还可以除掉部分其他类似的物质，使产物获得初步纯化，故广泛应用在抗菌素生产上，适用于大规模生产，如用醋酸戊酯或醋酸丁酯从发酵液中分离青霉素和红霉素。

（1）萃取分离的原理

萃取过程是利用在两个不相混溶的液相中各种组分（包括目的产物）溶解度不同，从而达到分离的目的。例如，在 pH＝4.0 时，柠檬酸在庚酮中比在水中更易溶解；pH＝5.5 时，青霉素在醋酸戊酯中比在水中溶解得快；过氧化氢酶在聚乙二醇水溶液中的溶解度比在葡聚糖水溶液中溶解度高。因此，可以用醋酸戊酯加到青霉素发酵液中并使其充分接触，从而使青霉素被萃取浓集到醋酸戊酯中，达到分离提取青霉素的目的。表 3.6 中列举了部分发酵药物的萃取方法。

表 3.6 部分发酵药物萃取方法表

药物类型	药物名称	萃取剂-溶剂	萃取条件
氨基酸	甘氨酸	正丁醇-水	萃取温度是 25 ℃
	丙氨酸		
	赖氨酸		
	谷氨酸		
	α-氨基丁酸		
	α-氨基己酸		
抗生素	红霉素	醋酸戊酯-水	条件要求不严格
	短杆菌肽	苯-水	条件要求不严格
		氯仿-甲醇	
	新生霉素	醋酸丁酯-水	pH＝7.0
	青霉素-F	醋酸戊酯-水	pH＝4.0
	青霉素-G	醋酸戊酯-水	pH＝4.0

药物类型	药物名称	萃取剂-溶剂	萃取条件
酶类	葡萄糖异构酶	聚乙二醇-磷酸钾	4 ℃温度
	富马酸酶	聚乙二醇-磷酸钾	4 ℃温度
	过氧化氢酶	聚乙二醇-葡萄糖	4 ℃温度

（2）萃取的主要类型

①单级萃取　单级萃取操作是使含某溶质的料液与萃取剂接触混合,静置后分成两层。对生物分离过程,通常料液是水溶液,萃取剂是有机溶剂。分层后,有机溶剂在上层,为萃取相;下层为水相。单级萃取率较低,工业上使用较少。

②多级萃取　多级萃取分为多级逆流萃取、多级错流萃取和连续逆流萃取。多级逆流萃取是指料液与萃取剂分别从级联或板式塔的两端加入,在级间作逆向流动,最后成为萃余液和萃取液,各自从另一端离开,其萃取率较高,发酵制药工业中经常用到。多级错流萃取是指料液和各级萃余液都与新鲜的萃取剂相接触。萃取率较高,但萃取剂用量大,导致环境污染较严重,早期发酵制药工业中使用较多,现已经淘汰。连续逆流萃取是指在微分接触式萃取塔中,料液与萃取剂在逆向流动的过程中进行接触传质,它也是工业上常用的方法。

③微分萃取　微分萃取是在一个柱式或塔式容器中,互相溶混的两液相分别从顶部和底部进入并相向流过萃取设备,目的的产物(溶质)则从一相传递到另一相,以实现产物分离的目的。其特点是两液相连续相向流过设备,没有沉降分离时间,因而传质未达平衡状态。微分萃取操作只适用于两液相有较大的密度差的场合。

④超临界萃取　超临界萃取的原理是利用超临界流体的溶解能力与其密度的关系,即利用压力和温度对超临界流体溶解能力的影响而进行的。在超临界状态下,将超临界流体与待分离的物质接触,使其有选择性地把极性大小、沸点高低和分子量大小的成分依次萃取出来。当然,对应各压力范围所得到的萃取物不可能是单一的,但可以控制条件得到最佳比例的混合成分,然后借助减压、升温的方法使超临界流体变成普通气体,被萃取物质则完全或基本析出,从而达到分离提纯的目的。

在食品加工和药物制备等方面,用有机溶剂的传统萃取工艺已很少应用,如过去一直用二氯乙烷萃取啤酒花和用正己烷萃取豆油等已经逐渐被超临界萃取所代替。对健康无害和无腐蚀的超临界萃取工艺在食品和药物工业中得到广泛应用。

3）沉淀

沉淀法是最古老的分离和纯化生物物质的方法。由于其浓缩作用常大于纯化作用,因而沉淀法通常作为初步分离的一种方法,用于从去除了菌体或者细胞碎片的发酵液中沉淀出药物,然后利用层析或者重结晶等手段进行精制。沉淀法由于成本较低、收率高(不容易导致蛋白质等大分子失活)、浓缩倍数高和操作简单等优点,是下游加工过程中使用很广泛的一种方法。根据沉淀的方法不同,沉淀法可分为以下5种:

（1）盐析沉淀法

盐析沉淀法是指在药物溶液中加入大量的无机盐,使某些高分子物质的溶解度降低,沉淀析出,而与其他成分分离的方法。盐析法主要用于多肽、蛋白类药物的分离纯化。常用盐析的无机盐有氯化钠、硫酸钠、硫酸镁、硫酸铵等。

盐析沉淀法成本低,不需要特别昂贵的设备;操作简单,安全;对许多生物活性物质具有稳定作用。但是,沉淀物中含有大量的盐析剂。

(2)等电点沉淀法

等电点沉淀法是利用蛋白质在等电点时溶解度最低而各种蛋白质又具有不同等电点的特点进行分离的方法。等电点沉淀法的优点是很多蛋白质的等电点都在偏酸性范围内,而无机酸通常价较廉,并且某些酸,如磷酸、盐酸和硫酸的应用能为蛋白质类食品所允许。同时,常可直接进行其他纯化操作,无需将残余的酸除去。其缺点是酸化时易使蛋白质失活,这是由于多肽、蛋白质类药物对低 pH 比较敏感。

(3)有机溶剂沉淀法

有机溶剂的沉淀作用主要是降低水溶液的介电常数,溶液的介电常数减少就意味着溶质分子异性电荷库仑引力的增加从而使溶解度减少,进而从溶液中沉淀出来。另外,有机溶剂与水的作用,能破坏蛋白类药物的水化膜,因而蛋白类药物在一定浓度的有机溶剂中的溶解度变小而分离出来。

有机溶剂沉淀法经常用于多肽、蛋白类药物的提取。最常使用的有机溶剂是乙醇和丙酮。在用有机溶剂法沉淀药物时候应注意,高浓度的有机溶剂能够导致药物变性失活,操作时必须在低温下进行,并在加入有机溶剂的时候注意搅拌均匀,避免局部有机溶剂浓度过大导致蛋白质失活。由于该方法分离纯化的药物更容易离心和沉淀,分离后的多肽、蛋白类药物必须尽快用水或者缓冲液溶解,以降低有机溶剂的浓度,防止药物变性失活。

(4)非离子型聚合物沉淀法

非离子型聚合物沉淀主要是利用聚合物与多肽或者蛋白类药物形成聚合物而沉淀下来。常用的聚合物为聚乙二醇(PEG)及硫酸葡聚糖。目前,该方法在发酵工程制药中应用较少。

(5)聚电解质沉淀法

聚电解质沉淀主要是发酵液中加入有机酸类等电解质,它能跟药物分子的碱性功能基团形成聚合物而沉淀出来。常用的电解质包括苦味酸、苦酮酸、鞣酸等。

4)过滤、离心、细胞破碎

(1)过滤

微生物发酵液中含有大量菌体、细胞或细胞碎片以及残余的固体培养基成分。过滤就是将悬浮在发酵液中的固体颗粒与液体进行分离的过程。在过滤操作中,要求滤速快,滤液澄清并且有高的收率。要想达到过滤要求,常常需要加入助滤剂,常用的助滤剂是硅藻土和珍珠岩。

(2)离心

对于一些固体颗粒小、溶液黏度大的体系,过滤实际上是很难进行的,必须采用离心技术方能达到目的。例如,培养基添加了豆饼粉、玉米粉等的发酵液,又如,某些真菌的发酵液等黏度很大。离心的原理是利用发酵液中密度不同的组分在离心力场中迅速沉降分层,实现固液分离。离心的设备主要有管式离心机、碟式离心机、螺旋形离心机等,在生产上根据不同的生产方式进行选择。

（3）细胞破碎

细胞破碎（cell rupture）技术是指利用外力破坏细胞膜和细胞壁，使细胞内含物包括目的产物成分释放出来的技术。细胞破碎技术是分离纯化细胞内合成的非分泌型药物成分的基础。

一些蛋白质在细胞培养时被宿主细胞分泌到培养液中，其后续分离和纯化都相对简单一些。但由于一些重组 DNA 产品结构复杂，必须在细胞内组装来获得生物活性，如果在培养时被宿主细胞分泌到培养液中，其生物活性往往有所改变，此类产品是细胞内产品（非分泌型），需要应用细胞破碎技术破碎细胞，使重组的药物成分释放出来，为后续的分离纯化做好准备工作。在发酵制药工业中，细胞破碎常用的方法有机械法和非机械法，常用的主要方法有以下几种：

①酶消化法　在细胞悬浮液中加入溶菌酶、蛋白酶、甘露糖酶等酶类，这类酶能迅速和细胞壁反应并破坏它们。酶选择性地与细胞壁反应，不破坏细胞内的其他物质。此法的优点是反应条件温和、专一性较强、细胞碎片少、不容易使药物失活，但是缺点在于酶的消耗限制了在大规模生产中的使用。

②机械破碎法　机械法破碎细胞的方法主要有匀浆法、超声波法、研磨法、高压均质法。其中前面两种方法适合于小规模的细胞破碎，后面两种适合大规模的破碎，在发酵工业中获得了广泛的应用。表 3.7 列举了一些常用菌体一次通过高压均质机后的细胞破碎率。

表3.7　各种菌体一次通过高压均质机后的细胞破碎率

菌　　体	压力/MPa	细胞破碎率/%
面包酵母	53	62
啤酒酵母	55	61
大肠杆菌	53	67
假丝酵母	55	43

③化学破碎法　化学破碎法是利用化学试剂溶解细胞壁或抽提细胞中某些组分的方法。常用的方法有：酸碱破碎、脂溶性有机溶剂破碎、表面活性剂破碎等。

除了上述方法外，细胞破碎还有渗透压冲击法、反复冻融法、干燥法等。常用的微生物细胞破碎方法以及作用机理和适应范围见表 3.8。

表3.8　微生物细胞破碎的主要方法

分　类		作用机理	适应性
机械法	球磨法	固体剪切作用	可达到较高的破碎率，可较大规模地操作，大分子产物容易失活，浆液分离困难
	高压均质法	液体剪切力	可达到较高破碎率，可以大规模操作，不适合丝状菌和革兰氏阳性菌
	超声波破碎	液体剪切作用	对酵母菌效果较差，破碎过程中升温剧烈，不适合大规模操作

续表

分　类		作用机理	适应性
非机械法	酶溶法	酶分解作用	具有高度专一性,条件温和,浆液容易分离,酶价格较高,通用性较差
	化学渗透法	改变细胞膜的渗透性	具有一定选择性,浆液容易分离,但释放率较低,通用性较差
	反复冻融法	反复冻结融化	破碎率较低,不适合对低温敏感的产物
	渗透压法	渗透压剧烈变化	破碎率较低,常跟其他方法联合使用
	干燥法	改变细胞膜渗透性	条件变化剧烈,容易引起大分子物质失活

3.5.3　发酵工程药物中的精制技术

1)吸附

吸附是利用吸附剂对液体或气体中某一组分(目的药物)具有选择吸附的能力,使其富集在吸附剂表面的过程,被吸附的物质称为吸附质。典型的吸附分离过程包含4个步骤:

①将待分离的料液(或气体)通入吸附剂中。

②吸附质被吸附到吸附剂表面,此时吸附是有选择性的。

③料液流出。

④吸附质解吸回收后,将吸附剂再生。

吸附的目的主要是将目的药物吸附浓缩于吸附剂上或者将杂质、色素等需要从发酵液中去除的物质吸附于吸附剂上。

(1)吸附的类型

根据吸附剂与吸附质之间存在的吸附力性质的不同,可将吸附分成物理吸附、化学吸附和交换吸附3种类型。

①物理吸附　吸附剂和吸附质之间的作用力是分子间引力(范德华力),这类吸附称为物理吸附。由于分子间引力普遍存在于吸附剂与吸附质之间,所以整个自由界面都起吸附作用,故物理吸附无选择性。由于吸附剂与吸附质的种类不同,分子间引力大小各异,因此,吸附量可由物系不同而相差很多。物理吸附所放的热与气体的液化热相近,数值较小。物理吸附在低温下也可进行,不需要较高活化能、在物理吸附中,吸附质在固体表面上可以是单分子层也可以是多分子层。此外,物理吸附类似于凝聚现象。

②化学吸附　由于固体表面未完全被相邻原子所饱和,还有剩余的成键能力,在吸附剂与吸附质之间有电子转移,生成化学键。因此化学吸附需要较高的活化能,需要在较高温度下进行。化学吸附放出热量很大,与化学反应相近。由于化学吸附生成化学键,因而只能是单分子层吸附,且不易吸附和解吸,平衡过程较慢。

③交换吸附　吸附剂表面如为极性分子或离子所组成,则它会吸引溶液中带相反电荷的离子而形成双电层,这种吸附称为极性吸附。同时在吸附剂与溶液间发生离子交换,即吸附剂吸附离子后,同时要放出相应摩尔数的离子于溶液中。离子的电荷是交换吸附的决定因素,离

子所带电荷越多,它在吸附剂表面的相反电荷点上的吸附力就越强。

必须指出,各种类型的吸附之间没有明确的界线,有时几种吸附同时发生,很难区别。因此,溶液中的吸附现象较为复杂。

(2)常用的吸附剂

吸附是表面现象,一般固体都有或强或弱的吸附能力,在选择吸附剂时,要求吸附剂具备以下特性:对被分离的物质具有很强的吸附能力,即平衡吸附量大;有较高的吸附选择性;有一定的机械强度,再生容易;性能稳定;价廉易得。在发酵制药工程中,常用的吸附剂主要有以下5种:

①活性炭类吸附剂　活性炭具有吸附力强,分离效果好,价廉易得的特点。在生产实践上使用较多的活性炭有3类,即粉末状活性炭、颗粒状活性炭、锦纶活性炭。3种活性炭的吸附力中以粉末状活性炭为最强,颗粒状活性炭次之,锦纶活性炭最弱。在提取分离过程中,根据所分离物质的特性,选择适当吸附力的活性炭是很关键的。当欲分离的物质不易被活性炭吸附时,要选择吸附力强的活性炭;当欲分离的物质很易被活性炭吸附时,则要选择吸附力弱的活性炭;在首次分离料液时,一般先选用颗粒状活性炭;如待分离的物质不能被吸附,则改用粉末状活性炭;如待分离的物质吸附后不能洗脱或很难洗脱,造成洗脱溶剂体积过大,洗脱高峰不集中时,则改用锦纶活性炭。在应用过程中,尽量避免应用粉末状活性炭,因其颗粒极细,吸附能力较强,吸附后很难洗脱。

活性炭是使用较多的一种非极性吸附剂。一般需要先用稀盐酸洗涤,其次用乙醇洗,再用水洗净,于80 ℃干燥后即可供柱色谱用。柱色谱用的活性炭,最好选用颗粒活性炭,若为活性炭细粉,则需加入适量硅藻土作为助滤剂一并装柱,以免流速太慢。活性炭是非极性吸附剂,其吸附作用与硅胶和氧化铝相反,对非极性物质具有较强的亲和能力,在水溶液中吸附力最强,在有机溶剂中较弱,因此水的洗脱能力最弱而有机溶剂较强。从活性炭上洗脱被吸附物质时,溶剂的极性减小,活性炭对溶质的吸附能力也随之减小,洗脱剂的洗脱能力增强。主要分离水溶性成分,如氨基酸、糖、苷等。

②硅胶类吸附剂　是一种酸性吸附剂,适用于中性或酸性成分的柱色谱。硅胶作为吸附剂有较大的吸附容量,分离范围广,能用于极性和非极性化合物的分离,如有机酸、挥发油、蒽醌、黄酮、氨基酸、皂苷等,但不宜分离碱性物质。天然物中存在的各类成分大都用硅胶进行分离。

③氧化铝类吸附剂　有碱性氧化铝、中性氧化铝和酸性氧化铝3类。

a.碱性氧化铝:因其中混有碳酸钠等成分而带有碱性,对于分离一些碱性成分,如生物碱类的分离颇为理想,但是碱性氧化铝不宜用于醛、酮、酯、内酯等类型的化合物分离,因为有时碱性氧化铝可与上述成分发生次级反应,如异构化、氧化、消除反应等。

b.中性氧化铝:由碱性氧化铝除去氧化铝中碱性杂质再用水冲洗至中性得到的产物。中性氧化铝仍属于碱性吸附剂的范畴,不适用于酸性成分的分离。

c.酸性氧化铝:氧化铝用稀硝酸或稀盐酸处理得到的产物,不仅中和了氧化铝中含有的碱性杂质,并使氧化铝颗粒表面带有 NO_3^- 或 Cl^- 的阴离子,从而具有离子交换剂的性质,酸性氧化铝适合于酸性成分的柱色谱。

④聚酰胺类吸附剂　商品聚酰胺(polyamide)均为高分子聚合物质,不溶于水、甲醇、乙醇、乙醚、氯仿及丙酮等常用有机溶剂,对碱较稳定,对酸尤其是无机酸稳定性较差,可溶于浓

盐酸、冰醋酸及甲酸。聚酰胺对有机物质的吸附属于氢键吸附，一般认为，通过分子中的酰胺羰基与酚类、黄酮类化合物的酚羟基，或酰胺键上的游离氨基与醌类、脂肪羧酸上的羰基形成氢键缔合而产生吸附。吸附的强弱则取决于各种化合物与之形成氢键缔合的能力。主要用于分离黄酮类、蒽醌类、酚类、有机酸类、鞣质类等成分。

⑤离子交换树脂类吸附剂　离子交换吸附法是现代发酵工程制药工业中很常用的一种，其工作原理是通过调整发酵处理液中的酸碱度，让目的产物带上电荷，然后流过树脂，通过离子交换的作用，发酵处理液中目的产物就进入到了树脂中，树脂中的相同电荷的离子就进入到溶液，而后对目的产物进行洗脱，就得到了纯度相对较高的目的产物。树脂中化学活性基团的种类决定了树脂的主要性质和类别。分为阳离子树脂和阴离子树脂两大类，它们可分别与溶液中的阳离子和阴离子进行离子交换。在发酵制药工业中用于氨基酸、多肽、蛋白类、核酸类、酶类、抗生素等药物的精制。

（3）吸附的优缺点

吸附的优点是可以不用或者少用有机溶剂，这在一定程度上降低了生产成本，减少了环境污染；操作相对简便、安全、设备简单；生长过程 pH 值变化小，适合于稳定性较差的生物药物。其缺点是吸附选择性较差，收率不高；无机吸附剂性能不稳定，不能够连续操作。

2）色谱分离（层析）

色谱分离技术是基于不同物质在由固定相和流动相构成的体系中具有不同的分配系数，在采用流动相洗脱过程中呈现不同保留时间，从而实现分离。传统色谱分离技术采用固定的色谱塔进行，先进入一定量物料，然后采用洗脱剂不断洗脱，在同一出口不同时间段就可接到不同的产品组分。色谱分离法又称层析分离技术或色层分离技术，它是近年来研究开发的用于分离酶等生物活性蛋白质以及多肽、核酸、多糖等生物大分子物质的一种新技术。

（1）色谱的种类

色谱有多种，按固定相类型和分离原理可分为吸附色谱、离子交换色谱、亲和色谱、大孔吸附树脂、凝胶色谱等。最常用的是吸附色谱分离技术。吸附色谱法是指混合物随流动相通过吸附剂（固定相）时，由于吸附剂对不同物质具有不同的吸附力而使混合物中各组分分离的方法。此法特别适用于脂溶性成分的分离。被分离的物质与吸附剂、洗脱剂共同构成吸附层析的三要素，彼此紧密相连。

（2）常用的色谱分离方法

①凝胶过滤　凝胶过滤又叫分子筛色谱，其原理是凝胶具有网状结构，小分子物质能进入其内部，而大分子物质却被排除在外部。当一混合溶液通过凝胶色谱柱时，溶液中的物质就按不同分子量筛分开来。

②离子交换色谱　离子交换色谱是在以离子交换剂为固定相，液体为流动相的系统中进行的。离子交换剂是由基质、电荷基团和反离子构成的。离子交换剂与水溶液中离子或离子化合物的反应主要以离子交换方式进行，或借助离子交换剂上电荷基团对溶液中离子或离子化合物的吸附作用进行。

③吸附色谱　吸附色谱是以固体吸附剂为固定相，以有机溶剂或缓冲液为流动相构成柱或者膜的一种色谱方法。

④亲和色谱　亲和色谱是根据生物大分子和配体之间的特异性亲和力，将某种配体连接

在载体上作为固定相,而对能与配体特异性结合的生物大分子进行分离的一种色谱技术。亲和色谱是分离生物大分子最为有效的色谱技术,分辨率很高。

（3）色谱分离的优缺点

色谱分离法具有分离效率高,设备简单,操作方便,条件温和,不易造成物质变性等优点,操作方法和条件的多样性使色谱分离能适用于多种物质的提纯。其不足之处是处理量小,操作周期长,不能连续操作,因此主要用于发酵制药过程中的小试和中试中。

3）膜分离技术

膜分离是在20世纪初出现,20世纪60年代后迅速崛起的一门分离新技术。膜分离技术由于兼有分离、浓缩、纯化和精制的功能,目前已广泛应用于食品、医药、生物、环保、化工、水处理、电子、仿生等领域,产生了巨大的经济效益和社会效益。

（1）膜的种类

膜是具有选择性分离功能的材料。利用膜的选择性分离实现料液的不同组分的分离、纯化、浓缩的过程称作膜分离。膜分离与传统过滤的不同在于,膜可以在分子范围内进行分离,并且这是一种物理过程,不需发生相的变化和添加助剂。膜的孔径一般为微米级,依据其孔径的不同（或称为截留分子量）,可将膜分为微滤膜（MF）、超滤膜（UF）、纳滤膜（NF）和反渗透膜（RO）等。根据材料的不同,可分为无机膜和有机膜:无机膜主要是陶瓷膜和金属膜;有机膜是由高分子材料做成的,如醋酸纤维素、芳香族聚酰胺、聚醚砜、聚氟聚合物等。

（2）膜分离技术的优点

①常温下进行 有效成分损失极少,特别适用于热敏性物质,如蛋白类、酶类、核酸类、抗生素类等生物药物的分离与浓缩。

②无相态变化 保证了生物药物活性的发挥。

③无化学变化 典型的物理分离过程,不用化学试剂和添加剂,产品不受污染。

④选择性好 可在分子级内进行物质分离,具有普遍滤材无法取代的卓越性能。

⑤适应性强 处理规模可大可小,可以连续也可以间隙进行,工艺简单,操作方便,易于自动化。

⑥能耗低 只需电能驱动,能耗极低,其费用为蒸发浓缩或冷冻浓缩的 $1/8 \sim 1/3$。

（3）膜分离技术的缺点

由于技术流程,膜在压力下容易被栓塞,会被污染,会断丝,必须定期舒塞、清洁、检查,后期运营成本很高,且容易二次污染。

4）结晶

结晶是化工和制药等工业生产中常用的制备纯物质的精制技术。溶液中的溶质在充足条件下,因分子有规则的排列而结合成晶体,晶体的化学成分均一,具有各种对称的晶状,其特征为离子和分子在空间晶格的结点上成有规则的排列。固体有结晶和无定形两种状态,两者的区别就是构成单位（原子、离子或分子）的排列方式不同,前者有规则,后者无规则。在条件变化缓慢时,溶质分子有足够时间进行排列,有利于结晶形成;相反,当条件变化剧烈时,强迫快速析出,溶质分子来不及排列就析出,则形成无定形沉淀。目前,生产的抗生素大多都是通过结晶来达到纯化的目的,从而得到较高纯度的晶体,其纯度在90%以上,有的则超过95%以上。如青霉素钠、四环素盐酸盐等抗生素的结晶纯度高达95%以上。

（1）结晶的主要方法

①热饱和溶液冷却结晶　该法适用于溶解度随温度降低而显著减小的情况，即溶解度随温度升高而显著减小的情况宜采用加温结晶。由于该法基本不除去溶剂，而是使溶液冷却降温，也称之为等溶剂结晶。冷却法可分为自然冷却、间壁冷却。自然冷却是使溶液在大气中冷却而结晶，此法冷却缓慢，生产能力低，产品质量难于控制，在较大规模的生产中已不采用。间壁冷却是在冷却溶液与冷却剂之间用壁面隔开的冷却方式，此法广泛应用于生产。

②真空蒸发冷却法结晶　真空蒸发冷却法是使溶剂在真空下迅速蒸发而绝热冷却，实质是以冷却和除去部分溶剂的两种效应达到过饱和状态。这种方法设备简单，操作稳定。最突出的特点是器内无热交换面，所以不存在结垢的问题。

③盐析结晶法　盐析结晶法是向溶液中加入某些物质，尤其是盐类，从而使得溶质在溶剂中的溶解度降低而析出。加入的物质被称为稀释剂或者沉淀剂，它们可以是固体也可是液体和气体。甲醇、乙醇和丙酮是常用的液体稀释剂。

④化学反应结晶法　化学反应结晶是加入反应剂或调节 pH 值使新物质产生的方法。当其浓度超过溶解度时，就有结晶析出。例如，在头孢菌素 C 的浓缩液中加入醋酸钾即析出头孢菌素 C 钾盐；四环素、氨基酸等药物，将其等溶液 pH 调节到其等电点附近时就有结晶析出。

（2）结晶的优缺点

由于只有同类物质才能排列成晶体，故结晶过程有良好的选择性，通过结晶溶液中的大部分杂质会留在母液中，再通过过滤、洗涤等就可得到纯度较高的晶体。此外，结晶过程成本低、设备简单、操作方便，所以许多氨基酸、有机酸、抗生素、维生素、核酸等产品的精制均采用结晶法。

结晶的过程是一个复杂的过程，晶体纯度、大小和形状的控制是一个非常复杂的过程，不同的药物并不一定是越大越好或者越小越好。因此它操作的技术难度较大，需要前期反复进行实验摸索。

任务 3.6　干燥与包装

3.6.1　干　燥

干燥往往是生物产品分离的最后一步。由于所有的生物产品如谷氨酸、苹果酸、柠檬酸、酶制剂、单细胞蛋白、抗生素等均为固体产品，因此，干燥操作在生物化工中显得特别重要，干燥的目的是去除某些原料、半成品中的水分或溶剂，以便于下一步的加工、使用、运输和贮藏。

1）干燥的定义

干燥是利用热能去除目标产物的浓缩悬浮液或者结晶产品中的水分或者有机溶剂的单元操作。

2）干燥需要注意的问题

（1）生物发酵类药物多为热敏性物质

干燥是涉及热量传递的扩散分离过程，所以在干燥过程中必须严格控制干燥温度和干燥时间。要根据产物的热敏性，采用不使该物质分解、变色、失活和变性的操作温度，并尽量在短时间内完成干燥的操作。

（2）干燥必须在洁净环境中进行

为了防止干燥过程中以及干燥前后的微生物污染，因此，选用的干燥设备必须满足无菌操作的要求。

3）常用的干燥设备

由于生物药物多为热敏性物质，干燥操作多在低压（真空）、低温下进行。这里主要介绍6种生物药物干燥中常用的设备。

（1）箱式干燥设备

箱式干燥设备也称为盘式干燥器，也称为烘箱，这类设备实用性极广，几乎对所有的物料都能够干燥，再加上它适合于小批量多品种的干燥，可以随时更换干燥产品。因此，在实验室和工厂都常安装该设备。

（2）气流干燥设备

气流干燥主要是把湿润状态的泥状、块状、粉粒状等物料，采用适当的加料方式，将其加入干燥管内，分散在高速流动的热气流中，湿物料在气流输送的过程中水分蒸发，得到粉状或者粒状的干燥产品。主要代表性设备是气流式干燥器。

（3）喷雾干燥设备

喷雾干燥是采用雾化器将料液分散为雾滴，在喷雾干燥器中直接用热空气等热介质将雾滴干燥，并采用旋风分离器等干燥介质分离而获得干燥产品的一种干燥方法。代表性设备是喷雾干燥器。

（4）流化床干燥设备

流化床干燥是在流化床中加入湿的颗粒物料，在流化床下部通入热空气，在一定的热风速度下，使得湿物料处于激烈的固体流态化状态，由于气固混合，热风将热量传递给湿的物料，使其温度升高，水分蒸发变为水蒸气，水蒸气被热风带走，热风温度下降，湿度增加，湿物料在一定的停留时间内达到所要求的干燥状态。代表性设备是流化床干燥器。

（5）红外线干燥设备

红外线干燥也称为辐射干燥，是利用红外线辐射使干燥物料中的水分汽化的干燥方法。红外线干燥方式在工业的多个领域有着广泛的应用，具有干燥速度快、质量好、效率高等优点。代表性设备是红外干燥机和隧道干燥机。

（6）冷冻干燥设备

冷冻干燥是利用冰晶升华的原理，在高度真空的环境下，将已冻结的物料的水分不经过冰的融化直接从冰固体升华为蒸汽，一般真空干燥物料中的水分是在液态下转化为气态而将药品干燥，故冷冻干燥又称为冷冻升华干燥。干燥后的物料保持原来的化学组成和物理性质（如多孔结构、胶体性质）；热量消耗比其他干燥方法少。缺点是费用较高，不能广泛采用。常用于干燥抗生素等。代表性的设备是冷冻干燥机。

4）适用于黏稠药物的干燥设备

生物药物干燥时经常遇到黏稠状物料，如多糖类药物，该类物料流动性较差，黏附性极强，在干燥中进料困难，而且干燥过程中不宜分散，而且还容易形成黏团。水分和物料的结合状态属于毛细管水、渗透水、吸附水和结构水，故水分在物料中的传递阻力较大，必须设法将物料分散成很小的颗粒，以减少传热传质阻力，做到大幅度降低干燥所需的时间。

目前已经开发的膏糊状干燥器可分为下列 4 种类型：粉碎气流干燥、带惰性介质的喷雾流化干燥、强化沸腾气流干燥、膏糊状物料直接喷雾。

（1）粉碎气流干燥

粉碎气流干燥机的工作过程可分为以下 3 个阶段：

①第一阶段：分散、粉碎　膏状物从顶部加入。落至粉碎室中心，由于离心力的作用，从粉碎盘的内圈甩向外圈，并受冲击棒的冲击，被剪切分散，同时获得冲击棒传递的冲量在内部产生很大的内应力，沿不均匀的断面破裂，成为细小颗粒状。

②第二阶段：干燥　膏状物变为细小颗粒后，比表面积较大，被粉碎盘带动而具有高速的热空气与其充分混合，强化传质传热，物料处在湿球温度下瞬间干燥。

③第三阶段：筛选　初步干燥的物料，随热空气从粉碎盘边缘上升到扩压室，由于扩压室直径较大，流速突然减小，粒径合格的已干物料继续随气流上升出干燥器，粒径较大或未干的物料被截留下来，返回到锥体内进行沸腾干燥，更大的颗粒再次进粉碎室。

（2）带惰性介质的喷雾流化干燥

带惰性介质的喷雾流化干燥方法的主要特征是将膏糊状物料进行适当的稀释，以达到可以用二流式气流喷嘴或者压力式喷嘴予以分散雾化的目的。该设备的主要特征是在圆筒形流化床内预先放置好干燥用的惰性介质玻璃珠或者瓷球，其直径在 1～2 mm，经过稀释的料浆用高压泵或者齿轮泵喷入流化床中已经流化的惰性介质表面，经过热气流干燥及惰性介质的互相碰撞以干粉的形式被热气带出床外。

（3）强化沸腾气流干燥

强化沸腾气流干燥装置已应用于干燥膏糊状的染料，推广应用于干燥炭黑、氢氧化铝、催化剂等膏状物料。膏糊状物料经定量加料器后在螺旋加料器里被安装于螺旋加料器头部的多孔圆挤压成条，连续加入干燥器内，在下落的过程中受到初步干燥，由于表面上黏附一层干粉，黏结性大减，落到床层底下的强化器里，在边干燥边粉碎的过程中被粉碎成细粉，又被吹回床层内继续干燥成干粉，最后被气流送入旋风分离器和袋滤器。在一套设备里，把预成型、预干燥、粉碎、干燥结合在一起，解决了膏状物料在流化干燥设备里因黏结而不能流化的问题。

（4）膏糊状物料直接喷雾

膏糊状物料直接喷雾跟传统的喷雾干燥较为类似，具体的工作原理是料液经塔体顶部的高速离心雾化器，喷雾成极细微的雾状液珠，与热空气并流接触在极短的时间内可干燥为成品。成品连续地由干燥塔底部和旋风分离器中输出，废气由风机排空。

5）干燥设备的选择原则

干燥设备的选择是非常复杂的问题，必须全面考虑被干燥物料的特性、供热的方法和物料-干燥介质系统的流体动力学等。

在选择干燥器类型的时候,首先考虑被干燥物料的性质,如首先考虑湿物料的物理特征,干物料的物理性质、腐蚀性、毒性、可燃性、粒子大小及磨损性;其次要考虑物料的干燥特性,如湿分的类型(结合水、自由水或者二者兼有)、初湿和最终湿含量、允许的最高干燥温度、产品的色、光泽和味等;再次是粉尘与溶剂的回收问题;最后需要考虑用热量供给方法的干燥器的分类。

3.6.2 包 装

发酵制药工业中,药物一旦分离、纯化、干燥完成,一般会盛放于药品级聚酯、聚乙烯类袋或者桶内进行密封保存,入库备用,用于下一步出售或者制剂操作。

实训 3.1 硫酸庆大霉素的生产

一、实验目的

①掌握硫酸庆大霉素的发酵控制过程。

②熟悉硫酸庆大霉素的分离纯化过程。

二、实验原理

庆大霉素是由我国独立自主研制成功的广谱抗生素,是从放线菌科单孢子属发酵培养液中提取,为碱性化合物,是目前常用的氨基糖苷类抗生素。它主要用于治疗细菌感染,尤其是革兰氏阴性菌引起的感染。庆大霉素能与细菌核糖体30S亚基结合,阻断细菌蛋白质合成。庆大霉素是为数不多的热稳定性的抗生素,因而广泛应用于培养基配置。药品常用其硫酸盐,为白色或类白色结晶性粉末,无臭,有引湿性。在水中易溶,在乙醇、乙醚、丙酮或氯仿中不溶。庆大霉素一般通过绛红小单孢菌的发酵法生产,发酵过程中控制温度、通气量、pH、补料等各项工艺参数,4~6 d发酵结束。发酵产物经阳离子交换树脂吸附、洗脱、脱色、浓缩和干燥可得庆大霉素成品。

三、实验仪器与试剂

(1)实验仪器

电子天平、干燥箱、小型发酵罐、pH计、真空过滤器、旋转蒸发仪、丙烯酸树脂Ⅱ号等。

(2)试剂

淀粉、玉米粉、黄豆饼粉、酵母粉、蛋白胨、硫酸铵、碳酸钙、硝酸钾、氯化铝、硝酸银、氨水、盐酸、氢氧化钠、活性炭等。

四、实验材料

绛红小单孢菌。

五、实验方法与步骤

（1）种子的制备

取出保藏的绛红小单孢菌,按照配方配好培养基,依次进行母斜面、子斜面和摇瓶种子培养。所有培养基成分基本相同,斜面培养基添加 1.5% ~2% 的琼脂粉。培养基的配方见表3.9。

表3.9 硫酸庆大霉素培养基配方

成　分	含　量	备　注
淀粉	5%	
玉米粉	1%	
黄豆饼粉	3%	
酵母粉	0.5%	pH 自然,121 ℃,0.14 MPa 下,灭菌(斜面培养基灭菌 20 min, 发酵培养基 30 min。)
蛋白胨	0.5%	
硫酸铵	0.05%	
碳酸钙	0.5%	
硝酸钾	0.05%	
氯化铝	8 μg/mL	

（2）发酵培养

按照 8% ~10% 的接种量,32 ~34 ℃、pH 7.5 ~8.0、1.0 m^3/min 左右的通气量进行发酵培养 5 ~6 d。发酵培养过程要进行以下方面的控制:

①pH 控制　在发酵过程中,维持发酵液的 pH 在 7.5 ~8.0。每隔 8 h 用 pH 计测定 1 次,偏酸或偏碱通过外加入氨水或硫酸铵加以控制。

②温度控制　发酵前半部分(菌体生长期)温度设定 34 ℃,发酵后半部分(生产期)温度设定 32 ℃。

③通气量控制　通过控制进气阀门,维持每分钟通气量为 1∶1(空气与发酵液体积比)左右。

④泡沫控制　在发酵前,向培养基中加入 0.03% 泡敌。

（3）粗提取和精制

①发酵液的预处理　用盐酸对发酵液进行酸化处理,调整其 pH = 1.5 ~2.0,充分搅拌 30 min,通过真空抽滤机过滤取出菌体,取滤液,滤液的 pH=2.0 ~2.5。

②离子交换树脂吸附

a.将滤液缓缓用浓 NaOH(10 mol/L)中和至 pH 6.7 ~6.8,待酸度稳定后,投入已再生的 732 钠型树脂,搅拌吸附 6 ~8 h。

b.吸附完毕,搅拌,取上清液(不要取到树脂)进行生物效价测定。小心把滤液倾出,弃之。反复用自来水(去离子水更好)漂洗树脂。

③树脂装柱、洗涤　饱和树脂洗涤干净后,装入小型离子交换柱内,接好正、反冲水,正、反多次冲洗,至洗出水清澈,柱子上层无沉淀物,放水至树脂面,备用。稀酸洗:用 0.1 mol/L 盐酸溶液经上部流入洗涤。去离子水洗:换去离子水洗,采用正、反方向冲洗,用 $AgNO_3$ 试剂检

查无氯离子。稀氨水洗:从上部加入 0.09 ~ 0.11 mol/L 的稀氨水洗涤,当流出液呈碱性,再洗 20 min 即停止。

④解吸及串联脱色

a. 准备 711 树脂脱色柱:将钠型 711 树脂装入小型离子交换柱内,以去离子水洗涤,检流出液反应无氯离子,备用。

b. 解吸及串联脱色:经洗涤后的 711 树脂柱,将液面放至树脂面,通入 5% 氨水,以每分钟树脂体积的 1/120 的流速通过树脂解吸,至呈碱性时(pH 8),即串联入 711 柱内进行脱色。严格注意 711 柱流出液中庆大霉素的出现,当有样品时(用 pH 试纸呈碱性,或用 5% 磷钨酸溶液在黑色瓷瓶上点滴呈白色絮状物,则显示有样品)即开始收集。收集脱色液体积为饱和树脂体积的 6 ~ 7 倍量。

⑤脱色液精制

a. 浓缩:40 ℃减压浓缩、除氨,反复浓缩 3 次使浓缩液含量达到原体积的 1/20 ~ 1/15。

b. 转盐:将浓缩液装入有搅拌装置的反应器内,搅拌,外用自来水冷却,缓缓滴加硫酸,调 pH 5.0 ~ 6.0,溶液即成硫酸庆大霉素。

c. 炭脱:根据成盐液颜色深浅加入适量的药用活性炭(一般用量为 5% ~ 7%),一次投入并搅拌,60 ~ 65 ℃保温 30 min,冷却前过滤,滤液应澄清,呈淡黄或黄绿色。测透光率 96% 以上。成品液 2 ~ 4 ℃贮存备用。

六、注意事项

①在斜面孢子培养、种子培养和发酵培养的整个过程中一定要注意无菌操作,防止感染杂菌。

②发酵液酸化和碱化的 pH 务必要调准。

实训 3.2 四环素的发酵生产

一、实验目的

①了解四环类抗生素发酵生产的一般过程。

②掌握四环类抗生素的检验过程。

二、实验原理

四环类抗生素是由放线菌属(常使用链霉菌)产生的一类广谱抗生素,包括土霉素、金霉素和四环素等。其中四环素的应用范围最为广泛,四环素类抗生素是并四苯衍生物,具有十二氢化并四苯的基本结构。四环素类抗生素具有快速抑菌的作用,在常规浓度时具有抑菌作用,高浓度时对细菌具有杀灭作用,其抑菌机制是抑制蛋白质的合成。

四环素的生产主要有发酵法和化学合成法。本节中主要讲述链霉菌发酵法生产工艺。其生产工艺流程如图 3.10 所示。

由于四环素在发酵过程中和钙盐形成不溶性化合物,因此,在发酵液中四环素的含量并不高,需要对发酵液进行预处理,使得四环素由不溶解状态溶解进入发酵液。四环素发酵液预处

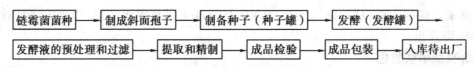

图 3.10 四环素发酵生产工艺流程

理的主要操作是酸化。一般用草酸,但是草酸会使四环素差向异构化,而且草酸的价格较高,因此酸化时尽量低温,而且操作要快,使草酸能够最大量回收。为了防止发酵液中的有机、无机杂质对过滤和对四环素沉淀的影响,在发酵液酸化处理时有时候需要加入黄血盐和硫酸锌等纯化剂,以除去发酵液中的蛋白质等杂质。四环素溶解进入发酵液后通过树脂脱色进一步纯化四环素滤液,最后调节脱色后滤液的 pH 值为 4.0 ~ 4.6,结晶得到四环素晶体,通过丙酮洗涤,干燥后粉碎备用。使用浓硫酸反应定性鉴定,通过高效液相色谱法对其进行定量鉴定。

三、实验仪器与试剂

(1)实验仪器

小型发酵罐、干燥箱、大容量离心机等。

(2)实验试剂

葡萄糖、淀粉、黄豆饼粉、硫酸铵、碳酸钙、玉米浆、氯化钠、磷酸二氢钾、淀粉酶、盐酸四环素标品等。

四、实验材料

金色链霉菌(斜面孢子,低温保藏)。

五、实验方法与步骤

(1)斜面孢子的制备

无菌条件下,从冷藏的链霉菌的斜面孢子中,刮取适量孢子涂在 PDA(马铃薯培养基)斜面上,然后置于 35 ℃ 的恒温培养 4 ~ 5 d。PDA 是一种常用培养基,其做法是称取 200 g 马铃薯,洗净去皮切碎,加水 1 000 mL 煮沸 30 min,纱布过滤,再加 10 ~ 20 g 葡萄糖和 17 ~ 20 g 琼脂,充分溶解后趁热纱布过滤,分装试验,每试管约 5 ~ 10 mL(视试管大小而定)。具体配方见表 3.10。

表 3.10 PDA 培养基配方

成 分	主要成分含量	备 注
马铃薯	200 g	
水	1 000 mL	pH 自然,121 ℃,0.14 MPa 下,灭菌 20 min。
葡萄糖	10 ~ 20 g	
琼脂粉	17 ~ 20 g	

(2)种子的制备

向培养好的成熟斜面孢子试管中加入 5 mL 无菌水,充分振荡,配制出浓度约为 10^7 个/mL 的孢子悬浮液。取 1 mL 接种于盛有 500 mL 种子培养基三角瓶中,31 ℃、180 r/min、16 ~ 18 h。种子培养基的配方表见表 3.11。

表3.11 种子培养基配方

成 分	含 量	备 注
淀粉	3%	
黄豆饼粉	0.3%	
硫酸铵	0.4%	
碳酸钙	0.5%	pH 自然,121 ℃,0.14 MPa 下,灭菌 20 min
玉米浆	0.4%	
氯化钠	0.5%	
磷酸二氢钾	0.015%	

（3）发酵培养基的制备

按照表3.12中的配方配制好发酵培养基,放入发酵罐中灭菌。

表3.12 发酵培养基配方

成 分	含 量	备 注
淀粉	15%	
黄豆饼粉	2%	
硫酸铵	1.4%	
碳酸钙	1.4%	
氯化钠	0.4%	调节 pH 值7.0~7.2,121 ℃,0.14 MPa 下,灭菌 30 min
玉米浆	0.4%	
磷酸二氢钾	0.01%	
氯化钴	10 μg/mL	
淀粉酶	0.1%~0.2%	

（4）发酵生产

待发酵罐中已经灭菌的发酵培养基冷却至30 ℃左右时,按照8%的接种量将种子培养液接入发酵培养基中,进行通气发酵。通气量一般为1.0 m³/min,发酵温度是30 ℃左右,最适合生长的 pH 值为6.0~6.8,最适合生产的 pH 值为5.8~6.0,发酵时间一般为1周左右。

（5）发酵液预处理

四环素能和钙盐形成不溶性化合物,故发酵液中四环素的浓度不高。预处理时应当尽量让四环素溶解,通常用草酸和无机酸的混合物将发酵液酸化到 pH 1.5~2.0,四环素溶解进入发酵液中。6 000 r/min、5 min 离心发酵液,去掉发酵液中的菌体蛋白等杂质,收集上清液。

（6）产物的提取和精制

取离心后的上清发酵液调节其 pH 值到4.8左右,使四环素沉淀。收集沉淀,以盐酸溶解至 pH 2~2.5,加入丁醇(1∶15,体积比)过滤得到滤液。滤液加入氨水调节 pH 值至4.6~4.8,降温至10~15 ℃,搅拌2 h,静置4~6 h,四环素以游离碱结晶出来。置于烘箱中120~130 ℃烘干2 h,得到四环素成品。

六、注意事项

①在制备孢子悬液和种子过程中应该注意无菌操作。

②发酵液预处理过程中应该在低温条件下短时进行。

实训 3.3　多粘菌素 E 的发酵生产

一、实验目的

①熟悉多粘菌素 E 的发酵生产过程。

②了解多粘菌素 E 分离纯化的方法。

二、实验原理

多粘菌素 E 是由多粘类芽孢杆菌（*Bacillus polymyxa*）产生的，由多种氨基酸和脂肪酸组成的一种碱性多肽类抗生素。对革兰氏阴性杆菌有强烈的杀菌作用。由于多粘菌素 E 具有较好抗菌谱和高效、低毒、残留少的特性，可用于饲料添加剂，促进禽畜生长和提高饲料利用率，并且可以防止饲料在大规模生产中常出现的由大肠埃希氏菌和沙门氏菌污染引起的疾病。在临床治疗上，多粘菌素 E 还是治疗烫伤、肠道疾病、呼吸道疾病、尿路感染、眼部感染及外科手术感染时较好的药物。在发酵工业中，一般通过多粘类芽孢杆菌的发酵进行生产，多粘菌素 E 是高价碱性化合物，可用羧基阳离子交换树脂进行分离纯化。

三、实验仪器与试剂

（1）实验仪器

电子天平、干燥箱、小型发酵罐、pH 计、真空过滤器、旋转蒸发仪、丙烯酸型羧基树脂（弱酸110）、显微镜等。

（2）试剂

葡萄糖、淀粉、玉米浆、黄豆饼粉、酵母粉、蛋白胨、硫酸铵、碳酸钙、硝酸钾、氯化铝、硝酸银、氨水、盐酸、氢氧化钠、活性炭、草酸、麸皮、琼脂等。

四、实验材料

多粘类芽孢杆菌

五、实验方法与步骤

（1）种子制备

将保藏在沙土管内的沙土孢子接种到麸皮琼脂（具体配方见表3.13）斜面上，于28 ℃培养5 d，是为第一代孢子，转接第一代孢子到三角瓶中，28 ℃培养5 d，是为第二代孢子。成熟后的三角瓶菌苔呈乳白色，经冰箱保藏后转为灰色。孢子制备好之后，如果不能马上发酵接种，需要将其放置冰箱里保存，一般来说保存时间不超过两周，孢子在两周内使用较为稳定，过长或过短都会引起生产能力下降，不利于后面的发酵。制备的种子要求无杂菌，且全部形成芽孢，摇瓶发酵效价 35 000 U/mL 以上（30 ℃,48 h 培养），方可用于生产。

表3.13　麸皮琼脂培养基

成　分	含　量	备　注
麸皮	3.5%	pH 自然,121 ℃,0.14 MPa
琼脂	2.0%	下,灭菌 20 min

（2）种子扩大培养

三角瓶种子制备好后接入种子罐内扩大培养。种子培养基的碳源为葡萄糖、麦芽糖和淀粉;氮源为黄豆饼粉、玉米浆、$(NH_4)SO_4$,具体配方见表3.14。培养温度为 30 ℃左右,通入的无菌空气在 12 h 内加足到 1/3 L。当培养 14～24 h 时,种子培养液呈稠厚状,菌体形态粗壮,即可接入发酵罐。种龄随菌种不同而异,接种量为 5%～10%,移种时种子液在 1 000 U/mL以上,对提高发酵单位有利。

扩大培养后的种子应该无杂菌,全部是杆菌,菌体粗壮整齐,无噬菌体;pH 5.5～6.0。

表3.14　多粘菌素发酵种子培养基

成　分	配　比	备　注
玉米淀粉	1.5%	
花生饼粉	2.0%	
硫酸铵	0.8%	
氯化钠	0.2%	配制时玉米淀粉用少量的冷水调成糊状,加热溶解;其他药品另外解热溶解,而后两者混合后再灭菌;pH 自然,121 ℃,0.14 MPa下,灭菌 20 min
碳酸钙	0.5%	
玉米浆	1%	
磷酸二氢钾	0.03%	
七水硫酸镁	0.01%	
萘乙酸	0.000 8%	

（3）发酵

种子培养液移入含有玉米粉、糊精、$(NH_4)_2SO_4$、尿素和少量玉米浆、$CaCO_3$ 的发酵培养基中,具体配方见表3.15,于 20～30 ℃培养 36 h 左右即可放罐。在培养基中碳源利用的速度显著下降及芽孢尚未形成以前,即应放罐。发酵过程中有以下 3 个关键时期要注意观察:

①菌种繁殖期　菌体粗壮,繁殖旺盛,菌量迅速增加,培养液外观变成黏度很大的糊状物。

②分泌期　菌体繁殖趋于减弱,培养基中碳源被利用的速度显著下降,pH 下降,抗生素产量迅速上升。

③芽孢形成期　菌体渐老,芽孢逐渐增加,培养液外观转稀,抗生素的积累量下降。

多粘菌素的发酵过程中,要经常性地进行镜检排除杂菌污染,接种 12 h 后,每 2 h 进行一次 pH 检测,在大规模发酵培养中还要进行生物量、总糖、还原糖、氨基氮的测定,在发酵后期还需要测抗生素效价。

表3.15　多粘菌素发酵培养基

成　分	配　比	备　注
玉米淀粉	5.0%	配制时玉米淀粉用少量的冷水调成糊状,加热溶解;其他药品另外解热溶解,而后两者混合后再灭菌。pH 自然,121 ℃, 0.14 MPa 下,灭菌20 min
玉米粉	3.0%	
硫酸铵	1.8%	
碳酸钙	0.95%	

(4)提取精制过程

发酵液加草酸酸化至 pH 3.5～4.0,然后再加草酸钠,过滤。同时除去无机和有机阳离子,它们在离子交换吸附时有竞争作用。然后以氢氧化钠中和,通入丙烯酸型羧基树脂(弱酸110)进行吸附。饱和树脂用软水洗涤,洗脱可用盐酸、硫酸或氨水。但用氨水洗脱不好,因为多黏菌素在碱性下不稳定,容易破坏。脱色可在酸性条件下以活性炭处理或以高锰酸钾作为氧化剂。加高锰酸钾后,产生棕色沉淀,应再经过滤。脱盐可用高交联度的强酸型树脂(强酸型1×25),然后再以羟型弱碱性树脂中和,经真空浓缩,干燥即可得成品。

六、注意事项

①在接种过程中注意无菌操作。

②多粘菌素 E 具有碱不稳定的特性,在提取的碱中和操作中应该注意迅速搅拌均匀,防止失活。

· 项目小结 ·

本项目主要介绍了发酵工程制药技术的相关知识,阐述了发酵工程的由来,详细讲解了目前利用发酵工程制药技术生产药物的种类及当前市场上的相关常用药物。对发酵工程制药技术的主体——药用微生物做了详细介绍;简单介绍了发酵工程制药技术的基本过程、主要特点和开发发酵工程药物的一般程序以及药用微生物产生药物的生理生化机理;重点介绍了发酵工程制药工艺过程相关的技术,即菌种保藏技术、发酵过程控制技术、分离纯化相关技术、干燥和包装技术等。

项目拓展

微生物发酵法生产抗癌药物紫杉醇

紫杉醇是一种来源于红豆杉属树木的双萜类化合物,是目前公认的最好的抗癌药物之一,伴随着癌症患者的增多,市场上对紫杉醇的需求量越来越大。以往临床上使用的紫杉醇主要来自于珍稀保护植物红豆杉,主要从红豆杉的根、皮、茎、叶中提取,提取成本非常高,而且红豆杉在自然界分布极少且生长缓慢,是一种濒临灭绝的植物。传统的从植物中提取紫杉醇的方法已经越来越无法满足人们对紫杉醇的需求,日益增长的医药市场迫切需要找到一种生产紫杉醇的有效制药方法。

全世界的科学家都在努力找到一种有效的紫杉醇生产方法,化学家们对紫杉醇这种化合物进行了详尽的结构分析,通过化学合成手段找出了一种合成紫杉醇的方法,但是这种方法合成紫杉醇的效率非常低且成本极高,根本不具备工业生产价值。植物学家们尝试使用红豆杉组织培养技术来生产紫杉醇,但是这种方法需要昂贵的生产设备且周期很长,生产成本更高。随着生物技术的进步,尤其是基因工程技术的发展,微生物学家们开始尝试基因工程的方法来生产紫杉醇,他们通过对紫杉醇的生物合成途径进行深入研究,发现了一些跟紫杉醇合成相关的基因,结果发现,紫杉醇的生物合成受到多个基因控制,根本无法利用基因工程的手段进行生物合成,规模化生产紫杉醇的方法似乎是陷入了绝境。

1993 年美国蒙塔那州立大学化学家 Andrea Stierle 和植物病理学家 Gary Strobel 在蒙塔那北部国家冰川公园的短叶红豆杉中分离到一株内生真菌 *Taxomyces andreanae*,借助质谱、免疫化学、色谱和放射性化学标记等方法证实此种内生真菌能产生紫杉醇,尽管产量很低,只有 24 ~ 50 ng/L,但是这一发现开创了利用发酵工程制药技术生产紫杉醇的新途径。与其他生产方法相比,利用发酵工程制药技术生产紫杉醇具有如下优点:

①微生物的生长速率较高,易于缩短生长周期。

②微生物能够在相对简单的培养基上生长,通过液体深层发酵技术能够获得大量的培养物,易于降低生产成本。

③微生物能够通过各种手段进行选育,可以选育出产紫杉醇能力高的菌株。

④利用微生物规模化发酵生产技术较为成熟,其培养与发酵条件相对容易控制和掌握。

现在,越来越多的我国学者开始投入这项研究中,我国学者余龙江、周海龙等人也都从红豆杉中分离到了能够产生紫杉醇的内生真菌。但是这些真菌发酵液中紫杉醇的含量较低,要进行规模化生产必须采取各种手段提高内生真菌发酵液中紫杉醇的含量,他们一方面通过基因工程手段把紫杉醇生物合成途径中的限速酶基因——紫杉二烯合成酶基因转入到紫杉醇生产菌中,超表达紫杉二烯合成酶,另一方面对内生真菌的发酵条件进行了优化,通过添加前体物及特殊的诱导子、调节剂等物质来提高内生真菌产紫杉醇的能力。目前杭州华东医药集团康润制药有限公司利用发酵制药工程技术,通过发酵内生真菌来生产紫杉醇,发酵液中紫杉醇有效含量可达 50 mg/L 左右,提取技术完成,中试生产并产出合格样品,已完成中试产品的结构鉴定和确认工作。中试产品经成本核算,仅为天然提取法生产成本的 40% 左右。

 项目检测

1. 什么是发酵工程?
2. 什么是发酵制药工程技术?
3. 哪些药物通过发酵工程制药技术生产?
4. 发酵工程制药的一般工艺过程包括哪几步?
5. 研究开发发酵工程药物的主要步骤是什么?

6. 发酵工程中常用的药用微生物有哪些?

7. 发酵工程中菌种的主要保藏方法有哪些?

8. 微生物的哪些次级代谢途径与发酵工程制药有关?

9. 发酵工艺条件如何确定?

10. 发酵过程中重点控制哪些条件?

11. 发酵工程药物的粗分离和精制技术包括哪些?

12. 发酵工程药物的干燥方法主要有哪些?

13. 利用本章所学知识,设计开发一款具有保健功能的发酵工程药物,写出其大致生产工艺流程。

项目4 基因工程制药技术

【知识目标】

➢ 熟悉基因工程制药技术基本原理、基本流程。
➢ 熟悉目的基因制备基本方法。
➢ 熟悉载体构建、外源基因导入、表达诱导、DNA 鉴定基本原理与方法。

【技能目标】

➢ 能进行核酸提取操作。
➢ 能进行 PCR 扩增操作。
➢ 能进行电泳操作。
➢ 能进行基因工程菌接种、培养与产物分离纯化等操作。

【项目简介】

基因工程制药技术是利用基因工程技术，将一种目的基因与载体在体外进行拼接重组，然后转入另一种生物体（受体）内，使之按照人们的意愿生产出新型药物或新性状药物的操作程序。基因工程制药技术是基因工程技术在制药领域的具体应用。

基因工程技术问世以来，在构建一系列克隆载体和相应的表达系统，建立不同物种的基因组文库和 cDNA 文库，开发新的工具酶，探索新的操作方法等重组 DNA 技术方面取得了丰硕成果，基因工程技术不断趋向成熟。基因工程技术是重组 DNA 技术的产业化设计与应用，包括上游技术和下游技术两大组成部分。上游技术是指基因重组、克隆和表达的设计与构建（即重组 DNA 技术）；而下游技术则涉及基因工程菌或细胞的大规模培养以及基因表达产物的分离纯化过程。基因工程菌培养和传统发酵工艺相似，包括菌种制备、种子扩大培养、大规模罐批培养、产物分离纯化等，基因工程技术侧重于重组 DNA 技术即上游技术，因此也有人将基因工程技术等同于基因重组技术。

【工作任务】

任务 4.1　药物目的基因的制备

4.1.1　基因工程技术基本流程

利用基因工程技术可将药物目的基因和表达载体进行重组,然后将携带有目的基因的表达载体导入宿主细胞内,利用宿主细胞内的环境和各种调控元件来表达目标产物,在这一系列过程中,构建新的重组 DNA 是基因克隆技术的关键步骤。基因克隆技术一般遵循以下程序:分、切、连、转、选。

①分　指分离制备合格的待操作的 DNA,包括欲克隆的目的基因和具有携带连接外源DNA 作用的载体。

②切　指用序列特异的限制性内切酶切出目的基因和切开载体 DNA。

③连　指用 DNA 连接酶将目的基因同载体 DNA 连接起来,形成一种新的重组 DNA 分子。

④转　指通过特殊的方法将重组的 DNA 分子送入宿主细胞中进行复制和扩增。

⑤选　指从宿主群体中挑选出携带有重组 DNA 分子的个体。

目的基因的制备是基因工程技术的第一步。目的基因制备方法有生物提取法、PCR 法、构建基因文库法、人工合成法等,有时这些方法可结合起来使用。

4.1.2　核酸提取技术

1)核酸提取的一般方法

核酸是遗传信息的载体,是最重要的生物信息分子。获得高纯度的核酸是进行后续PCR、克隆、测序、杂交和基因表达等操作非常重要的前提。基因操作的第一步就是核酸的提取与纯化,核酸的质量对后续操作的影响很大,因此必须熟练掌握核酸提取技术。

(1)细胞破碎

基因工程操作首先要从不同的生物材料中提取 DNA 及 RNA。由于核酸分子在生物体内分布及含量不同,需要选择适当的材料进行提取。常见的生物材料有:培养细菌、微生物以及病毒、动植物组织、培养细胞等。对于低等生物,核酸提取相对容易,而高等动、植物中的核酸提取相对困难一些。

细菌细胞有坚硬的细胞壁,因此必须除去细胞壁才能把细胞内容物释放出来。细胞壁通常用以下方法除去:

①机械方法　超声波、研磨法或者匀浆法。

②化学试剂处理　用 EDTA 和去垢剂 SDS(十二烷基磺酸钠)处理,EDTA 能螯合金属阳离子,使细菌外膜不稳定,而 SDS 则具有溶解膜脂的作用。

③酶解法　加入溶菌酶使细胞壁破碎。

植物细胞也有细胞壁,但结构与细菌不同,因此需要采用不同的方法处理。一般采用机械或酶法处理。动物细胞没有细胞壁,因此只用温和的去垢剂溶解细胞膜即可。

(2)酶处理

破碎细胞后可采用酶处理法分离 DNA、RNA 或蛋白质,以获得高纯度的核酸。

①去除 DNA 中的 RNA　用 RNase 消化即可去除 DNA 中的 RNA。RNase 是一种热稳定酶,能够除去恒量的 DNase,否则 DNase 会降解 DNA。RNase 在使用之前要加热。

②去除 RNA 中的 DNA　去除 RNA 中的 DNA 要复杂得多,因为需要无 RNase 活性的 DNase。不过现已有商品化的无 RNase 活性的 DNase,也有无 DNase 性的 RNase。

③去除蛋白质　核蛋白可以用蛋白水解酶消化蛋白来去除,通常用的是蛋白酶 K,也可以用高浓度的氯化钠溶液,在高盐溶液中,核蛋白易解聚,游离出 DNA。

(3)酚-氯仿处理

去除蛋白质是核酸提取至关重要的一步。由于细胞中含有大量可以降解核酸的酶,某些蛋白会结合核酸从而干扰核酸提取过程。常见的去除蛋白质的方法是酚-氯仿法(酚∶氯仿∶异戊醇=25∶24∶1),酚和氯仿皆不溶于水。苯酚作为蛋白质变性剂,可以抑制 DNase 的降解作用。当用苯酚处理匀浆液时,由于蛋白质与 DNA 的联结被蛋白酶 K 打断后,蛋白质分子表面含有许多极性基团,与苯酚相似相溶,因此蛋白质分子溶于酚相,而 DNA 溶于水相。因此当酚和氯仿加到细胞提取液中时会使液体分层。提取液经过充分混合后,蛋白质会变性并沉积于中间层。

(4)乙醇沉淀

经酚-氯仿抽提后,蛋白质被去除。但提取液中的核酸浓度很低,提取液中还含有少量酚-氯仿(酚可以部分溶解于水),会导致以后步骤如 PCR 中的酶变性。较好的解决办法是加入酒精或异丙醇沉淀核酸,当一价阳离子(如 Na^+、K^+、NH_4^+)存在时,核酸会被沉淀下来。

(5)梯度离心

分离生物大分子,常用的方法是密度梯度离心。根据样品的密度大小不同而进行的分离称为密度梯度离心。密度梯度可以在开始前做好,也可在离心时依靠离心力自己形成密度梯度。当样品在具有密度梯度的介质中离心时,样品往上移动或往下移动,质量和密度大的颗粒比质量和密度小的颗粒沉降得快,当介质的密度与样品的密度相等时,样品停止移动,停留在该介质密度的位置上。最常用的方法是加入 CsCl 的盐水溶液;有时也会加溴乙锭,这种方法可以有效地分离 DNA、RNA。在构建基因组文库时可以用蔗糖密度梯度离心法把不同分子量大小的 DNA 片段分开。

(6)碱变性

碱变性是从细菌中提取质粒的常用方法。在细菌培养物中,细胞基因组 DNA 是线性的,把 pH 值升至 12,氢键会断裂,基因组会变成线性从而可以分开。质粒相对基因组 DNA 要牢固,不容易破裂,仍然保持超螺旋,尽管高 pH 打断了氢键,两个环形链也不能分开。当 pH 降低时,质粒 DNA 又恢复到双链结构。而线性细菌染色体不能,它们会聚集起来形成不可溶的网状结构,可通过离心的方法加以除去。质粒提取过程中可以不用酚。

2)DNA 的提取

不同生物(植物、动物、微生物)的基因组 DNA 的提取方法有所不同,不同种类或同一种类的不同组织因其细胞结构及所含的成分不同,分离方法也有差异。

在提取某种特殊组织的 DNA 时必须参照文献和经验建立相应的提取方法,以获得可用的 DNA 大分子。尤其是组织中的多糖和酶类物质对随后的酶切、PCR 反应等有较强的抑制作用,因此用富含这类物质的材料提取基因组 DNA 时,应考虑除去多糖和酚类物质。利用基因组 DNA 较长的特性,加入一定量的异丙醇或乙醇,基因组的大分子 DNA 即沉淀形成纤维状絮团飘浮其中,可用玻棒将其取出,而小分子 DNA 则只形成颗粒状沉淀附于壁上及底部,从而达到提取的目的。在提取过程中,染色体会发生机械断裂,产生大小不同的片段,因此分离基因组 DNA 时应尽量在温和的条件下操作,如尽量减少酚-氯仿提取、混匀过程要轻缓,以保证得到较长的 DNA。

下面以动物组织提取基因组 DNA 为例,介绍 DNA 的提取方法。

动物组织提取基因组 DNA 所用材料为哺乳动物新鲜组织。设备包括移液管、高速冷冻离心机、台式离心机、水浴锅等。

①主要试剂　分离缓冲液:10 mmol/L Tris-HCl pH 7.4,10 mmol/L NaCl,25 mmol/L EDTA。

②其他试剂　10% SDS;蛋白酶 K(20 mg/mL 或粉剂);乙醚;酚∶氯仿∶异戊醇(25∶24∶1);无水乙醇及 70% 乙醇;5 mol/L NaCl;3 mol/L NaAc;TE。

操作步骤如下:

①切取组织 5 g 左右,剔除结缔组织,吸水纸吸干血液,剪碎放入研钵(越细越好)。

②倒入液氮,磨成粉末,加 10 mL 分离缓冲液。

③加 1 mL 10% SDS,混匀,此时样品变得很黏稠。

④加 50 uL 或 1 mg 蛋白酶 K,37 ℃保温 1~2 h,直到组织完全解体。

⑤加 1 mL 5 mol/L NaCl,混匀,5 000 rpm 离心数秒钟。

⑥取上清液于新离心管,用等体积酚∶氯仿∶异戊醇(25∶24∶1)提取。待分层后,3 000 r/min 离心 5 min。

⑦取上层水相至干净离心管,加 2 倍体积乙醚提取(在通风情况下操作)。

⑧移去上层乙醚,保留下层水相。

⑨加 1/10 体积 3 mol/L NaAc,及 2 倍体积无水乙醇颠倒混合沉淀 DNA。室温下静止 10~20 min,DNA 沉淀形成白色絮状物。

⑩用玻棒钩出 DNA 沉淀,70% 乙醇中漂洗后,在吸水纸上吸干,溶解于 1 mL TE 中,-20 ℃保存。

⑪如果 DNA 溶液中有不溶解颗粒,可在 5 000 r/min 短暂离心,取上清,如要除去其中的 RNA,可加 5 μL RNaseA(10 μg/μL),7 ℃保温 30 min,用酚提取后,按步骤⑨、⑩重新制备 DNA。

3) RNA 的提取

RNA 提取容易受 RNA 酶作用而降解,加上 RNA 酶极为稳定且广泛存在,因而在提取过程中要严格防止 RNA 酶的污染,并设法抑制其活性。所有的组织中均存在 RNA 酶,人的皮肤、手指、试剂、容器等均可能被污染,因此全部过程中均需戴手套操作并经常更换(使用一次性手套)。所用的玻璃器皿需置于干燥烘箱中 200 ℃烘烤 2 h 以上。凡是不能用高温烘烤的材料如塑料容器等皆可用 0.1% 的焦碳酸二乙酯(DEPC)水溶液处理,再用蒸馏水冲净。除 DEPC 外,也可用异硫氰酸胍、钒氧核苷酸复合物、RNA 酶抑制蛋白等。

细胞内总 RNA 制备方法很多,如异硫氰酸胍热苯酚法等。许多公司有现成的总 RNA 提取试剂盒,可快速有效地提取到高质量的总 RNA。RNA 提取实例参见实训4.1。

4.1.3　基因扩增技术

聚合酶链式反应即 PCR(polymerase chain reaction,PCR)技术,是美国 PE-Cetus 公司人类遗传研究室的 Mullis 等在 1985 年发明的体外核酸扩增技术。它具有特异、敏感、产率高、快速、简便、重复性好、易自动化等突出优点。

PCR 是一种反复循环的 DNA 合成反应过程。PCR 由变性—退火—延伸 3 个基本反应步骤构成:

①模板 DNA 的变性　模板 DNA 经加热至 93 ℃ 左右一定时间后,使模板 DNA 双链或经 PCR 扩增形成的双链 DNA 解离,使之成为单链,以便它与引物结合,为下轮反应作准备。

②模板 DNA 与引物的退火(复性)　模板 DNA 经加热变性成单链后,温度降至 55 ℃ 左右,引物与模板 DNA 单链的互补序列配对结合。

③引物的延伸　DNA 模板-引物结合物在 Taq DNA 聚合酶的作用下,以 dNTP 为反应原料,靶序列为模板,按碱基配对与半保留复制原理,合成一条新的与模板 DNA 链互补的半保留复制链。

重复循环变性—退火—延伸 3 个过程,就可获得更多的“半保留复制链”,而且这种新链又可成为下次循环的模板。每完成一个循环需 2 ~ 4 min,2 ~ 3 h 就能将待扩目的基因扩增放大几百万倍。

1)聚合酶链式反应步骤

PCR 的基本反应由 3 个步骤组成:

①变性(denaturation)　将模板 DNA 置于 92 ~ 96 ℃,进行变性处理,使 dsDNA 在高温下解链成为 ssDNA,且热变性不改变其化学性质。

②退火(annealing)　将温度降至 37 ~ 72 ℃,使引物与模板的互补区相结合。

③延伸(extension)　在 72 ℃ 条件下,DNA 聚合酶将 dNTP 连续加到引物的 3'-OH 端,合成 DNA。

这 3 个热反应过程的重复称为一个循环,每一循环经过变性、退火和延伸,DNA 含量即增加一倍。

PCR 的循环参数:

①预变性(initial denaturation)　模板 DNA 完全变性对 PCR 能否成功至关重要,一般 94 ℃ 加热 3 ~ 5 min。

②循环中的变性　循环中一般 94 ℃,45 s 足以使各种靶 DNA 序列完全变性,变性时间过长损害酶活性,过短则靶序列变性不彻底,易造成扩增失败。

③引物退火(primer annealing)　退火温度一般需要凭实验(经验)决定,一般为 54 ℃,退火温度对 PCR 的特异性有较大影响。

④引物延伸　引物延伸一般在 72 ℃ 进行(Taq 酶最适温度),延伸时间随扩增片段长短而定。

⑤循环数　大多数 PCR 扩增为 25 ~ 35 循环,过多易产生非特异扩增。

⑥最后延伸 在最后一个循环后,反应在 72 ℃维持 5 ~ 15 min,使引物延伸完全,并使单链产物退火成双链。

经过 20 ~ 40 个循环可扩增得到大量位于两条引物之间序列的 DNA 片段。

2) 影响聚合酶链式反应的因素

PCR 扩增效率主要通过反应的特异性、有效性和忠实性等指标来检验,PCR 反应影响因素颇多,主要影响因素有引物、酶、dNTP、模板和 Mg^{2+}。

(1) PCR 反应五要素

①引物 引物是 PCR 特异性反应的关键,PCR 产物的特异性取决于引物与模板 DNA 互补的程度。理论上,只要知道任何一段模板 DNA 序列,就能按其设计互补的寡核苷酸链做引物,利用 PCR 就可将模板 DNA 在体外大量扩增。

PCR 引物是指与待扩增的靶 DNA 区段两端序列互补的人工合成的寡核苷酸短片段,PCR 引物设计的目的是找到一对合适的核苷酸片段,使其能有效地扩增模板 DNA 序列。

②酶及其浓度 目前有两种 *Taq* DNA 聚合酶供应,一种是从栖热水生杆菌中提纯的天然酶,另一种为大肠菌合成的基因工程酶。催化一典型的 PCR 反应约需酶量 2.5 U(总反应体积为 100 μL 时),浓度过高可引起非特异性扩增,浓度过低则合成产物量减少。

③dNTP 的质量与浓度 dNTP 的质量与浓度和 PCR 扩增效率有密切关系,dNTP 粉呈颗粒状。dNTP 溶液呈酸性,使用时应配成高浓度后,以 1 mol/L NaOH 或 1 mol/L Tris-HCl 的缓冲液将其 pH 值调节到 7.0 ~ 7.5,小量分装,-20 ℃ 冰冻保存。在 PCR 反应中,dNTP 应为 50 ~ 200 μmol/L,尤其是注意 4 种 dNTP 的浓度要相等(等摩尔配制),其中任何一种浓度不同于其他几种时(偏高或偏低)就会引起错配。

④模板核酸 模板核酸的量与纯化程度,是 PCR 成败与否的关键环节之一,传统的 DNA 纯化方法通常采用 SDS 和蛋白酶 K 来消化处理标本。提取的核酸即可作为模板用于 PCR 反应。一般临床检测标本,可采用快速简便的方法溶解细胞,裂解病原体,消化除去染色体的蛋白质使靶基因游离,直接用于 PCR 扩增。RNA 模板提取一般采用异硫氰酸胍或蛋白酶 K 法,要防止 RNase 降解 RNA。

⑤Mg^{2+} 浓度 Mg^{2+} 对 PCR 扩增的特异性和产量有显著的影响,在一般的 PCR 反应中,各种 dNTP 浓度为 200 μmol/L 时,Mg^{2+} 浓度为 1.5 ~ 2.0 mmol/L 为宜。

(2) PCR 反应条件的选择

PCR 反应条件为温度、时间和循环次数。循环次数决定 PCR 扩增程度。PCR 循环次数主要取决于模板 DNA 的浓度。一般的循环次数选在 30 ~ 40 次,循环次数越多,非特异性产物的量亦随之增多。

①变性温度与时间 变性温度低,解链不完全是导致 PCR 失败的最主要原因。一般情况下,93 ~ 94 ℃ 足以使模板 DNA 变性,若低于 93 ℃ 则需延长时间,但温度不能过高,因为高温环境对酶的活性有影响。

②退火(复性)温度与时间 退火温度是影响 PCR 特异性的较重要因素。变性后温度快速冷却至 40 ~ 60 ℃,可使引物和模板发生结合。退火温度与时间,取决于引物的长度、碱基组成及其浓度,还有靶基序列的长度。

③延伸温度与时间 PCR 反应的延伸温度一般选择为 70 ~ 75 ℃,常用温度为 72 ℃,过高

的延伸温度不利于引物和模板的结合。PCR 延伸反应的时间,可根据待扩增片段的长度而定,一般 1 kb 以内的 DNA 片段,延伸时间 1 min 是足够的。3～4 kb 的靶序列需 3～4 min。

4.1.4　cDNA 扩增技术

常规的聚合酶链式反应(PCR)是以 DNA 为模板进行指数扩增。由于绝大多数真核生物的结构基因由外显子和内含子组成,而且内含子的序列较长,因此很难获得这些序列,即使能获得,也给后续分析带来很多不便。真核生物 DNA 在转录过程中经剪接可将内含子部分去除,获得成熟的 mRNA。因此可用 mRNA 经反转录得到相应的 cDNA 作为 PCR 的模板,反转录-聚合酶链式反应(reverse transcription-polymerase chain reaction,RT-PCR)应运而生。

RT-PCR 是一种从细胞 RNA(mRNA)中高效、灵敏地扩增 cDNA 序列的方法,由两大步骤组成,一是反转录(RT);二是 PCR。从一步法提取的细胞总 RNA 中去除 rRNA 和 tRNA 后获得 mRNA,即可进行 RT-PCR。首先,在反转录酶作用下将 RNA(mRNA)反转录成 cDNA 第一链,即以 oligo(dT)、随机六聚寡核苷酸或基因特异序列为引物与 mRNA 杂交,然后由 RNA 依赖的 DNA 聚合酶(反转录酶)催化合成相应互补的 cDNA 链。再以该 cDNA 第一链为模板,可进行 PCR 扩增。根据靶基因设计用于 PCR 扩增的基因特异的上下游引物,基因特异的上游引物与 cDNA 第一链退火,在 DNA 聚合酶(如 *Taq* 酶)作用下合成 cDNA 第二链。再以 cDNA 第一链和第二链为模板,用基因特异的上下游引物 PCR 扩增获得大量的 cDNA。

任务 4.2　基因工程载体

基因操作中分离或改建的基因和核酸序列自身不能繁殖,需要载体携带它们到合适的细胞中复制和表现功能。载体(vector)是携带靶 DNA(目的 DNA)片段进入宿主细胞进行扩增和表达的运载工具。常用的载体是通过改造天然的细菌质粒、噬菌体和病毒等构建而成。目前已构建成的载体主要有质粒载体、噬菌体载体、病毒载体和人工染色体等多种类型。

4.2.1　质粒载体

质粒(plasmid)是细菌或细胞染色质以外的,能自主复制的,与细菌或细胞共生的遗传成分。质粒是细菌染色体以外的双链共价闭合环形 DNA(covalently closed circular DNA,cccDNA)分子,可自然形成超螺旋结构,不同质粒大小为 2～300 kb。但用作载体的质粒通常很小(一般 2～5 kb)。

质粒能自主复制,是能独立复制的复制子(autonomous replicon)。每个质粒 DNA 上都有复制的起点,只有 *ori*(复制起始点)能被宿主细胞复制蛋白质识别的质粒才能在该种细胞中复制,不同质粒复制控制状况主要与复制起点的序列结构相关。在质粒扩增时,通过加入氯霉素抑制大肠杆菌蛋白质合成,达到进一步扩增质粒的目的。

质粒往往有其表型,但其表现不是宿主生存所必需的,也不妨碍宿主的生存。某些质粒携带的基因功能有利于宿主细胞的特定条件下生存,例如,细菌中许多天然的质粒带有抗药性基因,如编码合成能分解破坏四环素、氯霉素、氨苄表霉素等的酶基因,这种质粒称为抗药性质粒,又称 R 质粒,带有 R 质粒的细菌就能在相应的抗生素存在生存繁殖。所以质粒对宿主不是寄生的,而是共生的。

一种用作克隆载体的理想质粒一般具备下述特点:

①具有松弛型复制子(如 ColE1) 复制子(replicon)是质粒自我增殖所必不可少的基本条件,并可协助维持使每个细胞含有一定数量的质粒拷贝。

②具有多克隆位点 在复制子外存在几个单一的酶切位点称为多克隆位点,以便目的 DNA 片段插入。

③具有插入失活的筛选标记 理想的质粒载体应具有两种抗菌素抗性标志,如氨苄青霉素抗性基因(Amp^R)和四环素抗性基因(Tet^R)等,以便从平板中直接筛选阳性重组子。

④分子量相对较小和较高的拷贝数。

此外,质粒的缺点是容量较小,一般只能接受小于 15 kb 的外来 DNA,插入片段过大会导致重组子扩增速度减慢,甚至使插入片段失活。

质粒的命名通常是用一个小写的 p 来代表质粒,而用一些英文缩写或数字来对这个质粒进行描述。以 pBR322 为例,BR 代表研究出这个质粒的研究者 Bolivar 和 Rogigerus,322 是与这两个科学家有关的数字编号。

1) pBR322 质粒载体

pBR322 质粒就是按这种设想构建的一种大肠杆菌质粒载体。pBR322 是最早被广泛应用于分子克隆的载体之一,至今尚在使用。pBR322 的结构如图 4.1 所示,是研究得最清楚的质粒,为一个 4.36 kb 的环状双链 DNA。pBR322 由 3 个不同来源的部分组成:

①来源于 ColE1 的派生质粒 pMB1 的复制起始位点(ori)。

②来源于 pSF2124 质粒易位子 Tn3 的氨苄青霉素抗性基因(Amp^R 或 Ap^R)。

③来源于 pSC101 质粒的四环素抗性基因(Tet^R 或 TC^R)。

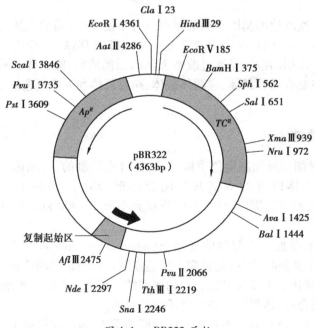

图 4.1 pBR322 质粒

pBR322 质粒载体具有下述特点：

①带有一个复制起始位点 *ori*　保证该质粒能在大肠杆菌中复制。

②具有二个抗生素抗性基因　Amp^R 和 Tet^R 可用作转化子的选择标记，还具有数个单一的限制性酶切位点。其中在 Amp^R 基因内有 3 种限制酶（*Sca* I，*Pvu* I，*Pst* I）单一识别位点，在 Tet^R 基因内有 7 种（*Eco*R V，*Nhe* I，*Bam*H I，*Sph* I，*Sal* I，*Xma* III，*Nru* I），启动区内有 2 种限制酶（*Cla* I，*Hind* III）单一识别位点。当外源基因插入这些抗性位点时，就分别成为 Amp 敏感（Amp^s）或 Tet 敏感（Tet^s），即插入失活。利用这种插入失活可用来检测重组子。

③具有较小的分子量　DNA 分子的长度为 4 363 bp，2.6×10^6 Da。pBR322 质粒载体的这种小分子量特征，不仅易于自身 DNA 的纯化，而且能有效地克隆 6 kb 大小的外源 DNA 片段。

④具有较高的拷贝数　经过氯霉素扩增后，每个细胞可累积 1 000 ~ 3 000 个拷贝，这为重组 DNA 的制备提供了极大的方便。

2）pUC 质粒载体系列

pUC 质粒是在 pBR322 质粒和 M13 噬菌体基础上改建而成的双链 DNA 质粒载体。它们保留了 pBR322 的一部分，组入了一个来自 M13 噬菌体在其 5′-端带有一段多克隆位点的 *lacZ'* 基因，而发展成为具有双重检测特征的新型质粒载体系列。一个典型的 pUC 系列的质粒载体包含来自 pBR322 质粒的复制起始位点（*ori*），氨苄青霉素抗性基因（Amp^R），以及大肠杆菌 β-半乳糖苷酶基因（*lacZ*）的启动子及其编码 α-肽链的 DNA 序列（*lacZ'* 基因）并且在 *lacZ'* 基因中靠近 5′-端有一段多克隆位点（MCS）区段。

pUC 系列的多克隆位点——对应于 M13mp 系列。PUC 系列大多数是成对的，如 pUC18/pUC19，即每对含有大致相同的多克隆位点（个别切口可不同），两者的差别仅在于多克隆位点的方向相反。pUC 系列具有许多优点，是目前基因工程研究中最通用的大肠杆菌克隆载体之一。

4.2.2　噬菌体载体

噬菌体（phage）是感染细菌的一类病毒，有的噬菌体基因组较大，如 λ 噬菌和 T 噬菌体等；有的则较小，如 M13、f1 噬菌体等。作为细菌寄生物的噬菌体，大多数具有编码多种蛋白质的基因，能利用宿主细胞的蛋白质合成体系进行生长和增殖。构建的噬菌体载体以 λ 噬菌体、M13 和黏粒比较常用，其中 λ 噬菌体改造成的载体应用最为广泛。

1）λ 噬菌体载体

λ 噬菌体基因组为长度约 49 kb 的线性双链 DNA 分子，实际大小为 48 502 bp，共编码 50 多个基因。其中约一半基因参与了噬菌体的生命周期活动，称为必需基因；另一部分基因，当被外源基因取代后，并不影响噬菌体的生命功能。基因组 DNA 两端的 5′末端带有 12 个碱基的互补单链，是天然的黏性末端，称 *cos* 位点，12 个碱基的序列为 5′-GGGCGGCGACCT-3′。

野生型 λ 噬菌体是感染大肠杆菌的溶源性噬菌体，在感染宿主后可进入溶源状态，也可进入裂解循环。野生型的 λ 噬菌体是一种中等大小的温和噬菌体，λ 噬菌体感染细菌时，通过尾管将基因组 DNA 注入大肠杆菌，而将其蛋白质外壳留在菌外。当 λ 噬菌体 DNA 进入宿主细胞后，其两端互补单链通过碱基配对形成环状 DNA 分子，可以两种不同的方式繁殖：

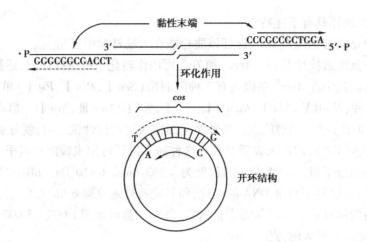

图 4.2　λ 噬菌体线性 DNA 分子的黏性末端及其环化作用

①溶菌性方式或称裂解生长途径(lytic pathway)　在营养充足,条件适合细菌繁殖时,利用宿主菌中的酶类和原料,λDNA 大量复制并组装成子代 λ 噬菌体颗粒,导致宿主细胞裂解。经过 40~45 min 的生长循环,释放出约 100 个感染性噬菌体颗粒(每个细胞)。

②溶源性方式(lysogenic pathway)　进入细菌的 λDNA 通过位点专一性重组整合(integrate)到宿主的染色体 DNA 中,并随宿主染色体 DNA 复制,传给细菌后代,但宿主细胞不被裂解,这个稳定潜伏在细菌染色质 DNA 中的 λDNA 称为原噬菌体(prophage),含有原噬菌体的细菌称为溶源菌(lysogen)。

裂解途径和溶源途径的选择取决于宿主与噬菌体之间的许多因素的相互作用,以及噬菌体基因组的精确调控。

λ 噬菌体整个基因组可为 3 个部分:

①左臂　长约 20 kb,是头部蛋白和尾部蛋白基因区域。

②中段　长约 20 kb,是 λDNA 整合和切出,溶源生长所需的序列。

③右臂　长约 10 kb,是 DNA 复制与调控及裂解相关区域。

左右臂包含 λDNA 复制、噬菌体结构蛋白合成、组装成熟噬菌体、溶源生长所需全部序列;对溶菌生长来说,中段是非必需的。约占全基因组的 30%,因此,该区可缺失或作外源 DNA 的插入区也可被外源基因取代。只要重组 DNA 不小于野生型 λDNA 全长 75% 和大于 105%,均可被包装成具有噬菌体活性的成熟颗粒。野生型 λ 噬菌体基因组 DNA 为 49 kb,大约可插入长达 15 kb 的外源 DNA。若用外源 DNA 片段完全替换可取代区,外源 DNA 片段的大小在 9~23 kb。

利用 λ 噬菌体作载体,主要是将外来目的 DNA 替代或插入中段序列,使其随左右臂一起包装成噬菌体,去感染大肠杆菌,并随噬菌体的溶菌繁殖而繁殖。

2)单链丝状噬菌体载体

大肠杆菌的丝状噬菌体包括 M13 噬菌体、f1 噬菌体和 fd 噬菌体,其基因组都是一个长度 6.4 kb 且同源性很高的单链闭环 DNA 分子。M13 是较常用的单链丝状噬菌体载体。

M13 丝状噬菌体是大肠杆菌的噬菌体,是一种既不溶源也不裂解宿主细胞的噬菌体。其感染型是单链 DNA(+链),感染宿主(通常是大肠杆菌)后,单链 DNA 转变成双链复制形式的 DNA,复制型在菌体内继续增殖,当复制 200~300 拷贝以后,又只合成单链 DNA,最后包装成单链噬菌体粒子。

通过对 M13 噬菌体进行改造,已成功地发展出了 M13mp 噬菌体载体系列,例如 M13mp8、M13mp9 和 M13mp10、M13mp11 等。M13mp 系列都是从同一个重组体(M13mp1)改造而来的,在 M13 主要基因间隔区插入了带有大肠杆菌 *lacZ* 的调控序列和 N 端头 146 个氨基酸的编码信息,且在其中插入了多克隆位点序列。因此重组子也可用 IPTG-X-gal 蓝白斑实验进行筛选。M13mp 载体有与 pUC 质粒系列对应的多克隆位点。

应用 M13 单链噬菌体可方便地分离到大量含有外源 DNA 某一单链的 DNA 分子,主要用作双脱氧链终止法进行 DNA 序列测定的模板;首先制备仅有一条链得到放射性标记的杂交用 DNA 探针;再利用寡核苷酸进行定点诱变。M13 噬菌体基因组中主要含有与复制有关的遗传信息,只有一段由 507 个核苷酸组成的序列可被替换,因此 M13 噬菌体载体只能插入 300 ~ 400 bp 的外源片段。

3)柯斯质粒载体

带有 λ 噬菌体黏性末端 *cos* 的质粒称为黏粒(cosmid),又称柯斯质粒(图 4.3)。cosmid 一词是"cos site-arrying plasmid"的缩写。黏粒载体由质粒 pBR322 和 λ 噬菌体的 *cos* 黏性末端构建而成。它是为克隆和增殖真核基因组 DNA 的大区段而设计的,是组建真核生物基因文库及从多种生物中分离基因的有效手段。cosmid 载体带有质粒的复制起点(colE1)、克隆位点、选择性标记(*Amp^R* 和/或 *Tet^R*)以及 λ 噬菌体用于包装的 *cos* 末端等。该质粒本身只有 5 ~ 7 kb,在大肠杆菌中和一般的质粒相同,但外源长片段 DNA(38 ~ 45 kb)与其连接形成两端为 *cos* 的线状聚合体分子时,可被包装蛋白 Ter 系统识别其两端的 *cos* 位点并包装到噬菌体头部,感染宿主菌后又环化以大质粒的状态存在。因此黏粒要比噬菌体载体有更大的克隆容量,适合构建基因组文库。与 λ 噬菌体载体不同的是,外源片段克隆在黏粒载体中是以大肠杆菌菌落的形式表现出来的,而不是噬菌斑。这样所得到的菌落的总和就构成了基因文库。目前已经发展出了许多不同类型的黏粒载体,例如 pHC79、pTL5、pJC74、pJC720、pJB6 和 pJB8 等。

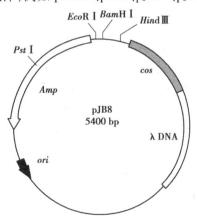

图 4.3　pJB8 质粒载体结构

4.2.3　表达载体

表达载体是在克隆载体基本骨架的基础上增加表达元件(如启动子、核糖体结合位点 RBS、终止子等)形成使目的基因能够表达的载体。

表达载体在基因工程中具有十分重要的作用,原核表达载体通常为质粒,典型的表达载体应具有以下5种元件:

①选择标志的编码序列。

②可控转录的启动子。

③转录调控序列(转录终止子,核糖体结合位点)。

④一个多限制酶切位点接头。

⑤宿主体内自主复制的序列。

表达载体按进入受体细胞类型分为以下3种:

①原核表达载体　适用于在原核细胞中表达外源基因的载体。

②真核表达载体　要表达真核生物的蛋白质,采用真核表达系统比原核系统优越,常用酵母、昆虫、动物和哺乳类细胞等表达系统。

③穿梭载体　指能在两种宿主生物体内复制的载体分子,因而可以运载目的基因穿梭往返两种生物之间。

1)原核表达载体

原核表达载体由5个部分构成:比较强的或者可诱导的启动子、调节基因、核糖体结合位点(ribosome binding site,RBS)、筛选标记及复制子序列。有时为了表达产物的纯化、分离,在编码区前或后加入一段标签序列,比较常用的有组氨酸标签和谷胱甘肽标签。

根据表达产物使用目的的不同和操作方法的差异,目的基因(外源基因)在大肠杆菌内可以不同形式进行表达。根据表达产物多肽链的 N 端或 C 端有无其他氨基酸序列可分为融合表达和非融合表达两种基本类型;另外,在胞内表达方式下,根据表达产物的可溶与否,还可分为包涵体方式表达和可溶方式表达。在大多数情况下,非融合蛋白和融合蛋白的胞内高效表达(非分泌表达)产物常以不溶的包涵体形式存在。

(1)融合型表达载体

当蛋白质表达以后,有效的分离纯化或分泌就成为获得目标蛋白的关键因素。外源基因在大肠杆菌中表达的一种简便方法是使其表达为融合蛋白,也就是说要表达的外源基因连接在一段原核基因的下游,蛋白质的 N 末端由原核 DNA 序列或其他 DNA 序列编码,C 端由外源 DNA 的完整序列编码,这样的蛋白质由1条短的原核多肽或具有其他功能的多肽和外源蛋白质结合在一起,故称为融合蛋白(图4.4)。通过以融合蛋白的形式表达,并利用载体编码的蛋白或多肽的特殊性质可对目标蛋白进行分离和纯化。用作分离的载体蛋白被称为标签蛋白或标签多肽(Tag),常用的有谷胱甘肽转移酶(glutathione S-transferase,GST)、六聚组氨酸肽(6×His)、蛋白质 A(protein A)、半乳糖苷酶(LacZ)、硫氧还蛋白(Trx)、麦芽糖结合蛋白(MBP)和纤维素结合位点(cellulose binding domain,CBD)等。

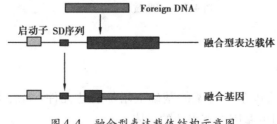

图4.4　融合型表达载体结构示意图

能表达 GST 融合蛋白的载体如 pGEX-4T-1,是一个商品化融合表达载体,主要用于外源基因的可溶性融合表达。GST(谷胱甘肽转移酶)为大肠杆菌宿主细胞的天然高效、可溶性表达的蛋白。以其作为融合表达"标签"有两点优势:

①GST 可以促进二硫键的形成,使目的基因融合表达产物能正确折叠,因而常以可溶的表达产物存在。

②GST 属于大肠杆菌高效表达的天然产物,其 mRNA 的 5′端具有最适的结构,有利于融合基因 mRNA 的翻译,因此可大大提高融合基因表达水平。

在 pGEX-4T-1 中,GST 处于复合启动子 *tac* 的控制之下,因此可采用 IPTG 诱导。载体中还有一个特殊设计,即 GST 与目的蛋白的融合位点为 PreScission 蛋白酶识别位点,融合蛋白可在 4 ℃下进行酶切反应,可避免 37 ℃的高温条件下其他蛋白酶类对目的产物的破坏。

(2)非融合型表达载体

非融合表达指目的蛋白的 N 端和 C 端均不带有目的蛋白以外的氨基酸残基(图 4.5)。为了表达非融合蛋白,使用的外源基因必须具有从起始密码子到终止密码子的完整读码框架。非融合蛋白的一级结构和天然蛋白质相同,是一些体内应用基因工程产品的必要条件,但是小分子非融合蛋白在原核细胞内不稳定,易被降解,而且不易纯化。

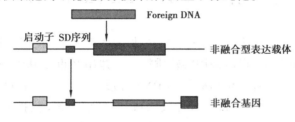

图 4.5 非融合型表达载体结构示意图

pBV220 载体是一个常用的非融合型原核表达载体,见图 4.6。该载体有一个氨苄青霉素抗性基因,在多克隆位点的上游为 λ 噬菌体的 P$_L$ 和 P$_R$ 启动子,P$_L$ 和 P$_R$ 启动子受 λ 噬菌体 *cI* 基因的负调控。CI 阻遏蛋白是温度敏感蛋白,在 28 ~ 37 ℃培养时,CI 产生抑制作用,在温度升至 42 ℃时,CI 被破坏,这样就解除了对启动子的封闭,使 P$_L$ 和 P$_R$ 启动子开始下游基因转录。

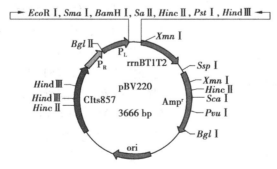

图 4.6 pBV220 载体图谱

pBV220 系统的优点如下:

①*cI*ts857 抑制子基因及 P$_L$ 启动子同在一个载体上,可以转化任何菌株,以便选用蛋白酶活性较低的宿主细胞,使表达产物不易降解。

②SD 序列紧跟多克隆位点,便于插入带起始 ATG 的外源基因,可表达非融合蛋白。

③强的转录终止信号可防止出现"通读"现象,有利于质粒-宿主系统的稳定。

④整个质粒仅为 3.66 kb,有利于增加其拷贝数及容量,可以插入大片段外源基因。

⑤P_R 和 P_L 启动子串联,可以增强启动作用。

pBV220 系统宿主菌可以是大肠杆菌 HB101、JM103、C600,质粒拷贝数较多,因此小量简便快速提取即可满足需要。本系统为温度诱导,外源基因表达量可达细胞总蛋白的 20% ~ 30%;产物以包涵体形式存在不易降解,均一性好。

2)酵母表达系统

酵母菌是比较典型的真核生物基因表达系统,它不仅生长迅速,操作简单,适于大规模发酵,而且具有哺乳类细胞翻译后的加工能力,如糖基化。许多蛋白可与信号肽融合,指导新生肽的分泌并完成如二硫键的形成、蛋白质的折叠和其他修饰,例如乙酰化、甲基化等。可移去起始甲硫氨酸,避免了作为药物使用可能引起的免疫反应问题。许多可诱导调控的强启动子(例如 MOX、AOX、lac4 等)可高效表达目的基因。

酵母菌种类很多,其载体均为大肠杆菌和酵母菌的"穿梭"质粒,也可分为两类:附加体型载体和整合体型载体两种。常用启动子有 GAL1、AOX1、AUG1、TEF1 等。

(1)整合型载体

整合型载体(YIP)导入酵母菌必须与其染色体 DNA 发生整合,因此得到的转化株非常稳定,但基因的拷贝数往往较低,可以采用特殊质粒或构建串联重复基因,使转化体中拷贝数增加。YIP 型载体是由大肠杆菌质粒和酵母的 DNA 片段构成的。如 Pyeleu10 是由 ColEI 质粒和酵母 DNA 提供的亮氨酸基因(*LEU2*)片段构成,在细菌中复制、扩增,进入酵母后可整合表达。

(2)附加体型载体

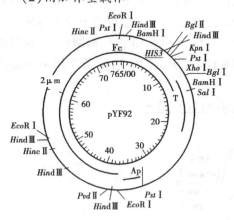

图 4.7　pYF92 载体结构示意图

附加体型载体(YEP)在酵母中可自主复制,拷贝数较大,但在传代中容易发生丢失(特别在无选择压力下),从而影响外源基因表达的稳定性和产量。YEP 型载体一般由大肠杆菌质粒、2 μm 质粒以及酵母染色体的选择标记构成。2 μm 质粒含有自主复制起始区(*ori*)和 STB 区,STB 序列能够使质粒在供体细胞中维持稳定。利用 2 μm 质粒,人们已经构建出许多 YEP 型载体。YEP 型载体 pYF92(图 4.7)就是由酵母的 2 μm 质粒、pBR322 质粒和酵母的组氨酸(*HIS3*)基因构成的。YEP 型载体对酵母具有很高的转化活性,一般为 10^3 ~ 10^5 转化子/μgDNA。

常见宿主有酿酒酵母、裂殖酵母、克鲁维酵母、巴氏毕赤酵母等。酿酒酵母表达系统多为附加型载体;巴氏毕赤酵母,多形汉逊酵母表达系统为整合型载体。克鲁维酵母表达系统则兼而有之。目前,毕赤酵母表达系统是应用最广泛的酵母表达系统。它以甲醇作为唯一的碳源。产量较高。翻译后的加工更接近哺乳动物。

任务4.3　DNA片段的体外连接

DNA片段的体外连接即构建重组DNA程序中的"连接",是DNA分子之间的连接过程,即将目的基因通过重组到合适的载体上,导入适当的宿主细胞中实现增殖表达。在连接的过程中需要DNA连接酶的作用,DNA连接酶能催化双链DNA片段紧靠在一起的3′羟基末端与5′磷酸基团末端之间形成磷酸二酯键,使两末端连接。目前用于试管中连接DNA片段的DNA连接酶有 E. coli DNA连接酶和T4噬菌体DNA连接酶(又称T4 DNA连接酶)。E. coli DNA连接酶只能催化双链DNA片段互补黏性末端之间的连接,不能催化双链DNA片段平末端之间的连接。T4 DNA连接酶既可用于双链DNA片段互补黏性末端之间的连接,也能催化双链DNA片段平末端之间的连接,但平末端之间的连接效率比较低。

DNA与载体之间的连接方式主要有黏性末端连接、平头末端连接和PCR产物T连接。

4.3.1　黏性末端的连接

许多限制性内切酶切割DNA后可形成黏性末端。具有互补黏性末端的两DNA片段之间的连接比较容易,在DNA重组中也比较常用,连接过程中可用 E. coli DNA连接酶也可用T4 DNA连接酶。黏性末端的连接可分为同一种酶作用产生的单一酶切位点的连接和不同种酶产生的双酶切位点的连接。

1)单酶切位点产生的黏性末端连接

同一种限制性内切酶和同尾酶的作用都能得到单酶切位点的黏性末端,但一般使用同一种限制性内切酶,因为同尾酶产生的互补黏性末端虽然可以有效连接,获得的重组DNA分子却失去了原来用于切割的那两种限制性核酸内切酶的识别序列。用同一种酶切割外源DNA,再用同一种酶去切割载体DNA,这样外源DNA与载体DNA之间就可以通过黏性末端彼此连接起来。例如,pBR322质粒进行 EcoR I 酶切形成带有 EcoR I 黏性末端的线性质粒。如果目的基因的DNA也用 EcoR I 进行酶切,那么也将获得 EcoR I 黏性末端的该基因的DNA。将含有相同黏性末端的线性质粒和目的基因DNA混合,在DNA连接酶的作用下,它们的黏性末端互补,彼此能够退火连接形成环状的重组质粒(图4.8)。

这种单酶切位点的连接可以使目的基因成正向和反向两种方式插入载体,如果反应体系中载体比例较高易造成线性载体的自身环化,此外,载体还能与多个目的片段的线性二聚体或多聚体发生重组。因此,通过这个方式得到的产物可能是多种重组体的混合物,此时可以通过琼脂糖凝胶电泳对该混合物进行电泳,选择大小正确的目的条带进行回收,消除一些其他重组体的干扰,得到比较纯的目的基因重组体。

2)双酶切位点产生的黏性末端连接

一种质粒或者一种目的片段中往往含有多个限制性内切酶的识别位点,用两种限制性内切酶来作用载体DNA和外源DNA片段,载体和目的基因的两端会分别产生不同的黏性末端,

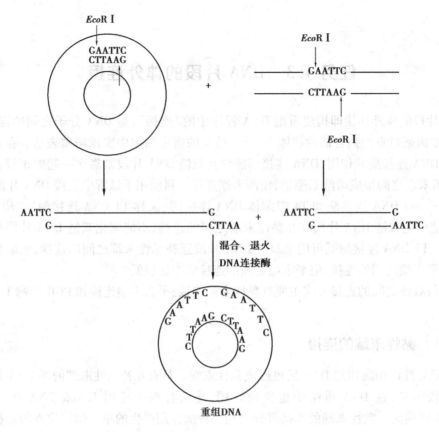

图 4.8　同一种酶产生的黏性末端的连接

混合后在连接酶的作用下相同的黏性末端可以退火连接成重组 DNA 分子。由于双酶切位点是由两种不同酶作用的,因此产生的黏性末端也是不同的,将双酶切后的载体和目的 DNA 片段混合退火,目的 DNA 片段就会定向地连接到载体的两个酶切位点中间,同时避免了载体的自身环化和目的片段的自身连接。在基因表达中,这种连接方式比较常见,因为是定向插入目的基因,因此保证了 DNA 序列的正常表达。例如 pBR322 质粒用 Hind Ⅲ和 BamH Ⅰ双酶切,琼脂糖凝胶电泳分离、回收目的片段,外源 DNA 片段同样用这两种酶酶切并分离、回收目的片段,将它们混合退火,外源 DNA 就会在 Hind Ⅲ作用产生的黏性末端和载体上 Hind Ⅲ作用产生的黏性末端互补连接,同样,外源 DNA 在 BamH Ⅰ作用下产生的黏性末端也只能和载体上 BamH Ⅰ作用产生的黏性末端互补连接,因此,外源 DNA 片段只能定向地连接到载体的 Hind Ⅲ和 BamH Ⅰ位点之间,排除了外源基因反向插入和自身连接的可能。

4.3.2　平头末端的连接

用物理方法制备的 DNA 往往是平头末端,个别限制性内切酶切割 DNA 后也会形成平头末端。两个平头末端可以在 T4 连接酶的作用下进行连接,如果两个 DNA 片段的末端是用同一种限制性核酸内切酶切割后产生的,那么连接后的 DNA 分子仍保留那种酶的识别序列。但如果是用两种不同限制性内切酶切割后产生的平头末端 DNA 片段进行连接,连接后的 DNA 分子失去了那两种限制性内切酶的识别序列,有的会出现另一种新的限制性核酸内切酶识别序列。

不同的限制性内切酶分别作用于目的 DNA 片段和载体 DNA 时会使二者产生不同的黏性末端,这种非互补的黏性末端的连接需要把黏性末端修饰成平头末端之后再按照平末端连接的方法进行连接。将黏性末端变为平头末端的具体方法有 5′-突出黏性末端的补平和 3′-突出黏性末端的切平。5′-凸出黏性末端的补平一般用大肠杆菌 DNA 聚合酶 I 的 Klenow 酶进行填补,在补充 dNTP 的前提下,以 5′-凸出黏性末端为模板,其互补链的 3′端会补齐所缺碱基,变成平头末端的双链 DNA。3′-凸出黏性末端的切平一般使用 T4 噬菌体 DNA 聚合酶或单链DNA 的 S1 核酸酶切平。这两种方法虽然能够得到平头末端,但原来的酶识别位点常常会遭到破坏(图 4.9)。

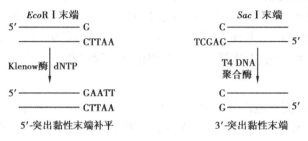

图 4.9　5′或 3′黏性末端平端化

目前对平末端的连接经常采用同聚物加尾法、衔接物连接法和 DNA 接头连接法等改进方法。

1) 同聚物加尾法

同聚物就是指所含的核苷酸完全相同的多聚体。加尾的过程需要末端转移酶,它可以在双链 DNA 分子的 3′-OH 末端加上 dNTP,这种方法就是在载体分子和外源双链 DNA 3′-OH 末端加上互补同聚物尾,两者再通过同聚尾之间的互补形成可转化大肠杆菌的重组 DNA 分子,实际上这两个 DNA 分子就变成了黏性末端的连接。通过 DNA 片段加尾,既可以使两个平末端的 DNA 片段进行连接,也可以使平末端的 DNA 片段与黏性末端 DNA 片段进行连接。在实际实验过程中两个 DNA 分子加的同聚物尾巴并不总是一样长,这样形成的重组体 DNA 分子上便会留有缺口或间断,因此需要先用大肠杆菌 DNA 聚合酶 I 或 Klenow 酶大片段填补再由DNA 连接酶合成磷酸二酯键封闭间断。

2) 衔接物连接法

衔接物是一类特别设计、人工合成的一段由 8~12 个核苷酸组成的,具有一个或多个限制性核酸内切酶切割位点的平末端双链 DNA 短片段。利用 T4 DNA 连接酶将衔接体连接到平末端的目的 DNA 分子上,然后用衔接体内包含的限制性内切酶消化产生一个带有所需黏性末端的目的分子,最后按黏性末端的连接方法实现外源 DNA 片段与载体的连接。

3) DNA 接头连接法

DNA 接头是一些短的人工合成的 DNA 分子,与衔接物不同的是它一边是平末端,一边是黏性末端。一般情况下,接头序列是单链形式存在的,使用之前需要将两条单链退火形成双链,然后再参与连接反应。这种方法看似简单,平末端连接到平末端目的分子上,黏性末端向外连接载体,但实际上,由于人工接头含黏性末端,在连接过程中人工接头本身极易形成像衔接体一样的二聚体甚至多聚体,尤其在高浓度 DNA 接头分子的环境中更是如此,这样的分子仍为平末端。因此,必须对 DNA 接头末端的化学结构进行修饰与改造,即将人工接头黏性末端的 5′-P 换成 5′-OH,使 5′-OH 和 3′-OH 之间无法形成磷酸二酯键,这就防止了人工接头之间通过黏性末端形成二聚体。修饰后的 DNA 接头分子平末端与平末端的外源 DNA 片段正常连接,连接后用多核苷酸激酶处理,使 5′-OH 重新恢复成 5′-P 末端,以便进行后续的连接反应。

4.3.3 PCR **产物的连接**

PCR 扩增是获得目的基因的重要途径,PCR 产物作为目的基因和载体 DNA 的连接是基因工程操作技术中的常用技术,它可以将通过 PCR 技术大量扩增出来的目的基因和载体连接,转入受体细菌中大量扩增并保存,为后续工作如目的基因的表达提供便利。PCR 产物的连接方法主要有 T-A 克隆法(T 连接)、引入酶切位点克隆法和平末端克隆法等。

1)T-A **克隆法**

T-A 克隆法是目前使用最广泛的 PCR 产物扩增方法,该方法主要适用于 Taq DNA 聚合酶扩增的产物。PCR 扩增时所用的 Taq DNA 聚合酶具有非模板依赖性的活性,同时具有末端连接酶的活性,可以将 PCR 产物两条链的 3′端都加入单 A 核苷酸尾,特别是在 70 ~ 75 ℃时尤为明显,而一般的 PCR 反应程序的最后一步均为 72 ℃延伸 10 min,因此几乎所有目的片段的 PCR 产物 3′端都是凸出的单 A 核苷酸尾。依据 Taq DNA 聚合酶的这个特点,将 $EcoR$ V 载体进行改造,先将载体切成平末端,然后在 dTTP 存在下,用 Taq DNA 聚合酶催化载体双链 DNA 的两个 3′末端各加一个 T,成为了线性的 T 载体。于是 PCR 产物中的 3′端碱基 A 和载体中的 3′端碱基 T 形成了 T-A 互补,这样形成的 PCR 产物和 T-载体的重组 DNA,称为 T-A 克隆(图 4.10)。作为目的基因的 PCR 产物连接上 T 载体后通过导入受体细胞中,可以在受体细胞内完成自身复制扩增,形成大量的目的基因。由于 PCR 产物双链的 3′端都是 A 碱基,因此目的基因插入到载体中有正向和反向两种可能。

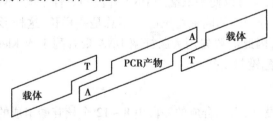

图 4.10 T-A 克隆

T-A 克隆法使克隆 PCR 产物连接变得更简单、方便和价廉,步骤如下:
①克隆载体线性化　用一种限制性内切酶将环形载体切开成为线性的载体。
②克隆载体末端补平反应　在线性克隆载体溶液中加入 dNTP、Klenow 缓冲液、Klenow 酶在 37 ℃温育,被切割成的黏性末端会补平成平头末端。
③克隆载体末端加 T 反应　在已经补平的线性载体中加入 $MgCl_2$,Taq 酶缓冲液,dTTP,Taq DNA 聚合酶在 75 ℃温育。载体末端会加上 T 碱基,最后构成 T-A 克隆载体。

T-A 克隆不需要使用含限制酶序列的引物,不需要将 PCR 产物进行优化,不需要把 PCR 产物做平端处理,不需要在 PCR 扩增产物上加接头,即可直接进行克隆。T-A 克隆载体实际上也是一种黏性末端连接,因此具有较高的连接效率。同时由于该操作方法简单,克隆效率高,目的基因的保存也往往通过连接上 T 载体后导入细胞中,冻存于冰箱中来实现。

2)引入酶切位点克隆法

通常作为载体的质粒含有多个酶切识别位点,通过一个或两个限制性内切酶的作用把环形质粒切开成开环,外源目的基因插入的位置一般就在这里,为了使外源目的片段和质粒上酶切位点更好地结合,需要对 PCR 产生的目的基因进行改造,最简单的方法就是加入酶切位点。

在设计 PCR 引物时,如在引物的 5′末端加上限制性内切酶的识别序列及若干保护碱基而不影响引物的特异性,那么 PCR 产物两端就会在随后的扩增中获得相应的酶切位点。这样得到的 PCR 产物用限制性内切酶消化产生黏性末端,即可与用相同酶作用产生有互补黏性末端的载体 DNA 重组。这种克隆方法效率较高,且当两引物中设计不同酶切位点时,可以有效地定向克隆 PCR 产物。

3)平末端克隆法

该方法是用能产生平末端的 DNA 聚合酶获得平末端扩增产物后,再与制备好的平末端载体进行平末端连接,但其连接效率较低,因此这种方法应用较少。

任务 4.4 重组子导入宿主细胞

体外重组生成的重组子必须导入合适的宿主细胞中才能进行复制、扩增和表达。宿主细胞是以大肠杆菌为代表的原核细胞和包括哺乳类动物细胞、酵母和昆虫细胞的真核细胞。将重组的 DNA 分子引入细菌(原核细胞),使其在细菌体内扩增及表达的过程称为转化(transformation)。将噬菌体、病毒或以它们为载体构建的 DNA 重组子导入真核细胞的过程称为转染(transfection)。

4.4.1 重组 DNA 分子导入原核细胞

将 DNA 导入原核细胞最常用的细菌是大肠杆菌。细菌在生长过程中,只有某一阶段的细菌才能成为转化的接受体,这一生理状态称为感受态(competent)。

1)感受态细胞制备

最常使用的制备感受态细胞的方法是化学法($CaCl_2$ 法)。它的原理是处于对数生长期的细菌置于 0 ℃ $CaCl_2$ 的低渗溶液中,菌细胞膨胀成球形,处于感受状态。本方法的关键是选用的细菌必须处于生长对数期,最好是从固体培养基上新鲜挑取单菌落再在液体培养基中培养;实验操作必须在低温下进行。这种制备感受态细胞的方法重复性好,操作简单,分子实验室的一些常规仪器就能完成操作,该方法的转化效率为每微克 DNA 可获得 $10^5 \sim 10^6$ 转化子,还可以添加适量甘油贮存于-70 ℃备用,因此被广泛用于外源基因的转化。

2)转化

常用转化法有热应击法和电击法。

（1）热应击法

当连接产物和感受态细胞混合时,混合物中的 DNA 形成抗 DNA 酶的羟基-钙磷酸复合物黏附于细胞表面,经 42 ℃短时间热冲击处理,促使细胞吸收 DNA 复合物,然后将细菌接种在含相应抗生素的培养基上,生长数小时后,含有重组子的感受态细菌球状细胞复原并增殖形成单菌落,这时可挑选单菌落进行相应的筛选和鉴定。

（2）电击法

电极法也称电穿孔法,也是一种将外源 DNA 导入大肠杆菌细胞的常用方法之一。利用高压脉冲,在细菌细胞表面形成暂时性的微孔,重组 DNA 从微孔中进入,脉冲过后,微孔复原,在丰富培养基中生长数小时后,细胞增殖,重组 DNA 得到大量复制。除需特殊仪器外,它比 $CaCl_2$ 操作简单,无须制备感受态细胞,适用于任何菌株。其转化效率较高,每微克 DNA 可以得到 $10^9 \sim 10^{10}$ 转化子。

用于转化的重组 DNA 应主要是超螺旋态 DNA(cccDNA)。转化效率与外源重组 DNA 的浓度在一定范围内成正比,但加入过多或体积过大的外源重组 DNA 时,转化效率也会降低。1 ng 的 cccDNA 就可以使 50 μL 的感受态细胞饱和。一般认为只有双链闭环或开环的质粒 DNA 分子才能转化,而线性 DNA 分子不能获得转化子,因此,环状 DNA 分子中混杂线性 DNA 分子,也会影响环状 DNA 分子的转化效率。另外,感受态细胞制备时细菌密度过高或不足都会影响转化效率,为提高转化效率,所用试剂如 $CaCl_2$ 需要高纯度(GR 或 AR),并且要用超纯水配制。为防止杂菌和杂 DNA 的污染,整个操作过程应该在无菌条件下进行,所有器皿和试剂都要经过灭菌处理。

4.4.2 重组 DNA 分子导入真核细胞

将基因导入真核细胞的方法有多种,到目前为止,将克隆 DNA 导入真核培养细胞中主要采用生化方法。

①$CaCl_2$ 处理以后的转染　这是将重组的噬菌体 DNA 导入细胞的常规方法。这时的真核细胞一定要经一定浓度的冰冷的 $CaCl_2$(50 ~ 100 mmol/L)溶液处理以后成为感受态细胞,感受态细胞有摄取各种外源 DNA 的能力。

②聚乙二醇介导的转染法　此法一般用于转染酵母细胞以及其他真菌细胞。细胞用消化细胞壁的酶处理以后变成球形体,在适当浓度的聚乙二醇 6 000 的介导下,将外源 DNA 导入受体细胞。

③磷酸钙-DNA 共沉淀法　这是将外源基因导入哺乳细胞中进行瞬时表达的常规方法。磷酸钙和 DNA 共沉淀的方法,是将被转染的 DNA 和正在溶液中形成的磷酸钙微粒共沉淀后,磷酸钙和外源性 DNA 形成沉淀颗粒附着在细胞表面,通过细胞脂相收缩时裂开的空隙进入或在钙、磷的诱导下被细胞摄取,通过内吞作用进入受体细胞,从而使外源 DNA 整合到受体细胞的基因组中得以表达。本法适用于将任何外源 DNA 导入哺乳动物细胞进行瞬时表达或长期转化的研究。

④二乙胺乙基-葡聚糖介导的转染　此方法比磷酸钙-DNA 共沉淀法重复性好,但只适合瞬时转染实验。所需 DNA 量比磷酸钙共沉淀少。

⑤脂质体法　脂质体(liposomes)是一种人造膜泡,可作为体内、体外物质转运载体。它带

正电荷,与 DNA 或 RNA 上带负电的磷酸基团结合,形成由阳离子脂质包裹 DNA 的颗粒,随后脂质体上剩余的正电荷与细胞膜上的唾液酸残基的负电荷结合,通过二者的融合将外源基因导入细胞。脂质体介导外源性 DNA 的转移,可提高转染的效率。该法是最简单的转染方法,并且脂质体对细胞生长的影响微乎其微。

转染的方法还有生物粒子、原生质体融合、细胞核的显微注射法和电穿孔法等。外源基因导入原核细胞和真核细胞方法很多,可根据具体情况进行选择。

任务 4.5 重组克隆的筛选与鉴定

在重组 DNA 分子的转化过程中,并不是所有的重组 DNA 分子都能导入感受态细胞中,导入感受态细胞的也不一定只是重组 DNA 分子,空载体、目的片段多聚体也可能导入感受态细胞中。此外,不是所有接受重组 DNA 分子的感受态细胞都能良好增殖。这些含有重组 DNA 分子的细胞,含有空载体的细胞,含有多聚体目的片段连接成的重组 DNA 分子的细胞,不含重组 DNA 分子的细胞都混杂在一起,这就需要从大量受体菌细胞中初步筛选出含有阳性重组子的宿主细胞并进一步确认所筛选的重组子是目的重组子。

导入外源 DNA 分子后能稳定存在的受体细胞称为转化子,而含有重组 DNA 分子的转化子称为重组子。经过各种方法将外源 DNA 分子导入受体细胞后,获得所需阳性克隆子的过程称为重组克隆的筛选。重组子的筛选目前通常根据重组载体的选择性标记进行。在构建基因工程载体时,载体 DNA 分子上通常携带了一定的选择性遗传标记基因,这样重组载体导入宿主细胞后,可以使宿主细胞呈现出特殊的表型或遗传学特征,以此对重组子或转化子进行初步筛选。

4.5.1 遗传表型筛选法

1)抗药性筛选

抗药性筛选是根据载体 DNA 分子上的抗药性选择标记进行的筛选方法,如抗氨苄青霉素基因(Amp^R)、抗四环素基因(Tet^R)、抗氯霉素基因(Cmp^R)等。如果外源 DNA 对载体的插入位点在抗药性基因之外,不会导致抗药性基因的失活,那么重组 DNA 分子就会携带该抗药性选择标记基因,含有这种重组子的转化细胞可以在含有相应抗生素的培养基中生长,那些没有吸收重组 DNA 分子的细胞因为没有抗药性而不能存活。但是空载体、自身环化的载体、插入目的片段不正确的载体所形成的重组子也有抗药性,因此也能生长,这些菌落需要进一步筛选。

2)插入失活筛选

为了进一步筛选重组子,可以利用质粒载体的双抗药性进行再次筛选。比如 pBR322 质粒同时含有 Amp^R 基因和 Tet^R 基因,因此含有该质粒的宿主细胞能在含有四环素和氨苄青霉素的培养基中生长。在质粒的 Tet^R 基因内有限制性内切酶的识别位点,当外源 DNA 插入到 Tet^R 基因内的位点时,就会导致 Tet^R 基因出现功能性失活,不再有抗四环素的功能,变成了 Amp^R、Tet^s 的表型,因此,凡是在氨苄青霉素中生长在四环素中不能生长的细菌,就有可能是已经获得了这种重组体质粒的转化子。

3）插入表达筛选

与插入失活筛选法相反，插入表达法是利用外源目的基因插入特定载体后能激活筛选标记基因的表达，由此进行转化子的筛选。

4）显色互补筛选

显色互补筛选中最常用的是β-半乳糖苷酶系统。除了抗生素筛选外，质粒等载体上常用的另外一种筛选标记是β-半乳糖苷酶显色反应，当培养基中含有诱导物异丙基-β-D-硫代半乳糖苷（IPTG）和显色剂 X-gal（5-bromo-4-chloro-3-Indolyl-β-D-galactoside，5-溴-4-氯-3-吲哚-β-D-半乳糖苷）时，含有调控序列和完整 β-半乳糖苷酶基因（*lacZ*）的细菌或者噬菌体会因蓝色沉淀物的产生而形成蓝色菌落或蓝色噬菌斑。

现在使用的许多载体都带有宿主菌DNA的短区段，其中有 β-半乳糖苷酶基因（*lacZ*）的调控序列和前146个氨基酸的编码信息。在这个编码区中插入了一个多克隆位点（MCS），它并不破坏阅读框，但可以使少数几个氨基酸插入到 β-半乳糖苷酶的氨基端而不影响其功能，这种载体适用于可编码 β-半乳糖苷酶 C 端部分序列的宿主细胞。*lacZ* 基因在缺少近操纵基因区段的宿主细胞与带有完整近操纵基因区段的质粒之间实现互补，称为 α-互补。由 α-互补产生的含有 *lacZ* 的细菌在诱导剂 IPTG 的作用下，在显色剂 X-gal 存在时产生蓝色菌落，易于识别。然而，当外源 DNA 插入到质粒的多克隆位点后，导致了 *lacZ* 的失活，不能形成 α-互补，在含有 IPTG 和 X-gal 的平板上形成的是白色菌落或者无色噬菌斑，这样就能对阳性重组子进行初步筛选。

4.5.2　重组质粒的快速鉴定

重组质粒的快速鉴定是根据外源基因插入载体的重组质粒和空载体之间大小的差异来鉴定的，是重组质粒筛选的一个初步的方法。具体方法是从转化菌落中随机挑选少数菌落，快速提取质粒 DNA，对质粒 DNA 进行琼脂糖凝胶电泳，根据电泳位置确定片段的大体长度，长度和外源基因插入载体的重组质粒相符的即为重组子。这种方法快速简单，但只能从片段大小上初步筛选，并不能最终确定。

4.5.3　酶切鉴定法

酶切鉴定和上述方法类似，都是根据 DNA 片段长度进行筛选的方法，不同的是，提取出质粒 DNA 后，用一个或多个限制酶酶解，根据具体的酶切位置，看各个被切开的片段长度是否与之相符。利用限制性内切酶酶切方法可以进一步筛选鉴定重组子，而且能判断外源 DNA 片段的插入方向以及大小。其基本方法是从转化的菌落中随机挑选出少数菌落，在液体培养基中培养后快速提取质粒 DNA，然后用限制性内切酶酶解，再通过凝胶电泳分析外源基因的插入方向和大小，由于质粒 DNA 的电泳迁移率是与其分子质量大小成比例的，所以那些分子质量较大的 DNA 在凝胶中的迁移率比分子质量较小的 DNA 小，移动更缓慢，因此电泳位置会有所差异。具体的酶解方式主要有全酶解法和部分酶解法两种。

①全酶解法　操作过程是用一种或两种能切下外源 DNA 片段的限制性内切酶酶解重组质粒，这样重组体就会被切成大小不同的两条 DNA，凝胶电泳后重组质粒会出现两条条带，而

空载体质粒则只有一条条带,据此将重组子和非重组子分离开来。

②部分酶解法 通过一种或数种限制性内切酶对重组质粒 DNA 分子进行部分酶解分析,根据部分酶解产生的限制性片段大小,确定酶识别位点的准确位置及各个片段的正确排列方式,从而筛选出重组子。

4.5.4 PCR 鉴定法

PCR 检测法是鉴定阳性克隆最简便的方法。在载体 DNA 分子中,外源 DNA 插入位点的两侧序列多为固定已知的,这样就可以根据这些序列设计出互补的 PCR 引物,从初选出来的阳性克隆中提取质粒 DNA 作为模板进行 PCR 反应,对 PCR 产物进行电泳分析,根据 PCR 反应产物的长度判断多克隆位点上是否有外源 DNA 片段的插入进而确定是否是重组子菌落。

4.5.5 核酸分子杂交印迹法

前面讲到的通过电泳对目的片段的检测只是初步的检测,不能显示复杂样品中的特异性目的片段,核酸分子杂交印迹法是可以解决这个问题的。其基本原理是:具有一定同源性的两条核酸(DNA 或 RNA)单链在适宜温度及离子强度等条件下,可按碱基互补配对原则高度特异性地退火复性成双链。如果彼此退火的核酸来自不同生物有机体,那么所形成的双链分子就叫做杂种核酸分子,杂交的双方是待测的核酸序列和用于检测的已知核酸片段(称为探针),作为探针的核酸序列在使用前需要进行标记。目前所用的探针标记主要有同位素,但也可用非放射性的生物素、地高辛或辣根过氧化酶等标记。这是目前应用最广泛的重组子筛选鉴定的方法之一,只要有现成的 DNA 或 RNA 探针,就可以检测克隆子中是否含有目的基因。具体方法是将待测核酸变性成单链,用一定方法将其固定在硝酸纤维膜(或尼龙膜)上,这个过程称为核酸印迹转移,然后用标记过的特异性核酸探针与之杂交结合,洗去其他的不能和探针特异性结合的核酸分子,探针上的标记会指示出待测核酸中和探针互补的特异性 DNA 片段所在的位置。根据待测核酸的来源以及将分子结合到固相支持物上的方法的不同,核酸分子杂交检测法可分为菌落(或噬菌斑)杂交、斑点印迹杂交、Southern 印迹杂交和 Northern 印迹杂交四类。

1)Southern 印迹杂交

Southern 印迹杂交由英国科学家 E. Southern 于 1975 年首先建立并使用,以此命名。该杂交方法是 DNA-DNA 杂交,首先进行 Southern 印迹转移,即将 DNA 片段从琼脂糖转移到滤膜上,接着和探针进行杂交。具体过程如图 4.11 所示,首先将 DNA 样品经限制性内切酶降解后,用琼脂糖凝胶电泳进行分离,将胶浸泡在碱(NaOH)液中使 DNA 变性,之后平铺在用电泳缓冲液饱和了的两张滤纸上,在凝胶上部覆盖一张硝酸纤维素膜(硝酸纤维素膜只吸附变性的 DNA),在 80 ℃烤 4~6 h,使 DNA 牢固吸附在纤维素膜上。然后将此滤膜移放在标记过的变性的探针溶液中进行核酸杂交,杂交须在较高的盐浓度及适当的温度(一般 68 ℃)下进行数小时或十几小时,杂交上的 DNA 可以牢固结合,漂洗可以除去没有杂交上的探针分子。将纤维素膜烘干后进行放射自显影。

2)Northern 印迹杂交

Northern 印迹杂交和 Southern 印迹杂交的原理类似,是在 Southern 印迹杂交方法的基础上

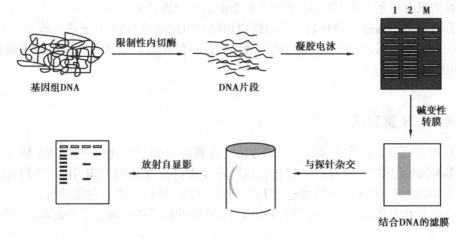

图 4.11　Southern 杂交示意图

发展起来的。不同的是将 RNA 变性后转移到纤维素膜上再进行杂交。该方法的基本步骤和 Southern 印迹杂交相似,但 RNA 分子不能采取碱变性处理,在 RNA 电泳的时候还需要防止单链 RNA 形成高级结构,因此采用变性凝胶电泳,同时要有效抑制 RNase 的作用,防止 RNA 分子被降解破坏。

3)斑点印迹杂交和狭线印迹杂交

斑点印迹杂交和狭线印迹杂交是在 Southern 印迹杂交的基础上发展起来的,通常用于检测克隆菌株、动植物细胞株或转基因个体、器官、组织提取的总 DNA 或 RNA 样品中是否含有目的基因。两种方法的基本原理和操作步骤基本相同,即通过特殊的加样装置将变性的 DNA 或 RNA 样品,直接转移到适当的杂交滤膜上,然后与核酸探针分子进行杂交以检测核酸样品中是否存在特定的 DNA 或 RNA。两者的区别仅在于呈现在杂交滤膜上的核酸样品分别是圆斑状或狭线状。

4)菌落(噬菌斑)杂交

1975 年,M. Grunstein 和 D. Hogness 根据检测重组体 DNA 分子的核酸杂交技术原理,对 Southern 印迹技术作了一些修改,建立菌落杂交技术。1977 年,W. D. Benton 和 R. W. Davis 又建立了与此类似的筛选含有克隆 DNA 的噬菌斑杂交技术。菌落(或噬菌斑)杂交又称原位杂交,是把菌落或噬菌斑转移到硝酸纤维素滤膜上,并依次使其溶菌、变性,同滤膜原位结合。这些带有 DNA 印迹的滤膜烤干后,再与放射性同位素标记的特异性 DNA 或 RNA 探针杂交。漂洗除去未标记的探针,同 X 光底片一起曝光。根据放射自显影所揭示的同探针序列有同源性的 DNA 的印迹位置,对照原来的平板,便可以从中挑选出含有插入序列的菌落或噬菌斑。

4.5.6　DNA 序列分析

DNA 序列分析是最后确定外源基因是否特异插入载体的最有效方法。现在 DNA 序列分析已实现自动化,是一个快速、简便和实用的方法。

上述方法在应用时要根据具体情况来选择,本着先粗后精的原则进行筛选鉴定。

任务 4.6　外源基因的蛋白表达

外源基因在某种表达载体及适宜的宿主细胞中可表达为相应的蛋白质,分为原核表达和真核表达。

4.6.1　外源基因在原核细胞中的表达

大肠杆菌表达系统是目前采用最多的原核表达体系,其培养简单、生长迅速、成本较低又适合大规模生产。在大肠杆菌中表达外源基因,主要考虑以下一些基本因素:大肠杆菌表达载体含有大肠杆菌 RNA 聚合酶所能识别的启动子(如 P_L、tac、T7 等)和 SD 序列。大肠杆菌 RNA 聚合酶不能识别真核基因的启动子,载体上只能用大肠杆菌启动子,将外源基因克隆在启动子下游,大肠杆菌 RNA 聚合酶识别启动子,并带动真核基因在大肠杆菌细胞中转录。商用表达载体都含有启动子和 SD 序列,无须自己构建,只要选择合适的载体即可。好的启动子必须具备两个条件:一是转录效应强;二是可以被有效地控制。上面提到的 3 个启动子即具备这两个条件。

1)目的基因与载体的连接

一般将目的基因的 5′端连在 SD 系列的 3′端下游。有两种连接方式。以限制酶 *Nde* I 或 *Nco* I 位点引入 ATG,有些载体的 SD 序列 3′端下游的适当位置构建了一个 *Nde* I(CATATG)或 *Nco* I(CCATGG)位点。因此,切割、修饰目的基因后,利用合适的接头进行连接,*Nde* I 或 *Nco* I 位点中的 ATG 即可作为起始密码子。这种构建方式适合在大肠杆菌中表达非融合蛋白。

融合蛋白(fusion protein)是指表达的蛋白质或多肽的 N 末端由原核 DNA 编码,C 末端是由克隆的真核 DNA 编码。这样表达的蛋白质由原核多肽和真核蛋白连接在一起,故称为融合蛋白。有些载体的 SD 序列后面带有一段大肠杆菌蛋白质的结构基因(一般由几十个氨基酸到一二百个氨基酸不等),此结构基因的 3′端为多克隆位点,便于目的基因插入,经转录和翻译后,即产生融合蛋白。

对于一个特定的蛋白质来说,并不是在所有的菌株中都能获得相同的表达效率,有时需要试几种菌株,以选择最好的一种。同时,还要根据载体所携带的启动子选择特定的菌株。如带有 P_L 启动子的载体,要求宿主菌能表达 *cI*ts857 阻抑物。带有 T7 启动子的载体,则需要宿主菌携带有 T7 噬菌体 RNA 聚合酶基因。诱导条件也要根据启动子类型和特定的蛋白质而定。

2)目的基因在大肠杆菌中高效表达策略

要使外源基因在原核生物中获得高效表达,主要应该考虑采取以下措施:

(1)表达载体的设计

为了提高目的基因的表达效率,在构建表达载体时对决定转录起始的启动子序列和决定 mRNA 翻译的 SD 序列进行优化。具体方法包括组合强启动子和强终止子;根据待表达目的基因的具体结构调整 SD 序列与起始密码 AUG 之间的距离及碱基的种类;增加 SD 序列中与核糖体 16S rRNA 互补配对的碱基序列,使 SD 序列中 6～8 个碱基与核糖体 16S rRNA 中的碱基完全配对;防止核糖体结合位点附近序列转录后形成明显的"茎-环"二级结构。

(2)增加目的基因 mRNA 的稳定性

外源基因 mRNA 的半衰期很短,容易被降解,以致影响外源基因的表达水平,大肠杆菌的核酸酶系统能专一性地识别外源 DNA 或 RNA 并对其进行降解。对于 mRNA 来说,为了保持其在宿主细胞内的稳定性,可采取两种措施:

①改变目的基因 mRNA 的结构,使之不易被降解。

②尽可能减少核酸外切酶可能对目的基因 mRNA 的降解。

(3)选择大肠杆菌偏爱的密码子

多数密码子具有简并性,而不同基因使用同义密码子的频率各不相同。大肠杆菌基因对某些密码子的使用具有偏爱性,在几个同义密码中往往只有一个或两个被频繁使用。表达强度高的基因比表达强度低的基因表现更大程度的密码子偏好性,同义密码子使用的频率与细胞内相应的 tRNA 的丰度呈正比,稀有密码子的 tRNA 在细胞内的丰度很低。一般稀有密码子含量较高的外源基因在翻译过程中容易发生提前终止或移码突变或翻译速率变慢。要想高效表达外源基因,可采取下列措施:

①在受体菌中共表达稀有密码子 mRNA 基因,以提高受体菌中稀有密码子 tRNA 的丰度。

②在不改变外源基因编码蛋白一级结构的前提下,可通过突变或基因重新合成方法将外源基因中的稀有密码子改为受体菌中的偏爱密码子,利用密码子的简并性,采用化学合成的方法,合成一组合适的密码子,可以提高翻译效率。

(4)提高目的基因表达产物的稳定性

大肠杆菌中存在各种类型的蛋白酶,大肠杆菌中表达的外源蛋白常常被菌内蛋白酶降解,导致外源基因的表达水平大大降低。为了提高外源蛋白的稳定性,防止细菌蛋白酶的降解可采取以下措施:

①表达分泌蛋白　各种蛋白酶在细胞中的分布具有一定的区域性,胞浆是各种蛋白水解酶含量最高的区域,其次是细胞周质、内膜和外膜。外源基因表达产物在胞质中最易受到酶的降解作用。因此,表达的分泌蛋白从胞质跨过内膜进入周间质,降低了宿主菌对表达蛋白的降解。

②采用某种突变株　可采用大肠杆菌蛋白酶缺陷型菌株作受体菌,可使大肠杆菌蛋白酶合成受阻,从而使蛋白质得到保护,不被降解。

③表达融合蛋白　融合蛋白较稳定,不易被细菌蛋白酶水解。除此之外,还可以通过降低转化菌体的培养温度,对目的蛋白作疏水性修饰,构建 N 末端或 C 末端融合蛋白,将目的基因多拷贝串联,优化培养条件等策略提高目的产物的稳定性。

在实际应用中根据目的蛋白的性质,采用相应的策略以获得稳定性较高的外源蛋白。

4.6.2　外源基因在真核细胞中的表达

克隆基因在哺乳动物细胞中进行表达,以中国仓鼠卵巢细胞(CHO)和猴肾细胞(COS)使用最多,常用 SV40 病毒表达载体、痘病毒表达载体、逆转录病毒表达载体等。在哺乳动物细胞中表达的基因,可以是基因组 DNA,也可以是 cDNA。但哺乳动物细胞表达系统的最大缺点是操作技术难、费时、不经济。目前,哺乳动物细胞作为宿主细胞表达外源基因的系统并不完善,下面重点介绍酵母表达体系。

酵母表达系统中最常用的啤酒酵母。酵母是单细胞真核生物,具有真核细胞的特点,可以对蛋白进行多种翻译后修饰,例如蛋白的糖基化;能进行所设计的翻译后修饰,例如正确的二硫键的形成和信号肽的蛋白质水解;酵母的培养简单,无需特殊的培养基,培养基中没有蛋白质的加入;酵母自身的分泌蛋白很少,能把外源基因产生的蛋白质分泌到培养基中,便于分离纯化,是一个理想的分泌型表达系统;啤酒酵母具有较高的安全性,没有内毒素,无致病性。现在已分离得到几个较强的酵母基因启动子,可以调控基因进行高效表达。酵母表达系统是大规模表达真核重组蛋白的理想工具。

1)酵母表达载体

酵母表达载体是在酵母克隆载体的基础上带上一定的表达结构。一般情况下表达载体均是质粒型,并且是穿梭载体,即它们都含有在酵母细胞和大肠杆菌细胞中发挥作用的可选择遗传性标志和复制子。这些穿梭载体再插入一些表达结构包括酵母启动子和一个或多个供外源蛋白质编码序列插入的限制性酶切位点,转录的起始序列、转录终止序列和编码有用的蛋白质结构域的序列。

(1)选择性标志

选择性标志通常选用的是野生型基因,如 *URA3*、*LEU2*、*HIS3* 和 *TRP1*。这些基因可以补偿酵母细胞某一特定的代谢缺陷(营养缺陷)。这些标志和细菌质粒中的抗生素标记不同,它们必须与具有可被互补的适当突变宿主菌株结合。这些选择性标志基因往往插入大肠杆菌质粒载体中构成整合型质粒。

(2)复制子

大多数酵母表达载体源于 2 μm 环的克隆载体。2 μm 环是一种在酿酒酵母中天然存在的一种内源性质粒 DNA,是 1967 年美国芝加哥大学的 Sinelari 发现的,长度为 2 μm。2 μm 质粒一般存在于细胞核中,在每个细胞中平均拷贝数是 50~100,能稳定存活于细胞中,它的复制和染色体的复制通常是同步的,都发生 S 期。带 2 μm 环的克隆载体是在整合型质粒插入 2 μm 质粒的复制起始点构成的。

(3)常用的启动子

外源基因在酵母细胞中表达一定要带有酵母基因的启动子,常用的酵母基因启动子有:醇脱氢酶,磷酸甘油酸激酶,3-磷酸甘油醛脱氢酶,蔗糖酶和酸性磷酸酯酶启动子等。

(4)上游活性序列

酵母各类基因中,它的上游普遍存在着一段活性序列,它的作用类似于哺乳动物细胞基因的增强子。上游活性序列位于转录起始点上游几百个碱基处,它的激活能促进转录。

(5)终止序列

酵母表达载体在启动子和克隆位点均含有翻译的终止序列,它可引起 RNA 聚合酶Ⅱ终止转录。另外更重要的是,启动子下游转录终止序列的出现可增加 mRNA 的数量和蛋白质表达的总量。

(6)有用的蛋白结构域

许多表达载体在启动子的下游带有编码有用蛋白质结构域的 DNA 序列。这些结构域有:

信号肽序列,可引导表达产物分泌到细胞外培养基中;核定位序列,可引导表达产物运送到细胞核中。

2)酵母表达外源性基因的形式

酵母表达外源性基因的形式有直接表达和分泌性表达两种。直接表达外源性蛋白是指外源蛋白质表达后积累于酵母细胞质中不分泌出来。比较成功的例子是人的乙型肝炎表面抗原在酵母细胞内的表达。分泌性表达是指蛋白质在酵母细胞中表达后,为了便于糖基化以及纯化的方便,往往利用一些酵母分泌型表达载体最终能产生信号肽,将外源蛋白质分泌于细胞外或培养基中,实现外源表达基因的分泌。这些分泌型表达载体带有的分泌信号序列通常是带有 α 因子前导序列的,它以酵母细胞为受体细胞,组成酵母外源性蛋白分泌表达系统。α 因子是由 13 个氨基酸残基组成的多肽。它首先以前体的形式表达,这个前体由 165 个氨基酸组成,包括 89 个氨基酸组成的信号肽,信号肽的分泌、表达可以介导外源性蛋白的分泌表达。因此,将编码 α 因子信号肽的 DNA 片段插入在一个适合的酵母启动子的下游来构建酵母细胞分泌表达系统。

任务 4.7 基因工程药物生产

20 世纪 70 年代建立的 DNA 重组技术促进了以基因工程技术为核心的现代生物技术药物发展,应用基因工程技术可大量生产过去难以获得的生理活性蛋白和多肽药物,还可以对已有的药物进行改造。应用基因工程技术生产的多肽或蛋白质类药物,称为基因工程药物。

基因工程药物制造的主要操作过程包括以下步骤:

①获得目的基因。

②将目的基因和载体连接,构建 DNA 重组体。

③将 DNA 重组体转入宿主菌构建工程菌。

④工程菌的发酵。

⑤外源基因表达产物的分离纯化。

⑥产品的检验和制剂制备等。

前 4 步的内容在本书前面部分已有详细叙述,下面重点介绍基因工程药物分离纯化过程所涉及的问题。基因工程药物的分离纯化一般包括固液分离、细胞破碎、浓缩与初步纯化、高度纯化直至得到纯品以及成品加工。

4.7.1 选择分离纯化方法需考虑的因素

构建好的基因工程菌在适当条件下培养发酵、表达重组药物后,还需选择适当的分离纯化方法将产物提纯,制成特定的制剂,才能被应用于临床。重组药物结构上为活性肽或蛋白质,稳定性差,对 pH、温度、金属离子、有机溶剂、剪切力、表面张力等十分敏感,容易失活变性。基因工程菌培养发酵产物中含有大量的细胞、代谢物、残留培养基、无机盐等,而目的产物在初始物料中含量较低。重组药物一般都需注射给药,对其质量、纯度要求高,如无菌、无热源等。为获得合格的目的产物,必须建立与上述特点相适应的分离纯化工艺。

1)产物的表达形式

根据外源基因表达产物在宿主细胞中的定位,可将表达方式分为分泌型表达和胞内表达。外源蛋白的分泌表达是通过将外源基因融合到编码信号肽序列的下游来实现的。将外源基因接在信号肽之后,表达产物在信号肽的引导下跨膜分泌出胞外,同时在宿主细胞膜上存在特异的信号肽酶,它识别并切掉信号肽,从而释放出有生物活性的外源基因表达产物。分泌型表达产物的发酵液的体积很大,但浓度较低,因此必须在纯化前富集或浓缩,通常可用吸附、沉淀或超滤的方法来进行富集或浓缩。

如果表达产物前没有信号肽序列,它可以可溶形式或不溶形式(包涵体)存在于细胞中。对于胞内产物,首先要通过离心或过滤的方式收集细胞,并采用适当的方法破壁。在工业生产中常用大肠杆菌作为宿主菌来生产目的蛋白,大肠杆菌中外源蛋白的表达量达到20%以上时,它们一般就会以包涵体的形式存在。所谓包涵体是指由于外源蛋白分子的特殊结构如Cys含量较高、无糖基化等,使得外源蛋白与其周围的杂蛋白、核酸等形成的不溶性聚合体。在利用大肠杆菌生产蛋白的过程中,绝大多数情况下外源蛋白以包涵体的形式存在。如果产物以不溶的包涵体形式存在,则可通过离心的方法将包涵体与可溶性杂质分离,常用5 000 ~ 10 000 g离心使包涵体沉淀下来,可避免胞内酶的降解破坏,同时包涵体中目的蛋白质的纯度较高。但是此表达形式最大的缺点是包涵体中的蛋白质是无活性形式,必须经复性过程重新折叠,常用的方法是以促溶剂(如尿素、盐酸胍、SDS)溶解,然后在适当条件下复性。在包涵体蛋白的促溶提取过程中,包涵体的溶解是影响提取目的蛋白效率的一个重要因素,在进行溶解时要综合考虑变性剂的浓度、温度、作用时间、溶液离子强度、pH及蛋白质浓度与变性剂的比值等多种复杂因素。如十二烷基磺酸钠(SDS)是曾经广泛使用的变性剂,它可在低浓度(1/70)下溶解包涵体;尿素和盐酸胍对包涵体内的氢键有较强的可逆变性作用。一般采用8 ~ 10 mol/L尿素溶解包涵体,其溶解速度较慢。在复性后除去尿素不会造成蛋白质的严重损失,同时还可选用多种层析方法对提取到的包涵体进行纯化。目前尿素已被广泛用于包涵体的溶解,但缺点是尿素在作用时间较长和温度较高时会分解产生氰酸盐而使外源蛋白的氨基发生共价修饰。盐酸胍的溶解效率很高,可达95%以上,且溶解速度快,不会对外源蛋白进行共价修饰。但是,它的缺点是成本较高,而且除去盐酸胍时会造成较大的蛋白质损失,盐酸胍对于外源蛋白进一步纯化有干扰作用。另外,提高裂解时的pH、温度及离子强度,也可促进包涵体中外源蛋白质的溶解。

外源蛋白的复性是从包涵体获得外源蛋白最关键也是最复杂的一步。所谓复性是指变性的包涵体蛋白在适当的条件下折叠成有活性的蛋白质的过程。重组蛋白的复性操作主要有两种方法:一种是将溶液稀释,导致变性剂的浓度降低,促使蛋白质复性。此法很简单,只需加入大量的水或缓冲液,缺点是增大了后处理的加工体积,降低了蛋白质的浓度;另一种方法是用透析、超滤或电渗析法除去变性剂。有时包涵体中的蛋白质含有两个以上的二硫键,其中有可能发生错误连接。为此,在复原之前需用还原剂打断—S—S—键,使其变成—SH,复性后再加入氧化剂使两个—SH形成正确的二硫键。

如果蛋白质以胞内可溶表达形式存在,则收集菌体后破壁,离心取上清液,然后用亲和层析或离子交换法进行纯化。因宿主细胞内存在各种蛋白水解酶,破壁后和产物一同释放到细胞上清液中,在纯化过程中还常采取适当的保护措施,如低温、加入保护剂、尽量缩短纯化工艺时间等措施来防止产物的降解和破坏。

大肠杆菌作为宿主菌来生产目的蛋白,表达产物还可存在于大肠杆菌细胞周质中,这是介于细胞内可溶性表达和分泌表达之间的一种形式,它可以避开细胞内可溶性蛋白和培养基中蛋白类杂质,在一定程度上有利于分离纯化。大肠杆菌经低浓度溶菌酶处理后,可采用渗透冲击的方法来获得周质蛋白。由于周质中仅有为数不多的几种分泌蛋白,同时又无蛋白水解酶的污染,因此通常能够回收到高质量的产物。但其缺点是渗透冲击的方法破壁不完全,产物的收率较低。

2) 根据产物性质选用适宜的分离纯化方法

基因工程产物常需采用层析来进行精制以达到药用标准。在选择层析类型和条件时要综合考虑蛋白质的性质。蛋白质是两性分子,其带电性质随 pH 的变化而变化,因而一般来说,等电点处于极端位置(pI<5 或 pI>8)的基因工程蛋白质应该首选离子交换层析方法进行分离,这样很容易就可以除去大部分杂质,但在应用时要注意考虑目的蛋白质的稳定性;亲和层析是一种高效的分离纯化手段,不同的蛋白质可以选用不同的特异性亲和配基,如酶和底物、抗原与抗体等。一般是目的蛋白与配基结合而杂蛋白不结合,目的蛋白吸附后再利用快速变换洗脱液和加入竞争剂的方法进行洗脱。由于亲和分离的选择性强,因此在产物纯化中具有较大的潜力;凝胶排阻层析根据蛋白质的相对分子质量以及蛋白质分子的动力学体积的大小来进行分离的,它可应用于蛋白质脱盐和蛋白质分子分级分离。

3) 分离单元之间的衔接

考虑到工业生产成本,一般早期尽可能采用高效的分离手段,如通常先用非特异、低分辨的操作单元(沉淀、超滤和吸附等),以尽快缩小样品体积,提高产物浓度,去除最主要的杂质(包括非蛋白类杂质);然后采用高分辨率的操作单元(如具有高选择性的离子交换色谱和亲和色谱);而将凝胶色谱这类分离规模小、分离速度慢的操作单元放在最后,以提高分离效果。

当几种方法连用时,经前一步方法处理的样品应能适合于作为后一步方法的料液。如经盐析后得到的样品,不适宜于离子交换层析但可直接应用于疏水层析。离子交换、疏水及亲和色谱通常可起到蛋白质浓缩的效应,而凝胶过滤色谱常常使样品稀释,在离子交换色谱之后进行疏水层析色谱就很合适,不必经过缓冲液的更换,因为多数蛋白质在高离子强度下与疏水介质结合较强。亲和层析选择性最强,但不能放在第一步,一方面因为杂质多,易受污染,降低使用寿命;另一方面因为样品体积较大,需用大量的介质,而亲和层析介质一般较贵。因此亲和层析多放在第二步以后。有时为了防止介质中毒,在其前面加一保护柱,通常为不带配基的介质。经过亲和层析后,还可能有脱落的配基存在,而且目的蛋白在分离和纯化过程中会聚合成二聚体或更高的聚合物,特别是当浓度较高,或含有降解产物时更易形成聚合体,因此最后需经进一步纯化操作,常使用凝胶过滤色谱或其他种类液相色谱等方法。

4) 分离纯化工艺要求

在基因工程药物分离纯化过程中通常需要综合使用多种分离纯化技术。一般来说,分离纯化工艺要求具有良好的稳定性和重复性,不受或少受发酵工艺、条件及原材料来源的影响;在保证产品的质量前提下,工艺的步骤尽可能少,所用的时间要尽可能短,以减少生物活性物质破坏失活;组成工艺的各技术、步骤之间要相互适应和协调;工艺技术必须高效,收率高,易操作,对设备条件要求低,能耗低并尽可能少用试剂,以免增加分离纯化步骤或干扰产品质量。

生产必须保证安全、无菌、无热源、无污染。

分离纯化工艺的要求可概括为:

①操作条件温和,能保持目的产物的生物活性。

②选择性要好,目的产物能从复杂的混合物中有效地将目的产物分离出来。

③收率要高。

4.7.2　基因工程药物质量控制

基因工程药物与其他传统方法生产的药品有许多不同之处,它利用活细胞作为表达系统,它的生产涉及生物材料和生物学过程,如发酵、细胞培养、分离纯化目的产物,这些过程有其固有的易变性。由于重组技术所获得的蛋白质产品往往在极微量下就可产生显著效应,任何药物性质或剂量上的偏差都可能贻误病情甚至造成严重危害。因此,对基因工程药物产品进行严格质量控制是十分必要的。

重组药物的质量控制包括原材料、培养过程、纯化工艺过程和最终产品的质量控制。原材料质量控制往往采用细胞学、表型鉴定、抗生素抗性检测、限制性内切酶图谱测定、序列分析与稳定性监控等方法。需明确目的基因的来源、克隆经过,提供表达载体的名称、结构、遗传特性及其各组成部分(如复制子、启动子)的来源与功能,构建中所用位点的酶切图谱,抗生素抗性标志物等;应提供宿主细胞的名称、来源、传代历史、检定结果及其生物学特性等;还需阐明载体引入宿主细胞的方法及载体在宿主细胞内的状态,如是否整合到染色体内及在其中的拷贝数,并证明宿主细胞与载体结合后的遗传稳定性;提供插入基因与表达载体两侧端控制区内的核苷酸序列,详细叙述在生产过程中启动与控制克隆基因在宿主细胞中表达的方法及水平等。

在培养过程的质量控制上,要求种子克隆纯而且稳定,生产重组药物应有种子批系统,并证明种子批不含致癌因子,无细菌、病毒、真菌和支原体等污染,并由原始种子批建立生产用工作细胞库。原始种子批须确证克隆基因 DNA 序列,详细叙述种子批来源、方式、保存及预计使用期,保存与复苏时宿主载体表达系统的稳定性。对菌种最高允许的传代次数、持续培养时间等也必须作详细说明。

在纯化工艺过程的质量控制上,要尽量去除污染病毒、核酸、宿主细胞的杂蛋白、糖及其他杂质,并避免在纯化过程带入有害物质。纯化工艺每一步均应测定纯度,计算收率。纯化工艺过程中应尽量不加入对人体有害的物质,若不得不加时,最后应设法除净,并在最终产品中检测残留量,确保残留量应远远低于有害剂量,同时还要考虑多次使用有害物质的积蓄作用。

对最终产品的质量控制主要包括产品的鉴别、纯度、活性、安全性、稳定性和一致性。目前有许多方法可用于对重组技术所获蛋白质药物产品进行全面鉴定,如用各种电泳技术分析、高效液相色谱分析、肽图分析、氨基酸成分分析、部分氨基酸序列分析及免疫学分析方法等;对其纯度测定通常采用的方法有 SDS-PAGE、等电点聚焦、各种 HPLC、毛细管电泳(CE)等,需有两种以上不同机制的分析方法相互佐证,以便对目的蛋白质的含量进行综合评价;杂质控制上要检测内毒素、热原、宿主细胞蛋白、残余 DNA 等;对其生物活性需采用国际或国家参考品,或经过国家检定机构认可的参比品;在安全性上需进行无菌试验、热原试验、毒性和安全试验;由于蛋白质结构十分复杂,可能同时存在多种降解途径,因此须在实际条件下长期观测产品稳定性,对产品均一性、纯度和生物效价等方面的变化情况综合评价,确定产品的储藏条件和使用期限等。基因工程药物生产实例见实训 4.2 干扰素制备。

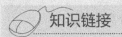

知识链接

平头末端与黏性末端

　　限制性核酸内切酶(restriction endonuclease)是一类能够识别双链 DNA 分子中的某种特定核苷酸序列,并由此切割 DNA 双链结构的核酸内切酶。切开的是 3,5-磷酸二酯键。限制性内切酶是基因工程中不可缺少的工具酶,有人称之为"基因工程的手术刀"。限制性内切酶切点专一,它作用于 DNA 分子,产生特异的 DNA 片段。

　　限制性内切酶识别位点以双链 DNA 分子的 4~8 个特异性核苷酸顺序为多见,其中,6 个核苷酸顺序最常见。酶解后 5′末端为磷酸基,3′末端为羟基。限制性内切酶的识别序列一般具双重对称性,切口共有 3 种类型:①5′末端凸出型;②3′末端凸出型;③平头末端型。例如,EcoR I 识别序列为 GAATTC,酶水解发生在 GA 之间,产生错开的 5′凸出末端;Pst I 的识别序列为 CTGCAG,水解发生在 AG 之间,产生错开的 3′凸出末端;而 Hpa I 识别序列为 GTTAAC,水解发生在 TA 之间,产生不错开的平头末端(blunt end)。错开突出的单链末端,很容易与互补的单链末端配对"黏合"起来,因此称为黏性末端(cohesive end)。

实训 4.1　动、植物组织 mRNA 提取

一、实验目的

①了解 Trizol 法特点。
②熟悉动植物总 RNA 提取方法。
②学习 mRNA 提取方法。

二、实验原理

　　动植物总 RNA 提取常用 Trizol 法,Trizol 法适用于人类、动物、植物、微生物的组织或培养细菌,样品量从几十毫克至几克。用 Trizol 法提取的总 RNA 无蛋白和 DNA 污染。RNA 可直接用于 Northern 斑点分析,斑点杂交,Poly(A)$^+$分离,体外翻译,RNase 封阻分析和分子克隆。RNA 提取整个操作要戴口罩及一次性手套,并尽可能在低温下操作。多数 mRNA 末端含有 poly(A)$^+$,当总 RNA 流经 oligo(dT)纤维素时,在高盐缓冲液作用下,mRNA 被特异的吸附在 oligo(dT)纤维素柱上,然后在低盐浓度或蒸馏水中,mRNA 可被洗下,经过两次 oligo(dT)纤维素柱,可得到较纯的 mRNA。oligo(dT)纤维素柱用后可用 0.3 mol/L NaOH 洗净,然后用层析柱加样缓冲液平衡,并加入 0.02% 叠氮钠(NaN$_3$)冰箱保存,重复使用。

三、实验仪器和试剂

（1）实验仪器

研钵,冷冻台式高速离心机,低温冰箱,冷冻真空干燥器,紫外检测仪,电泳仪,电泳槽。

（2）试剂

①无 RNA 酶灭菌水　用将高温烘烤的玻璃瓶(180 ℃,2 h)装蒸馏水,然后加入 0.01% 的 DEPC(体积/体积),处理过夜后高压灭菌。

②75% 乙醇　用 DEPC 处理水配制 75% 乙醇,(用高温灭菌器皿配制),然后装入高温烘烤的玻璃瓶中,存放于低温冰箱。

③1×层析柱加样缓冲液　20 mmol/L Tris-HCl(pH 7.6),0.5 mol/L NaCl,1 mmol/L EDTA (pH 8.0),0.1% SDS。

④洗脱缓冲液　10 mmol/L Tris-HCl(pH 7.6),1 mmol/L EDTA(pH 8.0),0.05% SDS。

四、实验材料

水稻叶片或小鼠肝组织。

五、实验方法与步骤

（1）动植物总 RNA 提取

用 Trizol 法提取总 RNA 整个操作要戴口罩和一次性手套,并尽可能在低温下操作。

①将组织在液氮中磨成粉末后,再以 50～100 mg 组织加入 1 mL Trizol 液研磨,注意样品总体积不能超过所用 Trizol 体积的 10%。

②研磨液室温放置 5 min,然后以每 1 mL Trizol 液加入 0.2 mL 的比例加入氯仿,盖紧离心管,用手剧烈摇荡离心管 15 s。

③取上层水相于一新离心管,按每 1 mL Trizol 液加 0.5 mL 异丙醇的比例加入异丙醇,室温放置 10 min,12 000 g 离心 10 min。

④弃去上清液,按每 1 mL Trizol 液加入至少 1 mL 的比例加入 75% 乙醇,涡旋混匀,4 ℃ 下 7 500 g 离心 5 min。

⑤小心弃去上清液,然后室温或真空干燥 5～10 min,注意不要干燥过分,否则会降低 RNA 的溶解度。然后将 RNA 溶于水中,必要时可用 55～60 ℃ 水溶 10 min。RNA 可进行 mRNA 分离,或贮存于 70% 乙醇并保存于 -70 ℃。RNA 沉淀在 70% 乙醇中可在 4 ℃ 保存 1 周,-20 ℃ 保存 1 年。

（2）mRNA 提取

①用 0.1 mol/L NaOH 悬浮 0.5～1.0 g oligo(dT) 纤维素。

②将悬浮液装入灭菌的一次性层析柱中或装入填有经 DEPC 处理并经高压灭菌的玻璃棉的巴斯德吸管中,柱床体积为 0.5～1.0 mL,用 3 倍柱床体积的灭菌水冲洗柱床。

③用 1×柱层析加样缓冲液冲洗柱床,直到流出液的 pH 值小于 8.0。

④将总 RNA 液于 65 ℃ 温育 5 min 后迅速冷却至室温,加入等体积 2×柱层析缓冲液,上样,立即用灭菌试管收集洗出液,当所有 RNA 溶液进入柱床后,加入 1 倍柱床体积的 1×层析柱加样溶液。

⑤测定每 1 管的 OD_{260},当洗出液中光密度 OD_{260} 为 0 时,加入 2～3 倍柱床体积的灭菌洗脱缓冲液,以 1/3 至 1/2 柱床体积分管收集洗脱液。

⑥测定 OD_{260},合并含有 RNA 的洗脱组分。

⑦加入 1/10 体积的 3 mol/L NaAc(pH 5.2),2.5 倍体积的冰冷乙醇,混匀,−20 ℃ 30 min。

⑧4 ℃下 12 000 g 离心 15 min,小心弃去上清液,用 70% 乙醇洗涤沉淀,4 ℃下 12 000 g 离心 5 min。

⑨小心弃去上清液,沉淀空气干燥 10 min,或真空干燥 10 min。

⑩用少量水溶解 RNA 液,即可用于 cDNA 合成(或保存在 70% 乙醇中并贮存于−70 ℃)。 mRNA 在 70% 乙醇中−70 ℃可保存 1 年以上。

六、注意事项

①注意 RNA 提取整个操作要戴口罩和一次性手套,并尽可能在低温下操作。

②oligo(dT)纤维素柱用后可用 0.3 mol/L NaOH 洗净,然后用层析柱加样缓冲液平衡,并加入 0.02% 叠氮钠(NaN$_3$)冰箱保存,重复使用。

实训 4.2   基因工程干扰素制备

一、实验目的

①了解干扰素种类及功能。

②熟悉干扰素制备原理及方法。

③学习基因工程干扰素制备方法。

二、实验原理

1957 年,Issacs 等发现流感病毒处理的细胞产生一种因子,可抵抗病毒的感染,干扰病毒的复制,命名为干扰素(interferon,IFN)。干扰素具有广泛的抗病毒、抗肿瘤和免疫调节活性,是人体防御系统的重要组成部分。干扰素是一组多功能的细胞因子,根据其分子结构和来源可分为 3 种:α-型干扰素、β-型干扰素和 γ-型干扰素。α-型干扰素又可分为 20 余种亚型,如 α1、α2、α3 等。α-型干扰素和 β-型干扰素的结构和功能很类似,在氨基酸组成上有 29% 的同源性,并结合同一受体,故在临床上的作用较为接近,而 γ-型干扰素与它们有很大的差异,它是一种免疫干扰素,主要作用是参与免疫调节,并和 α-型干扰素及 β-型干扰素有协同作用。

干扰素的研制经历了人白细胞干扰素、重组技术干扰素等阶段。干扰素最初是用病毒诱导人白细胞产生,产量低、价格昂贵。由于 DNA 重组技术应用,干扰素制备技术也得到很大提高。人白细胞干扰素分离纯化工艺收率较低,而且有潜在病毒污染危险。重组 DNA 技术提供了一种经济的方法来生产重组人干扰素。1986 年,美国 FDA 批准 Roch 公司的基因工程干扰素 IFN-α2a 和 Schering 公司的基因工程干扰素 IFN-α2b 上市。

中国也曾生产"冻干精制人白细胞干扰素",是用特定的诱生剂诱导健康人白细胞,经提取后制成的冻干干扰素。该制品生产原料来源困难,工艺复杂,产率低,价格昂贵,并且具有血源性病毒污染的潜在风险,随着基因重组干扰素的出现已被淘汰。目前在我国广泛使用的主要是 α1 和 α2 基因重组干扰素,包括 α1b、α2a 和 α2b 基因重组干扰素。以下以重组人干扰素 IFN-α2a 为例学习这类药物的制备方法。

（1）IFN-α 结构与性质

IFN-α 分子由 165～172 个氨基酸组成，无糖基，分子质量约 19 kD 左右，含有 4 个半胱氨酸（Cys）。在 1 位 Cys 与 99 位 Cys 之间，29 位 Cys 与 139 位 Cys 之间形成分子内二硫键。等电点 5～7，除上述性质外，干扰素沉降率低，不能透析，可能被胃蛋白酶、胰蛋白酶等破坏，不被 DNase 和 RNase 水解破坏等特性。

（2）工程菌的构建

用新城鸡瘟病毒 NDV-F 诱导人脐血白细胞后，提取 mRNA，反转录成 cDNA。将含 IFN-α2a cDNA（865bp）的 $EcoR\ I$-$Pst\ I$ 片段插入质粒 pBV 220 启动子 P_R、P_L 下游的相应位点，得到表达质粒 pBV 888，转化 $E.\ coli$ DH5α 得到高效表达工程菌。

三、实验仪器和试剂

（1）实验仪器

蛋白质自动部分收集器、紫外核酸蛋白检测仪、梯度混合器、高效液相色谱仪，透析装置等。

（2）试剂

阳离子交换剂（CM-Sepharose）、阴离子交换剂（DEAE-Sepharose）、0.15 mol/L 硼酸缓冲液、10 mmol/L 氯化铵，SDS-PAGE 中分子量标准蛋白质、胰蛋白胨、酵母粉、琼脂粉、乙酸-乙酸钠缓冲液、盐酸胍、硫酸铵、乙酸、盐酸等。

四、实验材料

直接使用基因工程菌。

五、实验方法与步骤

（1）培养基的制备

①LB 液体培养基 胰蛋白胨 1%、酵母粉 0.5%、氯化钠 1%、氨苄青霉素的终浓度为 60 μg/mL。

②LB 固体培养基 胰蛋白胨 1%、酵母粉 0.5%、氯化钠 1%、琼脂 1.5%、氨苄西林的终浓度为 60 μg/mL。

（2）表达和提取

取单菌落 30 ℃培养过夜，转入新鲜 LB 培养基培养至 OD_{650} = 0.4 左右。42 ℃诱导 6 h 后，4 ℃ 5 000 r/min 离心收集菌体，加入 1/100 菌液体积的 7 mol/L 盐酸胍裂解液，冰浴搅拌 1～2 h，17 000 r/min 离心 5 min，用 5～10 倍体积的 0.15 mol/L 硼酸缓冲液稀释上清，在 10 mmol/L 氯化铵中透析 12～24 h。15 000 r/min 离心 10 min，收集上清液，加入 80%饱和度硫酸铵冰浴沉淀 8～10 h，重蒸水溶解蛋白质沉淀，对水透析 12～24 h，用 0.1 mol/L 盐酸酸化蛋白质溶液，使 pH 为 2。再用水透析 12～24 h。

（3）离子交换层析

样品液用 25 mmol/L Tris-HCl（pH 7.5）平衡透析 10～20 h 后，过 DEAE-Sepharose 离子交换柱。紫外分光光度法测定紫外最大吸收波长为 280 nm，收集活性峰。在 5 mmol/L 乙酸-乙酸钠缓冲液 pH 4.4 中平衡透析 10～20 h，过 CM-Sepharose 离子交换柱，用不同浓度的乙酸-乙酸钠溶液洗脱，收集活性峰，用 PBS（pH 8.0）透析平衡即得。

（4）质量检测

重组 IFN-α2a 为澄清透明液体；SDS-PAGE 法测定分子质量为 18.5～20 kD；化学裂解和反相 HPLC 分析肽图为 4～6 个峰；等电聚焦电泳测定 $pI = 5.5～6.8$；点杂交法测定外源性 DNA 低于 100 pg；福林-酚法测定蛋白质含量为 80～100 μg；HPLC 测定纯度高于 95%；生物效价测定，比活性不低于 $1×10^8$ IU/mg。

· 项目小结 ·

基因工程药物制备过程主要包括以下步骤：①获得目的基因；②将目的基因和载体连接，构建 DNA 重组体；③将 DNA 重组体转入宿主菌构建工程菌；④工程菌的发酵；⑤外源基因表达产物的分离纯化；⑥产品的检验和制剂制备等。目的基因制备方法有生物提取法、PCR 法、构建基因文库法、人工合成法等，有时这些方法可结合起来使用。表达载体按进入受体细胞类型分原核表达载体、真核表达载体和穿梭载体。DNA 与载体之间的连接方式主要有黏性末端连接、平头末端连接和 PCR 产物 T 连接。重组子导入宿主细胞的方式有转化和转染。重组克隆的筛选与鉴定方法有遗传表型筛选法、酶切鉴定、PCR 鉴定、核酸分子杂交印迹法和 DNA 序列分析等。通过外源 DNA 的重组、克隆以及鉴定，可以获得所需的特异 DNA 克隆。外源克隆基因在某种表达载体及适宜的宿主细胞中可表达为相应的蛋白质，这就组成了外源基因的蛋白表达系统。表达后的蛋白质必须具有原来的生物学活性，这是基于正确的基因转录、转录后加工、mRNA 翻译及翻译后修饰，同时与表达载体的结构和表达体系有关。在蛋白质表达领域，表达体系的建立包括表达载体的构建、受体细胞的建立及表达产物的分离、纯化等技术。从工程菌发酵液中分离、精制有关产品的过程称为发酵生产的下游加工过程，包括发酵液预处理、固液分离、提取、精制、成品加工及质量检测和质量控制等工序。

项目拓展

白细胞介素（interleukin，IL）是一类介导白细胞间相互作用的细胞因子，迄今发现的 IL 已多达 33 种，分别命名为 IL-1，IL-2，…，IL-23。许多白细胞介素不仅介导白细胞的相互作用，还参与其他细胞，如造血干细胞、纤维母细胞、神经细胞、成骨细胞等的相互作用。目前研究较多的是 IL-1～IL-6，其中 IL-2 已获批准正式生产。

1）IL-2 的分子结构与性质

人 IL-2 的前体由 153 个氨基酸残基组成，在分泌出细胞时，其信号肽（含 20 个氨基酸残基）被切除，产生成熟的 IL-2 分子。人 IL-2 含有 3 个半胱氨酸（Cys），分别位于 58 位、105 位、125 位，其中 58 位和 105 位的两个 Cys 之间形成分子内二硫键，这对 IL-2 保持其生物活性是必不可少的。125 位的 Cys 呈游离态，很不稳定，在某些情况下可与 58 位或 105 位的硫基形成错配的二硫键，从而使 IL-2 失去活性。

IL-2 在 pH 2~9 范围内稳定,56 ℃ 加热 1 h 仍具有活性,但 65 ℃ 30 min 即丧失活性。在 4 mol/L 尿素溶液中稳定,对 2-巯基乙醇还原作用不敏感。对各种蛋白酶均敏感,对 DNA 酶和 RNA 酶不敏感。

IL-2 基因工程菌在发酵培养,诱导表达,裂解菌体后需通过离心沉淀收集包涵体。包涵体主要含 IL-2 单体分子聚合而成的多聚体,不溶于水,且其中的 IL-2 无生物活性。用 SDS、6 mol/L 盐酸胍或 8 mol/L 尿素使包涵体溶解变性,然后再复性,恢复二硫键和正常分子结构,才能获得生物学活性。利用大肠杆菌、酵母菌和哺乳动物细胞已成功表达了重组人 IL-2,大量生产重组 IL-2 主要采用大肠杆菌。

2)重组 IL-2 生产工艺

(1)工程菌的制备

从 ConA 激活的 Jurkat-Ⅲ 细胞(人白血病 T 细胞株)提取高活性 IL-2 mRNA 为模板,逆转录生成单链 cDNA,经末端脱氧核苷酸转移酶催化,在 cDNA 末端连接若干 dCMP 残基,再以寡聚(dG)12~18 为引物,利用 DNA 聚合酶I合成双链 cDNA,经蔗糖密度梯度离心法分离出 cDNA 片段。通过 G-C 加尾法将此 cDNA 片段插入到 pBR322 质粒的 Pst I 位点,用重组质粒转化大肠杆菌 K12 株 Xl776,得到 IL-2 cDNA 文库。利用 mRNA 杂交实验筛选 IL-2 cDNA 文库得到含 IL-2 cDNA 质粒的菌株。经基因重组得到的大肠杆菌高产菌株,IL-2 表达量占菌体总蛋白的 30%~40%。在含氨苄青霉素的 LB 中培养种子菌,次日接种于 M9CA 培养基中,30 ℃ 培养,42 ℃ 诱导 3 h,再扩大培养。

(2)IL-2 的分离纯化

①包涵体的制备　工程菌经发酵培养、诱导表达后,离心收集菌体,悬浮于 PBS 溶液中,超声破碎,离心沉淀,用 PBS 洗 3 次,尽量去除杂蛋白及核酸,离心得粗制包涵体,其中 IL-2 含量可达包涵体总量的 80% 以上。再用含 0.1 mol/L 乙酸铵和 1% SDS 的溶液(pH 7.0)溶解包涵体,离心,取上清,进行凝胶层析。

②凝胶层析　将 Sephacryl S-200 柱用含 0.1 mol/L 乙酸铵、1% SDS 和 2 mmol/L 巯基乙醇的缓冲液(pH 7.0)平衡过夜。上柱后,用同一平衡液洗脱,收集 IL-2 活性峰组分。用乙酸铵(pH 7.0)缓冲液,2 μmol/L 硫酸铜复性,得 IL-2 纯品,纯度高于 96%,回收率为 50% 左右,比活力超过 1.7×10^7 IU/mg。

3)质量检测

IL-2 外观为澄清透明液体;SDS-PAGE 法测定其分子质量为 15.5 kD 左右;等电点为 6.6~8.2;化学裂解和高密度 SDS-PAGE 法测定肽图为 5 条带;免疫印迹反应为一条带;点杂交法测定外源 DNA 低于 100 pg;紫外分光光度法测定紫外最大波长为 276~280 nm;HPLC 法测定纯度>95%。

 项目检测

1. 基因重组操作基本流程有哪些?

2. 简述基因工程载体分类及其基本要求。

3. 重组人干扰素的工艺流程有哪些?

4. 重组克隆的筛选与鉴定方法有哪些?

5. 搜集国内外新近研发的基因工程药物相关资料,与同学交流。

项目5 酶工程制药技术

📖【知识目标】

➢ 了解酶工程制药技术的基础知识。

➢ 熟悉酶工程制药的基本技术和方法。

➢ 掌握典型 L-天冬氨酸生产的工艺流程、操作要点及相关参数的控制。

📖【技能目标】

➢ 学会酶工程制药生产的操作技术、方法和基本操作技能。

➢ 能够操作典型6-氨基青霉烷酸的制备工艺。

➢ 能熟练进行典型酶工程制药生产相关参数的控制，并能编制生产的工艺方案。

📖【项目简介】

酶的生产与应用的技术过程称为酶工程。即，酶工程是通过人工操作获得人们所需的酶，并通过各种方法使酶发挥其催化功能的技术过程。酶工程制药是生物制药的主要内容之一，主要包括药用酶的生产和酶法制药两方面的技术。

药用酶是指具有治疗和预防疾病功效的酶。例如，用于治疗白血病的天冬酰胺酶，用于防护辐射损伤的超氧化物歧化酶，用于防治血栓性疾病的组织纤溶酶原活化剂等。

药用酶的生产方法多种多样，主要包括微生物发酵产酶，植物细胞培养产酶，动物细胞培养产酶，酶的提取与分离纯化等，还可以通过药用酶的分子修饰技术，以提高酶活力、增加酶的稳定性、降低酶的抗原性等酶的催化特性，从而提高药用酶的功效。

酶法制药是在一定条件下利用酶的催化作用，将底物转化为药物的技术过程。例如用青霉素酰化酶生产半合成抗生素，用 β-酪氨酸酶生产多巴，用谷氨酸脱羧酶生产 γ-氨基丁酸等。为了改进酶的催化特性，酶法制药还可以利用酶固定化和酶的非水相催化等技术。

酶法制药技术主要包括酶的选择与催化反应条件的确定，固定化酶及其在制药方面的应用，酶的非水相催化及其在制药方面的应用等。

📖【工作任务】

任务 5.1　酶工程制药技术概述

5.1.1　酶的概念

酶是具有生物催化功能的生物大分子。按照分子中起催化作用的主要组分的不同,可以分为蛋白类酶(P 酶)和核酸类酶(R 酶)两大类别。P 酶分子中起催化作用的主要组分是蛋白质,R 酶分子中起催化作用的主要组分是核糖核酸(RNA)。

酶是生命活动的产物,又是生命活动必不可缺的条件之一,生物体内的各种生化反应都是在酶的催化作用下完成的,一旦酶的生物合成受到影响或酶的活性受到抑制,生物体内正常的新陈代谢将发生障碍而出现各种疾病,此时若从体外补充所需的酶,就可以使代谢障碍得以解除,起到治疗或预防疾病的效果,这种酶就是药用酶。

在一定的条件下,所有的动物、植物、微生物细胞都可以合成各种各样的酶,所以人们可以采用适宜的生物细胞,人工控制好各种条件,生产获得各种所需的酶。

只要条件适宜,在生物体外,酶也可催化各种生化反应,而且酶的催化作用具有催化效率高、专一性强和作用条件温和等特点,在医药、食品、工业、农业、环保、能源和生物工程等领域广泛应用。其中,通过酶的催化作用获得所需药物的过程称为酶法制药。

5.1.2　酶的特性

酶是生物催化剂,具有催化剂的共同性质,即可以加快化学反应的速度,但不改变反应的平衡点,在反应前后本身的结构和性质不改变。与非酶催化剂相比,酶具有专一性强、催化效率高和作用条件温和等特点。

1)酶催化作用的专一性强

(1)绝对专一性

一种酶只能催化一种底物进行一种反应,这种高度的专一性称为绝对专一性。当酶作用的底物含有不对称碳原子时,酶只能作用于异构体的一种,这种绝对专一性称为立体异构专一性。

绝对专一性的典型例子是天冬氨酸氨裂合酶,此酶仅作用于延胡索酸(反丁烯二酸),经过氨基化作用生成 L-天冬氨酸及其逆反应,而对马来酸(顺丁烯二酸)和 D-天冬氨酸都一概不作用。

核酸类酶也同样具有绝对专一性。如四膜虫 26S rRNA 前体等自我剪接酶,只能催化其本身 RNA 分子进行剪接反应,而对于其他分子一概不作用。

(2)相对专一性

一种酶能够催化一类结构相似的底物进行某种相同类型的反应,这种专一性称为相对专一性。相对专一性又可分为键专一性和基团专一性。键专一性的酶能够作用于具有相同化学键的一类底物,如酯酶可催化所有含酯键的酯类物质水解生成醇和酸。

基团专一性的酶则要求底物含有某一相同的基团。如胰蛋白酶选择性地水解含有赖氨酰或精氨酰的羰基的肽键,所以,凡是含有赖氨酰或精氨酰基肽键的物质,不管是酰胺、酯或多肽、蛋白质都能被该酶水解。

2) 酶催化作用的效率高

酶催化作用的另一个显著特点是酶催化作用的效率高。每个酶分子每分钟可以催化 1 000 个左右的底物分子转化为产物,即酶催化的转换数为 $10^3/min$ 左右。有些酶催化的转换数更高,例如半乳糖苷酶的转换数为 $1.25 \times 10^4/min$,碳酸酐酶的转换数达到 $3.6 \times 10^7/min$。

酶催化反应的速度比非酶催化反应的速度高 $10^7 \sim 10^{13}$。例如,过氧化氢(H_2O_2)可以在铁离子和过氧化氢酶的催化作用下分解成为氧和水($2H_2O_2 \Longrightarrow 2H_2O + O_2$)。在一定条件下,1 mol 铁离子可催化 10^{-5} mol 过氧化氢分解;而在相同条件下,1 mol 过氧化氢酶却可以催化 10^5 mol 的过氧化氢分解,由此可见,过氧化氢酶的催化效率是铁离子的 10^{10} 倍。

酶催化反应的效率之所以这么高,是由于酶催化反应所需的活化能比非酶催化反应所需的活化能显著降低。例如,过氧化氢的分解反应无催化剂存在时,所需的活化能为 75.24 kJ/mol;以钯为催化剂时,催化所需的活化能为 48.94 kJ/mol;而以过氧化氢酶的催化所需的活化能仅为 8.36 kJ/mol。

3) 酶催化作用的条件温和

酶催化作用与非酶催化作用的另一个显著差别在于酶催化作用的条件温和。一般非酶催化作用往往需要高温、高压和极端的 pH 条件。而酶催化作用一般都在常温、常压、pH 近乎中性的条件下进行。因此,通过酶的催化作用进行药物等各种化合物的生产,有利于节省能源、减少设备投资、优化工作环境和改善劳动条件。

究其原因,一是由于酶催化作用所需的活化能较低;二是由于酶是具有生物催化功能的生物大分子,在高温、高压、极端 pH 等条件下,会引起酶的变性失活。

5.1.3　酶工程的简介

酶工程(enzyme engineering)是酶学和工程学相互渗透结合、发展而形成的一门新的技术学科。它是从应用的目的出发研究酶、应用酶的特异性催化功能,并通过工程化将相应原料转化成有用物质的技术。

5.1.4　酶工程的发展史

在 20 世纪 20 年代初就出现了酶工程,在当时,主要是指自然酶制剂在工业上的大规模应用。

1953 年,Grubhoger 和 Schleith 首先将羧肽酶、淀粉糖化酶、胃蛋白酶和核糖核酸酶等,用重氮化聚氨基聚苯乙烯树脂进行固定,提出了酶的固定化技术。

1969 年,日本学者首先应用固定化酶技术成功地拆分了 D,L-氨基酸。

1971 年,第一届国际酶工程会议提出的酶工程的内容主要是:酶的生产、分离纯化、酶的固定化、酶及固定化酶的反应器、酶与固定化酶的应用等。

随着科学的发展和酶技术研究的深入,酶的应用所涉及的面越来越广,在工业、农业、医药和食品等领域中应用都有广泛的应用。

5.1.5 酶工程的主要内容

近年来,随着酶工程的迅速发展,酶工程研究的内容也在不断地扩展。现在,酶工程主要研究的内容有:

①酶的分离、提纯、大批量生产及新酶和酶的应用开发。

②酶和细胞的固定化及酶反应器的研究(包括酶传感器、反应检测等)。

③酶生产中基因工程技术的应用及遗传修饰酶(突变酶)的研究。

④酶的分子改造与化学修饰、酶的结构与功能之间关系的研究。

⑤有机相中酶反应的研究。

⑥酶的抑制剂、激活剂的开发及应用研究。

⑦抗体酶、核酸酶的研究。

⑧模拟酶、合成酶及酶分子的人工设计、合成的研究。

任务 5.2　药用酶的生产技术

5.2.1 药用酶的生产方法

药用酶是指具有治疗和预防疾病功效的酶。药用酶的生产是指经过预先设计,通过人工操作而获得所需的药用酶的技术过程。

药用酶的生产方法可以分为提取分离法、生物合成法和化学合成法 3 种。其中,提取分离法是最早采用而沿用至今的方法,生物合成法是 20 世纪 50 年代以来酶生产的主要方法,而化学合成法至今仍然停留在实验室阶段。

1)提取分离法

提取分离法是采用各种生化分离技术从动物、植物的组织、器官、细胞或微生物细胞中将酶提取出来,再与杂质分离而获得所需酶的技术过程。提取分离法中所采用的各种提取、分离、纯化技术在采用其他方法进行酶的生产过程中,也是必不可少的技术环节。

酶的提取(extraction)是指在一定的条件下,用适当的溶剂(或溶液)处理含酶原料,使酶充分溶解到溶剂(或溶液)中的过程。主要的提取方法有盐溶液提取、酸溶液提取、碱溶液提取和有机溶剂提取等。

酶的分离(separation)和纯化(purification)是采用各种生化分离技术,诸如:离心分离、过滤与膜分离、萃取分离、沉淀分离、层析分离、电泳分离以及浓缩、结晶、干燥等,使酶与各种杂质分离,达到所需的纯度,以满足使用的要求。

提取分离法设备较简单,操作较方便,在动、植物资源或微生物菌体资源丰富的地区采用提取分离法生产药用酶有其应用价值。例如,从动物的胰脏中提取分离胰蛋白酶、胰淀粉酶、胰脂肪酶或混合物——胰酶;从木瓜中提取分离木瓜蛋白酶、木瓜凝乳蛋白酶;从菠萝皮中提取分离菠萝蛋白酶;从动物血液中或者从大蒜、青梅等植物中提取分离超氧化物歧化酶等。

2) 生物合成法

生物合成法是利用微生物、植物或动物细胞的生命活动而获得人们所需酶的技术过程。自从 1949 年细菌 α-淀粉酶发酵成功以来,生物合成法就成为酶的主要生产方法。

利用微生物细胞的生命活动合成所需酶的方法又称为发酵法,采用发酵法生产的药用酶很多,例如,利用枯草杆菌生产淀粉酶、蛋白酶;利用大肠杆菌生产青霉素酰化酶、多核苷酸聚合酶等。

20 世纪 70 年代兴起并发展起来的植物细胞培养和动物细胞培养技术,使药用酶的生产方法进一步发展。动、植物细胞培养生产药用酶,首先需获得优良的动、植物细胞,然后利用动、植物细胞在人工控制条件的生物反应器中培养,经过细胞的生命活动合成各种酶,再经分离纯化,得到所需的药用酶。例如,利用大蒜细胞培养生产超氧化物歧化酶;利用木瓜细胞培养生产木瓜蛋白酶、木瓜凝乳蛋白酶;利用人黑色素瘤细胞培养生产血纤维蛋白溶酶原激活剂等。

生物合成法具有生产周期短,酶的产率高,不受生物资源、地理环境和气候条件的影响等特点。但是对生产设备和工艺条件的要求较高,在生产过程中必须进行严格控制。

3) 化学合成法

化学合成法是 20 世纪 60 年代中期出现的新技术。1965 年,我国人工合成胰岛素的成功,开创了蛋白质化学合成的先河。1969 年,采用化学合成法得到含有 124 个氨基酸的核糖核酸酶,其后 RNA 的化学合成也取得成功。现在已可以采用合成仪进行酶的化学合成和人工合成改造。然而由于酶的化学合成要求单体达到很高的纯度,化学合成的成本高;而且只能合成那些已经搞清楚其化学结构的酶,这就使化学合成法受到限制,难以工业化生产。然而利用化学合成法进行酶的化学修饰和人工模拟方面具有重要的理论意义和发展前景。

5.2.2 药用酶的生产细胞的选择

虽然所有生物体的细胞在一定的条件下都能合成多种多样的酶,但是并不是所有的细胞都能够用于酶的生产,一般说来,用于药用酶生产的细胞必须具备下列条件:

①酶的产量高 优良的产酶细胞首先要具有高产的特性,才能有较好的开发应用价值。高产细胞可以通过多次反复筛选、诱变或者采用基因克隆、细胞或原生质体融合等技术而获得。在生产过程中,若发现退化现象,必须及时进行复壮处理,以保持细胞的高产特性。

②容易培养和管理 优良的产酶细胞必须对培养基和工艺条件没有特别苛刻的要求,容易生长繁殖,适应性强,易于控制,便于管理。

③产酶稳定性好 优良的产酶细胞在正常的生产条件下,要能够稳定地生长和产酶,不易

退化,一旦出现退化现象,经过复壮处理,可以使其恢复原有的产酶特性。

④利于酶的分离纯化　酶生物合成以后,需要经过分离纯化,才能得到可以在各个领域应用的酶制剂。这就要求产酶细胞和其他杂质容易和酶分离,以便获得所需纯度的酶,以满足使用者的要求。

⑤安全可靠,无毒性　要求产酶细胞及其代谢产物安全无毒,不会对人体和环境产生不良影响,也不会对酶的应用产生其他不良影响。

现在大多数药用酶都采用微生物细胞发酵生产,也有一部分植物细胞和动物细胞用于药用酶的生产。

常用的药用酶生产细胞介绍如下。

1) 微生物

生产药用酶的微生物包括细菌(bacteria)、放线菌(actinomycete)、真菌(fungi)、酵母(yeast)等。有不少性能优良的微生物菌株已经在药用酶的发酵生产中广泛应用,如:

①大肠杆菌　大肠杆菌可以用于生产多种药用酶,如天冬酰胺酶、β-半乳糖苷酶、谷氨酸脱羧酶、青霉素酰化酶等。

②枯草芽孢杆菌　枯草芽孢杆菌是应用最广泛的产酶微生物,可以用于生产 α-淀粉酶、蛋白酶、纳豆激酶等药用酶。

③链霉菌　链霉菌可以用于生产青霉素酰化酶、碱性蛋白酶、中性蛋白酶等药用酶。此外,链霉菌还含有丰富的 16α-羟化酶,可用于甾体转化。

④黑曲霉　黑曲霉可用于生产 α-淀粉酶、酸性蛋白酶、脂肪酶、纤维素酶等药用酶。

⑤米曲霉　米曲霉中蛋白酶的活力较强,米曲霉还可以用于生产氨基酰化酶、磷酸二酯酶、核酸酶等药用酶。

⑥根霉　根霉可用于生产淀粉酶、脂肪酶等药用酶。根霉有强的 11α-羟化酶,常用于甾体转化。

⑦假丝酵母　假丝酵母可以用于生产脂肪酶、尿酸酶等药用酶,还具有较强的 17-羟基化酶,可以用于甾体转化。

2) 植物细胞

20 世纪 80 年代以来植物细胞培养技术迅速发展。植物细胞培养主要用于色素、药物、香精、酶等次级代谢物的生产。其中用于生产药用酶的植物细胞主要有:

①木瓜细胞　用于生产木瓜蛋白酶和木瓜凝乳蛋白酶等。

②大蒜细胞　用于生产超氧化物歧化酶。

③菠萝细胞　用于生产菠萝蛋白酶。

④紫苜蓿细胞　用于生产 β-半乳糖苷酶。

3) 动物细胞

动物细胞培养主要用于疫苗、抗体、激素、多肽、酶等功能蛋白质的生产,到目前为止,通过动物细胞培养生产的药用酶不多,主要有组织纤溶酶原激活剂(tPA)、胶原酶、尿激酶、粘多糖-α-L-艾杜糖醛酸水解酶、葡糖脑苷脂酶、β-半乳糖苷酶等。用于产酶的动物细胞主要有人黑色素瘤细胞、中国仓鼠卵巢细胞(CHO)、小鼠骨髓瘤细胞、牛内皮细胞等。

5.2.3　药用酶生产工艺条件及其控制

在酶的生产过程中,除了选择性能优良的产酶细胞以外,还必须控制好各种工艺条件,并且根据细胞生长和产酶过程的变化情况进行调节,以满足细胞生长、繁殖和产酶的需要。

1)药用酶生产的工艺过程

药用酶与其他酶的生产工艺流程大致相同(图5.1),简述如下。

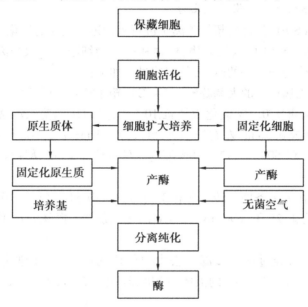

图 5.1　酶生产的工艺流程

选育得到的优良的产酶细胞必须采取妥善的方法进行保藏。常用的保藏方法有斜面保藏法、沙土管保藏法、真空冷冻干燥保藏法、低温保藏法、液体石蜡保藏法等,可以根据需要和可能进行选择,以尽可能保持细胞的生长、繁殖和产酶特性。

保藏的细胞在用于生产之前,必须接种于新鲜的培养基上,在一定的条件下进行培养,使细胞的生命活性得以恢复,这个过程称为细胞活化。

活化了的细胞需在种子培养基中经过一级乃至数级的扩大培养,以获得足够数量的优质细胞。

经过活化和扩大培养的细胞,如果采用游离细胞产酶,就可以直接将细胞转入适宜的生物反应器,在一定条件下在产酶培养基中进行酶的生产;如果采用固定化细胞产酶,则需将细胞固定化,经过预培养后转入产酶培养基中进行酶的生产;如果采用固定化原生质体产酶,则先从微生物或植物细胞制备原生质体,再经过原生质体固定化后转入产酶培养基中进行酶的生产。产酶结束以后,通过各种生化分离技术进行分离纯化,得到所需的酶。

现以 L-天冬酰胺酶、超氧化物歧化酶和组织纤溶酶原激活剂为例说明微生物发酵、植物细胞培养和动物细胞培养生产药用酶的工艺过程。

(1)大肠杆菌发酵生产天冬酰胺酶

L-天冬酰胺酶能专一地催化 L-天冬酰胺酶水解生成 L-天冬氨酸和氨,对白血病有显著疗效。

L-天冬酰胺酶可以由大肠杆菌发酵生产。其工艺过程为:将保藏菌种接种于牛肉汁培养基中,于37 ℃培养24 h,进行菌种活化;再接种到10%玉米浆培养基(pH 6.5~7.0)中,37 ℃振荡培养8 h,获得液体种子;然后在10%玉米浆培养基中,37 ℃通气培养4 h,进行种子扩大培养;将种子液接种到发酵培养基(10%玉米浆培养基,pH 6.5~7.0)中,通气培养约6 h,当发酵液的pH达到8.5,发酵结束;离心收集菌体,加入2倍体积的丙酮沉淀细胞,得到含有L-天冬酰胺酶的菌体干粉,然后用pH 8.0的硼酸缓冲液将酶从菌体干粉中提取出来,再从酶液中沉淀分离得到L-天冬酰胺酶。

(2)大蒜细胞培养生产超氧化物歧化酶

超氧化物歧化酶(SOD)是催化超氧负离子进行氧化还原反应的氧化还原酶,具有抗辐射、抗氧化、抗衰老的功效。SOD可以从动物、植物和微生物细胞中提取分离得到。采用大蒜细胞培养进行生产超氧化物歧化酶的研究,其工艺过程如下:

选取结实、饱满、无病虫害的大蒜蒜瓣,在4 ℃冰箱中放置3周,以打破休眠,去除外皮,先用70%乙醇消毒20 s,再用0.1%氯化汞消毒10 min,然后用无菌水漂洗3次。在无菌条件下,将上述消毒蒜瓣切成0.5 cm³左右的小块,植入含有3 mg/L 2,4-D和1.2 mg/L 6-BA的半固体MS培养基中,25 ℃,600 lux,12 h/d光照的条件下培养18 d,诱导得到愈伤组织,每18 d继代一次。

将上述愈伤组织在无菌条件下转入含有3 mg/L 2,4-D和1.2 mg/L 6-BA的液体MS培养基中,加入灭菌的玻璃珠,25 ℃,600 lux,12 h/d的光照条件下振荡培养,使愈伤组织分散成为小细胞团或单细胞。

然后在无菌条件下,经过筛网过滤除去大块的愈伤组织,将小细胞团或单细胞转入含有3 mg/L 2,4-D和1.2 mg/L 6-BA的液体MS培养基中,25 ℃,600 lux,12 h/d光照的条件下培养18 d。

细胞培养完成后,收集细胞,经过细胞破碎,用pH 7.8的磷酸缓冲液提取、有机溶剂沉淀等,分离得到超氧化物歧化酶。

(3)人黑色素瘤细胞培养生产组织纤溶酶原激活剂

组织纤溶酶原激活剂(tissue plasminogen activator,tPA)是一种丝氨酸蛋白酶。它可以催化纤溶酶原水解,生成纤溶酶。纤溶酶催化血栓中的血纤维蛋白水解,对血栓性疾病有显著疗效。

组织纤溶酶原激活剂可以通过人黑色素瘤细胞培养进行生产,通常采用Eagle培养基。

人黑色素瘤细胞培养过程如下:首先将人黑色素瘤的种子细胞用胰蛋白酶消化处理,分散,用pH 7.4的磷酸缓冲液洗涤,计数,稀释成细胞悬浮液;在消毒好的反应器中装进一定量的培养液,将上述细胞悬浮液接种至反应器中,接种浓度为$(1~3)\times10^3$个细胞/mL,于37 ℃的CO_2培养箱中,通入含5% CO_2的无菌空气,培养至长成单层致密细胞。

倾去培养液,用pH 7.4的磷酸缓冲液洗涤细胞2~3次;换入一定量的无血清Eagle培养液,继续培养;每隔3~4 d,取出培养液进行tPA的分离纯化。然后再向反应器中加入新鲜的无血清Eagle培养液,继续培养,以获得大量tPA。

在获得的上述培养液中加入一定量的蛋白酶抑制剂和表面活性剂,过滤去沉淀,适当稀释后,采用亲和层析技术进行分离(以tPA抗体为配基,以溴化氢活化的琼脂糖凝胶为母体制成亲和层析剂,上柱、洗涤后用3 mol/L KSCN溶液洗脱,分别收集),得到tPA溶液。经过浓缩、葡聚糖G-150凝胶层析、冷冻干燥得到精制tPA干粉。

2) 培养基的配制

设计和配制培养基时,先要根据不同细胞和不同用途的不同要求,确定各种组分的种类和含量,并要调节至所需的 pH,以满足细胞生长、繁殖和新陈代谢的需要。

不同的细胞对培养基的要求不同,例如,微生物细胞一般采用淀粉或淀粉水解糖为碳源,植物细胞通常采用蔗糖为碳源,而动物细胞则采用谷氨酰胺或者谷氨酸为碳源等。同一种细胞用于生产不同物质时,所要求的培养基有所不同;有些细胞在生长、繁殖阶段与发酵阶段所要求的培养基也不一样,必须根据需要配制不同的培养基。

3) pH 的调节控制

细胞的生长繁殖以及产酶与培养基的 pH 有密切关系,在配制培养基时,应根据细胞的特点调节好初始 pH,并在细胞培养和产酶过程中进行必要的调节控制。

不同的细胞有不同的生长最适 pH,一般细菌和放线菌的生长最适 pH 在中性或碱性范围(pH 6.5 ~ 8.0);真菌和酵母的最适生长 pH 为偏酸性(pH 4 ~ 6);植物细胞生长的最适 pH 值为 5.2 ~ 5.8,动物细胞生长的最适 pH 值为 7.2 ~ 7.6。

细胞产酶的最适 pH 与生长最适 PH 往往有所不同。细胞培养生产某种酶的最适 pH 通常接近于该酶催化反应的最适 pH。例如,米曲霉发酵生产碱性蛋白酶的最适 pH 为碱性(pH 8.5 ~ 9.0),生产中性蛋白酶的 pH 以中性或微酸性(pH 6.0 ~ 7.0)为宜,而酸性条件(pH 4 ~ 6)有利于酸性蛋白酶的产生。然而,有些酶的生产在该酶催化反应的最适 pH 条件下,细胞的生长和代谢会受到某些影响,因此,细胞产酶的最适 pH 与酶催化反应的最适 pH 有所不同,如枯草杆菌碱性磷酸酶催化反应的最适 pH 值为 9.5,而细胞产酶的最适 pH 值为 7.4。

有些细胞可以同时产生若干种酶,在生产过程中,通过控制培养基的 pH,往往可以改变各种酶之间的产量比例。例如,黑曲霉可以同时生产淀粉酶和糖化酶,在培养基的 pH 为中性范围时,α-淀粉酶的产量增加而糖化酶减少;反之在培养基的 pH 偏向酸性时,则糖化酶的产量提高而 α-淀粉酶的量降低。

随着细胞的生长繁殖和新陈代谢产物的积累,培养基的 pH 往往会发生变化。这种变化与细胞的特性、培养基的组成以及发酵工艺条件等密切相关。例如,利用尿素为氮源时,随着细胞生成的脲酶将尿素水解生成氨,可以使培养基的 pH 上升,然后又随着氨被细胞同化而使 pH 下降;利用硫酸铵为氮源时,随着铵离子的被利用,培养基中积累的硫酸根会使 pH 降低。

在酶的生产过程中,必须对培养基的 pH 进行适当的控制和调节。可以通过改变培养基的组分或其比例的方法调节 pH,也可以使用缓冲液来稳定 pH,或者在必要时通过流加稀酸或稀碱溶液的方法调节 pH,以满足细胞生长和产酶的要求。

4) 温度的调节控制

细胞必须在一定的温度范围内才能正常生长、繁殖和产酶,温度过高或者过低对于细胞生长和产酶都会产生不利的影响。

在其他条件相同的情况下,细胞的生长速度达到最大时的温度称为该细胞的最适生长温度。不同细胞的最适生长温度不同,例如,枯草杆菌的最适生长温度为 34 ~ 37 ℃,黑曲霉的最适生长温度为 28 ~ 32 ℃,一般植物细胞最适生长温度为 22 ~ 28 ℃,动物细胞的最适生长温度为 36 ~ 37 ℃。

在其他条件相同的情况下,酶的产率达到最大时的温度称为最适产酶温度。不同的细胞有不同的最适产酶温度。

有些细胞的最适产酶温度与最适生长温度有所不同,而且往往低于最适生长温度。这是由于在较低的温度条件下,酶所对应的 mRNA 的稳定性可以提高,增加酶生物合成的延续时间,从而提高酶的产率。例如,酱油曲霉生产蛋白酶,在 28 ℃的条件下,其蛋白酶的产率比在 40 ℃条件下高 2~4 倍;在 20 ℃的条件下,其蛋白酶产率更高,但是细胞生长速度较慢;植物细胞一般生长适宜温度为 22~28 ℃,温度高些,对生长有利,但是在产酶阶段,温度以低些为好。因此,在酶的生产过程中,必要时要在不同的阶段控制不同的温度,即在细胞生长阶段控制在细胞的最适生长温度范围,而在产酶阶段控制在最适产酶温度范围。

5) 溶解氧的调节控制

溶解氧是指溶解在培养基中的氧气。由于氧是难溶于水的气体,在通常情况下,培养基中溶解的氧并不多。

在培养基中培养的细胞一般只能吸收和利用溶解氧,在细胞培养过程中,培养基中原有的溶解氧很快就会被细胞利用完。为了满足细胞生长繁殖和产酶的需要,在生产过程中必须不断供给氧(一般通过供给无菌空气来实现),使培养基中的溶解氧保持在一定的水平。

溶解氧的调节控制,就是要根据细胞对溶解氧的需要量,连续不断地进行补充,使培养基中溶解氧的量保持恒定。

调节溶解氧的方法主要有:

①调节通气量 通气量是指单位时间内流经培养液的空气量 L/min,也可以用培养液体积与每分钟通入的空气体积之比 VVM 来表示。例如,1 m³ 培养液,每分钟流经的空气量为 0.5 m³,即通气量为 2 VVM。在其他条件不变的情况下,增大通气量,可以提高溶氧速率。反之,减少通气量,则使溶氧速率降低。

②调节氧的分压 提高氧的分压,可以增加氧的溶解度,从而提高溶氧速率。通过增加发酵容器中的空气压力,或者增加通入的空气中的氧含量,都能提高氧的分压,而使溶氧速率提高。

③调节气液接触时间 气液两相的接触时间延长,可以使氧气有更多的时间溶解在培养基中,从而提高溶氧速率。气液接触时间缩短,则使溶氧速率降低。可以通过增加液层高度,降低气流速度,在反应器中增设挡板,延长空气流经培养液的距离等方法,以延长气液接触时间,提高溶氧速率。

④调节气液接触面积 氧气溶解到培养液中是通过气液两相的界面进行的。增加气液两相接触界面的面积,将有利于提高氧气溶解到培养液中的溶氧速率。为了增大气液两相接触面积,应使通过培养液的空气尽量分散成小气泡。在发酵容器的底部安装空气分配管,使气体分散成小气泡进入培养液中,是增加气液接触面积的主要方法。装设搅拌装置或增设挡板等可以使气泡进一步打碎和分散,也可以有效地增加气液接触面积,从而提高溶氧速率。

⑤改变培养液的性质 培养液的性质对溶氧速率有明显影响,若培养液的黏度大,在气泡通过培养液时,尤其是在高速搅拌的条件下,会产生大量泡沫,影响氧的溶解。可以通过改变培养液的组分或浓度等方法,有效地降低培养液的黏度;设置消泡装置或添加适当的消泡剂,可以减少或消除泡沫的影响,以提高溶氧速率。

5.2.4　提高药用酶产量的措施

在酶的生产过程中,可以通过选育优良的产酶细胞、工艺条件的优化控制、高效生物反应器的设计与应用等方法来提高酶的产量,还可以采用添加诱导物、控制阻遏物浓度、添加表面活性剂等提高酶产量的有效措施。

1) 选育优良的产酶细胞

优良的产酶细胞是提高酶产量的先决条件,可以通过筛选、诱变或基因克隆、细胞或原生质体融合等先进技术选育得到优良的产酶细胞,若发现细胞出现退化现象,必须及时进行处理,以保持细胞的高产、稳产特性。

2) 工艺条件的优化控制

适宜的工艺条件是提高酶产量的基本保证,在生产过程中必须根据细胞的特性,对培养基的组成和各组分的比例以及生产工艺条件进行优化,并根据变化的情况,及时进行调节控制,以满足细胞生长和产酶的需要。

3) 高效生物反应器的设计与应用

高效生物反应器对提高酶产量有重要作用,在酶的生产中必须设计并应用高效的生物反应器,以保证细胞能在适宜的条件下生长、繁殖和进行新陈代谢,从而提高酶产量。

4) 添加诱导物

对于诱导酶的生产,在生产过程中某个适宜的时机,添加适宜的诱导物,可以显著提高酶的产量。例如,乳糖诱导 β-半乳糖苷酶,纤维二糖诱导纤维素酶,蔗糖甘油单棕榈酸酯诱导蔗糖酶的生物合成等。

一般来说,不同的酶有各自不同的诱导物,然而,有时一种诱导物可以诱导同一个酶系的若干种酶的生物合成。如 β-半乳糖苷可以同时诱导乳糖系的 β-半乳糖苷酶、透过酶和 β-半乳糖乙酰化酶 3 种酶的生物合成。

同一种酶往往有多种诱导物,如纤维素、纤维糊精、纤维二糖等都可以诱导纤维素酶的生物合成等。在实际应用时,可以根据酶的特性、诱导效果和诱导物的来源、价格等方面进行选择。

诱导物一般可以分为 3 类,即酶的作用底物、酶的催化反应产物和作用底物的类似物。

许多诱导酶都可以由其作用底物诱导产生。例如,大肠杆菌在以葡萄糖为单一碳源的培养基中生长时,每个细胞平均只含有 1 分子 β-半乳糖苷酶,若将大肠杆菌细胞转移到含有乳糖而不含有葡萄糖的培养基中培养时,2 min 后细胞内大量合成 β-半乳糖苷酶,平均每个细胞产生 3 000 分子的 β-半乳糖苷酶。纤维素酶、果胶酶、青霉素酶、右旋糖酐酶、淀粉酶、蛋白酶等均可以由各自的作用底物诱导产生。

有些酶可以由其催化反应产物诱导产生。例如,半乳糖醛酸是果胶酶催化果胶水解的产物,它可以作为诱导物,诱导果胶酶的生物合成;纤维二糖诱导纤维素酶的生物合成;没食子酸诱导单宁酶的产生等。

如上所述,酶的作用底物和酶的反应产物都可以诱导酶的生物合成,然而,研究结果表明,有些酶的最有效的诱导物往往不是酶的作用底物,也不是酶的反应产物,而是可以与酶结合但不能被酶催化的底物类似物。例如,异丙基-β-硫代半乳糖苷(IPTG)对β-半乳糖苷酶的诱导效果比乳糖高几百倍;蔗糖甘油单棕榈酸酯对蔗糖酶的诱导效果比蔗糖高几十倍等。有些酶的反应产物的类似物对酶的生物合成也有诱导效果。

可见,在细胞产酶的过程中,添加适宜的诱导物对酶的生物合成具有显著的诱导效果。进一步研究和开发高效廉价的诱导物对提高酶的产量具有重要的意义和应用前景。

5)控制阻遏物的浓度

有些酶的生物合成受到某些阻遏物的阻遏作用。结果导致该酶的合成受阻或者产酶量降低。为了提高酶产量,必须设法解除阻遏物引起的阻遏作用。

阻遏作用根据其作用机理的不同,可以分为产物阻遏和分解代谢物阻遏两种。产物阻遏作用是由酶催化作用的产物或者代谢途径的末端产物引起的阻遏作用。分解代谢物阻遏作用是由分解代谢物(葡萄糖等和其他容易利用的碳源等物质经过分解代谢而产生的物质)引起的阻遏作用。

控制阻遏物的浓度是解除阻遏、提高酶产量的有效措施。例如,经研究表明,枯草杆菌碱性磷酸酶的生物合成受到其反应产物无机磷酸的阻遏,当培养基中无机磷酸的含量超过 1.0 mmol/L 的时候,该酶的生物合成完全受到阻遏。当培养基中无机磷酸的含量降低到 0.01 mmol/L 的时候,阻遏解除,该酶大量合成。所以,为了提高该酶的产量,必须限制培养基中无机磷酸的含量。再如,β-半乳糖苷酶受葡萄糖引起的分解代谢物阻遏作用,在培养基中有葡萄糖存在时,即使有诱导物存在,β-半乳糖苷酶也无法大量生成。只有在不含葡萄糖的培养基中或者培养基中的葡萄糖被细胞利用完以后,诱导物的存在才能诱导该酶大量生成。类似情况在不少酶的生产中均可以看到。

为了减少或者解除分解代谢物阻遏作用,应当控制培养基中葡萄糖等容易利用的碳源的浓度。可以采用其他较难利用的碳源,如淀粉等,或者采用补料、分批流加碳源等方法,控制碳源的浓度在较低的水平,以利于酶产量的提高。此外,在分解代谢物阻遏存在的情况下,添加一定量的环腺苷酸(cAMP),可以解除或减少分解代谢物阻遏作用,若同时有诱导物存在,即可以迅速产酶。

对于受代谢途径末端产物阻遏的酶,可以通过控制末端产物的浓度的方法使阻遏解除。例如,在利用硫胺素缺陷型突变株发酵过程中,限制培养基中硫胺素的浓度,可以使硫胺素生物合成所需的 4 种酶的末端产物阻遏作用解除,使 4 种酶的合成量显著增加,其中,硫胺素磷酸焦磷酸化酶的合成量提高 1 000 多倍。对于非营养缺陷型菌株,由于在发酵过程中会不断合成末端产物,即可以通过添加末端产物类似物的方法,以减少或者解除末端产物的阻遏作用。例如,组氨酸合成途径中的 10 种酶的生物合成受到组氨酸的反馈阻遏作用,若在培养基中添加组氨酸类似物 2-噻唑丙氨酸,即可以解除组氨酸的反馈阻遏作用,使这 10 种酶的生物合成量提高 30 倍。

6)添加表面活性剂

表面活性剂可以与细胞膜相互作用,增加细胞的透过性,有利于胞外酶的分泌,从而提高酶的产量。

表面活性剂有离子型和非离子型两大类。其中,离子型表面活性剂又可以分为阳离子型、阴离子型和两性离子型 3 种。

将适量的非离子型表面活性剂,如吐温(Tween)、特里顿(Triton)等添加到培养基中,可以加速胞外酶的分泌,而使酶的产量增加。例如,利用木霉发酵生产纤维素酶时,在培养基中添加1%的吐温,可使纤维素酶的产量提高1~20倍。在使用时,应当控制好表面活性剂的添加量,过多或者不足都不能取得良好效果。此外,添加表面活性剂有利于提高某些酶的稳定性和催化能力。

由于离子型表面活性剂对细胞有毒害作用,尤其是季胺型表面活性剂(如"新洁而灭")是消毒剂,对细胞的毒性较大,不能在酶的发酵生产中添加到培养基中。

7)添加刺激剂

刺激剂(elicitor)是可以刺激植物细胞强化某些次级代谢物的生物合成的一类物质。在植物细胞培养过程中添加适当的刺激剂可以显著提高某些次级代谢物的产量。

常用的刺激剂有微生物细胞壁碎片,果胶酶、纤维素酶等微生物胞外酶。例如,若夫斯(Rolfs)等人用真菌细胞壁碎片为刺激剂,使培养得到的花生细胞中L-苯丙氨酸裂合酶的含量增加4倍,同时使二苯乙烯合酶的含量提高20倍。大蒜细胞培养液中添加1.0 U/mL的果胶酶,可以使细胞中超氧化物歧化酶的含量提高27%。

8)添加产酶促进剂

产酶促进剂是指可以促进产酶,但是作用机理未阐明清楚的物质。在酶的发酵生产过程中,添加适宜的产酶促进剂,往往可以显著提高酶的产量。例如,添加一定量的植酸钙镁,可使真菌蛋白酶或者橘青霉磷酸二酯酶的产量提高1~20倍;添加聚乙烯醇(polyvinyl alcohol)可以提高糖化酶的产量;聚乙烯醇、醋酸钠等的添加对提高纤维素酶的产量也有效果等。产酶促进剂对不同细胞、不同酶的作用效果各不相同,现在还没有规律可循,要通过试验确定所添加的产酶促进剂的种类和浓度。

5.2.5　药用酶的分子修饰

通过各种方法使酶分子的结构发生某些改变,从而改变酶的某些特性和功能的技术过程称为酶分子修饰。

通过酶分子修饰,可以使药用酶的分子结构发生某些改变,就有可能提高酶的活力,增强酶的稳定性、降低或消除酶的抗原性等。

酶分子修饰方法多种多样,主要包括金属离子置换修饰、大分子结合修饰、侧链基团修饰、肽链有限水解修饰、核苷酸链有限水解修饰、氨基酸置换修饰、核苷酸置换修饰和酶分子的物理修饰等,如表5.1所示。

表5.1　酶分子的修饰

修饰方法	修饰剂	作用
金属离子置换修饰	钙离子、镁离子、锰离子、锌离子、钴离子、铜离子、铁离子等二价金属离子	阐明金属离子对酶催化的作用,改变酶的动力性质,提高酶活力,增强酶的稳定性
大分子结合修饰	聚乙二醇、右旋糖酐、蔗糖聚合物、葡聚糖、环状糊精、肝素等水溶性大分子	提高酶活力,增强酶的稳定性,降低或消除酶蛋白的抗原性

续表

修饰方法	修饰剂	作　用
侧链基团修饰	氨基修饰剂、羧基修饰剂、巯基修饰剂、胍基修饰剂、酚基修饰剂、咪唑基修饰剂、吲哚基修饰剂、分子内交联修饰剂等	提高酶活力、增强酶的稳定性、降低酶的抗原性,提高酶的使用价值
肽链有限水解修饰	具有高度专一性的蛋白酶	探测酶活性中心,降低或消除抗原性,显示酶的催化活性,提高酶的使用价值
核苷酸链剪切修饰	具有高度专一性的酶	显示酶的催化活性等
氨基酸置换修饰	各种氨基酸、4种核苷酸(采用定点突变技术)	提高酶活力,增强酶的稳定性,改变专一性
核苷酸置换修饰	4种核苷酸	改变专一性,人工改造核酸类酶
物理修饰	温度、压力等物理因素	了解酶在极端环境下的特性,提高酶活力,增强稳定性,改变专一性

5.2.6　酶在疾病治疗和预防方面的应用

用于治疗和预防疾病的酶称为药用酶,药用酶具有疗效显著、副作用小的特点。其应用越来越广泛(表5.2)。

表5.2　酶在疾病治疗方面的应用

酶　名	来　源	用　途
淀粉酶	胰脏、麦芽、微生物	治疗消化不良,食欲不振
蛋白酶	胰腺、胃、植物、微生物、植物细胞	治疗消化不良,食欲不振,消炎,消肿,除去坏死组织,促进创伤愈合,降低血压
脂肪酶	胰脏、微生物	治疗消化不良,食欲不振
纤维素酶	霉菌	治疗消化不良,食欲不振
溶菌酶	蛋清、细菌	治疗各种细菌性和病毒性疾病
尿激酶	人尿、基因工程菌	治疗心肌梗死,结膜下出血,黄斑部出血
链激酶	链球菌	治疗血栓性静脉炎,咳痰,血肿,下出血,骨折,外伤
链道酶	链球菌	治疗炎症,血管栓塞,清洁外伤创面
青霉素酶	蜡状芽孢杆菌	治疗青霉菌引起的变态反应
L-天冬酰胺酶	大肠杆菌	治疗白血病
超氧化物歧化酶	微生物、植物、动物血液、大蒜细胞	预防辐射损伤,治疗红斑狼疮,皮肌炎,结肠炎,氧中毒
凝血酶	动物、蛇、细菌、酵母	治疗各种出血病

酶　名	来　源	用　途
胶原酶	细菌	分解胶原,消炎,化脓,脱痂,治疗溃疡
右旋糖酐酶	微生物	预防龋齿
胆碱酯酶	细菌	治疗皮肤病,支气管炎,气喘
蚯蚓溶纤酶	蚯蚓	溶血栓
弹性蛋白酶	胰脏	治疗动脉硬化,降血脂
核糖核酸酶	胰脏	抗感染,祛痰,治肝癌
尿酸酶	牛肾	治疗痛风
L-精氨酸酶	微生物	抗癌
L-组氨酸酶	微生物	抗癌
L-蛋氨酸酶	微生物	抗癌
谷氨酰胺酶	微生物	抗癌
α-半乳糖苷酶	牛肝、人胎盘	治疗遗传缺陷病(弗勃莱症)
核酸类酶	生物体、人工改造	基因治疗,治疗病毒性疾病
降纤酶	蛇毒	溶血栓
木瓜凝乳蛋白酶	番木瓜、番木瓜细胞	治疗腰椎间盘突出,肿瘤辅助治疗
抗体酶	分子修饰、诱导	与特异抗原反应,清除各种致病性抗原
组织纤溶酶原激活剂	动物细胞、基因工程菌	治疗心肌梗死等血栓性疾病

现以一些常用的药用酶为例,简单介绍如下。

1)蛋白酶

蛋白酶(proteinase)是一类催化蛋白质水解的酶类。蛋白酶可用于治疗多种疾病,是在临床上使用最早、用途最广的药用酶之一。

常用于治疗消化不良和消炎等疾病蛋白酶主要有胰蛋白酶、胃蛋白酶、胰凝乳蛋白酶、木瓜蛋白酶、菠萝蛋白酶等。

①蛋白酶作为消化剂　用于治疗消化不良和食欲不振。使用时往往与淀粉酶、脂肪酶等制成复合制剂以增加疗效。例如,胰酶就是一种由胰蛋白酶、胰脂肪酶和胰淀粉酶等组成的复合酶制剂。作为消化剂使用时,蛋白酶一般制成片剂,以口服方式给药。

②蛋白酶作为消炎剂　治疗各种炎症有很好的疗效。常用的有胰蛋白酶、胰凝乳蛋白酶、菠萝蛋白酶、木瓜蛋白酶等。蛋白酶之所以有消炎作用,是由于它能分解一些蛋白质和多肽,使炎症部位的坏死组织溶解,增加组织的通透性,抑制浮肿,促进病灶附近组织积液的排出并抑制肉芽的形成。给药方式可以口服、局部外敷或肌肉注射等。

③蛋白酶作为静脉注射　治疗高血压。这是由于蛋白酶催化运动迟缓素原及胰血管舒张素原水解,除去部分肽段,而生成运动迟缓素和胰血管舒张素,从而使血压下降。

蛋白酶注射入人体后,可能引起抗原反应。通过酶分子修饰技术,可使抗原性降低或消除。另外,蛋白酶在使用时还可能产生某些局部过敏反应,要引起注意。

2)α-淀粉酶

α-淀粉酶(α-amylase)是催化淀粉水解生成糊精的一种淀粉水解酶,在食品、轻工和医药领域都有重要应用价值。在疾病治疗方面,淀粉酶可以治疗消化不良,食欲不振。当人体消化系统缺少淀粉酶或者在短时间内进食过量淀粉类食物时,往往引起消化不良,食欲不振的症状,服用含有淀粉酶的制剂,就可以达到帮助消化的效果。常用的有麦芽淀粉酶、胰淀粉酶、米曲霉淀粉酶(高峰淀粉酶)等,通常淀粉酶与蛋白酶、脂肪酶组成复合制剂使用。淀粉酶或者复合酶制剂大多制成片剂,以口服方式给药。

3)脂肪酶

脂肪酶(lipase)是催化脂肪水解的水解酶。当消化系统内缺乏脂肪酶或者在较短时间内进食过量脂肪类物质时,从食物中摄取的脂肪类物质就无法消化或者消化不完全,结果引起消化不良、食欲不振甚至腹胀、腹泻等病症。服用脂肪酶制剂具有治疗消化不良、食欲不振的功效。常用的有胰脂肪酶、酵母脂肪酶等。通常脂肪酶与蛋白酶、淀粉酶组成复合酶制剂,以口服方式给药。

4)溶菌酶

溶菌酶(lysozyme)也是一种应用广泛的药用酶,具有抗菌、消炎、镇痛等作用。溶菌酶主要从蛋清、植物和微生物中分离得到。

溶菌酶作用于细菌的细胞壁,可使病原菌、腐败性细菌等溶解死亡,对抗生素有耐药性的细菌同样起溶菌作用,具有显著疗效而对人体的副作用很小,是一种较为理想的药用酶。临床上主要用于治疗各种炎症。

溶菌酶与抗生素联合使用,可显著提高抗生素的疗效。常用于难治的感染病症的治疗。

溶菌酶可以与带负电荷的病毒蛋白、脱辅基蛋白、DNA、RNA 等形成复合物,所以具有抗病毒作用,常用于带状疱疹、腮腺炎、水痘、肝炎、流感等病毒性疾病的治疗。

5)超氧化物歧化酶

超氧化物歧化酶(SOD)是一种催化超氧负离子(O_2^-)进行氧化还原反应,生成氧和双氧水的氧化还原酶。超氧化物歧化酶主要从动物血液,大蒜、青梅等植物中提取分离得到,也可以通过微生物发酵得到。SOD 具有抗氧化、抗衰老、抗辐射作用。对红斑狼疮、皮肌炎、结肠炎及氧中毒等疾病有显著疗效。

SOD 可以通过注射、口服、外涂等方式给药。不管用何种给药方式,SOD 均未发现任何明显的副作用,也不会产生抗原性。所以 SOD 是一种多功效低毒性的药用酶。SOD 的主要缺点是它在体内的稳定性差,在血浆中半衰期只有 6～10 min。通过酶分子修饰可大大增加其稳定性,为 SOD 的临床使用创造条件。

6)L-天冬酰胺酶

L-天冬酰胺酶是第一种用于治疗癌症的酶,特别是对治疗白血病有显著疗效。

L-天冬酰胺酶(L-asparaginase)催化天冬酰胺水解,生成 L-天冬氨酸和氨。当 L-天冬酰胺酶注射进入人体后,人体的正常细胞内由于有天冬酰胺合成酶,可以合成 L-天冬酰胺而使蛋白质合成不受影响。而对于缺乏天冬酰胺合成酶的癌细胞来说,由于本身不能合成 L-天冬酰胺,外来的天冬酰胺又被 L-天冬酰胺酶分解掉,因此蛋白质合成受阻,从而导致癌细胞死亡。

注射天冬酰胺酶时,可能出现过敏反应,偶尔还可能出现过敏性休克。但停药后,这些副作用会消失。故此,在注射 L-天冬酰胺酶之前,应做皮下试验。在一般情况下,注射该酶可能出现的过敏性反应包括发热、恶心、呕吐、体重下降等。对比起可怕的白血病来说,这些副作用是轻微的痛苦,在未找到其他更好的治疗方法之前,是可以接受的。

7) 尿激酶

尿激酶(urokinase,UK)是一种具有溶解血栓功能的碱性蛋白酶。主要存在于人和其他哺乳动物尿液中,人尿中平均含量为 5~6 IU/mL。可以从尿液中分离得到。

尿液中天然存在的尿激酶相对分子质量约为 54 000,称为高相对分子质量尿激酶(H-UK);经过尿液中尿蛋白酶(uropepsin)的作用,去除部分氨基酸残基,可以生成相对分子质量为 33 000 的低相对分子质量的尿激酶(L-UK)。H-UK 的溶血栓能力比 L-UK 强。前者对纤溶酶原的 K_m 值为后者的 50%。

UK 可以激活纤溶酶原成为有溶解血纤维蛋白活性的纤溶酶。催化血纤维蛋白、血纤维蛋白原、凝血因子 V、Ⅶ等蛋白质或多肽水解,因而具有溶解血栓和抗凝血的功效。尿激酶是一种高效的血栓溶解药物。临床上用于治疗各种血栓性疾病,如心肌梗死、脑血栓、肺血栓、四肢动脉血栓症、视网膜血管闭塞症、风湿性关节炎等。

尿激酶的给药一般采用静脉注射或者局部注射方式。在治疗急性心肌梗死时,也可以采用冠状动脉灌注的方式。由于尿激酶对多种凝血蛋白都能水解,专一性较低,使用时要控制好剂量,以免引起全身纤溶性出血。

8) 纳豆激酶

纳豆激酶(nattokinase)是从日本的传统食品纳豆中分离得到的一种蛋白酶,是由纳豆生产过程中所使用的纳豆杆菌(属于枯草杆菌)生成的,也可以通过纳豆杆菌发酵生产。纳豆激酶可以催化血纤维蛋白水解,同时可以激活纤溶酶原成为纤溶酶,所以具有显著的溶解血栓的功效。

纳豆激酶的相对分子质量较小(约为 27 000),可以通过肠道黏膜进入体内,故此采用口服给药方式也可以达到溶栓效果。

9) 凝血酶

凝血酶(thrombin)是一种催化血纤维蛋白原水解,生成不溶性的血纤维蛋白,从而促进血液凝固的蛋白酶,可以从人或者动物血液中提取分离得到,也可以从蛇毒中分离得到,从蛇毒中获得的凝血酶成为蛇毒凝血酶(hemocoagulase),通常采用牛血、猪血生产。

凝血酶可以用于各种出血性疾病的治疗。

10) 组织纤溶酶原激活剂

纤溶酶原激活剂(plasminogen activator,PA)是一种丝氨酸蛋白酶。它可以催化纤溶酶原水解,生成具有溶纤活性的纤溶酶,在纤溶系统中有重要作用。

组织纤溶酶原激活剂激活纤溶酶原,形成纤溶酶,溶解血纤维蛋白,具有很强的溶纤功效,而且它具有很高的专一性,只对纤维蛋白有亲和性,而对纤维蛋白原的亲和力很低,所以引起全身纤溶性出血的可能性很小。尤其是 tPA 是采用人的 tPA 基因表达的产物,不存在抗原性问题,是一种较为理想的溶纤药物,在治疗心肌梗死、脑血栓等方面疗效显著。

11) 乳糖酶

乳糖酶（lactase）是一种催化乳糖水解生成葡萄糖和 β-半乳糖的水解酶。

通常人体小肠内有一些乳糖酶，用于乳糖的消化吸收，但是其含量随种族、年龄和生活习惯的不同而有所差别。有些人群，特别是部分婴幼儿，由于遗传上的原因缺乏乳糖酶，不能消化乳中的乳糖，致使饮奶后出现腹胀、腹泻等症状。服用乳糖酶或者在乳中添加乳糖酶可以消除或者减轻乳糖引起的腹胀、腹泻等症状。

12) 核酸类酶

核酸类酶（ribozyme）是一类具有生物催化功能的核糖核酸（RNA）分子。它可以催化本身 RNA 的剪切或剪接作用，还可以催化其他 RNA、DNA、多糖、酯类等分子进行反应。

核酸类酶具有抑制人体细胞某些不良基因和某些病毒基因的复制和表达等功能。据报道，一种发夹型核酸类酶，可使艾滋病毒（HIV）在受感染细胞中的复制率降低 90%，在牛血清病毒（BLV）感染的蝙蝠肺细胞中也观察到核酸类酶抑制病毒复制的结果。这些结果表明，适宜的核酸类酶或人工改造的核酸类酶可以阻断某些不良基因的表达，从而用于基因治疗或进行艾滋病等病毒性疾病的治疗。

任务 5.3　药物的酶法生产技术

药物的酶法生产是通过酶的催化作用，将酶的作用底物转化为药物的技术过程。

进行药物的酶法生产，首先要根据所需生产的药物的特点选择好所使用的酶和原料（酶作用的底物），确定酶的应用形式和反应体系，确定并控制好催化反应的条件等。并根据需要采用固定化酶或酶的非水相催化等技术，使药物的生产更具高效低耗的特点，以进一步提高质量、降低成本。

5.3.1　酶的选择与反应条件的确定与控制

选择适宜的酶并控制好催化反应的条件是药物的酶法生产过程关系到药物生产成败的关键内容，为此，必须根据生产药物的结构特点、使用范围、使用要求进行酶的选择，并根据酶的反应动力学性质，确定并控制好各种反应条件。

1) 酶的选择

酶法制药是在酶的作用下将原料转化为药物的过程，酶是酶法制药的主体，在生产过程中首先要根据下列因素进行酶的选择：

（1）根据生产的药物的结构特点选择所使用的酶

要生产一种药物，往往可以通过多种不同的途径，可以选用多种不同的酶，为此，首先要根据生产药物的化学结构，选定可能获得该药物的化学反应，以及催化该反应的酶。例如要生产 L-丙氨酸，可以选用丙氨酸转氨酶、L-天冬氨酸脱羧酶、丙氨酸脱氢酶等多种酶。

其中丙氨酸转氨酶（alanine aminotransferase，EC 2.6.1.2）是一种转移酶，催化 L-谷氨酸与丙

酮酸反应生成 L-丙氨酸和 α-酮戊二酸,反应式为:

$$L\text{-谷氨酸}+\text{丙酮酸}\longrightarrow L\text{-丙氨酸}+\alpha\text{-酮戊二酸}$$

L-天冬氨酸脱羧酶(aspartate decarboxylase,EC 4.1.1.12)是一种裂合酶,催化 L-天冬氨酸脱羧反应生成 L-丙氨酸和 CO_2,反应式为:

$$L\text{-天冬氨酸}\longrightarrow L\text{-丙氨酸}+ CO_2$$

丙氨酸脱氢酶(alanine dehydrogenase,EC 1.4.1.1)是一种氧化还原酶,催化丙酮酸还原氨基化生成 L-丙氨酸,其反应式为:

$$\text{丙酮酸}+ NH_3+NADH \longrightarrow L\text{-丙氨酸}+NAD+H_2O$$

要确定究竟选用哪一种酶,必须进一步根据底物的特点、副产物的特点来决定,同时还要考虑酶的供应是否充足、酶的成本是否低廉等因素。

(2)根据底物的特点选择所使用的酶

要通过酶的催化作用生产一种药物,必须要有适宜的底物(原料),生产同一种药物,往往可以使用几种不同的底物,例如上述 L-丙氨酸的生产,可以使用 L-天冬氨酸一种化合物为底物,也可以采用 L-谷氨酸和丙酮酸两种化合物为底物,还可以采用丙酮酸、氨和 NADH 三种化合物为底物等。采用不同的底物时,所使用的酶当然也不同。为此,应当根据所使用的底物的种类、来源、成本等进行酶的选择。因此,从底物的特点来看,酶法生产 L-丙氨酸宜选择只需一种底物的 L-天冬氨酸脱羧酶。

(3)根据副产物的特点选择所使用的酶

在酶法制药的过程中,通过酶的催化作用,反应液中往往有多种产物,除了所需生产的药物以外,其他产物则为酶法制药的副产物,这些副产物的存在会造成药物分离纯化的困难,从而影响药物的质量和生产成本。例如上述 L-丙氨酸的生产,采用谷丙转氨酶时,副产物为 α-酮戊二酸;采用 L-天冬氨酸脱羧酶时,副产物为 CO_2;采用丙氨酸脱氢酶时,副产物为 NAD。故此,从产物的特点来看,酶法生产 L-丙氨酸还是以选用 L-天冬氨酸脱羧酶为好,因为该酶的催化反应副产物只有 CO_2,易于分离纯化。

(4)根据生产要求确定酶的使用形式

确定了所使用的酶以后,还需要进一步考虑酶的使用形式,确定是使用游离酶还是使用固定化酶。使用游离酶进行催化具有设备简单、操作方便、单价较低等特点,但是游离酶只能一次使用,反应后酶与产物混在一起难于分离,使用固定化酶进行催化则具有酶的稳定性提高、可以反复或连续使用、易于和产物分离等特点,但是酶经过固定化后也存在活力有所损失、单价较高等缺点。为此必须根据药物生产的要求和特点,综合考虑产品的质量和生产成本等因素,确定酶的使用形式。

2)酶催化反应体系和反应条件的确定

在酶的种类和使用形式确定之后,必须根据生产的要求,底物、产物的性质和酶反应动力学特点选择所采用的催化反应体系和反应条件。

(1)根据底物、产物的性质和生产的要求选择催化反应体系

酶催化反应体系主要有水溶液反应体系、有机介质反应体系、气相介质反应体系、超有机溶剂介质、超临界流体介质反应体系、离子液介质反应体系等。

在酶法制药的过程中,首先要根据底物或者产物的溶解性质和生产的要求选择反应体系。

酶都能溶解于水,大多数酶的作用底物和反应产物也都可以溶解于水,所以酶法制药通常采用水溶液反应体系。然而有些酶作用的底物或者反应产物不溶于水或者难溶于水,就应当采用各种非水介质反应体系,例如脂肪酶催化转酯反应,其底物和产物都不溶于水,可以选择有机介质反应体系等。

选择反应体系还必须根据生产的要求,如果要求生产单一对映体的药物,由于在非水介质反应体系中酶的对映体选择性较高,就可以选择有机介质等非水反应体系进行催化反应。

(2)根据酶反应动力学性质确定催化反应的条件

酶催化反应的条件是酶进行正常催化反应的保证,如果条件不适宜,催化反应将难于进行或者反应速度降低。为此,必须根据酶的反应动力学性质确定催化反应的各种条件,主要包括底物浓度、酶浓度、温度、pH、激活剂的浓度等。

5.3.2　固定化酶及其在制药方面的应用

固定化酶是指固定在载体上并在一定的空间范围内进行催化反应的酶。

固定化酶的研究从 20 世纪 50 年代开始,1953 年联邦德国的格鲁布霍费(Grubhofer)和施莱思(Schleith)采用聚氨基苯乙烯树脂为载体,经重氮化法活化后,分别与羧肽酶、淀粉酶、胃蛋白酶、核糖核酸酶等结合,而制成固定化酶。20 世纪 60 年代后期,固定化技术迅速发展,1969 年,日本的千畑一郎首次在工业生产规模应用固定化氨基酰化酶从 D,L-氨基酸连续生产 L-氨基酸,实现了酶应用史上的一大变革。此后,固定化技术迅速发展,促使酶工程成为一个独立的学科从发酵工程中脱颖而出。对于固定化酶的名称,曾经有过固相酶、水不溶酶、固定酶等多种,但都不能确切地表达。在 1971 年召开的第一次国际酶工程学术会议上,确定固定化酶的统一英文名称为 immobilized enzyme。

酶经过固定化后,能够在一定的空间范围内进行催化反应,但是由于受到载体的影响,酶的结构发生了某些改变,从而使酶的催化特性发生某些改变。固定化酶既保持了酶的催化特点,又克服了游离酶的某些不足之处,具有增加稳定性,可反复或连续使用以及易于和反应产物分开等显著优点。

在固定化酶的研究制备过程中,起初都是采用经提取和分离纯化后的酶进行固定化。随着固定化技术的发展,也可采用含酶菌体或菌体碎片进行固定化,直接应用菌体或菌体碎片中的酶或酶系进行催化反应,这称之为固定化菌体。1973 年,日本首次在工业上成功地应用固定化大肠杆菌菌体中的天冬氨酸酶,由反丁烯二酸连续生产 L-天冬氨酸。

1)固定化方法

酶的固定化方法(immobilization method)多种多样,主要有吸附法、包埋法、结合法、交联法和热处理法等(表 5.3),现分述如下:

表 5.3　固定化方法及其特点

固定化方法	载　　体	特　　点
吸附法	活性炭、氧化铝、硅胶土、多孔陶瓷、多孔玻璃、硅胶、羟基磷灰石、多孔塑料等固体吸附剂、微载体、中空纤维	操作简便,条件温和,不会引起酶变性失活,结合不牢固,容易脱落,载体可以再生

续表

固定化方法		载　体	特　点
包埋法	凝胶包埋法	各种多孔凝胶	适用于多种酶的固定化。不适用于那些底物或产物分子很大的酶类的固定化
	半透膜包埋法	聚酰胺膜、火棉胶膜等半透膜	适用于底物和产物都是小分子物质的酶的固定化
结合法	离子键结合法	DEAE-纤维素、TEAE-葡聚糖凝胶离子交换剂等	条件温和,操作简便,活力损失较少。结合力较弱,结合不牢固,载体可以再生
	共价键结合法	纤维素、各种多孔凝胶、甲壳质、氨基酸共聚物等	结合很牢固,酶不会脱落,可以连续使用较长时间,酶活性损失较大
交联法		戊二醛、乙二胺、顺丁烯二酸酐、双偶氮苯等双功能团试剂	结合牢固,可以长时间使用,交联反应条件激烈,酶分子的多个基团被交联,酶活力损失较大
热处理固定化法		将含酶细胞在一定温度下加热处理一段时间,使酶固定在无活性的细胞内	只要用于那些热稳定性较好的酶固定化,要严格控制好加热温度和时间,以免引起酶的变性失活

（1）吸附法

利用各种固体吸附剂将酶吸附在其表面上,而使其固定化的方法称为物理吸附法,简称吸附法。

物理吸附法常用的固体吸附剂有活性炭、氧化铝、硅藻土、多孔陶瓷、多孔玻璃、硅胶、羟基磷灰石、多孔塑料、金属丝网、微载体和中空纤维等。

采用吸附法制备固定化酶,操作简便,条件温和,不会引起酶变性失活,载体廉价易得,而且可反复使用。但由于靠物理吸附作用,结合力较弱,酶或细胞与载体结合不牢固而容易脱落,所以使用受到一定的限制。

（2）包埋法

将酶包埋在各种多孔载体中,使其固定化的方法称为包埋法。

包埋法制备固定化酶时,根据载体材料和方法的不同,可分为凝胶包埋法和半透膜包埋法两大类。

①凝胶包埋法　以各种多孔凝胶为载体,将酶包埋在凝胶的微孔内的固定化方法称为凝胶包埋法。凝胶包埋法是应用最广泛的固定化方法,适用于多种酶、微生物、动物细胞、植物细胞和原生质体的固定化。

酶分子的直径一般只有几个纳米,为防止包埋固定化后酶从凝胶中泄漏出来,凝胶的孔径应控制在小于酶分子直径的范围内,这样对于大分子底物的进入和大分子产物的扩散出去都是不利的。所以凝胶包埋法不适用于那些底物或产物分子很大的酶类的固定化。

凝胶包埋法所使用的载体主要有琼脂、海藻酸钙凝胶、角叉菜胶、明胶、聚丙烯酰胺凝胶和光交联树脂等。现把一些主要凝胶的包埋方法介绍如下：

a. 琼脂凝胶包埋法：将一定量的琼脂加到一定体积的水中，加热使之溶解，然后冷却至 48～55 ℃，加入一定量的酶液，迅速搅拌均匀后，趁热将混悬液分散在预冷的甲苯或四氯乙烯溶液中，形成球状固定化胶粒，分离后洗净备用。也可将混悬液摊成薄层，待其冷却凝固后，在无菌条件下，将固定化胶层切成所需的形状。由于琼脂凝胶的机械强度较差，而且氧气、底物和产物的扩散较困难，故其使用受到限制。

b. 海藻酸钙凝胶包埋法：称取一定量的海藻酸钠溶于水，配制成一定浓度的海藻酸钠溶液，经杀菌冷却后，与一定体积的酶液混合均匀，然后用注射器或滴管将悬液滴到一定浓度的氯化钙溶液中，形成球状固定化胶粒。

海藻酸钙凝胶包埋法制备固定化酶的操作简便，条件温和，无毒性，通过改变海藻酸钠的浓度可以改变凝胶的孔径，适合于多种酶的固定化。但磷酸盐会使凝胶结构破坏，在使用时应控制好磷酸盐的浓度，并要在反应液中保持一定浓度的钙离子，以维持凝胶结构的稳定性。

c. 角叉菜胶包埋法：将一定量的角叉菜胶悬浮于一定体积的水中，加热溶解、灭菌后，冷却至 35～50 ℃，与一定量的酶液混匀，趁热滴到预冷的氯化钾溶液中，或者先滴到冷的植物油中，成型后再置于氯化钾溶液中，制成小球状固定化胶粒，也可按需要制成片状或其他形状。

角叉菜胶还可以用钾离子以外的其他阳离子，如 NH_4^+、Ca^{2+} 等，使之凝聚成型。角叉菜胶具有一定的机械强度，若使用浓度较低，强度不够时，可用戊二醛等交联剂再交联处理，进行双重固定化。

角叉菜胶包埋法操作简便，对酶无毒害，通透性能较好，是一种良好的固定化载体。

d. 明胶包埋法：配制一定浓度的明胶悬浮液，加热溶化、灭菌后，冷却至 35 ℃ 以下，与一定浓度的酶液混合均匀，冷却凝聚后做成所需形状。若机械强度不够时，可用戊二醛等双功能试剂交联强化。由于明胶是一种蛋白质，明胶包埋法不适用于蛋白酶的固定化。

e. 聚丙烯酰胺凝胶包埋法：先配制一定浓度的丙烯酰胺和甲叉双丙烯酰胺的溶液，与一定浓度的酶液混合均匀，然后加入一定量的过硫酸钙和四甲基乙二胺（TEMED），混合后让其静置聚合，获得所需形状的固定化胶粒。用聚丙烯酰胺凝胶制备的固定化细胞机械强度高，可通过改变丙烯酰胺的浓度以调节凝胶的孔径，适用于多种酶的固定化。然而由于丙烯酰胺单体对某些酶有一定的毒害作用，在聚合过程中，应尽量缩短聚合时间，以减少酶与丙烯酰胺单体的接触时间。

f. 光交联树脂包埋法：选用一定相对分子质量的光交联树脂预聚物，如相对分子质量为 1 000～3 000 的光交联聚氨酯预聚物等，加入1%左右的光敏剂，加水配成一定浓度，加热至 50 ℃ 左右使之溶解，然后与一定浓度的酶液混合均匀，摊成一定厚度的薄层，用紫外光照射 3 min 左右，即可交联固定化，然后在无菌条件下，切成一定形状。

光交联树脂包埋法制备固定化酶是行之有效的方法，通过选择不同分子量的预聚物可使聚合而成的树脂孔径得以改变，适合于多种不同直径的酶分子的固定化；光交联树脂的强度高，可连续使用较长的时间；用紫外光照射几分钟就可完成固定化，时间短，对酶没有明显的影响。

②半透膜包埋法　半透膜包埋法是将酶包埋在由各种高分子聚合物制成的半透膜小球内，制成固定化酶。常用于制备固定化酶的半透膜有聚酰胺膜、火棉胶膜等。

半透膜的孔径为零点几个纳米至几个纳米,比一般酶分子的直径小些,固定化的酶不会从小球中漏出来。但只有小于半透膜孔径的小分子底物和小分子产物可以自由通过半透膜,而大于半透膜孔径的大分子底物或大分子产物却无法进出。故此,半透膜包埋法适用于底物和产物都是小分子物质的酶的固定化,如脲酶、天冬酰胺酶、尿酸酶、过氧化氢酶等。

半透膜包埋法制成的固定化酶小球,直径一般只有几微米至几百微米,称为微胶囊。制备时,一般是将酶液分散在与水互不相溶的有机溶剂中,再在酶液滴表面形成半透膜,将酶包埋在微胶囊之中。例如将欲固定化的酶及亲水性单体(如己二胺)溶于水制成水溶液,另外将疏水性单体(如癸二酰氯)溶于与水不相溶的有机溶剂中,然后将这两种不相溶的液体混合在一起,加入乳化剂(如 Span-85)进行乳化,使酶液分散成小液滴,此时亲水性的己二胺与疏水性的癸二酰氯就在两相的界面上聚合成半透膜,将酶包埋在小球之内。再加进吐温-20,使乳化破坏,用离心分离即可得到用半透膜包埋的微胶囊型的固定化酶。

(3)结合法

选择适宜的载体,使之通过共价键或离子键与酶结合在一起的固定化方法称为结合法。

根据酶与载体结合的化学键不同,结合法可分为离子键结合法和共价键结合法。

①离子键结合法 通过离子键使酶与载体结合的固定化方法称为离子键结合法。离子键结合法所使用的载体是某些不溶于水的离子交换剂。常用的有 DEAE-纤维素、TEAE-纤维素、DEAE-葡聚糖凝胶等。

用离子键结合法进行酶固定化,条件温和,操作简便。只需在一定的 pH 值、温度和离子强度等条件下,将酶液与载体混合搅拌几个小时,或者将酶液缓慢地流过处理好的离子交换柱就可使酶结合在离子交换剂上,制备得到固定化酶。例如,将处理成—OH 型的 DEAE-葡聚糖凝胶加至含有氨基酰化酶的 0.1 mol/L 的 pH 7.0 磷酸缓冲液中,于 37 ℃条件下,搅拌 5 h,氨基酰化酶就可与 DEAE-葡聚糖凝胶通过离子键结合,制成固定化氨基酰化酶。或者将处理过的 DEAE-葡聚糖凝胶装进离子交换柱,用氢氧化钠处理,使之成为—OH 型,用无离子水冲洗,再用 pH 7.0 的 0.1 mol/L 磷酸缓冲液平衡备用。另将一定量的氨基酰化酶溶于 pH 7.0 的 0.1 mol/L 磷酸缓冲液中配成一定浓度的酶液,在 37 ℃的条件下,让酶慢慢流过离子交换柱,就可制备成固定化氨基酰化酶,用于拆分乙酰-D,L-氨基酸,生产 L-氨基酸。

用离子键结合法制备的固定化酶,活力损失较少。但由于通过离子键结合,结合力较弱,酶与载体的结合不牢固,在 pH 和离子强度等条件改变时,酶容易脱落,所以用离子结合法制备的固定化酶,在使用时一定要严格控制好 pH、离子强度和温度等操作条件。

②共价键结合法 通过共价键将酶与载体结合的固定化方法称为共价键结合法。

共价键结合法所采用的载体主要有纤维素、琼脂糖凝胶、葡聚糖凝胶、甲壳质、氨基酸共聚物、甲基丙烯醇共聚物等。

酶分子中可以形成共价键的基团主要有氨基、羧基、巯基、羟基、酚基和咪唑基等。要使载体与酶形成共价键,必须首先使载体活化,即借助于某种方法,在载体上引进一活泼基团。然后此活泼基团再与酶分子上的某一基团反应,形成共价键。

使载体活化的方法很多,主要的有重氮法、叠氮法、溴化氰法和烷基化法等。用共价键结合法制备的固定化酶,结合很牢固,酶不会脱落,可以连续使用较长时间。但载体活化的操作复杂,比较麻烦,同时由于共价结合时可能影响酶的空间构象而影响酶的催化活性,酶活性损失较大。现在已有活化载体的商品出售,商品名为偶联凝胶(coupling gel)。偶联凝胶有多种型号,如溴化氰活化的琼脂糖凝胶4B、活化羧基琼脂糖凝胶4B等。在实际应用时,选择适宜的偶联凝胶,可免去载体活化的步骤而很简便地制备固定化酶。在选择偶联凝胶时,一方面要注意偶联凝胶的特性和使用条件;另一方面要了解酶的结构特点,要避免酶活性中心上的基团被偶联而引起失活,也要注意酶在与载体偶联后可能引起酶活性中心的构象变化而影响酶的催化能力。

(4)交联法

借助双功能团试剂使酶分子之间发生交联作用,制成网状结构的固定化酶的方法称为交联法。常用的双功能团试剂有戊二醛、己二胺、顺丁烯二酸酐、双偶氮苯等。其中应用最广泛的是戊二醛。

戊二醛有两个醛基,这两个醛基都可与酶或蛋白质的游离氨基反应,形成席夫(Schiff)碱,而使酶或菌体蛋白交联,制成固定化酶或固定化菌体。

用戊二醛交联时采用的pH值一般与被交联的酶或蛋白质的等电点相同。

交联法制备的固定化酶结合牢固,可以长时间使用。但由于交联反应条件较激烈,酶分子的多个基团被交联,致使酶活力损失较大,而且制备成的固定化酶的颗粒较小,给使用带来不便。为此,可将交联法与吸附法或包埋法联合使用,以取长补短。例如,将酶先用凝胶包埋后再用戊二醛交联,或先将酶用硅胶等吸附后再进行交联等。这种固定化方法称为双重固定化法。双重固定化法已在酶和菌体固定化方面广泛采用,可制备出酶活性高、机械强度又好的固定化酶或固定化菌体。

(5)热处理固定化法

将含酶细胞在一定温度下加热处理一段时间,使酶固定在菌体内,而制备得到固定化菌体。热处理法只适用于那些热稳定性较好的酶的固定化,在加热处理时,要严格控制好加热温度和时间,以免引起酶的变性失活。热处理也可与交联法或其他固定化法联合使用,进行双重固定化。

2)固定化酶的特性

将酶固定化制成固定化酶以后,可以基本保持酶的空间结构和活性中心的完整性,能够在一定的空间范围内进行催化反应,但是由于受到载体的影响,酶的结构发生了某些改变,从而使酶的催化特性发生某些变化。

在固定化酶的使用过程中必须了解其特性并对操作条件加以适当的调整。现将固定化酶的主要特性介绍如下:

(1)稳定性

固定化酶的稳定性一般比游离酶的稳定性好。主要表现在:

①对热的稳定性提高,可以耐受较高的温度。

②保存稳定性好,可以在一定条件下保存较长时间。

③对蛋白酶的抵抗性增强,不易被蛋白酶水解。

④对变性剂的耐受性提高,在尿素、有机溶剂和盐酸胍等蛋白质变性剂的作用下,仍可保留较高的酶活力等。

(2)最适温度

固定化酶的最适作用温度一般与游离酶差不多,活化能也变化不大。但有些固定化酶的最适温度与游离酶比较会有较明显的变化。例如用重氮法制备的固定化胰蛋白酶和胰凝乳蛋白酶,其作用的最适温度比游离酶高 5~10 ℃;以共价结合法固定化的色氨酸酶,其最适温度比游离酶高 5~15 ℃。同一种酶,在采用不同的方法或不同的载体进行固定化后,其最适温度也可能不同。例如氨基酰化酶,用 DEAE-葡聚糖凝胶经离子键结合法固定化后,其最适温度(72 ℃)比游离酶的最适温度(60 ℃)提高 12 ℃;用 DEAE-纤维素固定化后,其最适温度(67 ℃)比游离酶提高 7 ℃;而用烷基化法固定化的氨基酰化酶,其最适温度却比游离酶有所降低。由此可见,固定化酶作用的最适温度可能会受到固定化方法和固定化载体的影响,在使用时要加以注意。

(3)最适 pH

酶经过固定化后,其作用的最适 pH 往往会发生一些变化。这一点在使用固定化酶时,必须引起注意。影响固定化酶最适 pH 的因素主要有两个:一个是载体的带电性质;另一个是酶催化反应产物的性质。

①载体性质对最适 pH 的影响 载体的性质对固定化酶作用的最适 pH 有明显的影响。一般说来,用带负电荷的载体制备的固定化酶,其最适 pH 比游离酶的最适 pH 高(即向碱性一侧移动);用带正电荷载体制备的固定化酶的最适 pH 比游离酶的最适 pH 低(即向酸性一侧移动);而用不带电荷的载体制备的固定化酶,其最适 pH 一般不改变(有时也会有所改变,但不是由于载体的带电性质所引起的)。

②产物性质对最适 pH 的影响 酶催化作用的产物的性质对固定化酶的最适 pH 有一定的影响。一般说来,催化反应的产物为酸性时,固定化酶的最适 pH 要比游离酶的最适 pH 高一些;产物为碱性时,固定化酶的最适 pH 要比游离酶的最适 pH 低一些;产物为中性时,最适pH 一般不改变。这是由于固定化载体成为扩散障碍,使反应产物向外扩散受到一定的限制所造成的。当反应产物为酸性时,由于扩散受到限制而积累在固定化酶所处的催化区域内,使此区域内的 pH 降低,必须提高周围反应液的 pH,才能达到酶所要求的 pH。为此,固定化酶的最适 pH 比游离酶要高一些。反之,反应产物为碱性时,由于它的积累使固定化酶催化区域的pH 升高,因此使固定化酶的最适 pH 比游离酶的最适 pH 要低一些。

(4)底物特异性

固定化酶的底物特异性与游离酶比较可能有些不同,其变化与底物分子量的大小有一定关系。对于那些作用于低分子底物的酶,固定化前后的底物特异性没有明显变化。例如氨基酰化酶、葡萄糖氧化酶、葡萄糖异构酶等,固定化酶的底物特异性与游离酶的底物特异性相同。而对于那些可作用于大分子底物,又可作用于小分子底物的酶而言,固定化酶的底物特异性往往会发生变化。例如胰蛋白酶既可作用于高分子的蛋白质,又可作用于低分子的二肽或多肽,固定在羧甲基纤维素上的胰蛋白酶,对二肽或多肽的作用保持不变,而对酪蛋白的作用仅为游离酶的 3% 左右;以羧甲基纤维素为载体经叠氮法制备的核糖核酸酶,当以核糖核酸为底物时,催化速度仅为游离酶的 2% 左右,而以环化鸟苷酸为底物时,催化速度可达游离酶的 50%~60%。

固定化酶底物特异性的改变,是由于载体的空间位阻作用引起的。酶固定在载体上以后,使大分子底物难于接近酶分子而使催化速度大大降低,而分子量较小的底物受空间位阻作用的影响较小或不受影响,故与游离酶的作用没有显著不同。

3) 固定化酶在药物生产中的应用

固定化酶既保持了酶的催化特性,又克服了游离酶的不足之处,具有如下显著的优点:酶经过固定化后稳定性增加,减少温度、pH、有机溶剂和其他外界因素对酶的活力的影响,可以较长期地保持较高的酶活力;固定化酶可反复使用或连续使用较长时间,提高酶的利用价值,降低生产成本;固定化酶易于和反应产物分开,有利于产物的分离纯化,从而提高产品质量。因此,固定化酶已广泛地应用于医药、食品、工业、农业、环保、能源和科学研究等领域。这里只介绍固定化酶在药物生产方面应用的一些例子。

①氨基酰化酶 这是世界上第一种工业化生产的固定化酶,可以用于生产各种 L-氨基酸药物。1969 年,日本田边制药公司将从米曲霉中提取分离得到的氨基酰化酶,用 DEAE-葡聚糖凝胶为载体通过离子键结合法制成固定化酶,将 L-乙酰氨基酸水解生成 L-氨基酸,用来拆分 D,L-乙酰氨基酸,连续生产 L-氨基酸。剩余的 D-乙酰氨基酸经过消旋化,生成 D,L-乙酰氨基酸,再进行拆分。生产成本仅为用游离酶生产成本的 60% 左右。

②青霉素酰化酶 这是在药物生产中广泛应用的一种固定化酶。可用多种方法固定化。1973 年已用于工业化生产,用于制造各种半合成青霉素和头孢菌素。用同一种固定化青霉素酰化酶,只要改变 pH 等条件,就既可以催化青霉素或头孢菌素水解生成 6-氨基青霉烷酸(6-APA)或 7-氨基头孢霉烷酸(7-ACA),也可以催化 6-APA 或 7-ACA 与其他的羧酸衍生物进行反应,以合成新的具有不同侧链基团的青霉素或头孢霉素。

③天冬氨酸酶 1973 年日本用聚丙烯酰胺凝胶为载体,将具有高活力天冬氨酸酶的大肠杆菌菌体包埋制成固定化天冬氨酸酶,用于工业化生产,将延胡索酸转化生产 L-天冬氨酸。1978 年以后,改用角叉菜胶为载体制备固定化酶,也可将天冬氨酸酶从大肠杆菌细胞中提取分离出来,再用离子键结合法制成固定化酶,用于工业化生产。

④天冬氨酸-β-脱羧酶 将含天冬氨酸-β-脱羧酶的假单胞菌菌体,用凝胶包埋法制成固定化天冬氨酸-β-脱羧酶,于 1982 年用于工业化生产,催化 L-天冬氨酸脱去 β-羧基,生产 L-丙氨酸。

5.3.3 酶在制药方面的应用

酶在制药方面的应用是利用酶的催化作用将前体物质转变为药物。现已有不少药物都是由酶法生产的(表 5.4)。

表5.4 酶在制药方面的应用

酶	主要来源	用途
青霉素酰化酶	微生物	制造半合成青霉素和头孢菌素
11β-羟化酶	霉菌	制造氢化可的松
L-酪氨酸转氨酶	细菌	制造多巴(L-二羟苯丙氨酸)
β-酪氨酸酶	植物	制造多巴
α-甘露糖苷酶	链霉菌	制造高效链霉素
核苷磷酸化酶	微生物	生产阿糖腺苷
氨基酰化酶	米曲霉等微生物	生产 L-氨基酸
5'-磷酸二酯酶	桔青霉等微生物	生产各种核苷酸

续表

酶	主要来源	用　途
多核苷酸磷酸化酶	微生物	生产聚肌胞,聚肌苷酸
无色杆菌蛋白酶	细菌	由猪胰岛素转变为人胰岛素
核糖核酸酶	微生物	生产核苷酸
蛋白酶	动物、植物、微生物	生产水解蛋白、L-氨基酸
β-葡萄糖苷酶	黑曲霉等微生物	生产人参皂苷-Rh2
谷氨酸脱羧酶	大肠杆菌	生产 γ-氨基酸
β-天冬氨酸脱羧酶	大肠杆菌	生产 L-丙氨酸

实训 5.1　L-天冬氨酸的生产

一、实验目的

①理解 L-天冬氨酸的制备原理。

②掌握 L-天冬氨酸的制备工艺和操作要点。

二、实验原理

天冬氨酸(aspartic acid,Asp)属酸性氨基酸,广泛存在于所有蛋白质中。在医药工业中,多用酶合成法生成天冬氨酸,即以毕胡索酸和铵盐为原料经天冬氨酸酶催化生产 L-天冬氨酸。天冬氨酸参与鸟氨酸循环,促进氧和二氧化碳生成尿素,可降低血氨和二氧化碳浓度,增强肝功能,消除疲劳,用于治疗慢性肝炎、肝硬化及高氨血症。

三、实验仪器和试剂

蛋白胨、NaCl、玉米浆、延胡索酸、硫酸镁、氨水、明胶、戊二醛、填充床式反应器等。

四、实验材料

大肠杆菌(E. coli)AS1.881。

五、实验方法与步骤

1)生产工艺路线

L-天冬氨酸总生产工艺流程,如图 5.2 所示。

培养基制备 ──接种─→ 扩大培养种子液 ──HCl调pH 5.0, 45 ℃保温1 h─→ 菌体 ──40 ℃保温─→
　　　　大肠杆菌AS1.811　　　　　　　　冷却至室温, 收集　　　　　　　搅拌摇匀, 5 ℃过夜

固定化E.coli ──填充─→ 生物反应堆 ──流加37 ℃, 1 mol/L延胡索酸─→ 转化液 ──分离─→ L-天冬氨酸粗品 ──纯化─→
　　　　　　　　　　　　　　　　　　　　转化

L-天冬氨酸精品

图 5.2　L-天冬氨酸生产工艺流程

2)生产工艺过程及控制要点

(1)菌种培养

先在斜面培养基上培养大肠杆菌(*E. coli*)AS1.881,培养基为普通肉汁培养基。再接种于摇瓶培养基中,培养基成分为玉米浆 7.5%、延胡索酸 2.0%、硫酸镁 0.02%,氨水调 pH 至 6.0,煮沸,过滤分装,每瓶装量 50～100 mL:37 ℃振摇培养 24 h,逐渐扩大培养至 1 000～2 000 L。用 1 mol/L 盐酸调 pH 至 5.0,45 ℃保温 1 h,冷却至室温,收集菌体(含天冬氨酸酶)。

(2)细胞固定

取湿 *E. coli* 菌体 20 kg 悬浮于生理盐水 80 L 中,40 ℃保温,加入 40 ℃、12% 明胶溶液 10 L 及 1.0% 戊二醛溶液 90 L,充分搅拌摇匀,5 ℃过夜,切成 3～5 mm 的小块,浸于 0.25% 戊二醛溶液中过夜,蒸馏水充分洗涤,滤干得含天冬氨酸酶的固定化 *E. coli*。

(3)生物反应堆的制备

将含天冬氨酸酶的固定化 *E. coli* 装于填充床式反应器(φ40 cm×200 cm)中,制成生物反应堆,备用。

(4)转化反应

将保温至 37 ℃的 1 mol/L 延胡索酸(含 1 mmol/L 氯化镁,pH 8.5)底物液按一定速度连续流过生物反应堆,流速以达最大转化率(>95%)为限度,收集转化液。

(5)纯化与精制

转化液过滤,滤液用 1 mol/L 盐酸调节 pH 2.8,5 ℃过夜,滤取结晶,用少量冷水洗涤,抽干,105 ℃干燥得 L-天冬氨酸粗品。粗品用 pH 5.0 稀氨水溶解成 15% 溶液,加 10 g/L 活性炭,70 ℃搅拌脱色 1 h,过滤,滤液于 5 ℃过夜,滤取晶体,85 ℃真空干燥得 L-天冬氨酸精品。

实训 5.2 6-氨基青霉烷酸的生产

一、实验目的

①理解 6-氨基青霉烷酸的制备原理。
②掌握 6-氨基青霉烷酸的制备工艺和操作要点。

二、实验原理

青霉素 G 或青霉素 V 经青霉素酰化酶作用水解除去侧链后的产物称为 6-氨基青霉烷酸(6-APA),也称无侧链青霉素。6-APA 是产生半合成青霉素的最基本原料。目前为止,以 6-APA 为原料已合成近 3 万种衍生物,并已筛选出数十种耐酸、低毒及具有广谱抗菌作用的半合成青霉素。

三、实验仪器和试剂

蛋白胨、NaCl、苯乙酸、NaOH、戊二醛、磷酸缓冲液、活性炭、反应罐、摇床、离心机等。

四、实验材料

大肠杆菌(*E. coli*)D816。

五、实验方法与步骤

1)生产工艺流程

6-APA 生产工艺流程如图 5.3 所示。

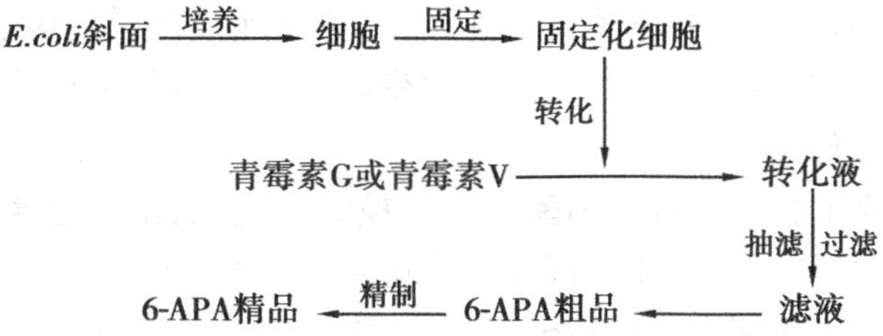

图 5.3 6-APA 生产工艺流程

2)操作控制工艺要点

(1)大肠杆菌的培养

斜面培养基为普通肉汁琼脂培养基,发酵培养基的成分为蛋白胨2%、NaCl 0.5%、苯乙酸0.2%,自来水配制。用 2 mol/L NaOH 溶液调 pH 至 7.0,在 55.16 kPa 的压力下灭菌 30 min后备用。在 250 mL 三角烧瓶中加入发酵培养液 30 mL,将斜面接种后培养 18 ~ 30 h 的 E. coli D816(产青霉素酰化酶)用 15 mL 无菌水制成菌细胞悬液,取 1 mL 悬浮液接种至装有 30 mL发酵培养基的三角烧瓶中,在摇床上 28 ℃、170 r/min 振荡培养 15 h,如此依次扩大培养,直至1 000 ~ 2 000 L 规模通气搅拌培养。培养结束后用高速管式离心机离心收集菌体,备用。

(2)E. coli 固定化

取 E. coli 湿菌体 1 000 kg,置于 40 ℃反应罐中,在搅拌下加入 10% 明胶溶液 50 L,搅拌均匀后加入 25% 戊二酸 5 L,再转移至搪瓷盘中,使之成为 3 ~ 5 cm 厚的液层,室温放置 2 h,再转移至4 ℃冷库过夜,待形成固体凝胶块后,通过粉碎和过筛,使其成为直径为 2 mm 左右的颗粒状固定化 E. coli 细胞,用蒸馏水及 0.3 mol/L、pH 7.5 磷酸缓冲液先后充分洗涤,抽干、备用。

(3)固定化 E. coli 反应堆制备

将上述充分洗涤后的固定化 E. coli 细胞装填于带保温夹套的填充床反应器中,即成为固定化 E. coli 反应堆,反应器规格为 $\phi70$ cm ×160 cm。

(4)转化反应

取 2 kg 青霉素 G 或青霉素 V 钾盐,加入到 1 000 L 配料罐中,用 0.03 mol/L、pH 7.5 磷酸缓冲液溶解并使青霉素钾盐浓度为 3%,用 2 mol/L NaOH 溶液调 pH 至 7.5 ~ 7.8,然后将反应器及 pH 调节罐中的反应液温度升到 40 ℃;维持反应体系的 pH 为 7.5 ~ 7.8,以 70 L/min 流速使青霉素钾盐溶液通过固定化 E. coli 反应堆进行循环转化,直至转化液 pH 不变为止。循环时间一般为 3 ~ 4 h。反应结束后,放出转化液,再进入下一批反应。

(5)6-APA 的提取

上述转化液经过滤澄清后,滤液用薄膜浓缩器减压浓缩至 100 L 左右;冷却至室温后,于 250 L搅拌罐中加 50 L 乙酸丁酯充分搅拌提取 10 ~ 15 min,取下层水相,加 1% 活性炭,于 70 ℃搅拌脱色 30 min,滤除活性炭;滤液用 6 mol/L HCl 调 pH 至 4.0 左右,5 ℃放置结晶过滤,用少量冷水洗涤,抽干,115 ℃烘干 2 ~ 3 h,得成品 6-APA。按青霉素 G 计,产率一般为 70% ~ 80%。

• 项目小结 •

　　酶工程制药是生物制药的主要内容之一，主要包括药用酶的生产和酶法制药两方面的技术。

　　酶是生物催化剂，具有催化剂的共同性质，即可以加快化学反应的速度，但不改变应的平衡点，在反应前后本身的结构和性质不改变。与非酶催化剂相比，酶具有专一性强、催化效率高和作用条件温和等显著特点。

　　酶的生产与应用的技术过程称为酶工程。换句话说，酶工程是通过人工操作获得人们所需的酶，并通过各种方法使酶发挥其催化功能的技术过程。

　　药用酶的生产方法可以分为提取分离法、生物合成法和化学合成法 3 种。其中，提取分离法是最早采用而沿用至今的方法，生物合成法是 20 世纪 50 年代以来酶生产的主要方法，而化学合成法至今仍然停留在实验室阶段。

　　药物的酶法生产是通过酶的催化作用，将酶的作用底物转化为药物的技术过程。

　　进行药物的酶法生产，首先要根据所需生产的药物的特点选择好所使用的酶和原料（酶作用的底物），确定酶的应用形式和反应体系，确定并控制好催化反应的条件等。然后根据需要采用固定化酶或酶的非水相催化等技术，使药物的生产更具高效低耗的特点，以进一步提高质量、降低成本。

　　在项目引导的基础上，本项目安排了两大实训任务：固定化酶法生产 L-天冬氨酸和发酵法生产 6-氨基青霉烷酸。

 项目拓展

酶工程制药技术的前景

　　酶工程作为生物工程的重要组成部分，其作用之重要、研究成果之显著已为世人所公认。充分发挥酶的催化功能、扩大酶的应用范围、提高酶的应用效率是酶工程应用研究的主要目标。21 世纪酶工程的发展主题是新酶的研究与开发、酶的优化生产和酶的高效应用。除采用常用技术外，还要借助基因学和蛋白质组学的最新知识，借助 DNA 重排和细胞、噬菌体表面展示技术进行新酶的研究与开发。目前最令人瞩目的新酶有核酸类酶、抗体酶和端粒酶等。要采用固定化、分子修饰和非水相催化等技术实现酶的高效应用，将固化技术广泛应用于生物芯片、生物传感器、生物反应器、临床诊断、药物设计、亲和层析以及蛋白质结构和功能的研究，使酶技术在制药领域发挥更大的作用。

 项目检测

一、名词解释

1 酶工程

2. 药用酶

3. 固定化酶

二、填空题

1. 药用酶的生产方法可分为_____、_____和_____ 3 种。

2. 酶固定化的方法按所用的载体和操作方法的差异,一般可分为_____、_____、_____和_____ 4 类,此外细胞固定化还有_____方法。

三、简答题

1. 酶工程主要有哪些研究内容?

2. 酶有哪些主要来源?优良的产酶细胞应具备哪些条件?

3. 什么是溶解氧?调节溶解氧的方法有哪些?

4. 固定化酶的特征是什么?

5. 举例说明固定化酶在药物生产中的应用。

6. 举例说明固定化酶生产药物的一般工艺流程。

项目 6　细胞工程制药技术

📖【知识目标】

📖【知识目标】

➢ 了解各项细胞工程制药技术的基本原理、应用。

➢ 了解细胞融合技术的原理、操作关键点。

➢ 熟悉杂交瘤技术与单克隆抗体技术生产单抗的工作原理、操作关键点。

➢ 熟悉生物转化生产甾体药物的工作原理、操作关键点。

📖【技能目标】

➢ 能进行细胞融合操作。

➢ 能进行制备特异杂交瘤细胞的操作。

➢ 能进行单克隆抗体制备、分离纯化、标记等操作。

➢ 能正确操作发酵罐和层析装置等设备生产甾体。

➢ 能正确处理生物转化法生产甾体过程中的工艺问题。

📖【项目简介】

　　细胞工程制药是细胞工程技术在制药工业方面的应用。它主要由上游工程(包括细胞培养、细胞遗传操作和细胞保藏)和下游工程(将已转化的细胞应用到生产实践中用以生产生物产品的过程)两部分构成。细胞工程制药不仅可大量工业化生产天然稀有的药物,而且其产品具有高效性和对疾病鲜明的针对性。作为现代生物技术之一的细胞工程技术在近半个世纪来突飞猛进,并已在医药领域取得了许多具有开创性的研究成果,如利用细胞融合技术制得的杂交瘤细胞所生产的单克隆抗体已广泛用于临床治疗,并显示出独特的疗效,获得了很好的社会和经济效益。随着细胞工程技术研究的不断深入,它的前景及其产生的影响将会日益地显示出来。

📖【工作任务】

任务6.1 细胞工程制药技术概述

细胞工程是应用细胞生物学、分子生物学等理论和技术,按照人类的意志,有目的地利用或改造生物遗传性状,以获得特定的细胞、组织产品或新型物种的一门综合性科学技术。细胞工程的研究对象不仅包括细胞,而且还包括染色体、细胞核、原生质体、受精卵、胚胎、组织或器官等。按照生物类别划分,主要包括植物细胞工程、动物细胞工程、微生物细胞工程。

目前,细胞工程所涉及的主要技术领域包括细胞融合技术、核移植技术、细胞器移植技术、染色体改造技术、转基因技术和细胞大规模培养技术等方面。

6.1.1 细胞融合技术

细胞融合又称细胞杂交,是指在外力(诱导剂或促融剂)作用下,两个或两个以上的异源(种、属间)细胞或原生质体相互接触,从而发生膜融合、胞质融合和核融合并形成杂种细胞的现象。细胞融合是研究基因在染色体上的定位,创造新细胞株、产生新的物种或品系及产生单克隆抗体等的有效手段。

1)用于基因定位

人细胞与小鼠、大鼠或仓鼠的体细胞杂交细胞融合产生的杂种细胞在其繁殖传代过程中具有优先排斥人染色体,保留啮齿类一方染色体的特点。人染色体逐渐消失,最后只剩一条或几条,这种仅保留少数甚至一条人染色体的杂种细胞正是进行基因连锁分析和基因定位的有用材料。

Miller 等发现杂种细胞的存活需要胸苷激酶(TK),凡含有人第 17 号染色体的杂种细胞都因有 TK 活性而存活,从而推断 TK 基因定位于第 17 号染色体上;有研究发现,只有保留着 1 号人类染色体的人-小鼠杂种细胞才能合成人尿苷单磷酸激酶,因此推断该酶基因定位于 1 号人类染色体。研究基因定位时,由于有杂种细胞这一工具,只需要集中精力于某一条染色体上,就可找到某一基因座位。

2)用于生产单克隆抗体

小鼠脾细胞与骨髓瘤细胞融合形成能产生单克隆抗体的杂交瘤细胞,单克隆抗体具有专一性和灵敏性,在病原检测和疾病治疗领域具有广阔的应用前景。

6.1.2 核移植技术

核移植又称细胞拆合,是指将一个细胞中的核转移到另一个去核的卵母细胞中,使其重组并发育成一个新的胚胎,将胚胎植入代孕母体,并最终发育为动物个体的技术。核移植是一项相当精细的技术。

1996 年 7 月 5 日,克隆羊多利的诞生轰动全世界,它是世界上首例没有经过精、卵结合,而由人工胚胎放入绵羊子宫内直接发育成的动物个体,是第一个被成功克隆的哺乳动物(图6.1)。该核移植实验证明:一个哺乳动物的特异性分化的细胞也可以发展成一个完整的生物体。

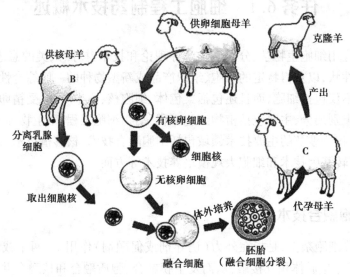

图 6.1　多利羊的培育过程

6.1.3　转基因技术

转基因技术是指经人的有意干涉,通过实验手段将外源基因导入细胞中并稳定地整合到动植物基因组中,且能遗传给子代的技术。动物的乳汁或者血液可以源源不断地为我们提供目的基因的产品,为利用基因工程手段获得低成本、高活性和高表达的药物开辟了一条重要途径,如乳腺生物反应器。动物乳腺生物反应器是指利用动物乳腺特异性启动子调控元件指导外源基因在乳腺中特异性表达,并能从转基因动物乳汁中获取重组蛋白的一种生物反应器,乳腺生物反应器的研制已成为目前最为看好的一个转基因制药方向之一。2006 年 8 月,全球第一个通过乳腺生物反应器生产的药物 ATryn 批准上市,它是利用山羊乳腺表达治疗抗凝血酶缺乏症的药物——人重组抗凝血酶Ⅲ,是世界首个上市的转基因动物表达药物。

6.1.4　细胞培养技术

动物细胞培养是指动物活细胞在体外人工条件下的生长、增殖的过程。现已利用动物细胞培养生产各类疫苗、干扰素、激素、酶、生长因子、病毒杀虫剂、单克隆抗体等,成为生物医药产业的重要部分。

植物组织及细胞培养是将植物的器官、组织、细胞甚至细胞器进行离体的、无菌的培养。植物组织及细胞培养可在短期内获得大量遗传性一致的植物个体。不少种类的药用植物细胞的大量培养已达到中试水平,有些药用植物种类已实现工业化生产,如从人参根细胞中生产人参皂苷和从黄连细胞培养物中生产黄连碱等。

任务 6.2　细胞融合技术

细胞融合是改造细胞遗传物质的有力手段,打破了种属的局限,实现了种间生物体细胞的融合,使远缘杂交成为可能。该技术打破了仅仅依赖有性杂交重组基因创造新种的界限和生殖壁垒,极大地扩大了遗传物质的重组范围,不仅为核质关系、基因定位、基因调控、遗传互补、细胞免疫、疾病发生、膜蛋白动力学等理论领域的研究提供了有力的手段,而且在实际应用中,特别是在单克隆抗体、抗肿瘤疫苗及动植物远缘杂交育种和新品种选育,绘制基因图谱等方面具有十分重要的意义。

细胞在体外培养过程中会自发融合,但频率极低,因此需提供促融条件,促进细胞融合。融合后的细胞含有两个或多个不同的细胞核,称为异核体。而在随后的细胞有丝分裂中,有些异核体的来自不同细胞核的染色体有可能合并到一个核中,成为单核的杂种细胞,那些不能形成单核的融合细胞则在培养过程中逐步死亡。如果我们将杂种细胞在适宜的条件下进行培养,就有可能得到具有新的遗传性状的细胞,这个细胞如果长成了一个完整的个体,就是新物种或新品系。

6.2.1　动物细胞融合技术

1)动物细胞融合的一般步骤

①细胞的准备　取对数生长期、选择性强的亲本细胞,制备细胞悬浮液。

②诱导融合　调整两亲本细胞浓度($10^{-8} \sim 10^{-7}$/mL),然后 1∶1 混合,加诱导剂,在适宜条件下促进细胞融合。

③杂种细胞的筛选　利用荧光标记法和选择性培养基法等筛选杂种细胞。

④获取杂种细胞克隆　对选出的杂种细胞进行克隆(选择和纯化),经过再培养,就能获得所需的无性繁殖系。

2)促融因素

在外界条件作用下,使细胞膜蛋白改变分布状态,膜脂质分子相互作用及重新排布是实现细胞融合的关键。目前,能改变膜蛋白和膜脂质分子排布的方法有病毒诱导、聚乙二醇(PEG)诱导、电场脉冲及离心力等。

(1)病毒诱导

病毒是最早被采用的促融剂,有活力或灭活的仙台病毒、流感病毒、新城鸡瘟病毒及疱疹病毒,甚至病毒外壳或其碎片均有促进细胞融合作用,其中,灭活的仙台病毒最常用。当两种不同动物细胞混合物中存在大剂量病毒时,细胞周围将布满病毒,病毒或其组分在细胞间起粘连作用,使细胞聚集成团,致使不同细胞的膜蛋白和膜脂质分子重新排布而结合成一个整体,从而完成细胞融合过程。

仙台病毒诱导细胞融合经 4 个阶段：

①两种细胞共同培养，加入病毒，在 4 ℃条件下病毒附着在细胞膜上，并使两细胞相互凝聚。

②在 37 ℃，病毒与细胞膜发生反应，细胞膜受到破坏，此时需要 Ca^{2+} 和 Mg^{2+}，最适 pH 为 8.0 ~ 8.2。

③细胞膜连接部穿通，周边连接部修复，此时需 Ca^{2+} 和 ATP。

④融合成巨大细胞，仍需 ATP。

病毒诱导的融合作用随机性较强，无法人为控制，且融合率低，目前应用越来越少。

（2）PEG 诱导

PEG 本身是一种特殊的脱水剂，它以分子桥形式在相邻原生质体膜间起中介作用，进而改变质膜的流动性能，降低原生质膜表面势能，使膜中的镶嵌蛋白质颗粒凝聚，形成一层易于融合的无蛋白质颗粒的磷脂双分子层区。在 Ca^{2+} 存在下，引起细胞膜表面的电子分布的改变，从而使接触处的质膜形成局部融合，出现凹陷，构成原生质桥，成为细胞间通道并逐渐扩大，直到两个原生质体全部融合。

PEG 的融合效果与其分子量大小及浓度高低有关，PEG 的分子量和浓度愈大，融合效率也愈高，但其黏度以及对细胞的毒性也愈大。一般选用分子量为 1 000 ~ 6 000D、浓度为 30% ~ 50% 的 PEG 进行融合。此外，还必须严格掌握 PEG 的作用温度（37 ℃）及处理时间（1 ~ 2 min），以免对细胞造成伤害。

聚乙二醇（PEG）法细胞融合步骤：

①将两种不同亲本细胞各 $5×10^6$ 混匀。

②离心，吸去上清液，保留细胞。

③加 1 mL 50% PEG 溶液，用吸管吹打，使之与细胞接触 1 min。

④加 9 mL 培养液，离心沉淀，吸去上清液。

⑤加 5 mL 培养液，分别接种于 5 个 ϕ60 mm 平皿，每个平皿加培养液至 5 mL，37 ℃的 CO_2 培养箱中培养。

⑥6 ~ 24 h 后，换成选择培养液筛选杂交细胞。

PEG 诱导融合具有比病毒更易制备、控制，结果稳定以及诱导融合率较高等优点，该方法出现后很快就取代仙台病毒而成为诱导动物细胞融合的主要手段。

（3）电场脉冲

将两种细胞混合液经 10 ~ 100 V/cm 低强度非均匀交变电场作用，使细胞聚集成串珠状，然后施加高压电脉冲（一般击穿电压为 0.5 ~ 10 kV/cm，作用时间为 30 ~ 50 μs），细胞膜表面的氧化还原电位发生改变，使异种细胞粘合并发生质膜瞬间破裂，进而质膜开始连接，直到闭合成完整的膜，形成融合体。电融合技术有诱导细胞融合效率高，对细胞无毒害作用，操作简便，可重复性好，可在显微镜下观察融合全过程等优点。目前已成为细胞融合的有效手段之一。

除这些方法外，尚有一些细胞融合技术可供选用，如激光融合技术、空间细胞融合技术、离子束细胞融合技术、非对称细胞融合技术、盐类融合法、高钙和高 pH 值融合法等。

3）动物细胞筛选方法

促融剂诱导后，并非所有的细胞都能融合。例如 PEG 诱导融合时，大约只有十万分之一的细胞最终能够形成可增殖的杂种细胞。此外,细胞融合本身带有一定的随机性,除不同亲本细胞间的融合外,还伴有各亲本细胞的自身融合。因此,在细胞融合之后还必须通过一定的方法把含有两亲本细胞染色体的杂种细胞分离或筛选出来。

筛选的目的是获得性状优良的杂种细胞。两种亲本细胞融合后会形成几种类型的细胞:异型双核或多核融合细胞,同型双核或多核融合细胞,以及未发生融合的两种亲本细胞。筛选就是在培养过程中利用选择性培养基杀死其他类型细胞,仅允许异型双核融合细胞繁殖的过程。要根据细胞的生化生理特性选择合适的筛选系统。

（1）HAT 选择系统

HAT 培养基是含有一定数量次黄嘌呤（H）、氨基喋呤（A）及胸腺嘧啶（T）的选择性培养基,这 3 种成分与细胞 DNA 合成有关,因此,它们是细胞生长的必需成分。在正常动物细胞中有两条合成 DNA 途径:一条为细胞利用简单的外源性小分子物质的从头合成途径,称为全合成途径（又称"D 途径"）,该途径可被氨基喋呤阻断;另一条为补救合成途径（又称"S 途径"）,细胞从培养液或自身的代谢产物中吸收游离的嘌呤或嘧啶合成 DNA,不受氨基喋呤影响。

融合时常用的亲本细胞之一为酶缺陷型细胞,如次黄嘌呤-鸟嘌呤-磷酸核糖转移酶缺陷型（HPRT⁻）细胞或胸腺嘧啶核苷激酶缺陷型（TK⁻）细胞。HPRT⁻细胞的嘧啶可通过全合成与补救合成两条途径合成,而嘌呤只能由全合成途径产生。TK⁻细胞的嘌呤可由全合成与补救合成两条途径合成,而嘧啶只能由全合成途径合成。因此,HPRT⁻或 TK⁻细胞没有嘌呤或嘧啶的补救合成途径,需要从头合成,但全合成需要甲基,而细胞中的甲基是由二氢叶酸还原酶作用而产生的,由于氨基喋呤是二氢叶酸还原酶的抑制剂,因此含有氨基喋呤的培养基就抑制细胞内嘧啶与嘌呤的从头合成途径,于是 DNA 合成的两条途径都受到抑制,该亲本细胞（HPRT⁻或 TK⁻）在培养过程中死亡。另一亲本为不能在体外长期分裂的淋巴细胞,具有完整的合成 DNA 的两条途径,在培养过程中会逐渐死亡。细胞融合后,通过互补作用,杂种细胞从两种亲本细胞分别获得 *HPRT* 和 *TK* 基因,而能应用培养液中的次黄嘌呤和胸腺嘧啶核苷通过补救合成途径合成 DNA 而存活下来,并能不断地分裂与繁殖后代（图6.2）。

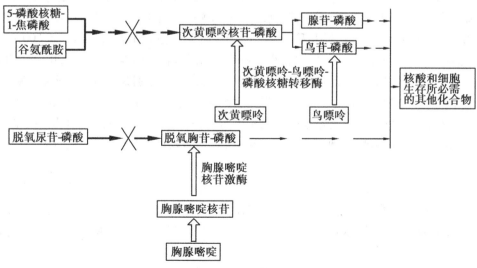

粗箭头表示全合成途径，空心箭头表示补救合成途径，
细箭头表示共同合成途径，× 表示受氨甲喋呤抑制

图 6.2　HAT 筛选杂种细胞示意图

（2）抗药性选择系统

抗药性选择是利用生物细胞对药物敏感性差异筛选杂种细胞的方法。不同细胞具有不同的生理生化特点，同种药物对不同种类细胞的作用存在着极大的差异；不同种类的药物抑制细胞代谢的具体途径存在差别，如有的药物抑制核酸合成，有的能破坏细胞膜，故不同药物对同种细胞的作用效果也不同。如亲本 A 对氨苄青霉素敏感，对卡那霉素不敏感；亲本 B 对卡那霉素敏感，对氨苄青霉素不敏感。两亲本细胞融合操作后，在含有两种抗生素的培养基上培养，亲本 A 和亲本 B 将被杀死，而两者的杂种细胞则可以存活，不断繁殖和分裂后代。

（3）营养缺陷型筛选

如某些细胞在一些营养物（如氨基酸、糖、碱基或维生素）合成能力上存在缺陷，则当缺乏这些营养成分时，不能生长繁殖，即称为营养缺陷型细胞。利用两种亲本细胞营养互补作用原理可以筛选杂种细胞。将两种不同营养缺陷型的细胞作为亲本进行融合，所形成的杂合细胞可以在缺少这两种营养组分的培养基上生长，而两亲本细胞则不能生长。如亲本 A 细胞为色氨酸缺陷型，亲本 B 细胞为苏氨酸缺陷型，在缺乏色氨酸和苏氨酸的选择性培养基上，只有细胞融合所形成的杂种细胞能生长繁殖。

4）细胞融合及遗传物质转移方式

细胞融合及遗传物质转移方式包括完整细胞之间融合、细胞核、染色体、细胞质、mRNA 及 DNA 等遗传物质的转移。

（1）完整细胞之间的融合作用

两种完整细胞融合时，所转移的遗传物质有整套染色体组、核外 DNA 及胞质因子等。杂种细胞可能保留亲本完整染色体组，也可能丢失亲本之一的染色体，杂种细胞基因表达形式有多样性，可能出现特殊功能。因而完整细胞间的融合是扩大生物变异的有效手段。

（2）核体、胞质体与完整细胞的融合作用

细胞核连同其外表面薄层细胞质构成的颗粒称为核体，而不具有细胞核的细胞称为胞质体。核体与胞质体制备过程是将细胞涂于铺有胶原膜的小塑料片上培养成单层，浸入 10 μg/mL 细胞松弛素 B 的溶液中处理适当时间，移入离心管中，加含松弛素 B 的培养液，15 000 r/min，离心 3 min，细胞核离开细胞形成核体，再将小塑料片取出浸入普通培养液中 20～30 min，胞质体恢复正常细胞状态。因此核体与胞质体得以分离，经此处理后可分别获得高纯度核体和胞质体。

按完整细胞间的融合方式，可将核体与完整细胞或与另一种细胞的胞质体融合构成杂种细胞，后者又称为重组细胞。此外也可将胞质体与另一种完整细胞融合，将胞质体中的线粒体及 mRNA 等转移至完整细胞，改变后者的遗传性，传递耐药性及雄性不育等遗传性状。

（3）微细胞与完整细胞的融合

一个或几个染色体外包裹一层细胞质的小体称为微细胞。其制备过程是将对数生长期的动物细胞用秋水仙素处理一定时间，以终止细胞分裂，此时细胞核分裂成若干个微核，每个微核由 1 至数个染色体组成，然后用细胞松弛素 B 处理细胞并通过离心使微核脱离细胞而形成微细胞。

按完整细胞间的融合方式，可将微细胞与另一种完整细胞融合，使后者获得另一种细胞中的若干个染色体，所形成的融合子称为微细胞杂种细胞。本技术除可获得具有工业化意义的杂种细胞外，对研究细胞染色体生物学功能也具有重要意义。

（4）脂质体介导的细胞融合

动物细胞破碎后，经差速离心分离出线粒体及溶酶体等细胞器，或采用生化技术分离出DNA、mRNA、逆转录酶及其他生物大分子，并将其包装成脂质体。

按完整细胞间的融合方式，可将脂质体与另一种完整细胞融合，获得杂种细胞。通过转移细胞器所获得的杂种细胞可获得抗药性及抗毒性等遗传性特征。

以上几种不同融合方式中，均有一方为完整细胞，完整细胞相当于活试管或微型反应器，可用于检测另一种细胞、细胞器及生物大分子对其遗传性及表达的影响。

6.2.2　植物细胞融合技术

植物细胞融合是将不同种、属甚至是科间的原生质体通过人工方法诱导融合，然后进行立体培养，使其再生杂种植株的技术。

植物原生质体是指去除纤维素外壁，且具有生命活性的裸露植物细胞。原生质体具有再生细胞壁、进行连续分裂并生成完整植株的能力，即具有细胞全能性。

1）植物原生质体的制备

（1）材料的来源

根据培养要求和培养条件选择适当的植物材料制备原生质体。植物体的幼嫩部分是制备原生质体的理想材料，愈伤组织、悬浮培养的细胞、胚组织、根尖和茎尖也是常用的原料。

（2）预处理

预处理方法主要有：

①预培养　去除下表皮的叶片，在诱导愈伤组织的培养基上培养7 d后，用酶消化脱壁。该法得到的原生质体分裂频率最高。

②光处理　利用灯光或日光对叶片进行一定时间的照射，叶片萎蔫后即可用于除去表皮进行原生质体分离。

③暗处理　将恒温生长一个半月左右的植物材料在暗处放置30 h以后，用叶片制备原生质体。

（3）原生质体制备

分离原生质体常用酶消化法。将材料在25 ℃用纤维素酶和果胶酶一次性处理1 d，或者将植物材料先用果胶酶降解胞间胶层得到单细胞，再用纤维素脱壁，释放出原生质体。去壁酶液通常加入用以维持原生质体稳定的稳定剂，如甘露醇、山梨醇、蔗糖和 $CaCl_2$ 等。

（4）原生质体的纯化

酶消化后的原生质体含有多种杂质，需要滤除杂质后洗涤纯化，纯化方法有：

①过滤-离心法　网筛过滤除去后，离心，收集沉淀的原生质体。

②漂浮法　将原生质体在具有一定的渗透压的溶液中漂浮，然后用吸管收集。

③混合法　先用沉降法收集原生质体，再用漂浮法悬浮洗涤，最后再用沉降法收集原生质体。

2）植物原生质体融合

将双亲的原生质体以等体积、高密度混合，采用促融方法进行融合，融合后于培养液中培养。

（1）硝酸钠融合法

用硝酸钠诱导中和原生质体表面电荷,促进原生质体凝集。该方法诱导频率低,已很少使用。

（2）聚乙二醇法

用聚乙二醇将原生质体诱导凝集并发生融合。这种方法对各种原生质体有效,可重复性好,且毒性低。

（3）高$[Ca^{2+}]$和高 pH 诱导

将植物原生质体在 pH 10.5,$CaCl_2$ 浓度为 0.05 mol/L 的培养基中,诱导融合。该方法优点是杂种产量高,但过高的 pH 可能对细胞有毒。

（4）融合法

先用交流电对邻近的原生质体紧密接触,再采用直流电短时间冲击,破坏原生质体质膜,使原生质体融合。该方法所得融合物大多由 2 个或 3 个原生质体融合而成。该方法优点是融合效率高。缺点是融合的条件因材料不同而发生变化,并且设备昂贵。

3）植物杂种细胞筛选方法

（1）遗传互补筛选法

利用一亲本贡献一个功能正常等位基因,纠正另一亲本的缺陷,令杂种细胞表现正常。如亲本 A 为叶绿体缺陷型,亲本 B 为光致死型。细胞融合后,在光照下筛选。两亲本在光照下一种死亡;另一种呈白色,目的杂种细胞长成植株呈绿色,并能成长。

（2）抗性互补筛选法

利用亲本细胞原生质体对抗生素、除草剂及其他有毒物质抗性差异选择杂种细胞。如亲本 A 对放线菌素有 D 抗性,但在 MS 培养基上不能超过 50 个世代,亲本 B 对放线菌素 D 很敏感,但能在 MS 上生长。细胞融合后,在含有放线菌素的 MS 培养基上培养,目的杂种细胞能在含有放线菌素的 MS 培养基上生长,而两种亲本和其他细胞死亡。

（3）利用物理特性筛选法

根据亲本的原生质体大小、颜色、漂浮密度及电泳迁移率、形成的愈伤组织的差异筛选杂种细胞。如亲本 A 为用异硫氰酸荧光素染色原生质体,亲本 B 为叶肉细胞原生质体。细胞融合后,在荧光显微镜下,亲本 A 为红色,亲本 B 为绿色,杂种细胞与它们不同。

（4）利用生长特性筛选法

利用原生质体对培养基成分要求与反应的差异选择杂种细胞。如粉兰烟草与朗氏烟草细胞原生质体均需外源激素才能生长,但其融合细胞可以产生内源激素,在培养基上不需加激素即可生长。

4）杂种植物鉴定

（1）采用细胞和分子生物学方法鉴别杂合体

细胞融合后长出的愈伤组织或植株,可进行染色体核型分析、染色体显带分析、同工酶分析以及更精密的核酸分子杂交、限制性内切酶片断长度多态性（RFLP）和随机扩增多态性分析,以确定其是否结合了双亲本的遗传物质。

（2）根据植株的形态进行鉴定

当再生植株长出 3~4 片真叶时,开始进行形态鉴定。仔细观察植株的叶片形态,颜色和植株形态,通过与亲本植株形态比较,从形态上鉴定杂种植物。

6.2.3 杂种细胞的表型

与亲本细胞相比,细胞融合后所形成的杂种细胞的遗传表型并非亲本遗传表型的叠加,而表现为互补作用、激活作用、消失作用、激活和消失作用。

1)互补作用

两种亲本细胞的某些生物学特性在杂种细胞中共同表达的现象,如小鼠骨髓瘤细胞可在体外生长,但不产生抗体,而免疫淋巴细胞虽不能在体外生长,但可分泌抗体。两者作为亲本,融合后的杂种细胞则不仅可在体外进行生长,还能分泌特定抗体。优势互补作用往往是人们所追求的细胞融合结果。

2)激活作用

激活作用是指某一亲本细胞的不活动基因在杂种细胞中被激活的现象。

3)消失作用

消失作用是指亲本的某一或某些性状在杂种细胞中消失的现象。如分泌单克隆抗体的淋巴细胞杂交瘤细胞在传代培养过程中有可能失去分泌抗体能力,这是由于淋巴细胞染色体发生了丢失。

4)激活与消失作用

激活与消失作用是指细胞融合后杂种细胞中出现的某一亲本细胞的一些非活动基因被激活,而另一些遗传性状同时消失的现象。

上面四种现象是由基因的重组以及基因间的相互作用所造成的,具有一定的偶然性,很难预测与控制。细胞融合为我们提供了多样的杂种细胞,如何建立理想的筛选方法,并从这个宝贵的细胞库中准确而快速地选择出人类需要的杂种细胞,并能培育成稳定的细胞株或生物个体,是细胞融合实验研究的重要内容。

任务6.3 杂交瘤技术与单克隆抗体技术

6.3.1 抗 体

德国学者 Behring 和日本学者北里于 1890 年在 Koch 研究所应用白喉外毒素给动物免疫后,发现在其血清中有一种能中和外毒素的物质,将该血清转移给正常动物也有中和外毒素的作用,故称为抗毒素,这是在血清中发现的第一种抗体。这种含有抗体的血清称之为免疫血清。抗体是指能与相应抗原特异性结合的具有免疫功能的球蛋白。

1) 抗体的本质

动物的免疫系统主要有两种淋巴细胞:一种是 T 淋巴细胞;另一种是 B 淋巴细胞。T 淋巴细胞负责细胞免疫。B 淋巴细胞负责体液免疫,能够分泌抗体。抗体是机体免疫系统受抗原物质刺激后,B 淋巴细胞被活化、增殖,分化为浆细胞,由浆细胞合成和分泌的能与相应抗原特异性结合的免疫球蛋白。

1937 年 Tiselius 等人利用电泳技术将血清蛋白分为白蛋白、甲种球蛋白、乙种球蛋白和丙种球蛋白,并发现抗体活性主要存在于丙种球蛋白组分中。从血库的陈旧储血、胎盘中精制的丙种球蛋白制剂是用于紧急预防甲型肝炎等传染病的有效药物。

20 世纪 60 年代初期,发现多发性骨髓瘤是浆细胞癌变形成的恶性增殖性疾病。病人血清中存在与抗体分子结构类似的球蛋白。通常,将具有抗体活性及化学结构与抗体相似的球蛋白统称为免疫球蛋白。也就是说,抗体为免疫球蛋白,具有与抗原特异性结合的能力;免疫球蛋白并不一定是抗体,可能不具有抗体活性。免疫球蛋白是化学结构上的概念,而抗体是生物学功能上的概念。

2) 抗体的种类

抗体分类方法较多,通常按照分子化学结构和制备方法分为 3 代。

(1) 第一代,多克隆抗体(polyclonal antibody,PcAb)

由于病原微生物是含有多种抗原决定簇的抗原物质,因此相应抗体也是多种抗体的混合物,故称多克隆抗体,即针对多种抗原决定簇的抗体。多克隆抗体广泛存在于动物的免疫血清中,由于抗原识别谱广,识别不同位区的各种抗体或识别同一抗原位区的不同克隆的抗体可以协同作用,能有效地阻断抗原对机体的危害,可用于治疗,如抗毒素。多克隆抗体制剂在诊断过程中经常发生非特异性交叉反应而出现假阳性结果,必须制成精制单价血清后用于临床病原学诊断,如痢疾杆菌属诊断血清和沙门氏菌属诊断血清等。精制单价血清仍然难免出现假阳性结果,而且产量低,难以满足临床治疗和诊断上的需要。

(2) 第二代,单克隆抗体(monoclonal antibody,McAb)

仅识别抗原分子上同一抗原位区,由同一克隆细胞产生的抗体。这种抗体分子均一,特异性好,是目前医药研究和临床领域应用最广的抗体分子。

(3) 第三代,基因工程抗体(genetic engineering antibody)

基因工程抗体是利用 DNA 重组技术,根据对抗体分子基因结构与功能的了解,有目的地在基因水平上对抗体进行切割、拼接或修饰,或者直接合成基因序列,再将基因导入细胞中而表达产生的一类抗体。

传统的抗体均为鼠源性,对人是异种抗原,重复注射可使人产生抗鼠抗体,从而减弱或失去疗效,并增加了超敏反应的发生。目前,已开始采用人抗体的部分氨基酸序列代替某些鼠源性抗体的序列,经修饰制备基因工程抗体,以降低鼠源抗体的免疫原性及其功能。

①嵌合抗体(chimeric antibody)　嵌合抗体是最早制备成功的基因工程抗体。它是由鼠源性抗体的 V 区基因与人抗体的 C 区基因拼接为嵌合基因,然后插入载体,转染骨髓瘤组织表达的抗体分子。因其减少了鼠源成分,从而降低了鼠源性抗体引起的不良反应,并有助于提高疗效。

②人源单克隆抗体(humanized monoclonal antibody)　人源单克隆抗体是将人抗体的 CDR

代之以鼠源性单克隆抗体的 CDR,此抗体的鼠源性只占极少部分。

③完全人源化抗体(fully humane antibody)　采用基因敲除术将小鼠 Ig 基因敲除,代之以人 Ig 基因,然后用抗原免疫小鼠,再经杂交瘤技术即可制得。2002 年上市的阿达木单抗是一种全人源抗 TNF-α 单克隆抗体。

④单链抗体(single chain antibody fragment,scFv)　单链抗体是由 Ig 重链 V 区和轻链 V 区通过 15~20 个氨基酸的短肽连接而成。scFv 能较好地保留其对抗原的亲和活性,并具有分子量小、穿透力强和抗原性弱等特点。

⑤双特异性抗体(bispecific antibody,heteroconjugate antibody,BsAb)　将识别效应细胞的抗体和识别靶细胞的抗体联结在一起,制成双功能性抗体,称为双特异性抗体,既能结合靶肿瘤细胞又能结合高细胞毒性的效应细胞,将效应细胞富集在肿瘤周围,而且可以模拟天然配体的作用,与细胞表面引发分子结合,激活效应细胞,实现对肿瘤细胞的杀伤和裂解。截至 2014 年,有超过 35 种双特异性抗体处于临床开发阶段,安进公司的双特异性抗体 Blinatumomab 已进入Ⅲ期临床试验,如果能顺利通过审批,将成为第一个通过美国 FDA 审批上市的双特异性抗体。

知识链接

治疗类风湿性关节炎的新主流药物——单抗生物制剂

(来源:医药经济报)在类风湿性关节炎用药中,单抗药物将成为未来的主流。虽然目前这类市场以依那西普[主要成分为重组人Ⅱ型肿瘤坏死因子受体-抗体融合蛋白(rhTNFR:Fc)]为老大,其 2009 年销售额达到 82 亿美元,但是已经上市该类用药的单抗药物众多品种已经逐渐成长起来,包括强生和默沙东公司的英夫利昔单抗、雅培的阿达木单抗、Centocor 公司的戈利木单抗、优时比公司的聚乙二醇化塞妥珠单抗等等;而已经处于临床末期的几个品种也即将上市。

作为 2009 年十大畅销药物,阿达木单抗销售额已经达到 56 亿美元,这一被誉为能够达到立普妥高度的生物药,到底能够站得多高,一直被业界所关注。业界看好阿达木单抗的原因在于,其作为生物单抗药物,在疗效和技术门槛方面难以挑战;另外,越来越多的医生在治疗类风湿时首选皮下注射给药的剂型,不需要注射过程和费用,这一点阿达木单抗将具有巨大优势。虽然与依那西普的对比临床试验还未出来,但是人们普遍认为阿达木单抗的疗效更好。国外机构预测,未来 3 年类风湿性关节炎用药仍然以依那西普为龙头,随后阿达木单抗将取而代之成为老大,到 2016 年达到销售最高峰,超过百亿美元。

3)抗体分子的结构

Ig 分子的单体具有四条多肽链,呈 Y 形对称结构,如图 6.3 所示。其中两条较长、相对分子量较大的称为重链,另两条较短、分子量较小的称为轻链。链间由二硫键和非共价键连接。单体是构成所有免疫球蛋白分子的基本结构。

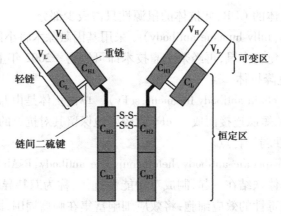

图 6.3　Ig 分子单体的结构

（1）轻链和重链

①轻链（light chain，L 链）　由 214 个氨基酸残基组成，通常不含碳水化合物，分子量 24 kD，有两个由链内二硫键组成的环肽，L 链可分为：Kappa（κ）与 lambda（λ）2 个亚型。

②重链（heavy chain，H 链）　由 450～550 个氨基酸残基组成，分子量 55～75 kD，含糖数量不同，4～5 个链内二硫键，可分为 5 类：μ、γ、α、δ、ε 链，不同的 H 链与 L 链（κ 或 λ）组成完整的 Ig 分子。分别称为：IgM，IgG，IgA，IgD 和 IgE。

（2）可变区和恒定区

L 链 N-端至 N-末端 1/2 处和 H 链 N-末端至 N-末端 1/4 处变化很大，称为可变区（V 区）；L 链 C-末端至 C-末端 1/2 处和 H 链 C-末端至 C-末端 3/4 处氨基酸则相对稳定，变化很小，称为恒定区（C 区）。

V 区某些特定位置的氨基酸残基显示更大的变异性，构建了抗体分子和抗原分子发生特异性结合的关键位置，称为互补决定区（CDR）。C 区决定了抗体的 Ig 分子的异种抗原性。如用人的 Ig 分子的 C 区置换鼠源性单克隆抗体的 C 区，则该抗体对人的免疫原性消失。如果保留鼠源性抗体 CDR 区的结构，抗体活性就不会消失，CDR 区以外的其他部分存在与否不影响抗体活性。

4）抗体的生物学活性

抗体具有部分或全部地中和或干扰相应抗原（细菌、病毒或毒素等）的生物学活性，帮助机体免除抗原的危害。

①抗体受抗原刺激产生，并与相应的抗原发生特异性结合。例如，白喉抗毒素只能中和白喉杆菌外毒素，而不能中和其他外毒素。

②抗体可与补体结合，发生相互作用。在一定条件下，抗体分子可以与存在于血清中的补体分子相结合，并使之活化，产生多种生物学效应，称之为抗体的补体结合现象。

③抗体分子与免疫细胞间相互作用，增强吞噬细胞的吞噬作用。在体外的实验中，如将免疫血清中加入中性粒细胞的悬液中，可增强对相应细胞的吞噬作用，称这种现象为抗体的调理作用。

6.3.2　单克隆抗体

1)单克隆抗体概述

在动物细胞发生免疫反应过程中,B淋巴细胞群体可产生多达百万种以上的特异性抗体。每一个B淋巴细胞只能分泌一种特异性的抗体,要想获得大量的单一抗体,就必须从一个B淋巴细胞出发,使之大量繁殖成无性系细胞群体,但B淋巴细胞在一般的体外培养条件下不能进行正常的生长繁殖。

1975年,Kohler和Milstein发现将小鼠骨髓瘤细胞和绵羊红细胞免疫的小鼠脾B淋巴细胞进行融合,形成的杂交细胞可以产生抗体,并且可以无限增殖,从而创立了单克隆抗体杂交瘤技术。

单克隆抗体是由一个产生抗体的细胞与一个骨髓瘤细胞融合而形成的杂交瘤细胞经无性繁殖而来的细胞集落(克隆)所产生的抗体。由于来源于单克隆细胞,所以分泌的抗体分子在结构上高度均一,甚至在氨基酸序列及空间构型上均相同。具有以下特点:

①只针对某一抗原决定簇,因此,特异性强,亲合性也一致。

②产生抗体的为单一无性细胞系,且可长期传代并保存,因此,可持续稳定地生产同一种抗体。

表6.1　单克隆抗体和免疫血清抗体的比较

项　目	免疫血清抗体	单克隆抗体
抗体产生细胞	多克隆性	单克隆性
抗体的结合力	特异性识别多种抗原决定簇	特异性识别单一抗原决定簇
免疫球蛋白类别及亚类	不均一性,质地混杂	同一类属,质地纯一
特异性与亲合性	批与批之间不同	特异性高,抗体均一
抗原抗体反应	抗体混杂,难以形成2分子反应,不可逆	可形成2分子反应,可逆

2)制备单克隆抗体的流程

单克隆抗体制备的一般工艺流程如图6.4所示。

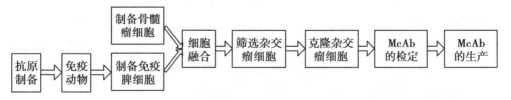

图6.4　单克隆抗体制备的一般工艺流程

3)杂交瘤细胞系的建立

（1）B淋巴细胞的制备

①抗原　制备抗体用的抗原几乎无种类上的限制,对免疫动物来说为异种外来物质的均

可用于制备抗体。病毒、细菌等微生物,以及它们的亚单位组分或分子都可以作为抗原。抗原需进行初步提纯或精制,高纯度的抗原使得到所需单抗的机会增加,同时可以减轻筛选的工作量。抗原包括颗粒性抗原和可溶性抗原。颗粒性抗原免疫性较强,不加佐剂就可获得很好的免疫效果,如以细胞为抗原,可取 1×10^7 个细胞作腹腔免疫;可溶性抗原免疫原性弱,一般要加佐剂,常用佐剂有福氏完全佐剂和福氏不完全佐剂。

②动物的选择　因免疫动物品系和骨髓瘤细胞在种系发生上距离越远,产生杂交瘤就越不稳定,故免疫时应尽可能采用与骨髓瘤供体同一品系的动物。纯种 BALB/c 小鼠较温顺,离窝的活动范围小,体弱,食量及排污较小,一般环境洁净的实验室均能饲养成活,为最常用的免疫动物,小鼠骨髓瘤细胞系均来源于 BALB/c 小鼠。一般大鼠骨髓瘤细胞都来源于 LOU/c 大鼠。有时为了特殊目的而需进行种间杂交,也可免疫其他动物。

③免疫方法　免疫的目的在于使 B 淋巴细胞在特异抗原刺激下分化、增殖,以增加获得分泌特异性抗体细胞的机会,用于融合形成杂交瘤细胞。设计免疫程序时,应考虑到抗原的性质和纯度、抗原量、免疫途径、免疫次数与间隔时间、佐剂的应用及动物对该抗原的应答能力等。没有一个免疫程序能适用于各种抗原。常用的免疫方法有以下 3 种。

a.体内免疫法:适用于免疫原性强、抗原量较多时应用,初次免疫时以 8 ~ 12 周龄为宜,雌性鼠较便于操作。颗粒性抗原(如细菌、细胞抗原)的免疫原性强,可不加佐剂,直接注入腹腔 1×10^7 个细胞进行初次免疫,间隔 1 ~ 3 周,再追加免疫 1 ~ 2 次。可溶性抗原则按每只小鼠 10 ~ 100 μg 抗原与福氏完全佐剂等量混合后注入腹腔内,进行初次免疫,间隔 2 ~ 4 周,再用不加佐剂的原抗原追加免疫 1 ~ 2 次。一般在采集脾细胞前日由静脉注射最后一次抗原。

b.脾内免疫法:在麻醉条件下直接把抗原注入脾脏进行免疫。脾内免疫法可提高小鼠对抗原的免疫反应性,节省抗原用量,细胞抗原只需 1×10^5 个左右,可溶性抗原只需 10 μg 左右,适用于来源有限且昂贵的抗原免疫。但多数人认为脾内免疫属初次免疫应答,产生 IgM 类抗体居多,故主张在常规免疫的基础上用脾内免疫法做追加免疫为佳。

c.体外免疫法:用于不能采用体内免疫法的情况下,或者抗原的免疫原性极弱且能引起免疫抑制时使用。体外免疫法所需抗原量少,一般只需数微克,免疫期短,仅 4 ~ 5 d,干扰因素又少,已成功制备出针对多种抗原的单克隆抗体,但融合后产生的杂交瘤细胞株不够稳定。其基本方法是用 4 ~ 8 周龄 BALB/c 小鼠的脾脏制成单细胞悬液,再加入适当抗原使其浓度达 0.5 ~ 5 μg/mL,在 37 ℃,5% CO_2 下培养 4 ~ 5 d,再分离脾细胞,进行细胞融合。

(2)骨髓瘤细胞的选择

淋巴细胞作为分化末端细胞,其分裂次数有限,因此筛选到的细胞无法长期使用。采用骨髓瘤细胞主要是利用骨髓瘤细胞的无限分裂能力。在 B 淋巴细胞杂交瘤技术中,主要使用多发性骨髓瘤细胞为母本细胞。选择骨髓瘤细胞应注意以下 3 个原则:

①所选细胞自身基本不合成和分泌免疫球蛋白分子或与免疫球蛋白某些片段同源性极高的蛋白分子。

②尽量选择与淋巴细胞同系动物来源的骨髓瘤细胞。

③融合的骨髓瘤细胞最好处于对数生长的中前期,确保融合时活细胞率大于90%。

目前常用的已建株的骨髓瘤细胞见表6.2。

表6.2 常见的骨髓瘤亲本细胞

细胞株	来源动物	Ig 表型	抗药性
4T00.1L1	BALB/c	IgG2b(κ)	6-硫代鸟嘌呤;1 mmol/L 毒毛花苷
NS1/1-Ag4.1	BALB/c	不分泌	8-氮鸟嘌呤
P3-X63/Ag8	BALB/c	IgG1(κ)	8-氮鸟嘌呤
NOS/1	BALB/c	无	8-氮鸟嘌呤
SP2/O-Ag14	BALB/c	无	8-氮鸟嘌呤
X64-Ag8.653	BALB/c	无	8-氮鸟嘌呤
Y3-Ag1.2.3	LOU/c	(κ)	8-氮鸟嘌呤
IR938F	LOU/c	无	8-氮鸟嘌呤

（3）细胞融合

①免疫脾细胞悬液制备 取最后一次加强免疫 3 d 以后的小鼠,摘除眼球放血,将小鼠处死,无菌摘取脾脏,研磨制取脾淋巴细胞悬液,氯化铵破碎红细胞,洗涤调整细胞浓度为(1 ~ 5)×10^7/mL 备用。一般免疫后脾脏体积约是正常鼠脾脏体积的 2 倍,细胞数为 2×10^8 左右。

②骨髓瘤细胞悬液制备 收取经 1:2 传代生长 24 h 的骨髓瘤细胞 5 ~ 10 mL,经洗涤后计数备用。

③细胞融合 将免疫脾 B 淋巴细胞与骨髓瘤细胞按 5:1 或 10:1 比例混合,离心,弃上清,缓慢加入 1 mL 4 000 ~ 6 000 Da 的 50% PEG。1 min 后,缓慢滴入无血清培养液,终止融合剂作用,经洗涤去除融合剂后加入所需量的细胞培养液,接种于 96 孔培养板。

（4）杂交瘤细胞筛选与克隆化

单克隆抗体制备过程中,有两次筛选过程,第一次是选出杂交瘤细胞(用选择培养基),第二次是进一步选出能产生我们需要的抗体的杂交瘤细胞。

①杂交瘤细胞筛选 细胞融合后,不但可以产生多种融合细胞,如脾-脾、脾-瘤、瘤-瘤的融合细胞,而且还有许多未融合的脾淋巴细胞和骨髓瘤细胞。未融合的脾淋巴细胞在培养 6 ~ 10 d 时会自行死亡,异型融合的多核细胞由于其核分裂不正常,在培养过程中会死亡。但未融合的骨髓瘤细胞比脾-瘤融合的杂交瘤细胞生长快,会将融合细胞淘汰。为此,一般将融合后的细胞移入选择性培养基中进行培养。常用的选择培养基为 HAT 培养基。

在 HAT 培养基中,瘤-瘤融合细胞和瘤细胞因不能合成 DNA 而死亡,脾-脾融合细胞和脾淋巴细胞亦会在几天内迅速死亡。由于骨髓瘤细胞都是 HGPRT 缺乏株,脾细胞内却有这种酶,因此脾-瘤融合的细胞可利用 HGPRT,用次黄嘌呤(H)和胸腺嘧啶(T)合成 DNA,使杂交瘤细胞得以生长。

选择性培养的常规方法是将融合 24 h 后的细胞悬浮于 HAT 的培养中,加入到含有饲养细胞的 96 孔板内,在融合后 7 d 内用 HAT 培养液,每 2 ~ 3 d 换液一次,换液时吸去 1/2 ~ 2/3 培养液,加入等量的新鲜培养液。第 7 d 至第 14 d 时改用 HT 培养液,第 14 d 以后用普通的 RPMH 640 完全培养液。

由于在最适宜的培养条件下,大约 10^5 个脾细胞才能形成一个杂交瘤细胞,非杂交瘤细胞会相继死亡,单个或少数杂交瘤细胞不易存活,所以通常要加入饲养细胞才能使其繁殖。最常用的饲养细胞为小鼠腹腔巨噬细胞,还可用小鼠脾脏细胞或小鼠胸腺细胞,也有人用小鼠成纤维细胞系 3T3 经放射线照射后作为饲养细胞,使用比较方便,照射后可放入液氮罐长期保存,随用随复苏。一般饲养细胞在融合前一天制备,一只小鼠可获得 $(5\sim8)\times10^6$ 腹腔巨噬细胞,用时调整为 2×10^6/mL,若用小鼠胸腺细胞作为饲养细胞时,细胞浓度为 5×10^6/mL,小鼠脾细胞为 1×10^6/mL,小鼠的成纤维细胞(3T3) 1×10^5/mL,均为 100 μL/孔。在制备单克隆抗体过程中,在杂交瘤细胞筛选、克隆化和扩大培养等多个环节需要加饲养细胞。

从融合后 8~9 d 后就可对所有克隆生长孔的培养上清进行抗体检测,筛选出产生抗体的阳性克隆。

②特异杂交瘤细胞的筛选　在动物免疫中,首先应选用高纯度抗原,以提高特异性细胞克隆的纯度。但是一种抗原往往有多个决定簇,一个动物体在受到抗原刺激后产生的体液免疫应答,实质是众多细胞群的抗体分泌,而针对目标抗原表位的细胞只占极少部分。由于细胞融合是一个随机的过程,在已经融合的细胞中,有相当比例的无关细胞的融合体,需经筛选去除。同时,细胞培养板上每一孔中细胞集落大部分不是来源于一个细胞分裂,因此细胞培养板上清液抗体检测为阳性的培养孔,其孔内的杂交瘤细胞需要进一步分离纯化,才可能得到单一克隆的杂交瘤细胞。

常用的特异性抗体筛选方法有酶联免疫吸附试验(ELISA)、间接血凝试验(PHA)和放射免疫测定(RIA)等。

ELISA 法筛选抗体的步骤如下,过程示意如图 6.5 所示。

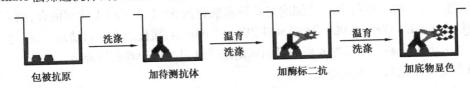

包被抗原　　　加待测抗体　　　加酶标二抗　　　加底物显色

图 6.5　ELISA 法筛选抗体过程示意图

a. 纯化抗原用包被液稀释至 1~20 μg/mL。

b. 以 50~100 μL/孔量加入酶标板孔中,置 4 ℃过夜或 37 ℃吸附 2 h。

c. 弃去孔内的液体,同时用洗涤液洗 3 次,每次 3~5 min,拍干。

d. 每孔加 200 μL 封闭液 4 ℃过夜或 37 ℃封闭 2 h;对于一些抗原,该步骤可省略。

e. 洗涤液洗 3 次;此时包被板可 -20 ℃或 4 ℃保存备用。

f. 每孔加 50~100 μL 待检杂交瘤细胞培养上清,同时设立阳性、阴性对照和空白对照;37 ℃孵育 1~2 h;洗涤,拍干。

g. 加酶标第二抗体,每孔 50~100 μL,37 ℃孵育 1~2 h,洗涤,拍干。

h. 加底物液,每孔加新鲜配制的底物使用液 50~100 μL,37 ℃10~30 min。

i. 以 2 mol/L H_2SO_4 终止反应,在酶联免疫阅读仪上读取 OD 值。

结果判定:以 P/N≥2.1,或 P≥N+3SD 为阳性。若阴性对照孔无色或接近无色,阳性对照孔明确显色,则可直接用肉眼观察结果。

③杂交瘤细胞克隆化　细胞培养孔中杂交瘤细胞克隆化的方法一般采用有限稀释法和软琼脂培养法。克隆化是指单个细胞通过无性繁殖而获得每个细胞的生物学特性和功能完全相同的细胞集团的整个培养过程。

有限稀释法是将杂交瘤细胞多倍稀释,接种在多孔的细胞培养板上,使每孔细胞不超过一个,通过培养让其增殖,然后 ELISA 法检测各孔上清液中的细胞分泌的抗体,检出抗体高分泌性细胞。将这些阳性细胞再进行克隆化,应用特异性抗原包被的 ELISA 找出针对目标抗原的抗体阳性细胞株。由于此时一些杂交瘤细胞的染色体不稳定,因此经过检测后应对阳性孔中的细胞集落需进行进一步克隆化筛选,直至克隆细胞生长的每个孔中上清液检测结果为阳性为止,方可得到性能稳定的杂交瘤细胞,此过程一般要经过 3~4 次重复。增殖后的细胞进行冻存。

软琼脂法是将 5 个细胞/0.2 mL 的杂交瘤细胞悬液接种在含有 0.5% 琼脂的细胞营养液平皿内,置于 5% CO_2 的 37 ℃恒温箱中培养。当细胞集落生长到 1~2 mm 时,用无菌毛细管吸取单一集落接种至新的培养皿中培养,然后对分离到的单集落细胞进行抗体分泌能力的检测。此方法效率较高,往往一次克隆化即可得到稳定分泌抗体的杂交瘤细胞,但此方法对操作人员有较高的要求。

当筛选到细胞培养板上的阳性孔达到 100% 分泌特异性抗体时,要加强对每一个孔中细胞进行克隆扩增与建株保存工作。另外,培养细胞的各过程中有可能由于操作失误或其他的原因,导致某一过程的失败,因此在每一步骤要保存一定量的细胞,以避免某过程失败使整个过程前功尽弃。即使克隆化过的杂交瘤细胞也需要定期的再克隆,以防止杂交瘤细胞的突变或染色体丢失,从而丧失产生抗体的能力。

(5)杂交瘤细胞的检定

①杂交瘤细胞染色体分析 在细胞生长的各个时期中,处于生长中期的染色体形态最好观察辨认。对于杂交瘤细胞染色体的观察计数分析,主要通过传统的显微镜观察法进行,将大部分杂交瘤细胞培养到中期,通过抑制细胞分裂使细胞大多数处于中期水平,然后再涂片分析。

显微观察计数统计一定数量的细胞染色体数,所得到的每个细胞染色体数的平均值即为该杂交瘤细胞的染色体数。正常小鼠杂交瘤细胞的染色体数一般处于 90~110 条。

②抗体分泌稳定性的分析 常用的稳定性分析方法是通过对同一细胞株的连续传代的细胞抗体分泌能力对比,确定细胞抗体生产能力的稳定性。稳定性分析试验一般需要连续传代 3 个月以上。细胞合成抗体水平的稳定性是衡量细胞生产水平的一个重要指标,通过细胞抗体分泌能力的分析,可以及时了解建株细胞在生产过程生产能力的变化,及时筛选高产细胞株和淘汰退化细胞株,对于细胞的保存、生产能力的维持都具有重要的作用。

③外源因子检查 与常规动物细胞的保存、培养过程一样,在杂交瘤细胞的保存、培养过程中,一个重要的检测指标是有无外源因子的污染。由于动物细胞培养过程长,培养基营养要求较高,很多成分无法高温灭菌,因此在培养过程中容易受到外源微生物的污染,其中最为常见的是细菌污染和支原体污染。

无菌检测是生化产品生产过程中的常规检测项目,主要通过对保存样品和培养过程中不同时期的取样样品进行检测。检测方法是在特定的固体培养基和液体培养基中接种一定的检测样品,通过一段时间培养后,观察菌落个数、特征以及相应的生理生化指标,进行判定。

4)单克隆抗体的大量生产

(1)单克隆抗体的制备

大量生产单克隆抗体的方法主要有两种:

①体外培养法　利用转瓶或生物反应器培养杂交瘤细胞,制备单克隆抗体的方法。转瓶中细胞浓度较低,适于小规模悬浮培养杂交瘤细胞;生物反应器中细胞浓度可达到较高水平,适于大量悬浮培养杂交瘤细胞,从上清中获取单克隆抗体。

国际上大多采用高浓度细胞培养系统(生物反应器)工业化生产单克隆抗体。中空纤维细胞培养及灌注层析培养,是一种高浓度细胞大规模培养的有效方法。这样培养的细胞浓度可以达到 $10^8 \sim 10^9$ 个/mL,适用于大规模生产。Teconomousc 细胞培养系统是已开发成功的一种生物反应器,该装置有两层薄的气体通透性硅胶膜,中间平铺一层直径约 1 mm 的中空纤维毛细管,细胞被注入硅胶与中空纤维管之间,培养液被泵入中空纤维毛细管,细胞与毛细管内培养液进行养分、代谢产物的交换。

②体内培养法　接种杂交瘤细胞,制备血清或腹水。

a. 实体瘤法:对数生长期的杂交瘤细胞按 $(1 \sim 3) \times 10^7$/mL 接种于小鼠背部皮下,每处注射 0.2 mL,共 2~4 点。待肿瘤达到一定大小后(一般 10~20 d)则可采血,从血清中获得单克隆抗体含量可达到 1~10 mg/mL。但采血量有限。

b. 腹水的制备:先腹腔注射 0.5 mL Pristane(降植烷)或液体石蜡于 BALB/c 鼠,使之致敏。1~2 周后腹腔注射 $1 \times 10^6 \sim 1 \times 10^7$ 个杂交瘤细胞,接种细胞 7~10 d 后可产生腹水,密切观察动物的健康状况与腹水征象,待腹水尽可能多,而小鼠濒于死亡之前,处死小鼠,用滴管将腹水吸入试管中,一般一只小鼠可获 1~10 mL 腹水。也可用注射器抽取腹水,可反复收集数次。腹水中单克隆抗体含量可达 5~20 mg/mL。此法生产 McAb 纯度高、生产成本低、周期短,不需要昂贵的设备,因此,长期以来被广泛采用。但是,腹水诱导法也存在一些不利因素,混有具有反应活性的细胞因子、病原因子,批与批间 McAb 特异性不稳定,无法大规模制备所需抗体,同时所得单抗腹水中含有一定浓度的内源性抗体

(2)单克隆抗体的分离纯化

①腹水型单抗的纯化　在单抗纯化之前,一般均需对腹水进行预处理,目的是进一步除去细胞及其残渣、小颗粒物质,以及脂肪滴等。常用的方法有二氧化硅吸附法和过滤离心法,以前者处理效果为佳,而且操作简便。

a. 二氧化硅吸附法:新鲜采集的腹水(或冻存的腹水),2 000 r/min 15 min,除去细胞成分(或冻存过程中形成的固体物质)等;取上层清亮的腹水,等量加入 pH 7.2 巴比妥缓冲盐水(VBS:0.004 mol/L 巴比妥,0.15 mol/L NaCl,0.8 mmol/L Mg^{2+},0.3 mmol/L Ca^{2+})稀释;然后以每 10 mL 腹水中加 150 mg 二氧化硅粉末,混匀,悬液在室温孵育 30 min,不时摇动;2 000 g 离心 20 min,脂质等通过该法除去,即可得澄清的腹水。

b. 过滤离心法:用微孔滤膜过滤腹水,以除去较大的凝块及脂肪滴;用 10 000 g 15 min 高速离心(4 ℃)除去细胞残渣及小颗粒物质。

c. 混合法:即上述两法的组合,先将腹水高速离心,取上清液再用二氧化硅吸附处理。

②单抗的粗提

a. 硫酸铵沉淀法:

●饱和硫酸铵溶液的配制　500 g 硫酸铵加入 500 mL 蒸馏水中,加热至完全溶解,室温过夜,析出的结晶任其留在瓶中。临用前取所需的量,用 2 mol/L NaOH 调 pH 至 7.8。

●盐析　吸取 10 mL 处理好的腹水移入小烧杯中,在搅拌下,滴加饱和硫酸铵溶液 5.0 mL;继续缓慢搅拌 30 min;10 000 r/min 离心 15 min;弃去上清液,沉淀物用 1/3 饱和度硫酸铵悬

浮,搅拌作用30 min,同法离心;重复前一步1~2次;沉淀物溶于1.5 mL PBS(0.01 mol/L pH 7.2)或Tris·HCl缓冲液中。

●脱盐　常用柱层析或透析法。柱层析法是将盐析样品过Sephadex G-50层析柱,以PBS或Tris·HCl缓冲液作为平衡液和洗脱液,流速1 mL/min。第一个蛋白峰即为脱盐的抗体溶液。透析法是将透析袋于2% NaHCO₃,1 mmol/L EDTA溶液中煮10 min,用蒸馏水清洗透析袋内外表面,再用蒸馏水煮透析袋10 min,冷至室温即可使用(并可于0.2 mol/L EDTA溶液中,4 ℃保存备用)。将盐析样品装入透析袋中,对50~100倍体积的PBS或Tris·HCl缓冲液透析(4 ℃)12~24 h,其间更换5次透析液,用萘氏试剂(碘化汞11.5 g,碘化钾8 g,加蒸馏水50 mL,待溶解后,再加20% NaOH 50 mL)检测,直至透析外液无黄色物形成为止。

●蛋白质含量的测定

$$Pr(mg/mL) = (1.45 \times OD_{280} - 0.74 \times OD_{260}) \times 稀释倍数$$

或$Pr = OD_{280} \times 稀释倍数/3$

●分装冻存备用。

b.辛酸-硫酸铵沉淀法:该法简单易行,适合于提纯IgG1和IgG2b,但对IgG3和IgA的回收率及纯化效果差。其主要步骤如下:

●取1份预处理过的腹水加2份0.06 mol/L pH 5.0醋酸缓冲液,用1 mol/L HCl调pH至4.8。

●按每毫升稀释腹水加11 μL辛酸的比例,室温搅拌下逐滴加入辛酸,于30 min内加完,4 ℃静置2 h,取出15 000 g离心30 min,弃沉淀。

●上清经尼龙筛过滤(125 μm),加入1/10体积的0.01 mol/L PBS,用1 mol/L NaOH调pH至7.2。

●在4 ℃下加入硫酸铵至45%饱和度,作用30 min,静置1 h。

●10 000 g离心30 min,弃上清。

●沉淀溶于适量PBS(含137 mmol/L NaCl,2.6 mol/L KCl,0.2 mmol/L EDTA)中,对50~100倍体积的PBS透析,4 ℃过夜,其间换水3次以上。

●取出10 000 g离心30 min,除去不溶性沉渣,测定蛋白质含量后,分装,冻存备用。

c.优球蛋白沉淀法:该法适用于IgG3和IgM型单抗的提取,所获制品的抗体活性几乎保持不变,对IgG3单抗的回收率高于90%,对IgM单抗的回收率为40%~90%不等。其操作步骤如下:

●取一定量的预处理过的腹水,先后加入NaCl和CaCl₂,使各自的浓度分别达0.2 mol/L和25 mmol/L,随之可见纤维蛋白的产生。

●经滤纸过滤后,滤液对100倍体积的去离子水透析,4 ℃ 8~15 h(若是IgG3单抗,也可室温2 h),其间换水1~2次。

●取出后22 000 g离心30 min,弃上清。

●将沉淀溶于pH 8.0 1 mol/L NaCl,0.1 mol/L Tris·HCl溶液中,重复上述的透析与离心。

●将沉淀的优球蛋白浓度调至5~10 mg/mL,分装冻存备用。

③单抗纯化的方法

根据抗体的亚型选用离子交换、Protein A-sephrose 4B和Protein G-sephrose 4B亲和层析,

羟基磷灰石分离、疏水层析、凝胶过滤等进一步纯化。

（3）单抗的标记

目前动物用单抗，在动物疫病诊断和检疫、妊娠检测、性别鉴定等方面有广泛的应用，大多以诊断试剂（盒）的形式提供，其中核心试剂为标记的单抗。最常用的几种标记技术有：

①酶标记　辣根过氧化物酶（HRP）标记，碱性磷酸酶（AP）标记。

②荧光素标记　异硫氰酸荧光素（FITC）标记，异硫氰酸罗丹明（TRITC）标记。

③同位素标记　放射性碘标记，生物合成法标记。

④生物素标记　生物素琥珀酰亚胺酯标记。

5）单克隆抗体制备中易出现的问题

（1）融合后杂交瘤不生长

在保证融合技术没有问题的前提下主要考虑下列因素：

①PEG 有毒性或作用时间过长。

②牛血清的质量太差，用前没有进行严格的筛选。

③骨髓瘤细胞污染了支原体。

④HAT 有问题，主要是 A 含量过高或 HT 含量不足。

（2）污染

污染包括细菌、霉菌和支原体的污染。这是杂交瘤工作中最棘手的问题。一旦发现有霉菌污染就应及早将污染细胞销毁，以免污染整个培养环境。支原体的污染主要来源于牛血清，此外，其他添加剂、工作人员及环境也可能造成支原体污染。在有条件的实验室，要对每一批小牛血清和长期传代培养的细胞系进行支原体的检查，查出污染源应及时采取措施处理。

（3）杂交瘤细胞不分泌抗体或停止分泌抗体

①融合后有细胞生长，但无抗体产生，可能是 HAT 中 A 失效或骨髓瘤细胞发生突变，变成 A 抵抗细胞所致。

②有可能是免疫原抗原性弱，免疫效果不好。

③对于原分泌抗体的杂交瘤细胞变为阴性，可能是细胞支原体污染，或非抗体分泌细胞克隆竞争性生长，从而抑制了抗体分泌细胞的生长。也可能发生了染色体丢失。

6.3.3　人肺鳞癌单克隆抗体的制备

1）概述

肺癌是当今人类最常见的恶性肿瘤之一，近年来发病率和死亡率在国内外均呈明显上升趋势，临床上约有 86% 的肺癌患者在确诊时已属晚期。鳞癌是肺癌中最常见的一种类型，约占原发性肺癌的 50%，目前尚无有效的早期诊断手段，其治疗效果也有待进一步提高。分子靶向治疗是目前肿瘤生物治疗的最新发展方向，目前应用最多的是单克隆抗体类分子靶向治疗药物。肿瘤细胞表面存在肿瘤抗原或肿瘤相关抗原，可针对其进行靶向治疗，从而有望弥补肺癌难以早期诊断和治疗效果欠佳的不足。下面介绍以云南个旧市锡矿矿工肺鳞癌细胞株 YTLMC-90 为抗原免疫 BALB/c 小鼠，分离其脾细胞，与小鼠骨髓瘤 SP2/0 细胞经诱导融合，制备分泌抗人肺癌 McAb 的杂交瘤细胞。

2)工艺过程

(1)抗原的制备

在预先加入3 mL肝素溶液(125 U/mL)的离心管中加20 mL人全血,混匀加入等体积RPMI1640溶液后,缓缓加入20 mL淋巴细胞分层液(泛影葡胺-右旋糖酐液)中,提取淋巴细胞,计数并取$1×10^7$个细胞洗涤后重悬于1 mL RPMI1640液中,每隔14 d BALB/c小鼠腹腔注射,3次免疫结束后第14 d摘除眼球取血,室温下静置1 h,2 000 r/min,离心10 min,吸取血清与YTLMC-90细胞混合孵育1 h后洗涤作为抗原。

(2)小鼠免疫和阳性血清的采集

每只BALB/c小鼠首次足垫皮下注射0.1 mL完全福氏佐剂,并以$1×10^7$个细胞经腹腔注射,之后每间隔14 d腹腔注射1次,3次后部分小鼠间隔14 d,摘眼球取血,室温下静置1 h,2 000 r/min,离心10 min,吸取的血清为阳性血清,分装后-20 ℃冻存备用;部分小鼠间隔30 d,$5×10^6$个细胞加强免疫,3 d后进行细胞融合。

(3)细胞融合

取BALB/c小鼠脾脏,多点刺破,并挤压,使淋巴细胞从中逸出,收集洗涤;同时洗涤处于对数生长期的SP2/0骨髓瘤细胞;两者混合,吸取1.2 mL的500 mL/L聚乙二醇,1 min内慢慢加到混合细胞管中,继续搅动1 min后静置3 min,用不完全RPMI1640培养液终止作用。融合后的杂交瘤细胞加入已接种饲养细胞的24孔板,用含180 mL/L HAT的超级新生牛血清的RPMI1640培养液选择性培养,融合第4 d换用180 mL/L HAT的完全RPMI1640培养液。第10 d换成完全RPMI1640培养液,继续培养。

(4)阳性血清采集及间接法初筛阳性克隆

当融合细胞胀满孔底2/3时,进行阳性克隆初筛。取已基本长满瓶底的YTMLC-90细胞,制成单细胞悬液,平均接种于96孔板的每孔,37 ℃,50 mL/L CO_2孵箱培养过夜。第二天用2.5 g/L戊二醛100 μL/孔室温下10 min固定细胞,再加BSA200 μL/孔,4 ℃过夜;复孔加样,每孔加辣根过氧化物酶(HRP)标记的山羊抗小鼠IgG抗体,37 ℃培养箱放置30 min,加底物液,显色15 min后加终止液。如果颜色呈橙红色,表明此孔对应的上清液中含有目的抗体,其对应的细胞为阳性细胞。

(5)阳性杂交瘤细胞的克隆和亚克隆

采用有限稀释法对阳性细胞中A值高者,进行克隆化和亚克隆化培养,直至每个克隆生长孔上清液检测均为阳性。

(6)免疫球蛋白同种型鉴定

用clonotyping system HRP test ELISA试剂盒,采用双抗体夹心法检测。用mouse monnclonal isotyping test试剂盒,采用试纸条法进一步确定抗体亚型。试纸条法鉴定杂交瘤细胞所产生的抗体应为IgG1亚型,κ亚型。

(7)杂交瘤细胞染色体计数

取对数生长期的杂交瘤细胞,加入终浓度为0.1 μg/mL的秋水仙素,于37 ℃继续培养50 min,收集细胞,1 000 r/min,离心10 min,弃上清液加入预温的KCl溶液0.35 g/0L,37 ℃恒温水浴箱中静置10 min,800 r/min,离心10 min,弃上清液后加入固定液体(甲醇：冰醋酸=3：1),室温放置20 min,离心去上清液,留下0.5～1 mL上清液吹散沉淀细胞,将细胞悬浮液加到冰水中预冷的玻片上,自然干燥,于显微镜下选择分散良好、无重叠和完整中期分裂相进行染色体计数。染色体数目应为脾细胞(40 条)和骨髓瘤亲代细胞 SP2/0(62～68 条)染色体之和。

(8)杂交瘤上清和腹水滴度测定

收集体外培养杂交瘤上清,采用梯度稀释间接 ELISA 法测定其滴度。BALA/c 小鼠,腹腔注射液体石蜡,24 h 后注射杂交瘤细胞,7～10 d 后,腹水尽可能多。观察小鼠健康情况,待小鼠腹部肿胀、消瘦、呼吸急促、活动减少等体征时,处死动物,收集腹水,采用梯度稀释间接 ELISA 法测定其滴度。

(9)Western blot 法鉴定抗体的特异性

去正常组织和癌组织超声裂解后,BCA 法蛋白定量,取 50 μg 蛋白,变性,上样,经 SDS-PAGE 凝胶电泳后,电转移到 PVDF 膜上,封闭后加入杂交瘤细胞上清液,4 ℃过夜,加入辣根过氧化物酶标记的山羊抗属 Ig(1：1 000 稀释)室温 1 h,洗涤后加 ECL 超敏发光液,X 线曝光,显影。结果应为 McAb 与低分化的肺腺癌结合、肺鳞癌组织特异性结合,与肺黏液腺癌也有结合,而与其他的癌组织和正常组织不结合。

任务 6.4　生物转化生产甾体药物

6.4.1　生物转化技术

生物转化(biotransformation),也称生物催化(biocatalysis),是利用动植物细胞或器官、微生物及其细胞器,以及游离酶对外源性化合物进行改造和结构修饰而获得有价值产物的生理生化反应。生物转化的本质是利用生物体所产生的酶对外源化合物进行酶催化反应,它具有反应选择性强(位置选择性和立体选择性等)、反应条件温和、副产物少和不造成环境污染等特点。目前,生物转化技术大多集中于微生物转化领域,微生物具有生长周期短、繁殖速度快、适应能力强、含有丰富的各类酶系等特点,适合用于生物转化。生物转化,尤其是微生物转化已成为生物制药中的一个重要组成部分。

1)生物细胞类型

(1)游离细胞与固定化细胞

生物转化一般采用游离细胞,而固定化细胞的应用也越来越多。固定化微生物技术是通过化学的或物理的手段将游离微生物细胞或酶定位于限定的空间区域内,使其保持活性并可以反复利用。该技术克服了微生物细胞太小,与水溶液分离困难,难以反复使用的弊端,具有微生物密度高、反应迅速、微生物流失少、产物易分离、反应过程易控制等优点。

(2)生长细胞与静息细胞

处于生长状态细胞的酶活性较高,常用于生物转化。静息细胞是有生命并保持酶活性,但不分裂或很少分裂的细胞,它的应用正逐渐增多。静息细胞转化法是将菌体培养一定时间后,用离心或过滤方法分离、收集菌体,并悬浮于不完全培养基或缓冲液中,在适当条件下加入底物进行转化的方法。静息细胞转化法的优势在于可自由改变转化体系中底物和菌体比例,提高转化效率。

（3）野生型和基因工程细胞

野生型细胞应用较多,但存在以下问题:底物跨膜的通透性大小影响最终的转化率;副反应导致底物或产物的降解;存在旁路反应和副产物积累等。利用基因工程对天然酶进行定向改造或异源表达重组酶能够克服野生型细胞弊端,基因工程细胞在转化领域正得到迅速应用。

2）生物转化反应机理

生物转化中,反应底物有时发生单一酶催化的一步反应,有时在各种酶协同作用下发生复杂的多步骤催化反应。最常见的反应是水解反应,其次是氧化还原反应,常见的还有羟基化反应、糖基化反应和水解反应等。

（1）水解反应

研究显示,糖链的结构对皂苷生物活性起着非常重要的作用。由于甾体皂苷结构的复杂性,合成难度较大。通过生物转化的方法得到高活性、低毒性的甾体皂苷已成为该领域的发展趋势。

（2）羟化作用

碳氢化合物中非活泼 C—H 键的羟化是一种非常重要的生物转化反应,传统有机化学合成几乎不能进行这样的直接羟化反应。自 1952 年微生物法合成糖皮质激素进入商品化生产以来,羟基化的生物转化技术成为甾体药物或其中间体合成路线中不可缺少的关键技术。微生物及其酶体系能够在甾体化合物的 C1 至 C21 和 C26 位进行羟基化,以提高其生物活性和制备中间体。对甾体化合物 11α-、11β-、15α-和 16α-位羟基化技术,已应用于甾体药物的工业化生产,主要生产肾上腺皮质激素及其衍生物。

（3）糖基化作用

糖基化可促使水不溶或溶解性不好的化合物转化为水溶性化合物。由于化学合成和微生物体系较难完成糖基化反应,因此,植物细胞体系在这一反应中起着重要的作用。同时外源化合物被植物悬浮细胞培养糖基化后,理化性质与生物活性也发生较大改变。

（4）其他反应

①氧化还原反应　通过植物细胞培养可以将醇转化为相应的酮。对于一些手性化合物的生产来说,对映选择性氧化反应是非常有用的。

②环氧化反应　环氧化反应可以用于具有细胞毒性的倍半萜烯的结构修饰。

③羰基还原反应　在植物细胞培养中有很多关于酮和醛经过还原反应生成相应的醇的报道。

3）微生物转化反应的作用

（1）增加天然活性先导化合物来源

以催化功能强大的微生物酶体系生物转化化学成分,从而产生新的化合物库,这是增加化合物种类的有效手段。通过与药理筛选手段相结合,可以从生物转化产物中寻找适宜药用的天然活性先导化合物。

（2）提高药效

生物转化后，使活性组分含量增加或有高活性化合物生成，药效得到提高。

（3）减弱药物毒副作用

有些药物药效确切，是临床常用药，但是该药可能具有明显的毒性，易发生副作用，甚至出现明显对人体造成伤害的现象，如雷公藤。研究表明，利用有机物对有毒性药物进行分解和转化，可能制得毒性明显降低的活性物质。

（4）无活性成分转化为有活性成分

人参皂苷类的抗变态反应活性可通过抑制 RBL-2H3 细胞释放 β-氨基己糖苷酶的能力来评价。人参皂苷 Rc 无此活性，而其多种人肠道菌代谢产物具有此抑制作用，其中人参皂苷 Mc 和化合物 K 抑制活性最强，IC_{50} 分别为 30 μM 和 24 μM，活性强于临床用药色甘酸钠（IC_{50} 为 500 μM）。

（5）促进活性成分吸收

有些药物成分在肠道内难以被吸收，生物利用度低，如某些中药组分，但在肠内滞留期间易被肠道菌群生物转化成苷元而被吸收，在体内发挥药理作用。

（6）降低生产成本

随着菌种选育技术和基因工程技术的进步，酶的大量体外表达已经成为可能，大大降低了药物生产成本。

（7）提供药物组分代谢机制研究辅助手段

很多药物在微生物内与在哺乳类动物体内的代谢机制相似，特别是真菌，具有与哺乳动物药物代谢酶功能非常相似的细胞色素 P450 酶系和葡萄糖苷酸酶等，可进行某些与哺乳动物相同的 I相与II相药物代谢反应。微生物转化体系有开发成预测药物代谢及毒理学体外模型的潜力。

6.4.2 甾体药物的生产

甾体药物是仅次于抗生素的第二大类药物。甾体是一类稠合四环脂烃化合物，天然和合成的甾体药物均具有环戊烷多氢菲母核。甾体激素类药物的化学结构由 A、B、C 和 D 四个环稠合而成，A、B、C 环为六元环，D 为五元环（图6.6）。

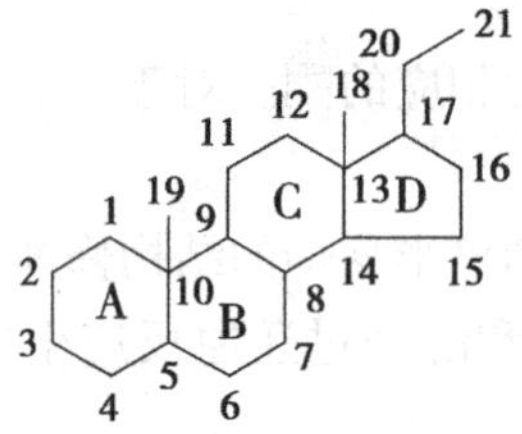

图6.6　甾体的化学结构 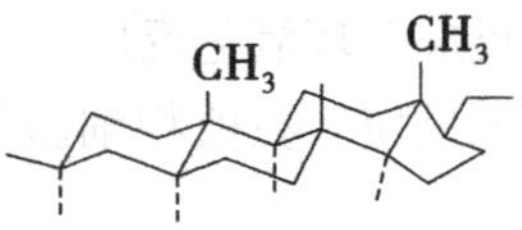　　　　　图6.7　甾体的5α-系的构象式

天然存在的甾体激素均为5-α 系。其4 个环都是反式稠合。C5、C8、C9、C10、C13、C14 为手性碳原子。当环上取代基在环平面的上方时，用 β-表示。在环平面的下方时，用 α-表示（图6.7）。当甾体母核平面平放在纸平面上时，虚线表示取代基在环的下方，为 α 取代；实线表示取代基在环的上方，为 β 取代。甾体 A、B、C 环一般以椅式构象存在，D 环以半椅式构象存在。

1）分类

甾体药物按化学结构可将它们分为雌甾烷类、雄甾烷类及孕甾烷类化合物（图6.8）。若按其药理作用分类，可分为性激素及皮质激素。它们之间的相互关系如图6.9所示。

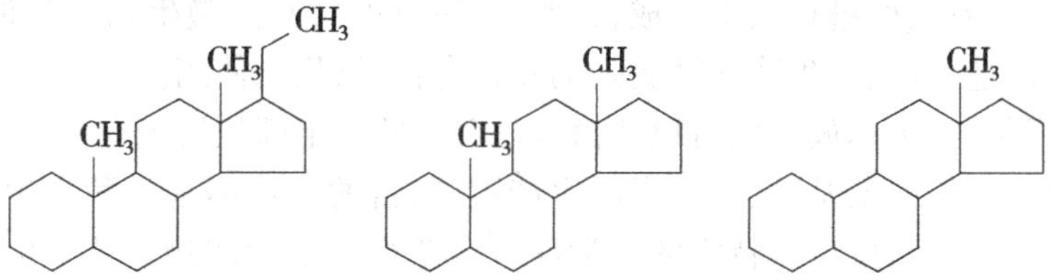

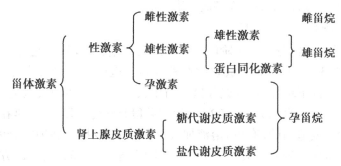

图6.8 甾体化合物的化学分类

$$孕甾烷 \quad 雄甾烷 \quad 雌甾烷$$

甾体激素
- 性激素
  - 雌性激素 —— 雌甾烷
  - 雄性激素
    - 雄性激素
    - 蛋白同化激素 } 雄甾烷
  - 孕激素
- 肾上腺皮质激素
  - 糖代谢皮质激素
  - 盐代谢皮质激素 } 孕甾烷

图6.9 不同类型的甾体药物之间的相互关系

（1）肾上腺皮质激素

肾上腺皮质激素是肾上腺皮质受脑垂体前叶分泌的促肾上腺皮质激素刺激所产生的一类激素，具有孕甾烷基本母核并含有$\triangle^4$-3,20-二酮、21-羟基、11-位含有羟基或氧等官能团，按其生理作用特点可分盐皮质激素和糖皮质激素，若在11位和17位均有含氧取代基时为糖皮质激素类化合物，仅有其中之一或均没有者为盐皮质激素化合物。糖皮质激素主要与糖、脂肪、蛋白质代谢和生长发育等有关，在临床上有极为重要的价值，如治疗肾上腺皮质功能紊乱，自身免疫性疾病（如肾病型慢性肾炎、系统性红斑狼疮、类风湿性关节炎），变态反应性疾病（如支气管哮喘和药物性皮炎），感染性疾病，休克，器官移植的排异反应，白血病，其他造血器官肿瘤，眼科疾病及皮肤病等疾病，但是它们也或多或少还保留有影响水、盐代谢的作用，使钠离子从体内排出困难而发生水肿，此外还可引起一些诸如皮质激素增多症（柯兴氏综合征），诱发精神症状、骨质疏松等并发症。天然的糖皮质激素以可的松（cortisone）和氢化可的松（cortisol）为代表。盐皮质激素主要调节肌体水、盐代谢和维持电解质平衡，临床应用较少。

（2）性激素

性激素按其生理功能，又分为雄性激素和雌性激素两大类。雄性激素属于C_{18}类固醇，主要由睾丸和肾上腺皮质所产生，卵巢也有少量合成。睾丸分泌的雄性激素主要有3种：睾酮、脱氢异雄酮和雄烯二酮。雌性激素包括雌激素和孕激素两类。主要由卵巢合成和分泌，肾上腺皮质和睾丸也能少量合成。雌激素中，真正由腺体分泌、有活性的只有3种：17β-雌二醇、雌酮和雌三醇。性激素的重要生理功能是刺激副性器官的发育和成熟，激发副性特性的出现，增进两性生殖细胞的结合和孕育能力,还有调节代谢的作用。临床上主要用于两性性机能不全所致的各种病症、计划生育、妇产科疾病和抗肿瘤等。

2)甾体激素类药物的生产方法

天然甾体激素,有的可进行人工合成,如雌二醇;有的可利用微生物或其他方法对已有的化合物进行结构改造,以获得生物活性更强的新化合物,供临床使用。

某些细菌、酵母、霉菌和放线菌可以使甾体化合物的一定部位发生有价值的转化反应。甾体的微生物转化和一般的氨基酸、抗生素的生产不同,目的产物不是发酵产生,而只是利用微生物的酶对底物的某一部位进行特定的化学反应来获得一定的产物。整个生产过程,微生物的生长和甾体的转化完全可以分开,一般先进行菌的培养,在菌生长过程中累积甾体转化所需要的酶,然后利用这些酶来改造分子某一部位。为了获得较多的酶,首先需保证菌体的充分生长,但微生物的生长与酶的生产条件不是完全一致的,所以这时还需了解各种菌产酶的最适条件,并尽可能地诱导生产所需要的酶而抑制不需要的酶。

(1)甾体的微生物转化生产流程

甾体的微生物转化通常分为两个阶段。第一阶段是生长阶段,它是将菌种接入斜面培养基或小米培养基培养 3 ~ 5 d,然后将成熟的菌种细胞或孢子接入摇瓶或种子罐,在合适的温度、溶氧浓度、pH 等条件下培养,让其充分繁殖与生长。培养时间的长短随菌种和环境而异。细菌的生长期为 12 ~ 24 h,真菌为 24 ~ 72 h。第二阶段是转化阶段,一般是在微生物生长的终点,逐渐将甾体的粉末或适当的(有机)溶液加入培养物中,或把成熟细胞分离洗涤,然后悬浮于水或缓冲液中,再将底物加入。大多数甾体化合物难溶于水,所以常用的方法是先把底物溶于有机溶剂,如丙酮、乙醇、甲醇、二甲基甲酰胺(溶解度达 10% ~ 20%),浓度在 2% 时对微生物无毒性。微生物转化生产甾体化合物一般采用二级培养,其工艺流程如图 6.10 所示。

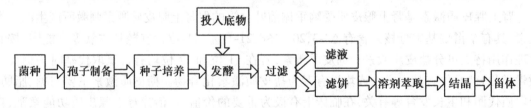

图 6.10　生物转化法生产甾体的工艺流程

如果产物分泌在发酵液中,则将发酵滤液采用离子交换树脂吸附法吸附甾体化合物洗脱后,减压浓缩进行结晶。

(2)影响转化的一般因素

①搅拌　增加转化培养基的搅拌,可以增加氧气的供给并使其均匀分布而提高转化率。

②通气　增加氧气的供给。有研究表明,溶解氧量对诱导酶产生非常重要。

③半连续地加入前体　可以降低一次大量加入所引起的毒性,也可减少由于发泡所引起的前体损失。

④培养基组成

a.氮源规格影响不太大,水解蛋白比蛋白质好。

b.糖类和脂肪对 11β-羟化有影响。

c.有些酶反应需要金属离子,例如缺锌不能进行 6β-羟化,而有些金属离子使酶失活。

（3）产物的分析与分离方法

产物的分析与分离均需要用适当的与水不混溶的溶剂将菌体从培养基中提取出来，最常用的有氯仿、二氯乙烷、乙酸乙酯和甲基异丁基酮等。溶剂的用量需根据产物在培养基和溶剂中的分配系数而定，提取时要防止乳化。产物的提取液经适当的浓缩，用柱层析或直接用分步结晶的办法可以得到产物。

在发酵过程中残存基质和生成产物的分析非常重要，一般用纸层析法进行发酵液的鉴定和分离，进一步直接在纸上制备。其他分析方法（如硅胶薄层色谱、紫外吸收光谱法、高效液相色谱法等）也常使用。

实训 6.1 氢化可的松的制备

一、实验目的

①了解生物转化技术在生物制药中的应用。

②掌握生物转化法生产氢化可的松的技术。

二、实验原理

（1）氢化可的松的结构及理化性质

氢化可的松又称皮质醇，化学名为 $11\beta,17\alpha,21$-三羟基孕甾-4-烯-3,20 二酮。按照结构特征归属为 5α-孕甾烷。它是由 A、B、C 和 D 四环稠合而成的环戊烷多氢菲的四环基本骨架，环上 C8、C9、C10、C11、C13、C14、C17 均为手性碳，如图 6.11 所示。

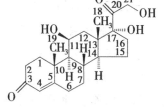

氢化可的松为白色或几乎白色的结晶性粉末，无臭，初无味，随后有持续的苦味，遇光逐渐变质。熔点 212～222 ℃，熔融时同时分解。不溶于水，几乎不溶于乙醚，微溶于氯仿，略溶于乙醇和丙酮。比旋度为+160°～+169°（1%乙醇）。

图 6.11 氢化可的松的化学结构

（2）氢化可的松的药用价值

氢化可的松能影响糖代谢，并具有抗炎、抗病毒、抗休克及抗过敏作用，临床用途广泛，主要用于肾上腺皮质功能不足，自身免疫性疾病（如肾病性慢性肾炎、系统性红斑狼疮、类风湿性关节炎），变态反应性疾病（如支气管哮喘、药物性皮炎），以及急性白血病、眼炎及霍奇金淋巴瘤，也用于某些严重感染所致的高热综合治疗。氢化可的松作为天然皮质激素，疗效确切，在临床上一直发挥着重要作用，是国内产量最大的激素类药物。

对充血性心力衰竭、糖尿病等患者慎用；对重症高血压、精神病、消化道溃疡、骨质疏松症忌用。

（3）氢化可的松的生产方法

氢化可的松由脊椎动物的肾上腺皮质产生，内源性氢化可的松生物合成途径是由胆固醇经 17α-羟基黄体酮在酶催化下生物转化而成。最初只能通过繁琐的生化提取工艺从肾上腺皮质组织中得到很少量的氢化可的松，随后，找到了全合成氢化可的松的方法，但全合成需要

30 多步化学反应,工艺工程复杂,总产率太低,无工业化生产价值。

目前制备氢化可的松都采用化学合成步骤与微生物转化相结合的半合成方法。从天然产物中获取含有上述甾体基本骨架的化合物为原料,经化学方法进行结构改造后,进行微生物转化发酵,制得氢化可的松。

(4)微生物转化法的生产原理

17α,21-二羟基孕甾-4-烯-3,20-二酮-21-乙酸酯(化合物 S)生物转化生成氢化可的松的方法被称为一步发酵法,如图 6.12 所示。1952 年,Peterson 首先发现弗氏链霉菌(*Streptomyces fredial*)可将化合物 S 的 C11 上引入 β-羟基(即 11β-羟基化),一步发酵转化为氢化可的松。1955 年通过改变菌种,利用布氏小克银汉霉(*Cunninghamella blkesllaua*)的转化率达到 65%,之后用新月弯孢霉(*Curvularia lunata*)作为菌种,转化率可达到 80% ~ 90%。我国以蓝色梨头霉(*Absidia orchidis*)为生产菌种,采用微生物转化法生产氢化可的松的工艺已经成熟,转化率为 70% 左右。

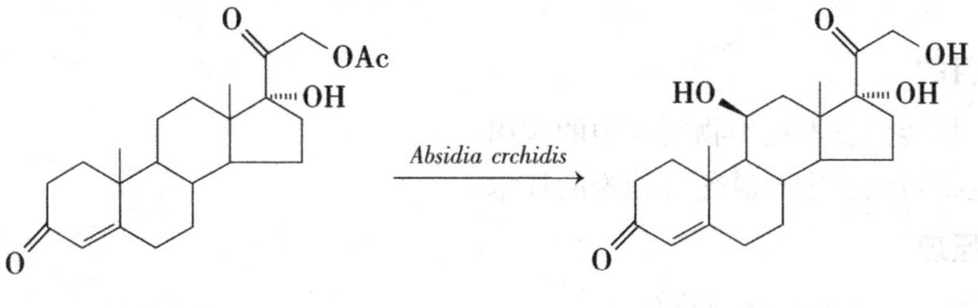

图 6.12　一步转化法生产氢化可的松

三、实验仪器和试剂

(1)实验仪器

发酵罐、加热回流装置、层析滤纸和树脂等。

(2)试剂

斜面培养基、种子培养基、二氯乙烷、甲醇和活性炭等。

四、实验材料

蓝色犁头霉菌。

五、实验方法与步骤

(1)化合物 S 的制备

由 16α,17α-环氧黄体酮经(A)溴化开环、(B)氢解除溴、(C)碘代置换等过程得到化合物 S,如图 6.13 所示。

(2)微生物转化法生产氢化可的松

①斜面培养　将蓝色犁头霉菌菌种接种到葡萄糖、土豆斜面培养基上,28 ℃培养 7 ~ 9 d,孢子成熟后,用无菌生理盐水制成孢子悬液,供制备种子用。

②种子培养　将孢子悬浮液按一定接种量接入葡萄糖、玉米浆和硫酸铵等组成的种子培养基,在通气搅拌下,28 ℃培养 28 ~ 32 h。待培养液 pH 达 4.2 ~ 4.4,菌浓度达 35% 以上,检查无杂菌,即可接种发酵罐。

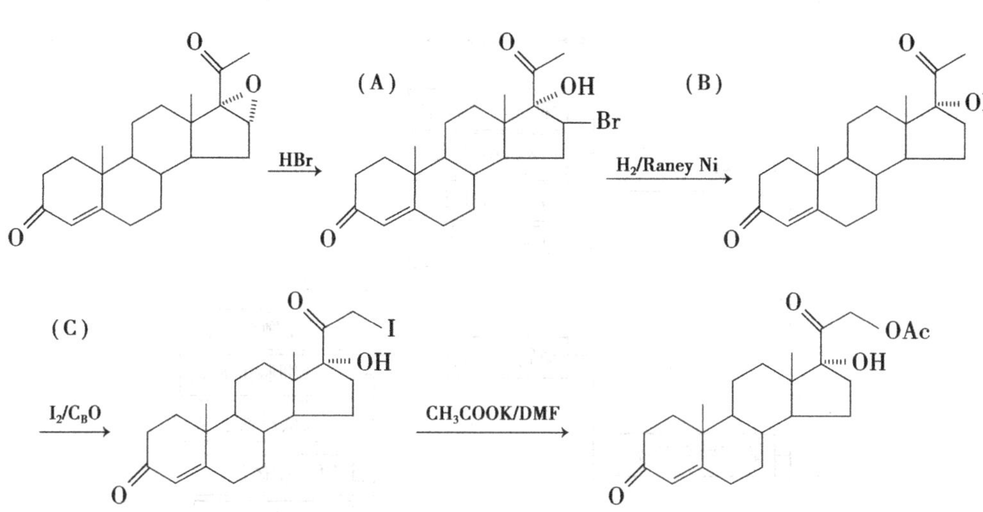

图 6.13　制备化合物 S 的工艺路线

③发酵培养　将玉米浆、酵母膏、硫酸铵、葡萄糖和水投入发酵罐中搅拌,用 NaOH 调节 pH 到 5.7 ~ 6.3,加入 0.03% 豆油,120 ℃ 灭菌,通入无菌空气,降温至 27 ~ 28 ℃,接入种子,维持罐压 58.8 kPa,控制排气量,通气搅拌发酵 28 ~ 32 h。用 NaOH 调节 pH 到 5.5 ~ 6.0,投入发酵液体积 0.15% 的化合物 S,氧化 40 h 后,取样做比色试验,检查反应终点。

④分离纯化　到达终点后,滤除菌丝,滤液用树脂吸附,然后用乙醇洗脱,洗脱液经减压浓缩至适量,冷却到 0 ~ 10 ℃,过滤、干燥得到粗品,熔点为 195 ℃。(母液浓缩后,析出结晶主要是氢化可的松(α 体))。以上所得粗品中主要是 β 体,并混有部分 α 体,需精制。可以将粗品加入 16 ~ 18 倍含 8% 甲醇的二氯乙烷溶液中,加热回流使全溶,趁热过滤,滤液冷却至 0 ~ 5 ℃,冷冻、结晶、过滤、干燥,得氢化可的松粗品,熔点约 205 ℃(纸层析表明,α 体与 β 体之比约 1 : 8)。可继续采用 16 倍左右的甲醇和活性炭,加热回流使溶,趁热过滤,滤液冷却至 0 ~ 5 ℃,重结晶,即可得到精制的氢化可的松,熔点在 212 ℃ 以上。

六、注意事项

①保证菌种中无杂菌,以避免其他物质生成,降低氢化可的松产量,增加分离纯化难度。

②控制好反应时间,既要避免转化时间过短导致产量低,又要避免转化时间过久导致菌体衰亡、破碎,影响分离纯化。

·项目小结·

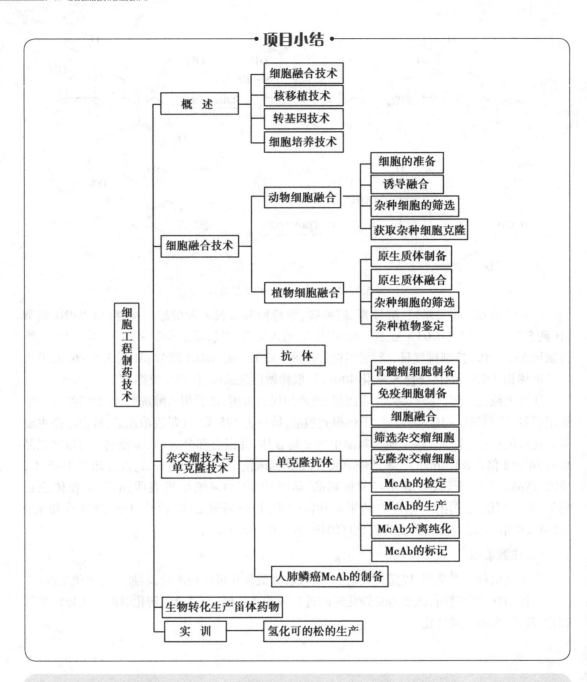

项目拓展

全球单克隆抗体行业市场现状分析

单克隆抗体-杂交瘤关键技术诞生于1975年,应用抗体治疗淋巴癌的试验于1982年获得成功,但由于药物研发艰难,FDA审批时间长,直到1986年用于治疗肾移植排斥反应的鼠源化抗体 Ortholone OTK3 才宣告上市。但由于鼠源单抗副作用大,部分临床试验效果不佳等原因,单抗市场一直不见起色,直到第一个单抗问世10年后的1996年,全球单抗市场仍不足10亿美元。

1997年FDA批准Genentech的嵌合抗体Rituxan(国内商品名为美罗华)上市后得到了极大的改善。作为第一个治疗肿瘤的嵌合抗体,Rituxan成为了单抗领域的首个明星药物。未来与它一起跻身10亿美元销售俱乐部的还有次年上市的嵌合单抗Remicade以及人源单抗Herceptin、Synagis。与此同时,整个单抗行业也得到了迅速扩张,销售额从1999年的12亿美元到2011年的671亿美元。

截至2013年,经美国FDA批准上市的单抗药物一共有34种,进入临床试验阶段的单抗则接近350种,治疗范围涵盖肿瘤、自体免疫疾病、抗感染、止血、呼吸道疾病等,其中又以肿瘤和自体免疫疾病药物市场最大,种类最多,据估算2010年这两类产品的销售额分别占到单抗销售总量的30% ~40%,市场规模均达到或超过200亿美元。

目前,单抗药物已经成为了生物药中不可忽视一大类,而由于目前批准上市的单抗仅有34种,这就使得单抗药物成为了重磅炸弹集中营,占据十大生物药中的六席。20种年销售额超过10亿美元的重磅炸弹级生物药中,单克隆抗体占8种。其中Avastin、Herceptin、Rituxan、Humira和Remicade五大单抗销售额占到了单抗总销量接近80%,Datamonitor预计五大单抗年销售量都将维持50亿美元以上,仍将占据单抗市场的60%。而除此之外,人源化抗体类融合蛋白Enbrel年销售金额接近80亿美元,Synagis、Xolair等八种单抗(被称为"emergingeight")年销量也突破5亿美金,成为重磅炸弹和准重磅炸弹,这14种明星药物占单抗总销售额的比例将超过80%,可以预计,未来5~10年内相关公司仍将凭借这些药物获得持续的高额回报。

通过单抗行业产品和公司发展的历史我们可以发现,在单抗行业快速发展的早期,Big Pharma(大型综合医药企业)无论在技术储备还是研发人员上均不存在垄断性优势,质地优良的中小型企业能够通过单个或几个拳头产品迅速成长,并在之后多年保持其优势。例如在2000年前批准上市的10种单抗中,仅有3种属于大型药企(GSK,Roche,Novartis各一种)。

但随着单抗产业规模日益扩大,特别是重磅炸弹的不断涌现,Big Pharma越发意识单抗领域的巨大潜在市场价值,于是它们开始凭借资金优势收购那些研发能力强、拥有明星药物的中小企业,借此获得行业领导地位,而这种趋势在2002年后更加明显。值得注意的是这些收购都是在被收购方股价已经较高的情况下溢价完成的,在此过程中,相关单抗生产企业股东获得了丰厚的投资回报。

瑞士罗氏制药集团在2009年3月26日出资约468亿美元全额收购了Genentech公司,标志着市场上几乎所有重磅炸弹药物所有权完成了向大型药企的转移,国际单抗市场将形成罗氏一枝独秀,强生、阿斯利康、辉瑞等大型药企紧追不舍新格局。而随着Big Pharma时代的正式来临,单抗行业也逐渐从快速增长期步入了产业成熟期。

一般来说,当一类药品的生产研发主力从技术主导的小型公司转向大型药企时,往往也意味着这一行业将从不断创新的高速增长进入稳定增长的成熟发展期,如果从研发和行业增速两个方面来考察单抗产业会发现:单克隆抗体已近逐步进入产业成熟期。

项目检测

一、填空题

1. 细胞工程所涉及的主要技术领域包括＿＿＿＿技术、＿＿＿＿技术、＿＿＿＿技术、＿＿＿＿技术、＿＿＿＿技术和＿＿＿＿技术等方面。

2. 动物细胞融合的步骤为＿＿＿＿、＿＿＿＿、＿＿＿＿、＿＿＿＿。

3. 促进动物细胞融合的因素有＿＿＿＿、＿＿＿＿、＿＿＿＿。

4. 抗体是机体免疫系统受＿＿＿＿刺激后，B淋巴细胞被＿＿＿＿、＿＿＿＿，分化为＿＿＿＿，由其合成和分泌的能与相应抗原特异性结合的＿＿＿＿。

5. 抗体V区的互补决定区（CDR）构建了＿＿＿＿的关键位置;C区决定了Ig分子的＿＿＿＿。

6. 生物转化中,常发生的反应有＿＿＿＿、＿＿＿＿、＿＿＿＿、＿＿＿＿等。

7. 甾体药物按化学结构可将它们分为＿＿＿＿、＿＿＿＿及＿＿＿＿类化合物。

8. 影响生物转化效果的因素包括＿＿＿＿、＿＿＿＿、＿＿＿＿、＿＿＿＿。

二、判断题

1. 细胞融合是指两个完整细胞间发生的融合。（　）
2. 将具有抗体活性及化学结构与抗体相似的球蛋白统称为抗体。（　）
3. 免疫球蛋白并不一定是抗体,可能不具有抗体活性。（　）

三、简答题

1. 简述筛选动物杂种细胞的方法。
2. 简述HAT系统是如何发挥筛选杂种细胞作用的。
3. 简述制备植物杂种细胞的操作流程。
4. 简述免疫球蛋白的基本结构。
5. 简述单克隆抗体与免疫血清抗体的区别。
6. 简述分离纯化单克隆抗体常采用的方法。
7. 简述制备人肺鳞癌单克隆抗体的工艺流程。
8. 简述氢化可的松的生产工艺流程。

四、思考题

1. 查找嵌合抗体的生产工艺。
2. 查阅资料,请说明哪些常见药物是利用生物转化技术生产得到的。

项目 7 动植物细胞培养技术制药

【知识目标】

➤ 掌握动、植物细胞培养基的组成及制备方法。

➤ 熟悉动、植物细胞的大规模培养技术。

➤ 熟悉动、植物细胞培养在生物制药领域中的应用。

【技能目标】

➤ 学会动、植物细胞培养的基本方法,能够采用正确的方法进行动、植物细胞培养。

➤ 学会正确配制动、植物细胞培养基。

➤ 学会使用血细胞计数板正确计数动物细胞。

➤ 学会动、植物细胞的原代培养和传代培养。

【项目简介】

细胞培养技术也称细胞克隆技术,是指从体内组织取出细胞在模拟体内环境的体外环境下,使细胞生长繁殖,并维持其结构和功能的一种培养技术。细胞培养的培养物可以是单个细胞,也可以是细胞群。细胞培养技术的内容包括动物细胞培养。植物细胞培养和微生物细胞培养。本项目就动、植物细胞培养技术进行重点介绍。项目内容主要包括动、植物细胞的形态及其培养特性,培养基的组成及制备,细胞培养过程的检测,动、植物细胞大规模培养技术,动、植物细胞培养在生物制药领域中的应用。

【工作任务】

任务 7.1 动植物细胞培养概述

7.1.1 细胞培养的概念

细胞培养技术也称细胞克隆技术,是指从体内组织取出细胞,在模拟体内环境的体外环境下,使细胞生长繁殖,并维持其结构和功能的一种培养技术。细胞培养的培养物可以是单个细胞,也可以是细胞群。

细胞培养不仅是一门技术,也是一门科学。细胞培养技术主要包括动物细胞培养、植物细胞培养和微生物细胞培养。细胞是非常好的实验对象,目前细胞培养在现代医学和制药研究中的应用极为广泛,其自身具有以下特点:

①通过细胞培养,能够长时间地直接观察活细胞的形态结构和生命活动,可用于细胞学、遗传学、免疫学、实验医学和肿瘤学等多种学科的研究。

②细胞培养中,便于利用摄像、摄影和闭路电视等方法进行记录,直接观察活细胞的变化。

③细胞培养技术中,可供研究的细胞种类极其广泛,从低等生物细胞到高等生物细胞以及人类细胞,从胚胎到成体,从正常组织到肿瘤细胞,皆可用于培养。

④便于使用不同的技术方法,如相差显微镜、荧光显微镜、电子显微镜、组织化学、同位素标记等方法观察和研究细胞。

⑤体外培养的细胞携带有与体内细胞同等的基因组(genome),是分子生物学和基因工程学的研究对象。

⑥实验中可同时提供大量生物性状相似的实验对象,实验耗资少,比较经济。

⑦细胞培养已经成为疫苗、单克隆抗体和基因工程制品等的重要生产手段。

尽管在现代生物学研究中,细胞培养已经作为不可或缺的技术被人们所利用,但其本身也存在一些不足。细胞离开有机体后,独立生存在人工培养的环境中,即使所模拟体内环境的体外环境很稳定很完善,但与真正的体内环境相比,仍有很大差异。因此在利用细胞做实验对象时,不应视为与体内生存的细胞完全一样,而把实验结果外推至体内,轻易做出与体内等同的结论。细胞培养仍在发展中,很多技术也在日臻完善,随着分子生物学、基因工程的不断发展和对细胞分化认识的日益深入,最终必能创造出与体内环境更加相似的条件,使细胞培养的应用价值更大。

7.1.2　动植物细胞培养

动植物细胞培养是指动、植物细胞在体外条件下的存活或生长,细胞不再形成组织。动植物细胞培养与微生物细胞培养有很大不同(表 7.1)。动物细胞无细胞壁,且大多数哺乳动物细胞需附着在固体或半固体的表面才能生长;对营养要求严格,除氨基酸、维生素、盐类、葡萄糖或半乳糖外,还需要有血清。动物细胞对环境敏感,包括 pH 值、溶氧、CO_2、温度、剪切应力都比微生物有更严的要求,一般须严格的监测和控制。相比之下,植物细胞对营养的要求较动物细胞简单,由于植物细胞培养一般要求在高密度下才能得到一定浓度的培养产物,且植物细胞的生长较微生物细胞要缓慢,因而植物细胞的长时间培养对无菌要求及反应器的设计要求很高。

人们已经利用细菌、丝状真菌的大量培养来生产各种酶、抗生素、蛋白质、氨基酸等产物,但是很多有重要价值的生物物质,如毒素、疫苗、干扰素、单克隆抗体、色素等,必须借助于动、植物细胞的大规模培养来获得。随着对动植物细胞培养技术的深入研究,该技术将会显示出广阔的发展前景。

表7.1   动、植物、微生物细胞的培养特征

项目 \ 种类	微生物	动物细胞	植物细胞
大小	1～10 μm	10～100 μm	10～100 μm
营养要求	简单	非常复杂	较复杂
生长速率	快,倍增时间0.5～5 h	慢,倍增时间15～100 h	慢,倍增时间24～74 h
代谢调节	内部	内部、激素	内部、激素
环境敏感	不敏感	非常敏感	能忍受广泛范围
细胞分化	无	有	有
悬浮生长	可以	多数细胞需附着表面才能生长	可以,但易结团,无单个细胞
剪切应力敏感	低	非常高	高
传统变异,筛选技术	广泛使用	不常使用	有时使用
细胞或产物浓度	较高	低	高

任务7.2   动物细胞培养技术及其应用

动物细胞培养(culture of animal cells)是从动物机体中取出相关的组织,将它分散成单个细胞(使用胰蛋白酶或胶原蛋白酶消化),然后放在适宜的培养基中,让这些细胞生长和增殖。动物细胞在单独细胞培养的过程中不再形成个体。

动物细胞体外培养的历史可追溯到1907年,哈里森(Harrison)在无菌条件下用淋巴液作培养基,培养蛙胚神经组织存活数周,并观察到神经细胞突起的生长过程,奠定了动物组织体外培养的基础。1957年,杜尔贝科(Dulbecco)等人采用胰蛋白酶消化处理和应用液体培养基的方法,获得了单层细胞培养技术。20世纪60年代后,动物细胞大规模培养技术开始起步,并逐步发展。20世纪80年代后,随着基因工程和其他细胞工程技术的发展,细胞培养技术已经成为转基因技术、生物技术及其他许多技术的基础,在现代生物制药技术中发挥着重要的作用。

7.2.1   动物细胞的培养特性

1)动物细胞的形态

体外培养的动物细胞,按照其生长方式可分为贴壁生长型细胞和悬浮生长型细胞。

(1)贴壁生长型细胞

贴壁生长型细胞,又称贴壁依赖型细胞,贴壁生长是大多数动物细胞在体内生存和生长发育的基本方式。贴壁有两种含义:一是细胞之间相互接触;二是细胞与细胞外基质结合。动物

细胞培养中,大多数哺乳动物细胞必须附着在固体表面生长,当细胞布满固体表面后即停止生长,这时若取走一片细胞,存留在表面上的细胞就会沿着表面生长而重新布满表面,而从生长表面脱落进入液体的细胞通常不再生长而逐渐退化,这种细胞培养称为单层附壁培养。贴壁生长型细胞的生长一般都经历游离期、吸附期、繁殖期和退化期。贴壁培养的细胞可用胰蛋白酶、酸、碱等试剂或机械方法处理,使之从生长表面上脱落下来。

在体外,细胞的贴壁方式与体内也不相同,体外培养的细胞需要附着在某些带适量正电荷的固体或半固体表面,大多是只附着在一个平面,因而体外培养的细胞的外形一般与在体内时明显不同。按照贴壁型细胞体外培养时的形态,主要分为以下4大类:

①成纤维细胞型细胞 这种细胞形态与体内成纤维细胞形态相似故而得名。细胞体呈梭形或不规则三角形,中央有卵圆形核,胞质突起,原生质向外伸出2~3个长短不同的突起。细胞群常借原生质突起连接成网,生长时呈放射状、漩涡或火焰状走行,如图7.1(a)所示。另外,凡细胞培养中细胞的形态与成纤维细胞类似的皆可称之为成纤维细胞,实际上很多所谓成纤维细胞并无产生纤维的能力,只是一种习惯上概括的称法。

②上皮细胞型细胞 这种细胞形状类似于上皮细胞,呈三角形及不规则扁平的多角形,中央有扁圆形核,生长时常彼此紧密连接成单层细胞片,如图7.1(b)所示。起源于外胚层和内胚层组织的细胞,如皮肤表皮及衍生物(汗腺、皮脂腺等),肠管上皮、肝、胰和肺泡上皮细胞,培养时皆呈上皮细胞型。血管内皮细胞、Hela宫颈癌细胞在显微镜下可呈现典型的上皮细胞型。

③游走型细胞 这种细胞的培养需要在支持物上生长,一般不连接成片、形成群落,原生质经常伸出伪足或突起,呈活跃的游走和变形运动,速度快且方向不规则,如图7.1(c)所示。该型细胞不很稳定,有时难以和其他型细胞相区别,在一定条件下,如培养基化学性质变动等,它也可能变为成纤维细胞型。

④多形型细胞 除上述3种细胞外,还有一些组织和细胞,如神经组织的细胞,难以确定它们的稳定形态,可统归为多形性细胞型,如图7.1(d)所示。

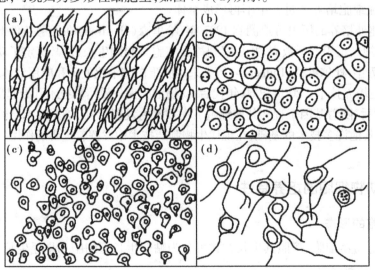

图7.1 动物细胞的形态

(a)成纤维细胞型;(b)上皮细胞型;(c)游走细胞型;(d)多形细胞型

上述4种细胞形态是细胞体外培养时最常见、最明显的形态,在实际培养过程中,所培养的细胞并不一定呈现某一典型的形态,而多呈现的是一些过渡性形态。另外,体外培养时所谓的某型细胞,仅仅是因为其形态与体内某种细胞类似,而不能将体外培养的这些细胞与体内同名的细胞完全等同,同时也不能说明所培养的细胞的起源。

（2）悬浮生长型细胞

悬浮生长型细胞,又称悬浮型或非贴壁依赖型细胞,此类细胞在体外培养时可在培养基中悬浮生长,不必贴壁,因此也称非贴壁依赖型细胞。悬浮型细胞常呈圆形,不贴附在支持物上,呈现悬浮状态生长,如血液细胞、淋巴细胞及肿瘤细胞。培养这类型细胞可采用微生物培养的方法进行悬浮培养。

2）体外培养细胞的生长特点

体外培养细胞重要的生长特点包括黏附与贴壁、伸展、运动的接触抑制和生长的密度抑制。

（1）黏附与贴壁

黏附于固相表面是依赖型细胞生命活动的基本要求。由于生物体组织分散制成的细胞悬液,当被接种到培养器皿内以后,首先要发生黏附（adherence）,即细胞要黏着或结合到生长基质的表面上（图7.2）,这是细胞培养能否成功的第一步。依赖型细胞在解离成单个细胞悬液后时间越久,越容易发生退化。为培养的细胞提供什么样的生长表面是关乎细胞能否成功黏附的主要因素。一般认为,细胞与某种固相表面亲和性的大小,主要与细胞表面及固相表面所带的电荷性质和量有关。细胞体外培养这门技术发展至今,已经能够生产出适宜于大多数细胞生长的培养器皿。对于一些分化程度高、生长能力差的细胞,可以通过在培养器皿表面包被一些有利于细胞黏附和生长的生物活性物质来促进细胞的黏附,可用于包被的物质如细胞外基质成分的胶原、多聚赖氨酸、多聚鸟氨酸、层黏连蛋白、纤维连接蛋白等。这些物质通过其所带电荷先吸附到塑料或玻璃表面,培养的细胞再与其结合。培养液中添加的血清内就含有多种能够促进细胞黏附的成分。另外,细胞本身也可能产生一些黏附分子。

贴壁（attachment）与黏附只是程度上的不同,没有截然的界限。贴壁可以理解为培养细胞黏附以后更进一步地与生长表面结合的过程。黏附是细胞可能通过少数接触点与生长表面结合,而贴壁则是细胞会以整个接触面与生长表面牢靠结合。已经黏附和贴壁的细胞,在相差显微镜下可见,已不是在细胞悬液中的球形,而是扁平圆形。

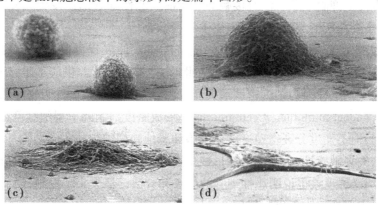

图7.2 细胞黏附与伸展的步骤

（a）30 min后；（b）细胞运动；（c）2 h后；（d）24 h后

有研究表明,培养液中的离子成分及其浓度有时也能影响到细胞的黏附和贴壁,甚至影响到下面要讲述的细胞的伸展过程。例如,培养液中的 Ca^{2+} 含量过低时不利于细胞的黏附、贴壁和伸展;培养液的温度也会影响黏附和贴壁的速度,低温会减低细胞的活动,妨碍黏附和贴壁。

（2）伸展

伸展(spread)是大多数培养细胞进行生命活动的一种基本的生长特点或生长行为。对依赖型细胞来说,伸展状况如何制约着细胞的分裂增殖活动。细胞的伸展状况可以两种参数描述:

①培养细胞的面积大小。

②培养细胞的高度,实际上就是细胞在垂直方向上的厚度。

在伸展过程中,细胞首先由圆形变为圆饼形(图7.2)。圆饼形的细胞称为放射状伸展细胞(radial spread cell)。放射状伸展细胞的细胞质可以分为内质(endoplasm)(或称中心区)与外质(ectoplasm)(或称板层区)两部分。内质指的是核周围的稠密的胞质区,中心为细胞核,核周围含有较多的细胞器(以内质网和线粒体为主)。外质是细胞质的周边部分,内含微管和微丝。放射状伸展细胞持续 0.5～2 h 便逐渐铺开伸展,成为扁平的极性细胞(polarized cell)。有些细胞可以不经过放射状铺展细胞的阶段直接伸展成为极性细胞。极性细胞就是各种有机体细胞在体外的特征性细胞形态,有的为梭形,有的为三角形,有的为其他不规则形态等。

培养细胞伸展以后的极性细胞形态不是固定不变的,相反,会随着细胞的生命活动尤其是细胞运动而发生改变。同一种培养细胞的伸展状况主要是由所依附的生长基质成分调节的,只有当细胞伸展到合适的程度,DNA 合成才开始进行。

（3）运动的接触抑制与生长的密度抑制

接触抑制是体外培养中多数贴壁型细胞的生长特性之一。一般情况下,正常细胞在不断分裂增殖的过程中存在不停顿的活动或移动,其外周的细胞膜呈现一些特征性皱褶样活动,但是,当两个细胞移动而互相靠近时,其中之一或两个将停止移动并向另一方向离开,这保证了细胞将不会重叠。当贴壁细胞长满底物时,一个细胞被其他细胞围绕以致无处可去而发生接触时,细胞不再移动,这种由于接触而相互抑制的特征,称为接触抑制(contact inhibition)。但是肿瘤细胞没有接触抑制现象。没有接触抑制特征的恶性细胞即使发生相互接触,仍然可以运动和增殖,于是会在所形成的单层细胞层上继续堆叠。

当细胞密度增大到一定程度,相互拥挤或挤压而致伸展程度降低细胞变高(厚),使得DNA 合成受到限制时,细胞便不再分裂增殖。此时,培养液中营养供应不足,培养液中积聚的细胞代谢产物过多。这种因为细胞密度增大而致的分裂抑制现象被称为密度依赖性细胞生长抑制(density dependent inhibition of cell growth)。形成密度抑制的单层细胞可在静止状态下维持存活一段时间,但不发生分裂增殖。转化细胞和恶性肿瘤细胞与正常细胞不同,它们对密度依赖性生长抑制失去敏感性,因而不会在形成单层时停止生长,而是相互堆积形成多层生长的聚集体(图7.3),这种现象也说明恶性细胞的生长和分裂已经失去了控制,调节细胞正常生长和分裂的信号对于恶性细胞不再起作用。

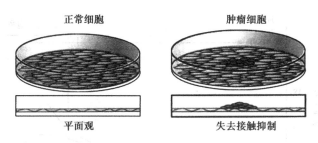

图 7.3 细胞运动的接触抑制

3) 体外培养细胞的生长过程

体外培养细胞的生长过程,是指细胞在培养中持续增殖和生长的过程。体内组织细胞的生存期与完整机体的死亡衰老基本相一致。组织和细胞在培养中生命期的长短,依细胞的种类、性状和原供体的年龄等情况。人胚二倍体成纤维细胞培养,在不冻存和反复传代的条件下,可传 30~50 代,相当于 150~300 个细胞增殖周期,能维持 1 年左右的生存时间,最后衰老凋亡(apoptosis)。只有当细胞发生遗传性改变,如获永生性或恶性转化时,细胞的生存期才可能会发生改变。正常细胞培养时,不论细胞的种类和供体的年龄如何,其生长过程包括 3 个层次的概念:细胞生长的全生命过程、每代细胞的生长过程和单个细胞的生长过程(细胞周期)。

（1）细胞生长的全生命过程

培养的细胞生长在培养器皿中,当细胞持续生长繁殖一段时间,到达一定的细胞密度之后,应当将细胞分离成两部分或更多部分至新的培养器皿中,并补充更新培养液,这一过程称为传代或再培养。从动物体取出的原代细胞,经过传代以后,便成为了细胞系,一般正常细胞的这种细胞系寿命只能维持一定的时间期限(称为有限细胞系),之后将自行停止生长,即使为其提供足够的营养,最终仍致死亡,这个完整的过程,被称为细胞生长的全生命过程,也叫细胞系的生长过程。

细胞系在培养过程中存活时间的长短,主要取决于细胞来自何种动物种族。在一些情况下,培养条件也会在一定程度上影响细胞系的寿命,在进行正常细胞培养时,无论细胞的种类和供体的年龄如何,在细胞的全生命过程中大致都要经历 3 个主要阶段:

①原代培养或初代培养期 原(初)代培养期是指从体内取出组织细胞开始培养到第 1 次进行传代之前的这一段时期(图7.4),一般为 1~4 周。由于体外培养中的"传代"与细胞周期的长短并无确切关系,传不传代及何时传代与原代培养时接种的细胞数量、培养器皿的大小以及培养条件密切相关。原代培养期也代表了培养细胞的一个特征性的必然的生长阶段。

②传代期 一旦将原代培养物经过分割,重新接种到培养器皿内进行培养,就标志着原代培养期结束,培养过程进入了传(继)代培养期(图7.4)。原则上,原代培养物贴壁生长,长满培养器皿的生长面(器皿的底壁)或在悬浮培养状态下细胞密度足够大时,才进行传代培养。

传代培养期是整个培养过程的主要时期,持续时间长。在这一时期内,最主要的特征是细胞分裂增殖活动旺盛,细胞生长活跃。另外,按照体外培养技术领域的概念,分离(散)细胞培养物一旦经过传代即改称为细胞系。细胞系可以继续传代。因此,从培养物的角度来讲,传代培养期就是维持细胞系增殖、生长的培养过程。传代培养期的长短因培养的细胞种类与供体年龄大小而不同。

③衰退(老)期 反复传代一定时间后(30~50 代后),细胞增殖变慢,端粒进行性缩短,直至停止分裂。极少部分细胞发生转化,获得永生,成为无限细胞系。

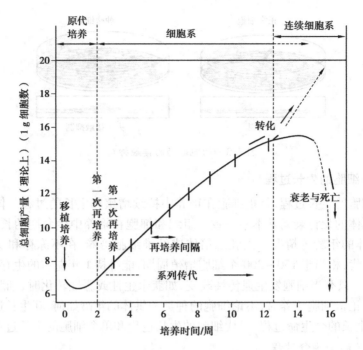

图 7.4　动物细胞生长的全生命过程分期

　　此期细胞仍然生存,但增殖很慢或不增殖;细胞形态轮廓增强,最后衰退凋亡。在细胞的全生命过程中,少数情况下,每一分期的任何时期(多发生在传代培养期末期或衰退期),由于某种因素的影响,细胞也可能发生自发转化(spontaneous transformation),转化的标志之一是细胞可能获得永生性(immortality)或恶性(malignancy)。细胞的永生性也称不死性,即细胞获得持久性的增殖能力,这样的细胞群体称为无限细胞系(infinite cell line),也称连续细胞系(continuous cell line)。无限细胞系的形成主要发生在传代培养期末期,或衰退期初阶段。细胞获不死性后,核型大多变成异倍体(heteroploid)。细胞转化亦可用人工方法诱发,转化后的细胞也可能具有恶性性质。细胞的永生性和恶性不是同一性状。

　　(2)每代细胞的生长过程

　　体外培养细胞的生长过程中,当细胞增殖到一定密度后,将培养物分开并转移至新的培养皿中(称为接种),使之继续繁殖生长,即为传代。细胞自接种至新的培养皿中至下一次再传代接种的时间称为细胞的一代,每代细胞的生长过程可分为 4 个阶段:潜伏期(24～96 h)、指数生长期(3～5 d)、稳定期(传代时机)和衰亡期。

　　①潜伏期　潜伏期(latent phase)是细胞对传代操作所致损伤的恢复期和对新的生长环境的适应期(图 7.5)。这也是原代培养开始时细胞必须经历的时期。不论是原代培养前从生物体组织分离(散)制备细胞悬液,还是在进行传代操作时,都要使用蛋白酶消化或其他生物化学试剂处理,细胞表面与其他细胞及支持物黏附与连接的分子被破坏,细胞受到损伤,分散成细胞悬液,全部细胞变为圆球形。接种到培养器皿内以后,细胞开始经历与前面介绍的原代培养期内相似的黏附、贴壁、伸展等过程。细胞修复损伤,"熟悉"环境,恢复生长,但很少分裂。潜伏期的长短与细胞种类、接种的细胞密度、培养条件等因素均有关。接种的细胞密度越大、数量越多,细胞群体越容易适应体外环境,潜伏期就越短。

　　②指数生长期　潜伏期结束后即开始进入指数生长期,也称对数生长期(logarithmic

growth phase),它是细胞增生最活跃、活力最旺盛的阶段,培养物中的细胞数量呈指数增长(图7.5)。指数生长期内细胞分裂活动的程度(增殖活性)可以作为判断细胞生长是否旺盛的重要指标,常以有丝分裂指数(mitotic index,MI)、细胞群体倍增时间来表示。

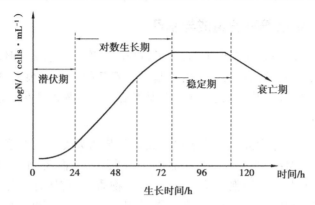

图 7.5 每一代细胞的生长过程分期

在接种的细胞数量适中、培养条件适宜的情况下,指数生长期一般持续 3~5 d,细胞即可长满培养器皿,相互汇合成片。

③稳定期　稳定期(stagnate phase)也称平台期(plateau phase),即细胞不再分裂增殖,细胞数量维持在某一水平上,细胞生长活动停滞(图7.5)。此时细胞仍有代谢活动,但因细胞数量多、营养消耗大、培养液中代谢废物积聚渐多,细胞生长活动极为缓慢。

上述将每一代培养细胞的生长过程分为潜伏期、指数生长期和稳定期 3 个阶段的划分同样适用于原代培养的时期,只不过各期的历时与历程稍有不同。

④衰亡期　传代培养到一定的代数时,细胞的生命活动明显减弱。细胞虽然生存,但生长缓慢、很少分裂增殖甚或不再分裂,培养物很难长满培养空间,即便是及时更换培养液也无济于事。这表明培养物已经进入衰退期,再向前发展,只有退化、死亡(图7.5)。用相差显微镜观察可见细胞轮廓增强,色泽变暗,细胞质内出现暗的颗粒样结构以及空泡状结构。胞质突起回缩,突起边缘有时可脱落。

衰亡期不同于上面讲到的细胞全生命过程的稳定期。处于稳定期的细胞可通过传代进行挽救,而处于衰亡期的细胞任何方法都不能阻止其向死亡方向发展。

4)动物细胞的培养特性

动物细胞虽可像微生物一样,可在人工控制条件的生物反应器中进行大规模培养,但其细胞结构和培养特性与微生物相比,有显著差别:

①动物细胞比微生物大得多,无细胞壁,机械强度低,对剪切力敏感,适应环境能力差。

②动物细胞生长缓慢,易受微生物污染,培养时需要加入抗生素,大多数哺乳动物细胞需附着在固体或半固体的表面才能生长。

③对营养要求严格。

④动物细胞培养基配方复杂,需补充血清和蛋白胨。

⑤培养过程需氧量少,也不耐受强力通风与搅拌。

⑥培养过程中细胞相互粘连以集群形式存在,培养过程具有集群效应、接触抑制性及功能全能性。

⑦原代培养细胞一般繁殖 50 代即退化死亡。

⑧培养过程产物分布于细胞内外,生产成本高,但附加值也高。

7.2.2 动物细胞培养基的组成与制备

细胞在体外的生存环境是人工模拟的,除了适当的温度、空气、无菌环境外,最重要的是保证细胞的生存生长,维持其结构和功能的培养基。培养基的种类有很多,按其来源,可分为天然培养基和合成培养基;按其基质状态,可分为固体培养基和液体培养基等。

1)培养基的组成

动物细胞的培养基可分为天然培养基和合成培养基两大类。天然培养基使用最早,主要取自动物体液或从动物组织中分离提取,如血清、组织浸出液、血浆、水解乳蛋白等。天然培养基含有丰富的营养物质及各种细胞生长因子、激素类物质,渗透压、pH 等也与体内环境相似,培养效果好,但其成分复杂,个体差异大,来源受限,因而其使用受到限制。

合成培养基是根据天然培养基的成分,用化学物质模拟合成,具有一定的组成。这种培养基在很多方面有天然培养基无法相比的优点。它能够给细胞提供一个近似体内的生存环境,又便于控制和提供标准化的体外生存环境,目前培养细胞所使用的培养基,大都是经标准化生产、组分和含量都相对固定的各种合成培养基(表 7.2)。尽管现代合成培养基的成分和含量较为复杂,但仍然不能完全满足体外培养细胞的生长需要,在合成培养基中都要或多或少加入一定比例的天然培养基加以补充,目前多采用胎牛血清、小牛血清、马血清等。其他各种天然培养基也可根据需要加入。

表 7.2 常见动物细胞培养基的组成

成　分	Eagle/ ($mg \cdot L^{-1}$)	DMEM/ ($mg \cdot L^{-1}$)	RPMI1640/ ($mg \cdot L^{-1}$)	成　分	Eagle/ ($mg \cdot L^{-1}$)	DMEM/ ($mg \cdot L^{-1}$)	RPMI1640/ ($mg \cdot L^{-1}$)
氨基酸				D-泛酸钙	1.00	4.00	0.250
L-精氨酸	—	—	200	氯化胆碱	1.00	4.00	3.00
L-盐酸精氨酸	126	84.0	—	叶酸	1.00	4.00	1.00
L-天冬氨酸	—		20.0	异肌醇	2.00	7.20	35.0
L-胱氨酸	24	48.0	50.0	烟酰胺	1.00	4.00	1.00
L-谷氨酸			20.0	盐酸吡哆醛	1.00	4.00	
L-谷氨酰胺	292	534	300	盐酸维生素 B_1	1.00	4.00	1.00
甘氨酸		30.0	10.0	维生素 B_{12}	—	—	0.005
L-组氨酸			15.0	盐酸吡哆醇			1.00
L-盐酸组氨酸—水物	42.0	42.0	—	对氨基苯甲酸			1.00
L-羟脯氨酸			20.0	无机盐			
L-异亮氨酸	—	105	50.0	$CaCl_2$(无水)	200	200	
L-亮氨酸	52.0	105	50.0	$Fe(NO_3)_3 \cdot 9H_2O$	—	0.10	
L-盐酸赖氨酸	73.1	146	40.0	KCl	400	400	400
L-甲硫氨酸	15.0	30.0	15.0	$MgSO_4 \cdot 7H_2O$	200	200	100
L-苯丙氨酸	33.0	66.0	15.0	NaCl	6 800	6 400	6 000
L-脯氨酸	—		20.0	$NaHCO_3$	2 200	3 700	2 200
L-丝氨酸	—	42.0	30.0	$NaH_2PO_4 \cdot H_2O$	140	125	—

成 分	Eagle/$(mg \cdot L^{-1})$	DMEM/$(mg \cdot L^{-1})$	RPMI1640/$(mg \cdot L^{-1})$	成 分	Eagle/$(mg \cdot L^{-1})$	DMEM/$(mg \cdot L^{-1})$	RPMI1640/$(mg \cdot L^{-1})$
L-苏氨酸	48.0	95.0	20.0	$Na_2HPO_4 \cdot 7H_2O$	—	—	1 512
L-色氨酸	10.0	16.0	5.00	$Ca(NO_3)_3 \cdot 9H_2O$	—	—	100
L-酪氨酸	36.0	72.0	20.0	D-葡萄糖	1 000	4 500	2 000
L-缬氨酸	47.0	94.0	20.0	酚红	10.0	15.0	5.00
维生素	—	—	—	亚油酸	—	0.084	—
维生素 B_2	0.10	0.40	0.20	谷胱甘肽(还原态)	—	—	1.00
生物素	—	—	0.200	CO_2(气相)	5%	10%	5%

动物细胞培养基的常用成分如下：

(1)氨基酸

氨基酸是合成培养基的主要成分,合成培养基中的氨基酸以必需氨基酸为主,必需氨基酸是动物细胞本身不能合成的,因此在制备培养基时需加入必需氨基酸,另外还需要半胱氨酸和酪氨酸。由于细胞系不同,有时也需要加入其他非必需氨基酸。氨基酸的浓度与所需的细胞浓度有关,氨基酸浓度与细胞生长密度间的平衡程度往往会影响细胞的存活和生长率。

(2)维生素

维生素是维持细胞生长的一种生物活性物质,它们在细胞中大多形成酶的辅基或辅酶,对细胞的代谢有重大影响。Eagle 基本培养基中只含 B 族维生素,其他维生素都靠从血清中取得。血清浓度降低时,对其他维生素的需求更加明显,但也有些情况,即使血清存在,一些维生素也必不可少。

(3)盐类

盐类是细胞的重要组成部分之一,参与细胞的代谢活动,主要包括 Na^+、K^+、Mg^{2+}、Ca^{2+}、Cl^-、SO_4^{2-}、PO_4^{3-} 和 HCO_3^- 等金属离子及酸根离子,是决定培养基渗透压的主要成分。

(4)葡萄糖

糖是细胞物质构成碳架的来源,并且能够为细胞生长代谢提供所需的能量。

(5)有机添加剂

复杂培养基中都含有核苷、柠檬酸循环中间体、丙酮酸、脂类、氧化还原剂如抗坏血酸、谷胱甘肽等,以及其他各种化合物,在低血清培养基中是必需的成分,有助于细胞克隆和特殊细胞的培养。

(6)血清

组织细胞培养中常用的天然培养基是血清。血清中含有大量的蛋白质、核酸、激素等丰富的营养物质,对促进细胞的生长繁殖、黏附及中和某些物质的毒性起着一定的作用。用于组织细胞培养的血清种类很多,其来源主要是动物,有小牛血清、胎牛血清、马血清、兔血清以及人血清等,最广泛使用的是小牛血清和胎牛血清。

大多数动物细胞培养必须在培养基中添加血清,但在许多情况下,动物细胞可在无血清条件下维持和增殖。不足之处主要表现为细胞的适用谱极窄,细胞在无血清培养基中更容易受某些机械因素和化学因素的影响,致使细胞培养失败,另外无血清培养基难以保存,所以鉴于以上缺点,无血清培养基皆不如传统的添加小牛血清的培养基。

2)培养基制备应考虑的因素

(1)pH 值

多数细胞系在 pH 7.4 下生长得很好。尽管各细胞株之间细胞生长的最佳 pH 值变化很小，但一些正常的成纤维细胞在 pH 7.4～7.7 时生长得最好，转化细胞在 pH 7.0～7.4 时生长最佳。据报道，上皮细胞的最适 pH 值为 5.5。为了确定最佳的 pH 值，最好做一个简单的生长实验或特殊功能分析。

酚红常用作指示剂，它在 pH 7.4 时呈红色，pH 7.0 时呈橙色，pH 6.5 时呈黄色，而 pH 7.6 时呈红色中略带蓝色，pH 7.8 时呈紫色。由于对颜色的观察有很大的主观性，因而必须用无菌平衡盐溶液和同样浓度的酚红溶液做一套标准样，放在与制备培养基相同的瓶子中。通过观察培养基颜色的变化，及时掌握其 pH 值的变动。

(2)缓冲能力

碳酸盐缓冲系统由于毒性小、成本低、对培养物有营养作用，因此比其他缓冲系统应用广泛。但它在正常生理 pH 7.40±0.05 的条件下缓冲能力较差。

(3)渗透压

多数培养细胞对渗透压有很宽的耐受范围，一般常用冰点降低或蒸汽压升高现象测定培养基的渗透压。如果自己配制培养基，可通过测定其渗透压来防止称量和稀释等造成的误差。

(4)黏度

培养基的黏度主要受血清含量的影响，多数情况下，黏度对细胞生长没有什么影响。在搅拌条件下，用羧甲基纤维素增加培养基的黏度，可减轻对细胞的损害，这对在低血清浓度或无血清条件下培养细胞显得尤为重要。

7.2.3　动物细胞培养的环境要求

动物细胞在体外环境下培养，其体外生长环境需要具备以下条件：

(1)温度

不同动物的细胞，其最适生长温度不同，昆虫细胞的最适温度是 25～28 ℃，人和哺乳动物细胞的最适温度是 37 ℃，鸟类细胞在 38.5 ℃时生长最佳。动物细胞对低温的耐受力比对高温的耐受力强。高温会使细胞内酶失活并破坏细胞膜上的脂类结构，诱导细胞凋亡，如温度升至 45 ℃时，1 h 内人和哺乳动物细胞将被杀死。而低温会降低细胞内酶的活性，对细胞伤害不大。温度降至冰点以下时，细胞可因胞质结冰受损而死亡，但如果向培养液中加入一定量的保护剂（如 DMSO、甘油），改变冰晶的性质，装入冻存管保存于液氮（-196 ℃）中，则能够长期贮存，细胞解冻复苏后，仍能继续增殖生长，细胞的生物学性状不受任何影响，这是保存细胞的最主要手段。

(2)pH 值

不同细胞对 pH 的要求不同，动物细胞最适 pH 值一般在 7.2～7.4，低于 6.8 或高于 7.6 时都对细胞产生不利的影响，严重时可导致细胞退变或死亡。对于大多数细胞来说，偏酸性环境比碱性环境更有利于细胞的生长。

(3)营养成分

动物细胞的体外培养对营养的要求较高，往往需要多种营养成分的优化组合：

①氨基酸 氨基酸是细胞合成蛋白质的原料。所有细胞都需要以下12种必需氨基酸:精氨酸、胱氨酸、异亮氨酸、亮氨酸、赖氨酸、蛋氨酸、苯丙氨酸、苏氨酸、色氨酸、组氨酸、酪氨酸和缬氨酸,这些氨基酸都是L型的。此外,还需要谷氨酰胺,谷氨酰胺在细胞代谢过程中具有重要作用,它所含的氮是核酸中嘌呤和嘧啶合成的来源,同样也是合成三、二、一磷酸苷所需的基本物质。

②碳水化合物(糖类) 糖是细胞物质构成碳架的来源,并且能够为细胞生长代谢提供所需的能量。葡萄糖利用率最高,半乳糖最低。

③维生素 维生素是维持细胞生长的生物活性物质,其中烟酰胺、叶酸、核黄素、维生素B_{12}、泛酸、吡哆醇及维生素C是必不可少的。

④无机离子与微量元素 细胞生长过程除需钠、钾、钙、镁、氮和磷等基本元素外,还需要一些微量元素,如铁、锌、硒、铜、锰、钼、钒等。

⑤促生长因子及激素 激素、生长调节因子对于维持细胞的功能、保持细胞的状态(分化的或未分化的)具有十分重要的作用。有胰岛素、转铁蛋白、表皮生长因子、神经生长因子、血小板生长因子、内皮细胞生长因子、生长调节素等。

(4)渗透压

细胞必须生活在等渗的环境中,大多数培养细胞对渗透压有一定的耐受性。人血浆渗透压约为290 mOsm/kg,可视为培养人体细胞的理想渗透压。鼠细胞渗透压在320 mOsm/kg左右。对于大多数哺乳类动物细胞,渗透压在260~320 mOsm/kg范围内都适宜。

(5)支持物

除少数悬浮型细胞外,绝大多数体外培养细胞都需附着在适宜的附着物上方能生长,常用的细胞培养支持物有玻璃、塑料制品和微载体(聚苯乙烯、交联葡萄糖、聚丙烯酰胺、纤维素衍生物、几丁质、明胶等)。

(6)气体

气体是细胞生存的必要条件之一,其主要包括氧气和二氧化碳。

O_2参与三羧酸循环,产生能量供给细胞生长、增殖和合成各种所需成分。不同的细胞和同一细胞的不同生长期,对氧的需求各不相同。在动物细胞培养过程中溶解氧一般控制在5%~80%。

CO_2可以参与调节维持培养环境的pH值。细胞代谢过程中产生的CO_2与水结合生成H_2CO_3,使得培养基的pH值快速下降。

(7)无污染的环境

细胞培养过程中,离体细胞对任何毒性物质都非常敏感。因此,培养环境的无污染是保证细胞生存的首要条件,培养环境的无污染主要包括:无毒性物质污染、无微生物污染和无其他细胞污染。

7.2.4 细胞培养的生长测定

细胞培养的生长测定是指对细胞活力和细胞增殖的测定,常用的检测方法有细胞计数法、细胞生长曲线法、MTT比色法、台盼蓝染色法等。

1)细胞计数法

用细胞计数法测定细胞生长是目前采用的最普遍方法。计数方法有两种:

①用血细胞计数板人工计数,这是最经济的方法。

②用细胞计数器,比较昂贵,但对于细胞计数工作比较多的实验室,配备一台还是有利工作的。

血细胞计数板有不同的型号,常用的是改良的纽巴氏(Neubauer)血细胞计数板。纽巴氏血细胞计数板有两个计算室,各室划分为 9 个大格,每个大格的平均面积为 1 mm²;计算室上方盖上血细胞计数板专用的盖玻片后,室的深度则为 1/10 mm;计算室四角的 4 个大方格又各划分为 16 个中方格;计算室中央的一大格,用双线划分为 25 个中方格;每个中方格内又划分为 16 个小方格(图 7.6)。用于血细胞计数时,白细胞用四角的 4 大格,红细胞用中央的一大格。

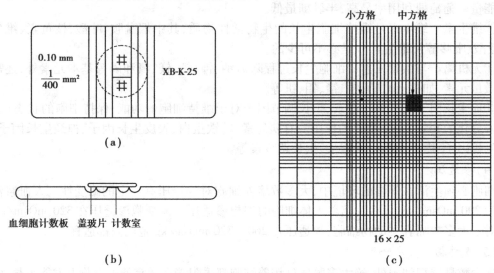

图 7.6　血细胞计数板的构造
(a)平面图;(b)侧面图;(c)计数室

血细胞计数板计数的一般操作步骤如下:

①取血细胞计数板和盖玻片,用 75% 酒精擦拭干净,将盖玻片放于计算室上。

②用滴管吸取混合均匀的细胞悬液,按图 7.7(a)所示滴入计算室内,滴加细胞悬液后约静置 1 min,如图 7.7(b)所示,之后进行细胞计数。

③在显微镜下,用低倍镜观察对焦距找到划格线区域,对好焦距进行细胞计数,如图 7.7(c),计中央大方格内的细胞,可依中方格顺序计数中方格内的细胞数,避免计数重复或漏计。跨线的细胞,计入 1 个中方格内,不要计数两次。

④计算细胞数。大方格的面积为 1 mm²,室深为 0.1 mm,则体积为 0.1 mm³,一般以每毫升含细胞数来表示,推算得 0.1×10^4 mm³,才为 1 mL 体积。计算公式为:

细胞数/mL = 一个大方格内细胞平均值 $\times 10^4 \times$ 稀释倍数

⑤计数中,如果细胞悬液的细胞浓度过高,必须稀释后再计;如果细胞数太少,可离心浓缩后再计,每个细胞悬液至少滴样两次求平均值。

关于细胞计数器的使用,不同型号各有其操作程序,请参考随机配备的仪器说明书使用。

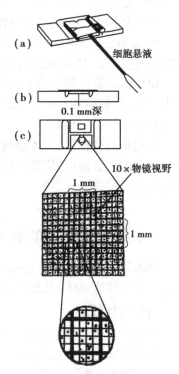

图 7.7　血细胞计数板计数

2）细胞生长曲线法

细胞生长曲线（cell growth curve）是观测细胞在一代生存期内增生过程的重要指标,可根据细胞生长曲线来分析细胞的增殖速度,确定细胞传代、细胞冻存或具体实验的最佳时间。它以培养时间为横坐标、细胞密度为纵坐标作坐标图,下面简要介绍制作细胞生长曲线的过程。

（1）培养细胞

首先在培养板的21个孔内分别接种相同数量的细胞（如果使用培养瓶,则需接种21瓶）,计数并记录接种的细胞悬液密度,接种时间计为0 h。

（2）计数细胞密度

从接种时间算起,每隔24 h计数3孔（瓶）内的细胞密度,算出平均值,为提高准确率,对每孔（瓶）细胞可计数2~3次,如此操作至第7 d结束。

（3）绘制曲线

以培养时间为横坐标、细胞密度为纵坐标,将全部结果在坐标纸上绘图,即得所培养细胞的生长曲线（图7.8）。

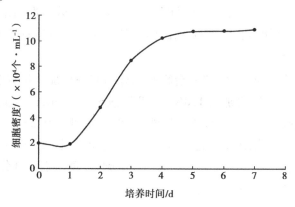

图7.8　培养细胞的生长曲线

3）MTT比色法

MTT法又称MTT比色法,是一种检测细胞存活和生长的方法,其检测原理为活细胞线粒体中的琥珀酸脱氢酶能将外源性MTT还原为水不溶性的蓝紫色结晶甲瓒（formazan）并沉积在细胞中,甲瓒被酸性异丙醇溶解后呈现一定的色度（用OD值表示）,从而来反映生活细胞的代谢水平,而死细胞无此功能。在一定细胞数范围内,MTT结晶形成的量与细胞数成正比。该方法灵敏度高且经济有效,已广泛用于生物活性因子的活性检测、大规模的抗肿瘤药物筛选、细胞毒性试验以及肿瘤放射敏感性测定等。使用MTT法检测细胞存活与生长的一般操作步骤如下:

（1）MTT溶液的配制

将5 mg MTT溶于1 mL培养液（不含酚红）、0.01 mol/L PBS（pH=7.2）或生理盐水中,用0.2 μm滤膜过滤,4 ℃避光保存,可保存2周。若暂时不用,将其冻存。

（2）实验过程

①用96孔培养板培养细胞,每孔加180 μL培养液（不含酚红）。

②每孔加 20 μL MTT 液,继续培养 3~4 h。

③每孔吸去 100 μL 培养液,加入等量含 0.04~0.1 mol/L 盐酸的异丙醇溶液,在微型振荡器上振荡 5 min。

④在酶标仪上测定光吸收。测定波长为 490 nm,参考波长为 630~690 nm。

以不加 MTT 液,只加培养液的孔为空白对照。

(3)结果分析

$$细胞存活率 = \frac{实验组的光吸收值}{对照组的光吸收值} \times 100\%$$

(4)注意事项

①高浓度的血清能够影响光吸收值,实验中常使用含 10% PBS 的培养液。在加入异丙醇溶液或 DMSO 之前,应尽量吸净培养液。

②吸取培养液时动作要慢,以免吸去甲瓒结晶。

4)台盼蓝染色法

台盼蓝染色法的原理是细胞损伤或死亡时,台盼蓝可穿透变性的细胞膜,与解体的 DNA 结合,使其着色,而活细胞能阻止染料进入细胞内,所以由此可以鉴别死细胞与活细胞。

(1)台盼蓝排除检测法

①2% 台盼蓝溶液的配制　称取 2 g 台盼蓝(trypan blue),加少量双蒸水研磨粉碎后,再加水至 50 mL,离心后取上清液,再加入 1.8% NaCl 溶液至 100 mL,即成工作液。

②活体染色与细胞计数　将 1 滴细胞悬液(贴壁细胞可经 0.25% 胰蛋白酶溶液消化后,吹打制成细胞悬液)与 2 滴台盼蓝液混合后,滴入细胞计数板。2 min 后,在显微镜下计数至少 200 个细胞。未着色的为活细胞,呈蓝色的为死细胞,计算活细胞百分比。

(2)溴化乙锭和碘化丙啶排除检测法

溴化乙锭(ethidium bromide,EB)和碘化丙啶(propidium iodine,PI)均为荧光染料,可与 DNA 特异性地结合。

①染液配制　取 EB 或 PI 5 mg,枸橼酸钠 0.1 g,NP-400 3 mL,共溶于 100 mL 蒸馏水中,避光保存。

②荧光染色与计数　取细胞悬液和 EB 或 PI 染液各 0.5 mL,混匀,静置 10~30 min 后于荧光显微镜下计数,发橙红色荧光者为死细胞。也可用流式细胞仪测定,激发光波长为 488 nm,2 h 内荧光保持稳定。

7.2.5　动物细胞的培养方法

根据动物细胞的类型,其培养方法可分为悬浮培养、贴壁培养和固定化培养。

1)悬浮培养

悬浮培养是指细胞在培养器中自由悬浮生长的过程,主要用于非贴壁依赖型细胞的培养。悬浮培养对培养设备的要求简单,但是悬浮培养的细胞密度较低,转化细胞悬浮培养有潜在的致癌危险,培养病毒易失去病毒标记而降低免疫能力。

2）贴壁培养

贴壁培养是指必须贴附在固体介质表面上生长的细胞培养,主要用于非淋巴组织和多异倍体等贴壁依赖型细胞的培养。由于大多数动物细胞属于贴壁依赖型细胞,贴壁培养是动物细胞培养的一种重要方法。

3）固定化培养

固定化培养是既适用于贴壁依赖型细胞,又适用于非贴壁依赖型细胞的包埋培养方式,具有细胞生长密度高、抗剪切力和抗污染能力强等优点。一般对于贴壁依赖型细胞通常采用胶原包埋,而对于非贴壁依赖型细胞则常用海藻酸钙包埋。常用的细胞固定化的方法主要有吸附、共价贴附、离子/共价交联、包埋和微囊化等。

动物细胞按培养方式可分为分批式、流加式、半连续式、连续式等培养方式,具体培养方式如下:

（1）分批式培养

分批式培养是指先将细胞和培养液一次性装入反应器内进行培养,细胞不断生长,同时产物也不断生成,经过一段时间的培养后,终止培养。在细胞分批培养的过程中,不向培养系统中补加营养物质,而只向培养基中通入氧气,此时能够控制的参数只有 pH 值、温度和通气量,而细胞所处的生长环境随着营养物质的消耗和产物、副产物的积累时刻都在发生变化,不能使细胞自始至终处于最优的培养条件下,因而分批培养并不是一种理想的培养方式。分批式培养特征如图 7.9 所示。

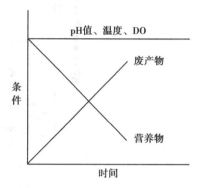

图 7.9　动物细胞分批式培养过程的特征

细胞分批式培养的生长曲线与微生物的生长曲线基本相同。在分批式培养过程中,可分为延滞期、对数期、减速期、平稳期和衰退期等 5 个阶段。分批培养过程中的延滞期是指细胞接种后至细胞分裂繁殖所需的时间,延滞期的长短根据培养环境条件的不同而不同,并受原代细胞本身的条件影响。一般选用生长比较旺盛的处于指数期的细胞作为种子细胞,以缩短延滞期。细胞经过延滞期后便开始迅速繁殖,进入对数期,在此时期细胞随时间呈指数函数形式增长。细胞通过对数期迅速生长繁殖后,由于营养物质的不断消耗、抑制物等的不断积累、细胞生长空间的减少等原因导致细胞生长环境条件不断变化。细胞经过减速期后逐渐进入平稳期,此时,细胞的生长、代谢速度减慢,细胞数量基本维持不变。在经过平稳期之后,由于生长环境的恶化,有时也有可能由于细胞遗传特性的改变,细胞逐渐进入衰退期而不断死亡,或由于细胞内某些酶的作用而使细胞发生自溶现象。典型的分批培养随时间的变化曲线如图 7.10 所示。

（2）流加式培养

流加式培养是指先将一定量的培养液装入反应器,在适宜的条件下接种细胞,进行培养,使细胞不断生长,产物不断生成,而在此过程中随着营养物质的不断消耗,不断地向系统中补充新的营养成分,使细胞进一步生长代谢,直到整个培养结束后取出产物。流加式培养只是向培养系统中补加必要的营养成分,以维持营养物质的浓度不变。由于流加式培养能控制更多的环境参数,使得细胞生长和产物生成容易维持在优化状态。

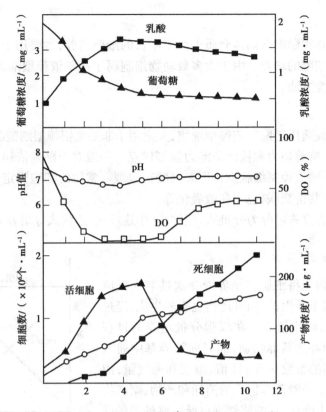

图 7.10 典型的分批培养随时间的变化曲线

流加式培养过程的特征如图 7.11 所示。流加式培养的特点就是能够调节培养环境中营养物质的浓度：一方面，它可以避免某种营养成分初始浓度过高时影响细胞的生长代谢以及产物的形成；另一方面，它还能防止某些限制性营养成分在培养过程中被耗尽而影响细胞的生长和产物的形成。同时在流加式培养过程中，由于新鲜培养液的加入，整个过程的反应体积是变化的。

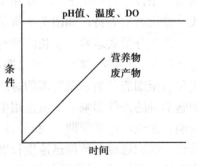

图 7.11 流加式培养过程的特征

根据流加控制方式不同，有两种流加式培养方式：无反馈控制流加和有反馈控制流加。无反馈控制流加包括定流量流加和间断流加等；有反馈控制流加一般是连续或间断地测定系统中限制性营养物质的浓度，并以此为控制指标来调节流加速率或流加液中营养物质的浓度等。

（3）半连续式培养

半连续式培养是在分批式培养的基础上，将分批培养的培养液部分取出，并重新补充加入等量的新鲜培养基，从而使反应器内培养液的总体积保持不变的培养方式。

（4）连续式培养

连续式培养是指将细胞种子和培养液一起加入反应器内进行培养，一方面新鲜培养液不断加入反应器内，另一方面又将反应液连续不断地取出，使反应条件处于一种恒定状态。与分批式培养不同，连续式培养可以保持细胞所处环境条件长时间地稳定，可以使细胞维持在优化的状态下,促进细胞的生长和产物的生成。由于连续式培养过程可以连续不断地收获产物,并能提高细胞密度,在生产上已被应用于培养悬浮型细胞。

7.2.6　动物细胞大规模培养系统

动物细胞大规模培养技术是建立在贴壁培养法和悬浮培养法的基础上,再融合了固定化细胞、填充床、生物反应器技术以及人工灌流等技术而发展起来的。主要包括悬浮培养、微载体培养、微囊化培养和中空纤维法。

1)悬浮培养系统

动物细胞的悬浮培养是在微生物发酵的基础上发展起来的。动物细胞没有细胞壁保护,不能耐受剧烈的搅拌和通气。

对于小规程培养多采用转瓶和滚瓶培养,大规模培养多采用发酵罐式的细胞培养反应器。

动物细胞的悬浮培养,对培养设备的结构要求简单,有成熟的理论计算,可以借鉴微生物发酵的部分经验,放大效应小。但是有许多动物细胞属于贴壁依赖型,不能悬浮培养。悬浮培养的关键是要选择适当的搅拌和通气装置。

2)微载体培养系统

贴壁依赖型动物细胞的培养,最初是采用滚瓶系统,其结构简单、投资少,技术成熟,重现性好,放大只是简单地增加滚瓶数。但是,滚瓶系统劳动强度大,单位体积提供细胞生长的表面积小。为了克服这些不利因素,1967 年,Van Wezel 开发了微载体系统培养贴壁依赖型细胞。微载体是直径为 60～250 μm 的微珠,采用微载体系统培养动物细胞,细胞贴壁于微载体上,微载体(和细胞)悬浮于培养基中,细胞在微载体表面逐渐生长成单层。

3)包埋培养

悬浮生长和贴壁依赖生长的细胞都适用于包埋培养,细胞生长的密度高,抗剪切力和抗污染能力强。对悬浮生长的细胞用海藻酸钙包埋,对贴壁依型细胞用胶原包埋。由于动物细胞培养慢而费用高,且对剪切力敏感,故经包埋后可有效地保护细胞,促进细胞的生长增殖。

4)微囊化培养

在动物细胞微囊化的制备中,主要是应用海藻酸-聚氨基酸的方法,简单过程是动物细胞与海藻酸溶液混合搅拌,经过微囊发生器将微球滴入氯化钙溶液中,形成凝胶,然后再用聚氨基酸处理,使微球表面成膜,最后用柠檬酸处理去除微球内的钙离子,以便球内的海藻酸成液态,动物细胞得以悬浮在其中。动物细胞的微囊化中海藻酸和聚氨基酸是关键材料。

微囊化方法能使细胞处于相对稳定、受剪切力小的环境中,而养分和氧又可以从微囊外的培养液扩散进入细胞,促进细胞的生长增殖。

5)中空纤维培养系统

中空纤维培养系统是由数千根中空纤维组成的培养筒,后封存在特制的圆筒中组成的培养系统。中空纤维是聚砜或丙烯的聚合物制成。每根纤维管内成为"内室",可灌流无血清培养液供细胞生长;管与管之间称为"外室",接种的细胞就贴在管壁上,并吸取"内室"渗透出来的养分,迅速生长繁殖。

7.2.7　动物细胞大规模培养技术的应用

动物细胞培养主要用于生产激素、疫苗、单克隆抗体、酶、多肽等功能性蛋白质,以及皮肤、血管、心脏、大脑、肝、肾、肠等组织器官。它在医药工业和医学工程的发展中占有重要地位。大规模动物细胞培养生产药物产品将是生物制药领域的一个很重要方面,具有重大的经济效益和社会效益。随着生物技术的进一步发展,加之动物细胞生产的生物制品种类繁多、产品周期短、安全性高等优点,利用动物细胞大规模生产生物制品,其优越性将会越来越快地凸显出来。

1)疫苗制备

在疫苗生产早期,往往利用动物来生产疫苗,如用家兔人工感染狂犬病毒生产狂犬疫苗,用奶牛来生产天花疫苗,用某些细菌接种到动物身上来生产抵抗该种细菌的疫苗。早在20世纪50年代,已经能够利用动物细胞培养技术生产病毒。先在反应器中大规模培养动物细胞,待细胞长到一定密度后,接种病毒,病毒利用培养的细胞进行复制,从而生产大量的病毒。这一突破是动物细胞工程的真正开始。

虽然动物细胞培养技术发展迅速,大大降低了实验动物的用量,提高了生产效率,但由于原代细胞的增殖能力有限,一般只能通过简单增加动物的数量来增加产量。而使用具有无限增殖潜力的细胞系,则使疫苗的生产得到飞跃式的进展。某些来自人体或动物体内的细胞,在一定条件下的体外培养后,可以获得无限增殖的潜力,用它们来生产疫苗可以大大降低实验动物的用量。更为重要的是,用动物细胞体外大规模培养技术生产的疫苗可以保证质量,因为所用的细胞性质均一,经过严格的安全检验,克服了动物个体间的差异造成的疫苗质量不稳定的问题,并且大大降低了来自动物的病原体传染疫苗使用者的可能性。用类似的细胞培养技术可生产酶、细胞因子、抗体等生物制品,其先决条件是能够获得可分泌目标蛋白的细胞系。

但是,在基因工程技术出现之前,细胞表达蛋白的水平很低,因而用这种工艺生产蛋白制品产量低、成本高,因此早期的动物细胞技术只用于疫苗及少量的干扰素和尿激酶的生产。基因重组技术和杂交瘤技术大大促进了动物细胞技术的进步及其在工业领域的应用,使动物细胞大规模培养技术在生产疫苗中越来越重要。

2)单克隆抗体制备

单克隆抗体在体外诊断、体内造影、人和家畜的治疗以及工业上的应用日益广泛,需要量可达数百克。有些系统的单克隆抗体的需要量在今后几年内将迅速增加到几公斤的数量级。为此,迫切需要更有效的生产方法。采用传统方法(小鼠或大鼠的腹水瘤培养法)生产单克隆抗体,已不能适应实际市场需要。应用大规模细胞培养系统生产各种不同的单克隆抗体是经济可靠的方法。如英国 Celltech 公司采用10100 和10001 自动气升式培养系统,培养各种生产单克隆抗体的小鼠、大鼠和人的细胞株,生产各种单克隆抗体的产品。到目前为止,已成功地在1 000 L 培养系统中,采用无血清培养液生产优质的单克隆抗体。其他一些国家先后制备成测定血和尿中的各种激素、特殊蛋白质、血型、各种药物、诊断细菌性或病毒性病原等的单克隆抗体诊断试剂盒。

3) 基因重组产品制备

目前人们已认识到在不久将来用常规的微生物学方法已不能实现遗传工程的效益，人们对大规模细胞培养的兴趣愈来愈大。动物细胞能精确地转译和加工较大或更复杂的克隆蛋白质。此外，动物细胞还可以把人们所需的蛋白质分泌到培养液内，而从培养液分离蛋白质要比细胞匀浆更为容易。除了单克隆抗体外，现在人们最感兴趣的蛋白质是组织型的血纤维蛋白酶溶原激活剂，以及其他的重组分子。利用动物细胞培养方式进行大量生产，如免疫球蛋白G、A和M、尿激酶、人生长激素、乙型肝炎表面抗原等产品均由美国 Endotronic 公司用中空纤维培养系统进行生产。

任务 7.3 植物细胞培养及其应用

植物细胞培养(culture of plant cells)是指在离体条件下，将愈伤组织或其他易分散的组织置于液体培养基中进行震荡培养，得到分散成游离的悬浮细胞，通过继代培养使细胞增殖，从而获得大量细胞群体的一种技术。小规模的悬浮培养在培养瓶中进行，大规模的悬浮培养可利用发酵罐生产。

植物细胞培养是 20 世纪初以植物生理学为基础发展起来的新兴技术，在离体条件下利用人工培养基对植物器官、组织、细胞、原生质体等进行培养，使其形成完整植株。1902 年 Hanberlandt 确定了植物的单个细胞内存在其生命体的全部能力，即细胞全能性(包括遗传的全能性和发育的全能性，而动物细胞除卵子具有上述两种性质外，其余细胞仅具有遗传的全能性)，该论断成为植物组织培养的开端。其后，为了实现分裂组织的无限生长，人们对外植体的选择及培养基等方面进行了探索。20 世纪 30 年代，组织培养取得了飞速发展，细胞在植物体外生长成为可能。1939 年 Gautheret、Nobercourt 和 White 分别成功地培养了烟草、萝卜的细胞，至此，植物组织培养才真正开始。20 世纪 50 年代，Talecke 和 Nickell 确立了植物细胞能够成功地生长在悬浮培养基中。自 1956 年 Nickel 和 Routine 首次申请用植物组织细胞培养生产化学物质的专利以来，应用细胞培养生产有用次级代谢产物(或称次生代谢产物)的研究取得了很大进展。随着生物技术的发展，细胞原生质体融合技术使植物细胞的人工培养技术进入了一个新的更高的发展阶段。借助于微生物细胞培养的先进技术，大量培养植物细胞的技术日趋完善，并接近或达到工业生产的规模。20 世纪 90 年代以来，伴随着紫杉醇的研究成功并应用于临床实践，植物细胞培养及其次级代谢产物的研究进入了新的发展时期，尤其是诱导子、前体饲喂、两相法培养、质体转化、毛状根和冠瘿瘤组织培养等新技术和新方法的发现和发展，更显示了植物细胞培养技术制药的广阔发展前景。

植物细胞培养技术广泛应用于农业、医药、食品、化妆品、香料等生产上。通过植物细胞培养获得的产品总的来说分为两类：初级代谢产物(包括细胞本身为产物)和次级代谢产物。目前，培养植物细胞主要用于生产次级代谢产物，如生物碱类(尼古丁、阿托品、番茄碱等)、色素(叶绿素、类胡萝卜素、叶黄素等)类黄酮和花色苷、苯酚、皂角苷、固醇类、萜类、某些抗生素和生长控制剂(赤霉素等)、调味品等。表 7.3 列出了有工业化前途的植物细胞培养产物。

表7.3　工业化生产的植物细胞培养产物

名　称	用　途	名　称	用　途
长春新碱	抗肿瘤药物	紫草宁	消炎、抗菌、染料
长春花碱	抗肿瘤药物	苦橙花油	香料
保加利亚玫瑰油	香料、调味品	吗啡	麻醉剂、镇痛药
毛地黄毒苷	心肌功能障碍	当归根油	香料、中药
辅酶 Q_{10}	强心剂	春黄菊油	香料、药物
可待因	麻醉剂、镇痛药	茉莉	香料

7.3.1　植物细胞培养流程

植物细胞培养与微生物培养类似,可采用液体培养基进行悬浮培养。植物组织细胞的分离,一般采用次亚氯酸盐的稀溶液、福尔马林、酒精等消毒剂对植物体或种子进行灭菌消毒。种子消毒后在无菌状态下发芽,将其组织的一部分在半固体培养基上培养,随着细胞增殖形成不定形细胞团(愈伤组织),将此愈伤组织移入液体培养基振荡培养。植物体也可采用同样方法将消毒后的组织片愈伤化,再用液体培养基振荡培养,愈伤化时间随植物种类和培养基条件而异,慢的需几周以上,一旦增殖开始,就可用反复继代培养加快细胞增殖。继代培养可用试管或烧瓶等,大规模的悬浮培养可用传统的机械搅拌发酵罐、气升式发酵罐。其培养流程见图7.12。

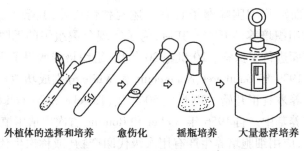

外植体的选择和培养　　愈伤化　　摇瓶培养　　大量悬浮培养

图7.12　植物细胞的大规模培养流程

7.3.2　植物细胞培养基的组成与制备

1)培养基的组成

植物细胞的培养基较微生物培养基复杂得多,且实验室用植物细胞培养基与工业化植物细胞培养基又不尽相同,即使是工业化培养植物细胞,由于培养对象、培养目的及培养阶段不同,所选用的培养基也不同。无论培养目的的设计是针对细胞生长增殖,还是针对生产细胞代谢产物,其培养基的组成都主要有碳源、有机氮源、无机盐类、维生素、植物生长激素和有机酸等物质组成。常用的植物细胞培养基的组分见表7.4。

表7.4　常用的植物细胞培养基配比　　　　　　　　　　　　　　单位:mg/L

成　分	培养基种类					
	MS	B_5	E_1	N_6	NN	L_2
$MgSO_4 \cdot 7H_2O$	370	250	400	185	185	435
KH_2PO_4	170		250	400	68	325
$NaH_2PO_4 \cdot H_2O$		150				85
KNO_3	1 900	2 500	2 100	2 830	950	2 100
$CaCl_2 \cdot H_2O$	440	150	450	166	166	600
NH_4NO_3	1 650		600		720	1 000
$(NH_4)_2SO_4$		134		463		
H_3BO_3	6.2	3.0	3.0	1.6	10.0	5.0
$MnSO_4 \cdot H_2O$	15.6	10.0	10.0	3.3	19.0	15.0
$ZnSO_4 \cdot 7H_2O$	8.6	2.0	2.0	1.5	10.0	5.0
$NaMoO_4 \cdot 2H_2O$	0.25	0.25	0.25	0.25	0.25	0.4
$CuSO_4 \cdot 5H_2O$	0.025	0.025	0.025	0.025	0.025	0.1
$CoCl_2 \cdot 6H_2O$	0.025	0.025	0.025		0.025	0.1
KI	0.83	0.75	0.8	0.8		1.0
$FeSO_4 \cdot 7H_2O$	27.8			27.8		
$Na_2\text{-EDTA}$	37.5			37.3		
Na-Fe-EDTA		40.0	40.0		100	25.0
甘氨酸	2			40	5	
蔗糖	30×10^3	20×10^3	25×10^3	50×10^3	20×10^3	25×10^3
维生素 B_1	0.5	10.0	10.0	1.0	0.5	2.0
维生素 B_5	0.5	1.0	1.0	0.5	0.5	0.5
烟酸	0.5	1.0	1.0	0.5	5.0	
肌醇	100	100	250		100	250
pH 值	5.8	5.5	5.5	5.8	5.5	5.8

（1）碳源

碳源作为植物细胞生长的有机营养物质,为细胞生长提供碳、氢、氧等必需元素。蔗糖或葡萄糖是常用的碳源,果糖比前两者差,其他的碳水化合物不适合作为单一的碳源。通常增加培养基中蔗糖的含量,可增加培养细胞的次级代谢产物量。

（2）有机氮源

通常采用的有机氮源有蛋白质水解物（包括酪蛋白质水解物）、谷氨酰胺或氨基酸混合物。有机氮源对细胞初级培养的早期生长阶段有利。L-谷氨酰胺可代替或补充某种蛋白质水解物。

（3）无机盐类

对于不同的培养形式,无机盐的最佳浓度是不同的,通常在培养基中无机盐的浓度应在 25 mmol/L 左右。植物细胞培养时有 13 种元素是必需的:氮、磷、钾、钙、镁、硫、铁、硼、锰、铜、锌、钼、氯,前 6 种属于大量元素,后 7 种属于微量元素。碘虽然不是植物细胞生长的必需元素,但几乎所有组织培养基中都含有碘元素,有些培养基还加入了钴、镍、钛、铍、铝等元素。无机氮源可以两种形式供应,即硝酸态氮和铵态氮,硝酸盐浓度一般采用 25 ~ 40 mmol/L,尽管硝酸盐可单独成为无机氮源,但加入铵盐对细胞生长有利,且若添加一些琥珀酸或其他有机酸,铵盐也能单独成为氮源。培养基中必须添加钾元素,其浓度为 20 mmol/L,磷、镁、钙和硫元素的浓度为 1 ~ 3 mmol/L。

（4）植物生长激素

大多数植物细胞培养基中都含有天然的和合成的植物生长激素。植物生长激素分为五类:生长素、分裂素、赤霉素类、脱落素类和乙烯类。生长素在植物细胞和组织培养中可促使根的形成,最有效和最常用的有吲哚丁酸（IBA）、吲哚乙酸（IAA）、萘乙酸（NAA）和 2,4-二氯苯氧乙酸（2,4-D）;分裂素通常是腺嘌呤衍生物,常用的有激动素（6-呋喃氨基嘌呤、KT、KN、KIN）、6-苄基氨基嘌呤（BA、BAP）和玉米素（ZT、ZN、ZEN）;分裂素和生长素通常一起使用,促使细胞分裂、生长。其使用量在 0.1 ~ 10 mg/L,根据不同细胞株而异。赤霉素类（GA）中常用的有赤霉酸（GA_3）;脱落素类常用的有脱落酸（ABA）;乙烯类中常用的有乙烯和乙烯利。

（5）维生素

植物细胞的生长都需要硫胺素。在植物细胞培养基中可加入烟酸、吡哆醛、泛酸、生物素和叶酸等。原生质体培养通常需要大多数必需维生素。

（6）有机酸

加入丙酮酸或者三羧酸循环的中间产物如柠檬酸、琥珀酸、苹果酸,能够保证植物细胞在以铵盐作为单一氮源的培养基上生长,并且耐受钾盐的能力至少提高到 10 mmol/L。三羧酸循环的中间产物,同样能够提高低接种量的细胞和原生质体的生长。

（7）复合物质

复合物质主要是供给植物细胞生长所需的微量营养成分、生理活性物质和生长激素物质等,常用的有植物的天然汁液,如椰子汁、酵母抽提液、麦芽抽提液和水果汁等。目前这些物质已经被已知成分的营养物质所替代。在有些例子中发现,有些抽提液对细胞有毒性。目前仍在广泛使用的是椰子汁,在培养基中的浓度是 1 ~ 15 mmol/L。目前应用最广泛的基础培养基主要有 MS、B_5、E_1、N_6、NN 和 L_2 等（表 7.4）。

2）培养基的制备

（1）培养基的配制

实验中常用的培养基,可将其中的各种成分先配成 10 倍、100 倍的母液,放入冰箱中保存,用时可按比例稀释。配制母液有两点好处:一是可减少每次配制称量药品的麻烦;二是减少极微量药品在每次称量时造成的误差。母液可以配成单一化合物的母液,但一般都配成以下 4 种不同的混合母液。

①大量元素混合母液　指浓度大于 0.5 mmol/L 的元素,即含 N、P、K、Ca、Mg、S 这 6 种盐类的混合溶液,可先配成 10 倍母液,配时要注意以下 3 点:

a. 各化合物必须充分溶解后才能混合。

b. 混合时注意先后顺序,特别要将钙离子与硫酸根离子、磷酸根离子错开,以免产生硫酸钙、磷酸钙等不溶性化合物沉淀。

c. 混合时要慢,边搅拌边混合。

②微量元素混合母液　指浓度小于 0.5 mmol/L 的元素,即含除 Fe 以外的 B、Mn、Cu、Zn、Mo、Cl 等盐类的混合溶液,因含量低,一般配成 100 倍甚至 1 000 倍的母液。配时也要注意顺次溶解后再混合,以免产生沉淀。

③铁盐母液　铁盐必须单独配制,若同其他无机元素混合配成母液,易造成沉淀。

④有机化合物母液　主要是维生素和氨基酸类物质,这些物质不能配成混合母液,一定要分别配成单独的母液,用时根据所需浓度适当取用。

⑤植物激素　每种激素必须单独配制成母液,由于多数激素难溶于水,它们的配法如下:

a. IAA、IBA、GA₃ 先溶于少量 95% 酒精中,再加水定容到一定浓度。

b. NAA 可溶于热水或少量 95% 酒精中,再加水定容到一定浓度。

c. 2,4-D 不溶于水,可用 1 mol/L 的 NaOH 溶解后,再加水定容到一定浓度。

d. KIN 和 BA 先溶于少量 1 mol/L 的 HCl 中,再加水定容。

e. 玉米素先溶于少量 95% 酒精中,再加水定容到一定浓度。

配制母液时应注意以下 5 个方面:

①药品称量应准确,尤其是微量元素化合物应精确到 0.000 1 g,大量元素可精确到 0.01 g。

②配制母液的浓度要适当,一是长时间保存后易产生沉淀,二是浓度大,用量少,在配制培养基时易影响精确度。

③母液贮藏时间不宜过长,一般几个月左右,要定期检查,如出现浑浊、沉淀及霉菌等现象,就不能使用。

④母液应放在 2 ~ 4 ℃ 的冰箱中保存。

⑤培养基中使用的无机盐、碳源、维生素、有机酸和植物生长激素都应该采用最高纯度级的试剂和药品,有些生长激素在使用前需要进行重结晶提纯。

(2)配制培养基的操作步骤

①混合培养基中的各成分　先量取大量元素母液,再依次加入微量元素母液、铁盐母液、有机成分,然后再加入植物激素及其他附加成分。

②溶化琼脂　称取应加的琼脂和蔗糖,将琼脂浸泡到透明后,用蒸馏水加热烧开溶化琼脂,待琼脂完全溶化后,把①加入,用 pH 试纸测 pH 值,并用 0.1 mol/L 的 NaOH 或 HCl 调 pH 值为 5.6 ~ 5.8,最后加水定容至所需体积。

③分装　将配好的培养基分装于培养瓶中,分装时注意不要把培养基倒在瓶口上,以防引起污染,然后用封口膜或瓶盖封口。

④灭菌　由于培养基内含有丰富的营养物质,极利于细菌和真菌的繁殖,造成污染,影响细胞培养的成功,所以培养基使用前应先灭菌。灭菌的方法一般有高温高压灭菌和过滤灭菌两种方法。高温高压消毒灭菌较为常用,将配制好的培养基按要求装入三角瓶或试管中,121 ℃ 灭菌 20 min,待冷却后就可使用。对于一些易受高温破坏的培养基成分如 L-谷氨酰胺、IAA、IBA、ZT 等,可用过滤法灭菌,然后无菌操作加入已灭菌的培养基中。

7.3.3 植物细胞的培养方法

植物细胞的培养按培养对象,可分为单倍体细胞培养和原生质体培养;按培养基,可分为固体培养和液体培养;按培养所处的状态,可分为悬浮细胞培养和固定化细胞培养;按操作方式的不同,又可分为分批式、反复分批式和连续式培养。

1)单倍体细胞培养

单倍体细胞培养主要用花药在人工培养基上进行培养,可以从小孢子(雄性生殖细胞)直接发育成胚状体,然后长成单倍体植株;或者是通过愈伤组织诱导分化出芽和根,最终长成植株。

2)原生质体培养

植物的体细胞(二倍体细胞)经过纤维素酶处理后可去掉细胞壁,获得的除去细胞壁的细胞称为原生质体,原生质体虽然没有细胞壁,但具有活细胞的一切特征。该原生质体在良好的无菌培养基中可以生长、分裂,最终可以长成植株。

3)固体培养

固体培养是在微生物培养的基础上发展起来的植物细胞培养方法。固体培养基的凝固剂通常使用琼脂,浓度一般为2%～3%,细胞在培养基表面生长。原生质体的固体培养则需将其混入培养基内进行嵌合培养,或者使原生质体在固体-液体之间进行双相培养。

4)液体培养

液体培养也是在微生物培养的基础上发展起来的植物细胞培养方法。液体培养可分为静止培养和振荡培养两类。静止培养不需要任何设备,适合于某些原生质体的培养。振荡培养需要摇床使培养物和培养基保持充分混合以利于气体交换。

5)悬浮培养

植物细胞的悬浮培养是一种使组织培养物分离成单细胞并不断扩增的方法。在进行细胞培养时,需要提供容易破裂的愈伤组织进行液体振荡培养,愈伤组织经过悬浮培养可以产生比较纯一的单细胞。用于悬浮培养的愈伤组织应该是易碎的,这样在液体培养条件下才能获得分散的单细胞,而紧密不易碎的愈伤组织就不能达到上述目的。

悬浮培养时,根据操作方式不同,又可分为分批式培养、反复分批式培养和连续式培养。

(1)分批式培养

分批式培养是指在新鲜的培养基中加入少量细胞,在培养过程中既不从培养系统中放出培养液,也不从外界向培养系统中补加培养基的一种培养细胞的方法。这种培养方法的特点是,培养基的基质浓度随培养时间而下降,细胞浓度和产物浓度则随培养时间的增加而增加。在分批培养中,与微生物培养一样,细胞生长一般呈S形曲线,细胞生长过程需经历诱导期、对数增殖期、转换期、稳定期和衰减期。

(2)反复分批式培养

在反应器中投料和接种培养一段时间后,将部分培养液和新鲜培养液进行交换的培养方法,称为反复分批式培养。该方法可不断补充培养液中的营养成分,减少接种次数,使培养细胞所处环境与分批培养法一样,随时间而变化。工业生产中为简化操作过程,确保细胞增殖量,常采用反复分批式培养,有些植物细胞及其他物质产量,用反复分批式培养较分批式培养高。

（3）连续式培养

连续式培养是指在培养过程中,不断抽取悬浮培养物并注入等量的新鲜培养基,使培养物不断得到养分补充,保持培养物的体积恒定的培养。连续式培养又可分为封闭式连续培养和开放式连续培养,后者又可分为浊度恒定法和化学恒定法两种。

浊度恒定法是根据培养系统混浊度的提高来注入新鲜培养液的开放式连续培养法。人为地选定一种细胞密度,用混浊度法控制细胞密度。此法灵敏度高,当培养系统中细胞密度超过此限时,超过的细胞就会随着排出液一起自动排出,从而保持培养系统中细胞密度的恒定。

化学恒定法是将对细胞生长起限制作用的某种营养物质按照某一固定速度随培养液一起加入培养系统,使细胞增长速率和细胞密度保持恒定的一种开放式连续培养法。该方法主要是通过限制营养物质的浓度来控制细胞的增长速率,而细胞的增长速率与细胞的特殊代谢产物的形成有关。

6）固定化培养

固定化培养是在微生物和酶的固定化培养基础上发展起来的植物细胞培养方法,可通过包埋技术、吸附技术和共价结合技术来固定植物细胞。目前一般用海藻酸钙（alginic acid）来固定植物细胞,角叉胶（carrageenan）、琼脂、琼脂糖和聚尿烷（polyurethane）也能将细胞在正常状态下固定化。另外,将细胞吸附在固体支持物上也是一种较为温和的固定化技术。此外,也可以用固体载体通过共价键结合植物细胞来将细胞固定,不过这种技术在固定化细胞技术中的应用相当有限。

7.3.4　植物细胞的大规模培养技术

目前用于植物细胞大规模培养的技术主要有植物细胞的大规模悬浮培养和植物细胞或原生质体的固定化培养。悬浮培养适于大量快速地增殖细胞,但往往不利于次级代谢产物的积累;而固定化培养时细胞生长速度缓慢,但次级代谢物质的含量相对较高。

1）植物细胞的大规模悬浮培养

悬浮培养通常采用水平振荡摇床,该摇床可变转速为 30～150 r/min,振幅 2～4 cm,温度 24～30 ℃。适合于愈伤组织培养的培养基不一定适合悬浮细胞培养。悬浮培养的关键就是要寻找适合于悬浮培养物快速生长、有利于细胞分散和保持分化再生能力的培养基。

（1）悬浮培养中的植物细胞特性

与微生物不同,植物细胞比较大,平均直径要比微生物大 30～100 倍;并且植物细胞很少以单个细胞的形式存在,通常以细胞数为 2～200、直径为 2 mm 左右的非均相集合细胞团的形式存在。由于植物细胞的个体大,细胞壁僵脆且具有大的液泡,导致悬浮培养中的植物细胞对剪切力十分敏感。适当的剪切力可以改善通气,使植物细胞具有良好的混合状态和分散性,甚至可以提高细胞密度和增加代谢产物的产量,但过高的剪切力可使细胞受到机械损伤,细胞体积变小,细胞形态和聚集状态改变,或者影响细胞的代谢活动,降低次级代谢产物的产率;也有可能导致细胞的活性丧失。

（2）植物细胞培养液的流体学特征

由于植物细胞常常趋于成团，且大多数细胞在培养过程中容易产生黏多糖等物质，使得培养过程中氧传递速率降低，影响植物细胞的生长。目前人们常用黏度这一参数来描述培养液的流变学特征。培养液的黏度一方面由细胞本身和细胞分泌物等决定，另一方面还受细胞年龄、形态和细胞团大小等的影响。一般来说，植物细胞培养液的黏度随着细胞浓度的增加而显著上升。在相同的浓度下，大细胞团的培养液的黏度明显大于小细胞团的培养液的黏度。

（3）植物细胞培养过程中的气体成分

所有的植物细胞都是好氧性的，需要连续不断地供氧。植物细胞培养对溶氧的变化非常敏感，太高或太低都会对培养过程产生不良影响，因此，大规模植物细胞培养时对供氧和尾气氧的监控十分重要。与微生物培养不同，植物细胞培养并不需要高的气液传质速率，而是要控制供氧量，以保持较低的溶氧水平。

氧气从气相到细胞表面的传递是植物细胞培养中的一个基本问题。大多数情况下，氧气的传递与通气速率、混合程度、气液界面面积、培养液的流变学特性等有关，而氧的吸收却与反应器的类型、细胞生长速率、pH值、温度、营养组成以及细胞的浓度等有关。通常也用液相体积氧传递系数（K_{La}）来表示氧的传递，事实证明液相体积氧传递系数能够明显地影响植物细胞的生长。

培养液中的通气水平也能影响植物细胞的生长。长春花细胞培养时，当通气量从 0.25 L/（L·min）上升至 0.38 L/（L·min）时，细胞的生长速率可从 0.34 d^{-1} 上升至 0.41 d^{-1}，继续增加通气量，细胞的生长速率反而会下降。另外，培养液的溶氧浓度对细胞培养也有一定的影响。毛地黄细胞培养时，当培养基中氧浓度从 10% 饱和度升至 30% 饱和度时，细胞的生长速率从 0.15 d^{-1} 升至 0.20 d^{-1}，继续上升溶氧浓度至 40% 饱和度时，细胞的生长速率反而降至 0.17 d^{-1}。这说明过高的通气量对植物细胞的生长是不利的，会导致生物量的减少，这一现象很可能是由于过高的通气量导致反应器内的流体动力学发生了变化，也可能是由于培养液中的溶氧水平较高，阻止了细胞的代谢活力。

氧气对植物细胞的生长来说是至关重要的，但 CO_2 的含量水平对植物细胞的生长也有一定的影响。研究发现，在空气中混以 2% ~ 4% 的 CO_2 能够消除过高的通气量对长春花细胞生长和次级代谢产物产率的影响。因此，对植物细胞培养来说，在培养液充分混合的前提下，CO_2 和氧气的浓度只有达到某一平衡时，细胞才会很好地生长，所以植物细胞培养有时也需要通入一定量的 CO_2 气体。

（4）泡沫和表面黏附性

由于植物细胞培养时细胞容易结团，且培养过程中分泌多糖类等物质，造成培养液的黏度增高，起泡严重。这些气泡容易被蛋白质或多糖覆盖，细胞极易被包埋于泡沫中，造成非均相的培养。因此，在植物细胞培养中使用合适高效的消泡剂也是非常重要的。

（5）悬浮细胞的生长与增殖

植物细胞的悬浮培养，同动物细胞培养相似，细胞数量随时间变化曲线呈现 S 形。在细胞接种到培养基的最初时间内细胞很少分裂，而是先要适应新的生存环境，经历一个潜伏期后，细胞迅速生长繁殖，进入指数生长期，随着环境中营养物质的消耗，细胞增殖进入减慢期，最后细胞停止生长进入静止期。整个周期经历时间的长短因植物细胞的种类和起始培养的细胞密度不同而不同。

（6）细胞团和愈伤组织的再形成和植株的再生

悬浮培养的单个细胞在 3～5 d 内即可见细胞分裂，经过 1 周左右的培养，单个细胞和小的聚集体不断分裂而形成肉眼可见的小细胞团。大约培养 2 周后，将细胞分裂再形成的小愈伤组织团块及时转移到分化培养基上，连续光照，3 周后可分化成试管苗。

2）植物细胞或原生质体的固定化培养

与悬浮培养植物细胞相比，固定化培养植物细胞有以下优点：

①固定化可使反应活性稳定，能够长期连续运行。

②培养产物易于细胞分离。

③固定化能够高度保持反应器内的细胞数量，能够提高反应效率。

④固定化易于控制生产中最适宜的环境条件、基质浓度等，使生产稳定。

因此，通常采用固定化技术进行细胞培养，即植物细胞固定化和原生质体的固定化培养。

植物细胞的固定化通常采用海藻酸盐、卡拉胶、琼脂及琼脂糖、聚丙烯酰胺凝胶材料等来固定化，均采用包埋技术，很少使用其他方式来固定化植物细胞。原生质体比完整的细胞更脆弱，因此，只能采用最温和的固定化方法来进行固定化，通常也是使用海藻酸盐、卡拉胶和琼脂糖来固定化原生质体。

7.3.5　影响植物细胞培养的因素

植物细胞生长和产物合成动力学可分为 3 种类型：

①生长偶联型　产物的合成与细胞的生长呈正比。

②中间型　产物仅在细胞生长一段时间后才能合成，但细胞生长停止时，产物合成也停止。

③非生长偶联型　产物只有在细胞生长停止时才能合成。

事实上，由于细胞培养过程较为复杂，细胞生长和次级代谢产物的合成很少符合以上模式，特别是在较大的细胞群体中，由于各细胞所处的生理阶段不同，细胞生长和产物合成也许是群体中部分细胞代谢的结果。此外，不同的环境条件对产物合成的动力学也有很大的影响。

1）细胞的遗传特性

从理论上讲，所有的植物细胞都可看作是一个有机体，具有构成一个完整植物的全部遗传信息。在生化特征上，单个细胞也具有产生其亲本所能产生的次级代谢产物的遗传基础和生理功能。但是，这一概念决不能与个别植株的组织部位相混淆，因为某些组织部位所具有的高含量的次级代谢产物并不一定就是该部位合成的，而有可能是在其他部位合成后通过运输在该部位上积累的。有的植物在某一部位合成了某一产物的前体而转运到另一部位，通过该部位上的酶或其他因子转化成产物。因此，在进行植物细胞的培养时，必须弄清楚产物的合成部位。同时，在注意到整体植物的遗传性时，还必须考虑到各种不同的细胞。

2）细胞的接种量

不同的细胞都有其合适的接种量。接种量取决于接种后植物细胞开始生长的所需时间，植物细胞的生长有其最低密度效应，如果细胞的接种量低于某一临界值，则接种后的发酵培养将会失败。接种量一般在 10%～30%，这就要求在培养植物细胞时，培养基必须能够支持培养物的主动生长。

3)培养环境

由于各类代谢产物是在代谢过程的不同阶段产生的,因此通过植物细胞培养进行次级代谢产物的生产,其所受的限制因子也是比较复杂的。各种影响植物细胞代谢过程的因素都可能对代谢产物的生产发生影响,这些因素主要有光、温度、搅拌、通气、营养、pH 值、前体和调节因子等。

(1)温度

植物细胞培养适宜生长的温度范围一般为 15~32 ℃,而实际生产中,植物细胞通常是在 25 ℃左右培养,因此一般来说在进行植物细胞培养时很少考虑温度对培养的影响。但是植物细胞的生长和次级代谢产物形成的最适温度却往往不同,因此,培养目的是获取次级代谢产物时,就要求在两级和多级培养过程中,严格地控制好温度,先让植物细胞在最适温度下迅速生长和大量增殖,然后在另一适宜温度下大量地合成次级代谢产物。

(2)pH 值

植物细胞培养的最适 pH 值一般在 5~6。但由于在培养过程中,培养基的 pH 值可能有很大变化,对培养物的生长和次级代谢产物的积累十分不利,因此在培养过程中需要不断地调节培养液的 pH 值,以满足植物细胞的生长和产物代谢、积累的需要。

(3)培养基成分

植物细胞培养的成功取决于培养基的选择。尽管植物细胞能在简单的合成培养基上生长,但营养成分对植物细胞培养和次级代谢产物的生成仍有很大影响。通常情况下,有利于植物细胞生长的培养基,对诱导次级代谢产物的生成并不是最适宜的,而有利于次级代谢产物生成的培养基条件却限制了细胞的快速分裂,导致细胞生长的指数生长期过早停止。一般来说增加氮、磷和钾的含量会使细胞的生长加快,增加培养基中的蔗糖含量可以增加细胞培养物的次级代谢产物。

(4)光照

光照时间的长短、光的强度对次级代谢产物的合成都具有一定的影响。一般来说愈伤组织和细胞生长不需要光照,但是光对细胞代谢产物的合成却有很重要的影响。有研究显示,光能刺激茶树和保罗氏鲜红玫瑰培养物中多元酚合成的增加,但却能够抑制日本黄连中小檗碱的合成。从经济角度考虑,如果培养过程不需要光照,可以节约培养设备和能源,所以培养依赖光照才能合成次级代谢产物的植物细胞时,使用发酵罐进行大量培养是不合适的。

(5)搅拌和通气

普通的摇瓶培养是靠振荡器的外界震荡,而发酵培养主要靠内部搅拌浆的不断搅拌。植物细胞虽然有较硬的细胞壁,但是细胞壁很脆,对搅拌的剪切力很敏感,使用摇瓶培养时,摇床振荡范围在 100~150 r/min。由于摇瓶培养细胞受到的剪切比较小,因此植物细胞很适合在此环境中生长。各种植物细胞耐剪切的能力不尽相同,细胞越老遭受的破坏也越大。烟草细胞和长春花细胞在涡轮搅拌器的转速分别为 150 r/min 和 300 r/min 时,一般还能保持生长。培养鸡眼藤细胞时,涡轮搅拌器的转速应低于 20 r/min。因此培养植物细胞,使用气升式反应器更为合适。

植物细胞在培养过程中需要通入无菌空气,适当控制搅拌程度和通气量,对植物细胞的培养影响较大。在烟草细胞培养中发现,如果 $K_{La} \leqslant 5/h$,对生物产量有明显的抑制作用。当 K_{La}

$=(5\sim10)/h$,初始的 K_{La} 和生物产量之间有线性关系。当然,不同的细胞系对氧的需求量是不同的。为了加强气-液-固相之间的传质,细胞悬浮培养时,需要搅动。

（6）前体和刺激剂

在植物细胞培养过程中,选择适当的前体或加入适当的刺激剂是相当重要的。在培养红豆杉细胞生产紫杉醇时,加入异戊类前体甲瓦龙酸、α-蒎烯可以提高细胞紫杉醇的合成量;加入紫杉醇侧链/基合成前体可使紫杉醇产量提高 1～5 倍;将刺激剂如甲基茉莉酮酸加入到红豆杉培养细胞中,可以明显提高紫杉醇的产量。前体除了有增加次级代谢产物产量的要求外,还要求是无毒廉价的。所以,寻找能使目的产物含量增加的有效前体是比较困难的。

目前,在大规模植物细胞悬浮培养中,为了提高植物细胞量和次级代谢产物产量,一般采用两段培养法。两段培养就是按照植物细胞的生长分裂与次级代谢产物生成的不同步性,将培养过程分成两个阶段,按照不同阶段植物细胞所需的培养基成分,使细胞生长和次级代谢产物生成都能达到最佳水平。第一阶段采用生长培养基,以促进植物细胞的迅速增殖;第二阶段采用生产培养基,降低植物细胞的生长分裂,诱发和保持次级代谢旺盛,以达到次级代谢产物的高效合成。

为了最大限度地提高次级代谢产物的产量,在植物细胞培养系统中常常采用两相培养技术。两相培养技术是在培养体系中加入水溶性或脂溶性的有机物(如十六烷、硅油等),或者是具有吸附作用的多聚化合物(如大孔树脂等),使培养体系形成上、下两相,细胞在水相中生长与合成次生物质,然后分泌出来转移到第二相中,在第二相富集。两相培养不仅减少了产物的反馈抑制作用,促进胞内次级代谢产物的分泌,而且有利于产物的分离提纯,对于易水解的产物,及时移走代谢产物也防止了产物的水解,从而提高了次级代谢产物的得率。此外通过有机相的不断回收及循环使用,有可能实现植物细胞的连续培养,降低成本。但缺点是,由于各物质在不同溶剂中的分配系数不同,溶剂的吸附作用对不同代谢物质也不相同,因此需针对不同代谢物质选择不同的第二相。

值得注意的是影响植物细胞培养的细胞量增长和次级代谢产物积累的因素是错综复杂的,往往一个因素的调整会影响到其他因素的变化,所以,在培养过程中需根据实际情况不断地加以调整。同时,由于植物有机体有其自身的特殊性,因此,对于一种植物细胞或一种次级代谢产物适合的培养条件,不一定对其他的细胞或次级代谢产物适合。

 知识链接

单个细胞的生长过程（细胞周期）

细胞周期(cell cycle)是指细胞从一次分裂完成开始到下一次分裂结束所经历的全过程,分为间期与分裂期两个阶段。细胞间期又包括 G1 期、S 期和 G2 期。

1）G1 期(first gap)

G1 期(first gap)又称 DNA 合成前期,是从有丝分裂到 DNA 复制前的一段时期,此期主要合成 RNA 和核糖体。该期的特点是物质代谢活跃,细胞体积显著增大,迅速合成 RNA 和蛋白质,为下阶段 S 期的 DNA 复制作好物质和能量准备。

2)S 期(synthesis)

S 期(synthesis)即 DNA 合成期,在此期除了合成 DNA 外,同时还要合成组蛋白。DNA 复制所需要的酶都在这一时期合成。

3)G2 期(second gap)

G2 期(second gap)即 DNA 合成后期,是有丝分裂的准备期。在这一时期,DNA 合成终止,大量合成 RNA 及蛋白质,包括微管蛋白和促成熟因子等。

4)分裂期(M 期)

细胞的有丝分裂(mitosis)需经前、中、后、末期,是一个连续变化的过程,由一个母细胞分裂成为两个子细胞。一般需 1~2 h。

(1)分裂前期(prophase)

染色质丝高度螺旋化,逐渐形成染色体(chromosome)。染色体短而粗,强嗜碱性。两个中心体向相反方向移动,在细胞中形成两极;而后以中心粒随体为起始点开始合成微管,形成纺锤体。随着核仁相随染色质的螺旋化,核仁逐渐消失。核被膜开始瓦解为离散的囊泡状内质网。

(2)分裂中期(metaphase)

细胞变为球形,核仁与核被膜已完全消失。染色体均移到细胞的赤道平面,从纺锤体两极发出的微管附着于每一个染色体的着丝点上。分离的染色体呈短粗棒状或发夹状,均由两个染色单体借狭窄的着丝点连接构成。

(3)分裂后期(anaphase)

由于纺锤体微管的活动,着丝点纵裂,每一染色体的两个染色单体分开,并向相反方向移动,接近各自的中心体,染色单体遂分为两组。与此同时,细胞被拉长,并由于赤道部细胞膜下方环行微丝束的活动,该部缩窄,细胞呈哑铃形。

(4)分裂末期(telophase)

染色单体逐渐解螺旋,重新出现染色质丝与核仁;内质网囊泡组合为核被膜;细胞赤道部缩窄加深,最后完全分裂为两个 2 倍体的子细胞。

细胞的生命开始于产生它的母细胞的分裂,结束于它的子细胞的形成,或是细胞的自身死亡。通常将子细胞形成作为一次细胞分裂结束的标志,细胞周期是指从一次细胞分裂形成子细胞开始到下一次细胞分裂形成子细胞为止所经历的过程。在这一过程中,细胞的遗传物质复制并均等地分配给两个子细胞。

实训 7.1 组织纤溶酶原激活剂的生产工艺

一、实验目的

①学会培养人黑色素瘤细胞。
②学会利用动物细胞培养的方法制备 tPA。

二、实验原理

组织纤溶酶原激活剂(tissue-type plasminogen activator,tPA)是一种丝氨酸蛋白酶,它与纤溶酶原亲和力低,而与纤维蛋白亲和力较大,结合后形成的复合物可提高纤溶酶原与tPA的亲和力,使纤溶酶原活化为纤溶酶,后者可水解纤维蛋白,导致血栓溶解,故对血栓性疾病有较好疗效。人黑色素瘤细胞株培养后可产生大量的tPA,其培养液中tPA浓度可达到1 mg/L。制备tPA的生产流程如图7.13所示。

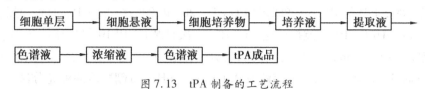

图7.13　tPA制备的工艺流程

三、实验仪器和试剂

(1)实验仪器

布氏漏斗、透析袋、色谱柱、研钵、三角烧瓶、酸度计、烧杯、分光光度计、二氧化碳培养箱、细胞培养瓶、冻干机。

(2)试剂

Eagle培养基(现配或市售成品)、青霉素、链霉素、小牛血清、人tPA或猪心tPA、实验动物家兔血清、硫酸铵、生理盐水、Sephadex 75、Sepharose 4B、溴化氰、NaOH、碳酸氢钠、硼酸、乙醇胺、NaN₃、磷酸、Tween 80、Aprotinin(蛋白酶抑制剂)、硫氰酸钾、PEG20000、Sephadex G-150。

四、实验材料

人黑色素瘤种质细胞。

五、实验方法与步骤

(1)培养基的配制

主要为Eagle培养基,其主要成分(mg/L)为:L-盐酸精氨酸21,L-胱氨酸12,L-谷氨酰胺292,L-盐酸组氨酸9.5,L-异亮氨酸26,L-亮氨酸26,L-盐酸赖氨酸36,L-蛋氨酸7.5,L-苯丙氨酸18,L-苏氨酸24,L-色氨酸4,L-酪氨酸18,L-缬氨酸24,氯化胆碱1,叶酸1,肌醇2,烟酸1,泛酸钙1,盐酸吡哆醛1,核黄素0.1,硫胺素1,生物素1,氯化钠6800,氯化钾400,氯化钙200,七水硫酸镁200,二水磷酸二氢钠150,碳酸氢钠2000,葡萄糖1000。此外,尚加入青霉素100 U/mL,链霉素100 U/mL及10%小牛血清。

(2)tPA抗体制备

取人tPA或猪心tPA免疫家兔,按每只家兔2 000~3 000 μg计,用福式完全佐剂充分乳化注入家兔皮下,每隔两周再用100 μg tPA加强免疫,共加强2次。然后取家兔血清,用50%硫酸铵盐析,沉淀物于0 ℃下,用生理盐水透析,经过Sephadex 75柱色谱层析,得抗tPA的免疫球蛋白G。

(3)抗tPA亲和吸附剂制备

取Sepharose 4B,用10倍体积蒸馏水分多次漂洗,布氏漏斗抽滤,称取20 g湿凝胶于500 mL三角烧瓶中,加蒸馏水30 mL,搅匀后,用2 mol/L NaOH溶液调pH值为11,降温至18 ℃。在通风橱中另取溴化氰 1.5 g 于研钵中,用 30~40 mL 蒸馏水分多次研磨溶解,将溴化氰溶液倾入三角烧瓶中,升温至 20~22 ℃,反应同时滴加 2 mol/L NaOH 溶液维持 pH 值为 11~12,待反应液 pH 值不变时,继续反应 5 min,整个操作在 15 min 内完成。取出烧瓶,向其中投入小冰块降温,用布氏漏斗抽滤,然后用 300 mL 4 ℃的 0.1 mol/L 碳酸氢钠溶液洗涤,再用 500 mL 0.025 mol/L(pH 10.2)硼酸缓冲液冲洗 3~4 次,抽滤洗涤,最后转移至 250 mL 烧杯中,加 50~60 mL 上述硼酸缓冲液冲洗,即得活化的 Sepharose 4B 备用。

另取 70~80g 上述抗 tPA 免疫球蛋白 G 溶于 20 mL 硼酸缓冲液中,过滤。滤液加至上述活化的 Sepharose 4B 中,10 ℃搅拌反应 16~18 h。次日装柱,用 10 倍柱床体积的 pH 值 10.2 硼酸缓冲液以 5~6 mL/min 流速洗涤柱床,收集流出液,并测定 A_{280}。然后再依次用 5 倍柱床体积的 0.1 mol/L(pH10.0)乙醇胺溶液及 0.1 mol/L(pH8.0)硼酸缓冲液充分洗涤,直至流出液 A_{280}<0.01,所得固定化抗 tPA 的免疫球蛋白 G 即为 tPA 的亲和吸附剂。将其转移至含 0.01% NaN_3 的 0.1 mol/L(pH 7.4)磷酸缓冲液中,于 4 ℃储存,备用。

(4)细胞培养

将人黑色素瘤种质细胞按常规方法消化分散后,洗涤及计数,稀释成细胞悬浮液,备用。另取 5 L 玻璃转瓶,按每平方米表面积 2.5 L 比例加入细胞培养基,然后将上述细胞悬浮液接种至转瓶中,接种浓度为(1~3)×10^3 个/mL。然后置于 37 ℃二氧化碳培养箱中,通入含 5% CO_2 的无菌空气培养至长成致密单层后,弃去培养液,再用 0.1 mol/L(pH 7.4)磷酸缓冲液洗涤细胞单层 2~3 次,再换入无血清 Eagle 培养液继续培养。然后每隔 3~4 d 即收获 1 次培养液,用于制备 tPA,同时向转瓶中加入新鲜培养液继续培养。如此反复进行再培养,即可获得大量 tPA。

(5)分离 tPA

向上述收集的细胞培养液中加入 Aprotinin(蛋白酶抑制剂)至 5×10^4U/mL 及吐温 80 至 0.01%,滤除沉淀,滤液稀释 3 倍,每 10 L 培养液以 5 mL/min 流速进入 tPA 免疫球蛋白 G-Sepharose 4B 亲和柱。然后用含 0.01% 吐温 80、2.5×10^4U/mL Aprotinin 及 0.25 mol/L 硫氰酸钾的 0.1 mol/L(pH 7.4)磷酸缓冲液以同样流速洗涤亲和柱,以除去未吸附的杂蛋白。最后用 3 mol/L 硫氰酸钾溶液洗脱亲和柱,并以每管 10~15 mL 分部收集,合并 tPA 洗脱峰,装入透析袋内,埋入 PEG20000 中浓缩至原体积 1/10~1/5,备用。

(6)tPA 的精制

将上述 tPA 浓缩液进 Sephadex G-150 柱,然后用含 0.01% Tween 80 的 1mol/L 碳酸氢钠溶液以 2~3 mL/min 的流速洗脱,并以每管 10 mL 分部收集,合并 tPA 洗脱峰,于冻干机中冻干,即为 tPA 精品。

六、注意事项

①避免培养人黑色素瘤细胞时污染细胞。

②正确储存抗 tPA 免疫球蛋白 G。

实训 7.2　西洋参细胞悬浮培养及工业化生产人参皂苷

一、实验目的
①学会培养西洋参细胞。
②学会利用植物细胞培养的方法制备人参皂苷。

二、实验原理

人参皂苷系五加科植物西洋参(*Panax quinquefolium* L.)的根、茎、叶中提取出的三萜类皂苷类,其中以四环三萜的达玛脂烷系皂苷为主要活性成分,具有大补元气、强心固脱、安神生津等作用。采用西洋参植株的根、茎、叶,诱导使其产生愈伤组织,而后将愈伤组织转入液体培养基上增殖培养,初步筛选出人参皂苷含量高的高产细胞系,之后将高产细胞系进行大规模培养生产人参皂苷。

按下面的公式计算细胞生长速度和产量:

$$生长速度[g/(d·L)] = \frac{最终干重-接种干重}{培养时间(d)×培养液体积(L)}$$

$$细胞产量(g/L) = \frac{最终干重-接种干重}{培养液体积}$$

三、实验仪器与试剂

(1)实验仪器

自旋式培养架,固定 10 L 或 20 L 玻璃瓶,转速为 100~120 r/min。

(2)试剂

基本培养液组成为 MS 培养基,每 L 附加蔗糖 40 g,KT 0.1 mg,IBA 2.0 mg,培养温度为 20~25 ℃。

四、实验材料

人工栽培的 4~5 年生西洋参植株的根、茎、叶。

五、实验方法与步骤

①愈伤组织的诱导　采用 4~5 年生西洋参植株的根、嫩茎、幼叶、胚及胚培养幼苗的各部分等作为外植体;采用 MS+0.5 mg/L 2,4-D 固体培养基,置于 25 ℃下进行暗培养,诱导产生愈伤组织。

②愈伤组织的扩大培养　建立细胞株愈伤组织转入液体培养基上进行增殖培养,每 5 周继代 1 次。其培养条件为:培养基 MS+0.5 mg/L 2,4-D;转速 80~90 r/min;28 ℃光下培养。

③选择高产细胞系　将所得到的纯净细胞群以一定的密度接种在 1 mm 厚度的薄层固体培养基上,进行平板培养,使之形成细胞团,尽可能地使每个细胞团均来自一个单细胞,采用化学方法测定培养物中人参皂苷的含量,初步筛选出人参皂苷含量高的细胞系。

④高产细胞系的扩大培养　采用液体培养基在 28 ℃下进行光照培养,转速 80~90 r/min,对

培养物中的人参皂苷含量进行测定。多次重复鉴定确定细胞的稳定性。

⑤进行大规模培养　采用自旋式摇床对高产细胞系进行大规模的培养。

⑥提取培养物中的人参皂苷。

具体步骤见图 7.14。

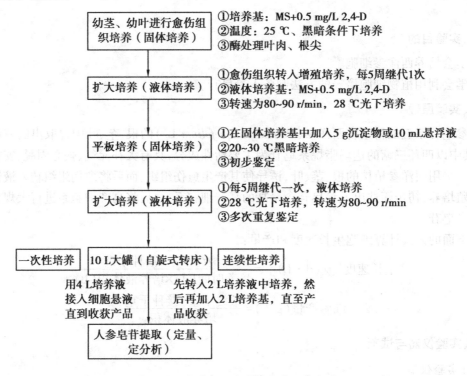

图 7.14　西洋参细胞培养生产人参皂苷

六、注意事项

①避免培养西洋参细胞时污染细胞。

②注意外植体的选择。

• **项目小结** •

　　细胞培养技术也叫细胞克隆技术,是指从体内组织取出细胞在模拟体内环境的体外环境下,使细胞生长繁殖,并维持其结构和功能的一种培养技术。本项目重点介绍了动、植物细胞培养技术。在动、植物细胞培养过程中,根据细胞的不同特性,选择不同的细胞培养方法,正确配制细胞培养基,创造细胞生长的适宜培养环境,来大量培养动、植物细胞。动、植物细胞培养可以获得多个细胞,或在培养过程中获得大量目的产物,培养动物细胞可用来生产疫苗、单克隆抗体和基因工程产品等;培养植物细胞可用来生产有价值的次级代谢产物。大规模培养动、植物细胞,可以克服生产实际中的缺陷,提高培养物的产量,降低生产成本,已经在农业、医药、食品、化妆品等生产上得以广泛应用。

 项目拓展

植物组织培养生产药物研究进展

1)组织培养的药用植物来源

通过组织培养成功的药用植物至少有200种。培养的药用植物从常见的到珍稀濒危植物、民族植物,如云南黑节草、延龄草、高山红景天,藏药——川西獐芽菜、莪术、水母雪莲、星花乡线菊、溪黄草、玉叶金花、辽东葱木等。从生产常用药的植物到具有抗癌、抗病毒等有效成分的植物,如红豆杉、艾黄杨、狼毒、大戟属、长春花、米仔兰、狗牙花和香榧等。

培养用的材料也有提高。开始以草木、木本或藤本植物的根、茎、叶、花、胚、果实、种子、髓、花药等组织或器官进行培养,发展到从器官诱导到愈伤组织、冠瘿组织、毛状根进行培养,再发展为细胞培养。目前还借助植物基因工程技术通过农杆菌介导的转化获得基因药用植物,利用转基因组织和器官培养生产药用成分。

2)培养技术

植物组织培养技术不断提高,从固体、液体静态、悬浮培养,到深层大罐发酵、液体连续培养和细胞固定化培养等。最近人们对植物组织培养电刺激效应进行了探讨,应用诱导剂、稀土和体外胁迫等对植物组织培养产生药物成分进行了研究。在组织培养过程中也建立了一些相应的技术,如放射免疫测定法、复制平板技术、微滴试验、荧光显微镜术和高效液相色谱法,对筛选和获得高产细胞株非常重要。

3)产业化情况

植物组织培养发展至今已有半个世纪,虽然人参和硬紫草的细胞培养在日本已经工业化,日本黄连、毛花毛地黄的细胞培养进行了中试,但进行大规模工业生产的植物细胞培养不多,这可能与高等植物细胞培殖速度慢、产物浓度低及大面积种植药用植物等因素有关。

 项目检测

1. 动物细胞培养的方式有哪些?
2. 简述动物细胞培养的环境要求。
3. 简述植物细胞的培养方法。
4. 简述细胞培养(动、植物)培养基的配制方法及注意事项。
5. 比较动、植物和微生物在细胞结构和生理上的主要区别。

项目 8　生物制品生产技术

📖【知识目标】

➤ 掌握生物制品的基本概念和生产技术。

➤ 掌握血液制品的基本知识和生产技术。

➤ 掌握细胞因子的基本知识和几种主要细胞因子的生产工艺。

➤ 掌握诊断制品的相关知识和免疫诊断试剂的制备工艺及质量要求。

➤ 掌握细菌类疫苗和病毒类疫苗的生产技术。

📖【技能目标】

➤ 学会各种生物制品的基本知识，制备的基本技术及工艺。

➤ 能进行简单诊断试剂的制备。

📖【项目简介】

　　生物制品是人类与疾病作斗争必不可少的强大武器。人类在有了生物制品后，才能有效地预防许多凶险的烈性传染病的感染，控制其传播以及逐步在地球上消灭这些传染病。人类的许多疾病包括某些遗传疾病的诊断和治疗，也离不开生物制品。因此可以说，生物制品是人类生存、繁衍、生活的重要保障。生物制品是现代医学中发展比较早的一类药品，随着相关学科和技术的发展，其种类和品种不断增加，在预防、诊断和治疗疾病过程中也日益显现其必不可少的重要性。

　　目前，生物制品已经发展成为以微生物学、免疫学、生物化学、分子生物学等学科为理论基础，以现代生物技术包括基因工程、发酵工程、蛋白质工程等为技术基础的一门新的独立学科——生物制品学。本项目内容主要介绍生物制品的基本生产技术，以及血液制品、细胞因子、免疫诊断试剂及疫苗等几种典型生物制品生产技术。

📖【工作任务】

任务 8.1 生物制品生产技术概述

8.1.1 生物制品的概念

生物制品根据其适用的对象分为医(人)用生物制品和兽用生物制品两类。医(人)用生物制品简称生物制品,而兽用生物制品必须使用其全称。2010 年版的《中华人民共和国药典》对于生物制品的定义为:生物制品(biological product)是以微生物、细胞、动物或人源组织和体液等为原料,应用传统技术或现代生物技术制成,用于人类疾病的预防、治疗和诊断。

人用生物制品包括:细菌类疫苗(含类毒素)、病毒类疫苗、抗毒素及抗血清、血液制品、细胞因子、生长因子、酶、体内及体外诊断制品以及其他生物活性制剂,如毒素、抗原、变态反应原、单克隆抗体、抗原抗体复合物、免疫调节剂及微生态制剂等。

兽用生物制品包括疫苗(动物预防用生物制品)、血液制剂(如抗血清、血浆蛋白、免疫球蛋白等)、抗生素(如青霉素、链霉素、土霉素)、传染病的特异性诊断制剂(如各种诊断液)、治疗制剂(如抗毒素、干扰素、白介素等免疫制剂)。

8.1.2 生物制品的分类

生物制品有多种分类方法,一般根据其组分及用途可分为预防类制品、治疗类制品和诊断类制品。

1)预防类制品

预防类制品主要是疫苗,用于传染病的免疫预防。根据其抗原来源可分为细菌类疫苗、病毒类疫苗及联合疫苗。细菌类疫苗是有细菌、螺旋体或其衍生物制成的疫苗,如卡介苗、炭疽疫苗、伤寒疫苗等。病毒类疫苗是有病毒、衣原体、立克次体或其衍生物制成的疫苗,如麻疹疫苗、脊髓灰质炎疫苗、流感病毒疫苗、狂犬病疫苗等。联合疫苗是由两种或两种以上疫苗抗原的原液配制而成的、具有多种免疫原性的灭活疫苗或活疫苗,如百日咳、白喉、破伤风联合疫苗(吸附百白破联合疫苗,DTP),麻疹、流行性腮腺炎、风疹联合疫苗(麻腮风三联疫苗,MMR)等。

2)治疗类制品

治疗类制品适用于临床疾病治疗的生物制品,主要包括血液制品、抗毒素及免疫血清、生物技术药物、免疫调节剂和微生态制剂等。

血液制品是由健康人血液或特异免疫人血浆分离、提纯或由基因工程技术制成的人血浆蛋白组分或血细胞组分制品,如人血白蛋白、人免疫球蛋白、人特异免疫球蛋白、人凝血因子制剂、红细胞浓缩物等,主要用于疾病的治疗或被动免疫预防。

抗毒素及免疫血清是由特定抗原免疫的动物血清制备而成,其本质为多克隆抗体,如白喉抗毒素、破伤风抗毒素、抗狂犬病血清等。

生物技术药物是以重组 DNA 技术和蛋白质工程技术生产的蛋白质、多肽、酶、激素、疫苗、单克隆抗体和细胞因子类药物及用生物技术研究开发的基因药物等。重组人干扰素（IFN）、白细胞介素（IL）、集落刺激因子（CSF）、促红细胞生成素（EPO）等细胞因子类药物,能增强机体免疫功能,临床上可起到抗炎、抗感染、抗肿瘤的作用。重组人生长因子、胰岛素等蛋白类药物,在临床上可用于侏儒症、糖尿病等的治疗。

有些细菌和菌体成分,如卡介苗及其衍生物、短棒状杆菌,链球菌制剂等,都可促进机体的非特异性免疫功能,成为细菌类免疫调节剂。微生态制剂是根据微生态学的基本原理,利用人体内正常微生物群成员或对其有促进作用的其他物质制成的生物制品,如双歧杆菌,乳酸杆菌等益生菌,具有调整微生态失调、恢复微生态平衡、促进宿主健康的作用。

3）诊断类制品

诊断类制品是指用于检测疾病或机体功能状态的各种诊断试剂,可用于指导人们对疾病的预防和治疗。根据使用途径可分为体内诊断制品和体外诊断制品;根据制品本身的性质和反应原理,可分为临床生化试剂、免疫诊断试剂和基因诊断试剂;按诊断对象所属学科,可分为细菌学诊断试剂、病毒学诊断试剂、免疫学诊断试剂和肿瘤学诊断试剂等。

8.1.3　生物制品生产的基本技术

1）洗刷技术

在生物制品生产过程中,需要消除活性成分的交叉污染,消除异物、不溶性颗粒、微生物及热原对注射剂的污染,直接接触制品的工器具和设备表面会带有一些残留物质及有害物质,这些物质会对生物制品的生产和质量造成一定的影响,必须将其去除。因此,洗刷工作是非常重要的,无论是新的或重新使用的生产用器具、设备及物品都必须认真清洗,达到不含任何残留物的要求。

生物制品的洗刷工作主要是指器皿的清洗工作,细分为初洗和精冲洗两大工序。初洗主要是用中性洗涤剂对各种器皿进行内外机洗、清洁液酸洗、煮沸池碱洗、自来水内外冲洗等洗刷方法,清除器皿上的各种污物和杂质;精冲洗是在洁净环境下用工艺用水和注射用水反复对初洗后的器皿进行深度清洗,以保证供应器材的洁净度达到生物制品生产的要求。通过精冲洗,烘干后的洁净器材,由负责包装的工作人员进行归类整理和质量检查,剔除破损和不合格的器皿。按使用部门提交的供应计划要求进行包扎供应,以满足生产需要。

（1）金属器械的清洗步骤

新用的金属器械先用 75% 的酒精棉或纱布擦去防锈油,在清洗液中用纱布擦洗金属器械表面,用饮用水冲洗数遍,再分别用纯化水和注射用水冲洗数遍后,晾干备用。

（2）玻璃器皿的洗刷

一般要经过清洁液浸泡,清洗剂刷洗并依次用饮用水、纯化水、注射用水冲洗,烘干或晾干3 个步骤。

重复使用的玻璃器具加入清洗剂,用软毛刷刷洗内外表面,用饮用水冲洗数遍,再分别用纯化水和注射用水冲洗数遍后,晾干备用。新购置的玻璃器具因含游离碱较多,还需用 2% 的盐酸溶液或洗涤液浸泡数小时后再洗涮,另外带毒的玻璃器皿需先浸泡 5% 来苏尔液或 1% 盐酸溶液(依污染病毒种类而定)中 1 d 以上或高压消毒,然后再按常规玻璃器皿洗刷方式处理。

新用细胞培养转瓶用饮用水和清洗剂洗去瓶内外表面的灰尘等杂物,晾干后加入约 10% 容积量硫酸清洁液,转动 24 h 后,倒去清洁液。用饮用水冲洗数遍,加入饮用水置转动机转动 24 h。重复使用的细胞培养转瓶用饮用水冲洗 1 次,加入洗涤剂刷洗,用饮用水冲洗数遍,再分别用纯化水和注射用水冲洗数遍后,晾干备用。

(3)橡胶制品清洗

新橡胶制品先用饮用水冲洗,经 2% 氢氧化钠溶液煮沸 1 h。用饮用水冲去残液、残渣后(管道须逐根冲洗),用 3% 盐酸溶液煮沸 1 h。然后再用饮用水冲洗,再在注射用水中煮沸 2 h。如发现橡胶制品仍有异味,继续用注射用水煮沸,直至无异味为止。用注射用水冲洗干净,捞出晾干备用。重复使用的橡胶制品,每次使用后用饮用水冲洗数遍,再用纯化水冲洗,最后用注射用水冲洗并浸泡至少 20 min,取出晾干备用。

2)灭菌技术

灭菌技术是指应用物理和化学等方法杀灭或除去一切存活的微生物繁殖体或芽孢,使之达到无菌的技术。由于生物制品多数为热敏感性制品,在灭菌过程中必须要保证制品的稳定性及其活性,因此选择适宜的灭菌方法对保证生物制品的质量具有非常重要的意义。生物制品生产中常用的灭菌方法分为物理灭菌法和化学灭菌法两大类。

(1)物理灭菌法

利用蛋白质与核酸具有遇热或射线不稳定的特征,采用加热、射线和过滤方法,杀灭或除去微生物。生产中常用的物理灭菌法包括干热灭菌、湿热灭菌、过滤除菌和辐射灭菌等。

①干热灭菌 常用的有干热空气灭菌法、灼烧、焚烧等。适用于耐高温却不宜被蒸汽穿透,或者易被湿热破坏的物品的灭菌,如玻璃、金属设备、器具,不需湿气穿透的油脂类,耐高温的粉末化学药品等。但不适用于橡胶、塑料及大部分药品的灭菌。也可用于除热原。

灭菌工艺条件一般为 160~170 ℃,120 min 以上或者 170~180 ℃,60 min 以上。除热原的工艺条件一般为 250 ℃,45 min 以上。

②湿热灭菌 高压蒸汽灭菌是最常用的湿热灭菌方法,具有穿透力强、传导快、灭菌能力强的特点,为热力学灭菌中最有效及用途最广的方法之一。常用于玻璃器械、培养基(对热稳定)、胶栓(管道)、布制的物品(无菌服、抹布等)、可最终灭菌的药品及其他遇高温与湿热不发生变化或损坏的物品的灭菌。

不同灭菌物品所采用的灭菌温度和时间不同,通常在生产中,玻璃器械、胶栓(管道)、无菌服等采用 121 ℃,灭菌 60 min;培养基等液体物品采用 115~117 ℃,灭菌 30~45 min。

③过滤除菌 过滤除菌是利用微孔滤膜过滤,使大于滤膜孔径的细菌等微生物颗粒被截留,从而除去流体(液体、气体)中微生物的工艺过程,包括液体和气体过滤除菌,药品生产中采用的除菌过滤膜的孔径一般不超过 0.22 μm。因该方法不会对产品质量产生不良影响,因此尤其适用于生物制品的灭菌。

④辐射灭菌 辐射灭菌是利用 γ 射线、X 射线和粒子辐射处理产品,杀灭其中微生物的灭菌方法。目前的辐射灭菌方法多采用 [60]Co 源放射出的 γ 射线,它具有能量高、穿透力强、无放射性污染和残留量、冷灭菌、适用范围广等特点。不受辐射破坏的医疗器械、容器、生产辅助用品、原料药及成品等均可用此方法灭菌。

(2)化学灭菌法

化学灭菌法是指用化学药品直接作用于微生物而将其杀灭的方法。灭菌剂可分为气体灭菌剂和液体灭菌剂。常用的化学灭菌剂有过氧乙酸、戊二醛、环氧乙烷等。

①过氧乙酸 可用于玻璃、塑料、搪瓷、不锈钢制品的灭菌,低浓度还可用于皮肤的消毒。常用的方法有浸泡、喷洒、擦抹、熏蒸等。所需药物浓度与作用时间见表8.1。

表8.1 过氧乙酸使用方法与剂量

灭菌对象	处理方法	药物浓度	作用时间/min
皮肤	擦拭、浸泡(手)	0.2% ~0.4%	1 ~2
服装	喷洒	0.1% ~0.5%	30 ~60
	浸泡	0.04%	20
污染表面	喷洒、擦拭	0.2% ~1.0%	30 ~60
污染空间	熏蒸	$1 ~ 3 \ g/m^3$	60 ~90

②戊二醛 适用于器具、仪器和工具等的灭菌,也可用于防疫消毒。戊二醛在酸性条件下不具有杀死芽孢的能力,只有在碱性条件下(加入碳酸氢钠或碳酸钠),才具有杀死芽孢的能力,常用2%的溶液浸泡或擦拭。

③环氧乙烷 适用于对那些不宜用其他方法灭菌的、热敏感的产品或部件。如塑料瓶或管、橡胶塞、塑料塞和盖。采用环氧乙烷灭菌时,灭菌柜内的温度、湿度、灭菌气体浓度、灭菌时间是影响灭菌效果的重要因素。灭菌条件为温度54 ℃±10 ℃,相对湿度60%±10%,灭菌压力$8×10^5 Pa$,灭菌时间90 min。

3)发酵技术

发酵技术是指对微生物(或动植物细胞)进行大规模培养,以获得大量菌体(或动植物细胞)及代谢产物的技术。发酵技术在生物制品生产中应用得相当广泛,因为绝大多数的生物制品生产中都需要大量培养菌体和动物细胞。

在微生物发酵生产中,决定生产产量与质量的因素主要包括:发酵方法、菌种、培养基、发酵设备、空气和发酵过程控制等。发酵的生产过程主要包括:种子批的建立、种子扩大培养、发酵培养基的配制与灭菌、发酵设备的灭菌、接种、发酵培养等环节。

(1)发酵方法

微生物的发酵方法按照培养方式可分为表面培养法(包括固体表面发酵和液体表面发酵)和深层培养法(包括振荡培养和深层搅拌通气培养)。其中在生物制品生产中常采用液体深层通气培养。液体深层通气培养按照发酵工艺流程又可分为分批发酵、补料分批发酵和连续发酵3种。目前,我国生物制品生产中对菌种的大规模培养常采用补料分批发酵的方式。

(2)培养基

培养基是生物制品生产的重要基础,它的质量直接关系到生物制品的质量。培养基是指由人工按照一定比例配制的,用于微生物生长、繁殖和积累代谢产物为目的的多种营养物质的混合物。培养基所包含的营养物质包括碳源(糖类、脂肪、有机酸、醇等),氮源(玉米浆,牛肉膏、蛋白胨、氨水、硫酸铵等),无机盐类(磷、硫、镁、钾、钠、钙等),微量元素(铁、铜、锌、钴、钼、锰等),生长因子(氨基酸、维生素、嘌呤、嘧啶等)和水。培养基是发酵生产的基础,其质量好坏成为决定发酵质量的重要因素。

在生物制品生产中,虽然有的培养基有其特殊的制备方法,但总体来说,培养基的制备过程基本相同,通常包括原料的溶解及定容、灭菌和保存两步。

（3）菌种

生物制品生产中涉及的菌种包括细菌疫苗生产用菌种、微生态活菌制品生产用菌种、体内诊断制品生产用菌种、重组产品生产用工程菌等。一旦确定某一种菌作为生产用菌种，就要建立原始种子、主种子及工作种子的三级种子批系统。原始种子批经复苏、传代、扩增后冻存为主种子批；主种子批经复苏、传代、扩增后冻存为工作种子批，工作种子批用于生产，在生产中必须按照国家规定的各级种子批允许传代的代次传代。

三级种子批的建立可以为生产提供大量的、安全稳定的生产用菌种，以避免和减少菌种的污染及因菌种传代过多而导致的遗传变异，对生物制品的安全性、稳定性、可控性都是非常重要的。通常，生产中使用对数生长期末期的菌种接种到发酵罐中，因其活力强、菌体浓度相对较高，不但可以缩短发酵迟滞期、缩短发酵周期、提高设备利用率，还可以减少染菌的机会。

（4）发酵设备

发酵所涉及的主要设备是发酵罐，发酵过程中还需要无菌空气系统、培养基配制和灭菌系统、补料系统、管道、阀门等辅助设备。一般把培养细菌、酵母等微生物的容器称为发酵罐，而把培养动植物细胞的容器称为生物反应器。发酵罐的类型与发酵类型、工艺类型和产物类型相关，主要有机械搅拌通风发酵罐、气升式发酵罐及自吸式发酵罐等，在生物制品生产中，机械搅拌通风发酵罐较常用。

（5）无菌空气

绝大多数发酵过程是需氧的，发酵全程必须不断地向发酵液中通入氧气，生产中采用通入无菌空气的方式提供。获取无菌空气的方法有多种，如辐射灭菌、化学灭菌、静电除菌、过滤除菌等，工业生产中采用最多的是过滤除菌。过滤除菌就是使空气通过经高温灭菌的介质过滤层，将空气中的微生物等颗粒阻截在介质层中，从而达到除菌的目的。

（6）发酵过程控制

发酵过程中的控制参数有物理参数（如温度、压力、搅拌速度、空气流量、黏度、浊度等）、化学参数（如pH、基质浓度、溶氧浓度、氧化还原电位、产物浓度等）和生物参数（如菌丝形态、菌体浓度等）。发酵过程的检测多数为在线检测，通过传感器检测出相应的信号，通过变送器将其转化为标准的电信号传递给计算机，计算机通过控制软件的操作程序控制调节机构，对各个需要控制的参数进行及时调控，从而实现发酵过程的在线控制。最重要的控制参数有温度、pH、溶氧、泡沫等。

在发酵过程中，最大的危险就是染菌。一旦染菌，轻者降低了产量，严重的整个生产都会报废。在发酵过程中，防止染菌可以从下面6个方面进行控制：

①使用无污染的纯粹种子。

②使用的培养基和设备需无菌。

③需氧培养中使用的空气必须无菌。

④培养过程中加入的物料应经过灭菌。

⑤设备应严密，发酵罐维持正压环境。

⑥发酵过程中所有操作都要进行无菌操作。

4）病毒培养技术

病毒培养在生物制品生产中应用得非常广泛，如制备病毒性疫苗（减毒活疫苗、灭活疫苗、亚单位疫苗、基因工程疫苗等),用病毒抗原制备免疫血清(抗体)以及制备干扰素的病毒诱生剂(NDV、仙台病毒)等。因此,大量培养病毒是生物制品生产中的关键一环,病毒培养技术就成为生产所需具备的基本操作技术。

由于病毒不具有细胞结构,其基本结构只是由蛋白质和核酸组成,不含核糖体和完整的酶系统,因此它必须寄生在细胞内,借助宿主细胞为其提供原料和能量,才能够复制和增殖。在生产中,须将其接种到活细胞当中,通过培养细胞来间接培养病毒,使其在细胞中大量增殖,因此,实验动物、鸡胚以及体外培养的器官和细胞就成为人工增殖病毒的基本工具。

(1)动物接种培养

动物接种培养是最原始的病毒培养方法,主要用于分离鉴定病毒或通过传代增殖或减弱病毒毒力制备免疫血清。

接种动物要选择对所培养的病毒最敏感的实验动物的品种和品系,常用的有小鼠、大鼠、豚鼠、仓鼠、地鼠、家兔、羊、猴、马等。同时,为避免动物自身携带的病原微生物污染,对实验动物级别有规定的要求。根据病毒的易感部位选择适当的接种途径和剂量,接种后每日观察动物的发病死亡情况,适时取病变组织制成病毒悬液,继续接种动物传代增殖病毒,如狂犬病病毒悬液的制备。

(2)鸡胚接种培养

鸡胚是正在发育中的活体,其组织分化程度低,细胞活性强,多种动物病毒(如流感病毒、腮腺炎病毒、疱疹病毒及脑炎病毒)都能在鸡胚中增殖和传代。常用于病毒的分离、鉴定,抗原和疫苗的制备以及病毒性质的研究。

根据病毒特性选择适宜的接种方式(尿囊腔接种法、卵黄囊接种法、绒毛尿囊膜接种法和羊膜腔接种法)和剂量,接种适龄鸡胚,接种后鸡胚继续孵育一段时间,照胚,死亡鸡胚随时取出。收获前将鸡胚气室朝上置于4 ℃冷却4~24 h,使血管收缩,防止收获时出血。最终根据接种途径收获相应的组织(尿囊液、羊水、绒毛尿囊膜、卵黄囊或胚体)。

(3)细胞培养法

用病毒感染活细胞来进行病毒培养的方式称为病毒的细胞培养法。细胞培养法适用于绝大多数病毒的生长。细胞培养法是目前生产中最常用的病毒培养方式。选择合适的接毒方式将病毒接种敏感细胞,在适宜的条件下培养细胞,观察病毒增殖情况,及时收获病毒。多数病毒感染细胞后可引起该细胞出现形态变化(圆缩、溶解、形成包涵体等),称之为细胞病变(CPE),根据CPE程度及时收获病毒。对于病变不明显的病毒制品,只能根据以往测定的细胞感染后病毒在细胞中累积的抗原达到最大程度的培养时限收获病毒。对于释放型病毒,收获细胞培养液即可;对于细胞内病毒,必须破碎细胞使病毒释放出来。可以通过反复冻融的方式使细胞破碎,离心去除细胞碎片而获得病毒。

5)细胞培养技术

细胞培养技术在生物制品生产中被广泛应用,如病毒性疫苗的制备。细胞是病毒性疫苗生产的基质,病毒必须要寄生于细胞之内才能复制增殖;而单克隆抗体的生产是通过大量培养杂交瘤细胞来实现的;在其他基因工程药物的生产中,如重组人促红细胞生成素注射液也是通过培养CHO细胞来进行的。因此,细胞培养技术是生物制品生产中非常关键的技术之一。

6)分离纯化技术

生物制品的生产中,在保证制品的安全性前提下,生产生物制品的关键就是既要设法得到尽可能多的目的物纯品,又要尽最大可能地保持其生物活性。由于生物活性物质具有含量低、易变性等特点,因此,生物制品的分离与纯化就显得非常关键。分离纯化技术就是将生物制品的有效成分从发酵液、酶反应液或动植物细胞培养液中提取出来,精制成高纯度的、符合规定要求的生物制品的技术。

生物制品的有效成分多为蛋白质和多糖等生物活性大分子,因此,在生产中常用的分离纯化方法主要有细胞破碎技术、沉淀技术、离心技术、过滤技术和层析技术等。

7) 包装技术

由于生物制品系活性物质,其活性易受光、热、空气、水分和微生物的破坏,因此,良好的包装显得尤为重要。药品的包装系指用适当的材料或容器,利用包装技术对药物制剂的半成品或成品进行分(灌)、封、装、贴签等操作,为药品提供品质保证、签订商标与说明的一种加工过程的总称。

在生产中,包装操作根据所使用的包装材料不同,分为分装与外包装两个工序,其中,涉及内包装材料的包装操作称为分装,而涉及外包装材料的操作称为外包装。

生物制品的很多剂型为冻干制剂,为灌装后采用冻干技术制备而成,以提高产品的质量,延长制品的保质期。冻干,即真空冷冻干燥,就是将含水物质预先冻结成固态,而后在适宜的温度和真空度下,使其中的水分从固态直接升华变成气态,以除去其中水分而干燥物质的技术。由于冻干技术具有干燥温度低,能保持原物料的外观形状,冻干制品具有多孔结构(速溶性和快速复水性好),冷冻干燥脱水彻底(一般低于5%);质量轻,产品保存期长等特点,因此,它是用来干燥热敏性物料和需要保持生物活性的物质的一种有效方法。

冻干过程一般分为预冻、升华(第一阶段干燥)、解析干燥(第二阶段干燥)三个阶段。冻干时为了保护生物制品的活性,需要加入冻干保护剂。冻干结束后常在箱内真空加塞。

8) 生物安全防护技术

生物制品的生产采用天然或人工改造的微生物(细菌、病毒等)或动物及人源组织、体液为起始原料,这些生物活性材料有相当多的部分具有一定的危险性,如不按照规定进行特定操作和处理,将对接触者有一定的感染危险性,甚至危及生命健康,还可能污染环境,严重的可能造成重大的灾难性事故,特别是由于病原微生物或者条件致病微生物的处理不当而发生的获得性感染最为常见。由于微生物具有一定的隐蔽性、传染性和发病潜伏期,因而,其对人体的损害往往比较严重,社会危害性也较大。因此,在生物制品的生产过程中,生物安全防护是非常重要的。

生物制品生产区分为有毒区和无毒区,在有毒区的一切物品,包括空气、水和所有的表面(设备)等均被视为污染有危害的。但无论传染性和致病性多强的病原微生物,只要切断其传播途径,不让它和操作人员接触,感染就不会发生。因此,生物安全防护可以从以下几个角度进行考虑。

(1)设置障碍

设置某些屏障,将病原微生物和外界分隔开,不让其和易感因素接触,即可阻断其感染。如为了避免有毒区活的生物体不向外逃逸扩散,在建造该生产区域时,必须设置气闸和缓冲区,使该区与其相邻的区域保持相对的负压,把病原微生物包围在一定的空间范围内,使之避免暴露在开放的环境中。生产一类和二类病原微生物的操作间还要安装Ⅱ级及以上级别的生物安全柜,微生物操作在安全柜中进行。同时,接触病原微生物的空气和水还要经过高效过滤或灭活处理后再进行排放,这样就可以起到安全防护的作用。

（2）消毒灭菌

对生产车间和隔离区,在进行活体微生物的操作过程中和操作结束后,对有可能污染的区域和物品,必须要进行消毒灭菌处理,特别是对生产后的废液、设备与器具等务必严格处理。

（3）个人防护

为了防止操作中的疏漏对操作人员造成的危险,还要按要求使用防护装备来做好个人防护。个人防护装备包括眼镜（安全镜、护目镜）；口罩、面罩、防毒面具；帽子；防护衣（实验服、隔离衣、连体衣、围裙）；手套；鞋套；听力保护器等。

（4）常用的生物安全操作

严格的生物安全操作是进行生物安全防护的重要手段之一。世界卫生组织在《实验室生物安全手册》中对常用的生物安全操作进行了相关的介绍,也适用于生产企业操作人员进行相关操作。

任务 8.2　血液制品的生产

8.2.1　血液制品的定义

血液制品是由健康人血浆或特异免疫人血浆分离、提纯或由重组 DNA 技术制成的血浆蛋白组分或血细胞组分制品,如人血白蛋白、人免疫球蛋白、人凝血因子、红细胞浓缩物等,可用于疾病的诊断、治疗或被动免疫预防。

目前用于临床的主要是血浆蛋白制品和血细胞组分制品,尤其是血浆蛋白制品,不仅种类多,而且应用广泛,是一种非常重要的治疗制剂。尽管新版生物制品规程对血液制品的定义增加了基因工程产品,但就我国目前的血液制品而言,还是以从血浆中提纯的血浆蛋白制剂为主,因此,通常所说的血液制品主要是指血浆蛋白制品。

8.2.2　血液制品的种类

血浆中含有许多种具有独特生理功能的蛋白成分,为了充分利用宝贵的血浆资源,应对各种成分进行分离提纯,制成适应临床各种疾病治疗的各类血浆蛋白制品。

血液制品分为血细胞制品和血浆蛋白制品（血浆衍生物）,目前国际上投入临床应用的血浆蛋白制品已有 30 余种,大规模生产和推广应用的主要有 3 类:转输蛋白中的白蛋白、各种免疫球蛋白（包括肌注、静注和各种特异性免疫球蛋白）和凝血因子制剂（主要为 F Ⅷ和 F Ⅸ浓制剂）。

目前血浆蛋白制品可以通过两种途径获得:一是从健康人血浆或从特异免疫人血浆分离、提纯;二是用重组 DNA 技术制备重组血浆蛋白制剂。白蛋白和免疫球蛋白制品主要是从健康人血浆中分离提纯,凝血因子制品有从健康人血浆中分离的,也有通过重组 DNA 技术制备的。

8.2.3 血液制品生产技术

1) 血浆的管理和采集

血浆作为生产血液制品的原料,采自健康的献浆员(或称供浆员)。因此,血浆的采集既要保证原料血浆的质量,又要保证供浆员的健康不受损害。由于血液可能会受一些病原微生物的污染而传播,如肝炎、艾滋病、性病等严重传染病,因此,我国政府对血源和血液制品的管理非常重视。1996 年 12 月 30 日中华人民共和国国务院令(第 208 号令)颁布了《血液制品管理条例》,以必须执行的国家法规的形式,对血液制品的原料血浆、生产经营和监督管理等具体要求做了明确的规定。1997 年 12 月 29 日经我国第八届全国人民代表大会常务委员会第二十九次会议通过并公布中华人民共和国主席令(第九十三号令)——《中华人民共和国献血法》,该法案对临床输血用的全血和生产血液制品用的血浆采集做了明确的规定和严格的区分。其后,卫生部为实施这两个法令又陆续颁发了一系列文件,规范了血液和血浆采集的技术管理。所有这些政策、法令、法规的颁布和执行,有效地保障了人民的用血安全,保障了献血者和供浆员的健康,基本消除了经输血和使用血液制品而感染肝炎、艾滋病和性病等传染病的危险。

(1)单采血浆技术

单采血浆是指从供浆者静脉采集血液(全血)并使采出的血液与事先盛于容器中的抗凝剂混合,而后经离心或其他方法使血细胞与血浆分离,采集血浆,并将分离的血细胞悬浮于生理盐水中,经静脉重新回输给供浆者本人。要注意的是对每个供浆者必须单独专用一套血液袋、血浆袋、注射针和导管等。由于血细胞具有生物活性,在体内代谢速度较慢,及时将血细胞回输给供浆员本人,失去的一部分血浆蛋白可在体内很快恢复,所以一般来说,一位供浆员在两周内供浆 600 mL(含抗凝剂)对机体无甚妨碍。单采浆技术对供浆员的健康和血浆质量均有所保证,是科学的血浆采集方法。

(2)血浆的机器采集(机采浆)

单采浆机是血液制品生产单位采集血浆的设备,它能一次性连续完成单采浆中的各个操作,即一次完成采血、离心(或膜滤)、分离血浆和血细胞、加置换用的生理盐水、将血细胞还输给供浆员的程序。机采浆可以保证单采血浆的质量、保护供浆员的健康,并最大限度地避免手工单采浆分段操作中因人为因素造成的血液污染和差错事故。单采血浆机是一种高度自动化的机器,是集机械、电气、自动控制等功能为一体的采血浆设备,在使用前必须接受培训,熟悉其工作原理和操作方法,按照机器说明书和规定的操作细则进行操作。对采浆机使用的一次性材料,如抗凝剂、生理盐水、离心杯、膜杯和管道、注射针和血浆袋等,用前须仔细检查、核对,必须采用经国家质检机关检定合格,有生产批准文号、生产批号、注明有效期及生产厂家的产品。采浆过程中严禁共用和混用,用后要做浸泡消毒、毁形处理,严禁回收重复使用。

2) 血浆的贮存

盛装原料血浆的血浆袋应连有与血浆袋远端热合而近端未热合的塑料小管,管内血浆与袋内血浆相同,是供复检 HBsAg,抗 HIV、梅毒和 ALT 之用。

分离后的血浆应详细记录并贴上明显标签,标签内容至少包括:血型、姓名、供浆号以及采集血浆日期、单采血浆站名,并有化验记录可查。血浆离体后,应在 6 ~ 8 h 内置−30 ℃以下速冻,待完全冻结后,转存放于−20 ℃冰库保存待运。血浆贮存中应有温度记录。如在低温贮存中发生温度升高,致血浆融化,但不超过 72 h,可用于分离白蛋白和免疫球蛋白。冰冻血浆应在−15 ℃以下运输,并有记录。运输过程中原料血浆须有完整的外包装,以防损坏。装箱时每箱内应有装箱单,并附有化验合格单。

3) 血浆蛋白的分离与提纯

(1) 分离纯化血浆蛋白时应考虑的原则

利用蛋白质在理化性质上的差别及其生物学活性,可采用适当的方法达到分离、纯化的目的。虽然蛋白质的分离方法很多,但分离的目的不一样,要求也不一样,如产品用于人体和用于体外诊断或仅实验研究用的分离目的产物,其制备方法和工艺的要求有很大的差异。由于血浆蛋白制剂在临床上用于预防和治疗疾病,因此要特别强调其安全性和有效性,在实际生产过程中要考虑以下原则:

①分离过程中,被分离提纯的血浆蛋白要尽可能地保留天然理化和生物学性质。

②分离过程能够最大限度地避免或消除病原微生物及其代谢产物的污染。

③所采用的技术工艺要适应工业化规模生产,分离步骤力求简便,并要求低消耗、高产出。

④从血浆中可同时分离出多种蛋白质成分,符合血浆综合利用的原则。

由于临床医学、医学生物学、分子生物学和生化技术的飞速发展,人们对血液成分的性质和功能的认识日益深入,血液成分分离技术获得了长足进步,分离制备出越来越多的血液成分,并提供临床使用。

关于工艺流程的设计,从蛋白质成分复杂的血浆中分离某种或多种目的产物,不可能一步完成,必须针对不同蛋白质的特性进行全面分析,选用几种或多种原理不同的方法,合理连接工艺流程。就某种蛋白质分离纯化的工艺而言,一般又可分为预处理、粗提和精制几个阶段,每个阶段可用一种或几种方法。例如,从血浆中分离、纯化几种主要的蛋白质成分,可考虑先将健康血浆经冻融处理,取冷沉淀进而采用 PEG 沉淀、甘氨酸萃取或氢氧化铝吸附、灭活病毒等步骤,可加工制备成中纯度凝血因子Ⅷ;去冷沉淀血浆可通过阴离子交换层析、超滤、灭活病毒等步骤,进一步加工成凝血因子Ⅸ复合物;去Ⅸ复合物后的血浆还可以通过肝素-Sepharose亲和层析等步骤分离纯化抗凝血酶Ⅲ。经以上各步处理后的血浆可进入低温乙醇分离系统,结合超滤脱乙醇和浓缩等处理制备白蛋白和免疫球蛋白制品。因此,现今世界上没有一个血浆蛋白分离中心仅采用某种单一的方法进行血浆蛋白分离工作,而是多种方法的综合应用。

(2) 常用的血浆蛋白分离纯化技术

①低温乙醇沉淀法分离血浆蛋白　基于分离纯化血浆蛋白时应考虑的原则,国内外众多的血液制剂生产单位基本上还是采用低温乙醇法作为分离蛋白质组分的基本方法。白蛋白、免疫球蛋白和凝血因子Ⅷ等多是用该方法分离提取的。

低温乙醇沉淀法分离血浆蛋白的原理:在介电常数大的溶液中,蛋白质的溶解度大,在介电常数小的溶液中,蛋白质的溶解度就小,乙醇能显著地降低蛋白质水溶液的介电常数,从而使蛋白质从溶液中沉淀析出。

影响蛋白质沉淀反应的几个因素:pH(4.4~7.4)、温度(-8~0 ℃)、蛋白质浓度(0.2~6.6 g/dL)、离子强度(0.01~0.16)、乙醇浓度(0~40%),其中对蛋白质分离最重要的变化因素是 pH 和乙醇浓度。有些分离阶段,如免疫球蛋白的分离中,离子强度的变化是关键。分离时可从两个方面选择分离条件:选择要提取的蛋白质溶解度最大而其他蛋白质溶解度较小的条件,这样要提取的蛋白质留在溶液中,其余所有的蛋白质被沉淀;或者选用上述相反的条件,即选择要提取的蛋白质溶解度最小,其他蛋白质溶解度较大的条件,这样要提取的蛋白质沉淀析出,其他蛋白质留在溶液中。

②层析法　层析法近年来越来越广泛地应用于生物制剂的纯化和制备,如血浆蛋白(白蛋白、免疫球蛋白、凝血因子、蛋白酶抑制剂)的分离,尿激酶、链激酶等酶类的提取,破伤风、白喉类毒素的制造以及基因工程产品的纯化。目前,在血浆蛋白分离方面应用较多的有离子交换层析、凝胶过滤层析和亲和层析法。

凝胶过滤与离子交换和超过滤技术结合,可用于分离白蛋白和 IgG。凝血因子的制备已普遍采用离子交换层析,如凝血酶原复合物(PCC)的提纯。亲和层析法在提纯血浆微量蛋白中有较广泛的应用。将亲和层析与离子交换层析结合,可以从血浆中大批量分离高纯度凝血因子Ⅸ。

③其他分离方法　还有许多方法可用于血浆蛋白的分离,如盐析法(硫酸铵盐析),利凡诺沉淀法,聚乙二醇沉淀法,热乙醇法等。其中除了热乙醇法在国际上尚有极个别厂家在用于工业化规模的血液制剂生产外,其他各种方法,皆由于不符合现代化工业生产对环境保护的要求,不能保证制备的制剂的均衡质量,或方法本身的不够成熟等原因,均已被淘汰。

4) 常用血液制品的精制技术

血浆蛋白经适当的方法分离后,虽然各蛋白组分的纯度提高了,但还不能作为成品提供给临床使用,因为刚分离得到的蛋白组分,其蛋白含量比较低,并含有在工艺过程中加入的诸如沉淀剂(如乙醇),某些盐类及需除去的其他蛋白质、物质等,因此必须进一步精制加工,控制蛋白制品在一定浓度,除去杂质,调整适当 pH 值,经除菌过滤,分装冻干并经质量检定合格后,方能作为正式制品,提供给临床用于患者的治疗及疾病预防。

血液制剂的精制,其技术要求比较高,过程也较复杂。各种血液制剂精制过程中,既有使用相同技术之处,也有根据各自蛋白质的理化、生物学特点,需要独特的专门精制技术。一般使被分离的蛋白组分精制成制品的顺序是:蛋白组分的溶解、去除沉淀剂、纯化及浓缩、配制、除菌过滤、分装、真空冷冻干燥等。

(1)脱醇、脱盐、纯化及浓缩常用的方法

①超滤法　蛋白组分溶解成适当蛋白浓度后,用一定分子量截留值的超滤膜或中空纤维超滤膜管,用超滤器对需精制加工的溶液进行超滤除去乙醇和盐类,同时进行蛋白浓缩。

②真空冷冻干燥法　蛋白组分溶解成适当蛋白浓度后,使其冷冻冻结,然后在抽真空状态下,使乙醇和水分在冰点以升华的形式从原组成物中除去,同时起到浓缩蛋白质的作用。该法不能脱盐。

③透析法　利用透析膜的半透过性(只能穿透小分子物质)及浓度扩散原理,使蛋白组分溶液透析脱醇、脱盐。该法不能浓缩。

④层析精制法　含凝血因子的蛋白组分经溶解后,一般多用离子交换层析或其他层析方

法来提纯目的蛋白,同时起到脱醇、脱盐作用,该法不能浓缩。

（2）配制

配制是指对经脱盐、脱醇、纯化、浓缩了的蛋白溶液,用无菌,无热原的注射用水或生理盐水,以及适宜的缓冲液,根据《中国生物制品规程》中对某制剂的蛋白浓度（或活性效价）和pH的规定,按照生产单位对配制工段制订的该制品操作规程（SOP）,调整制品的蛋白浓度和pH,与此同时,对某些制品,还要添加一定量的保护剂（或称稳定剂）,以防止制品在制备储存、运输过程中发生蛋白变性、失活、解离或聚合。对非静脉注射制剂,还可加入适量防腐剂,以抑制可能存在于制品中的细菌的增殖。

（3）除菌过滤

血液制剂因其制备工艺较为复杂,工序比较多,生产周期也较长,因此制剂在分装前必须经除菌过滤处理。目前血液制剂生产中用于制品澄清和除菌过滤的主要是微孔滤膜。常用于澄清过滤的滤膜孔径一般有 5 μm、3 μm、1.2 μm、0.65 μm 和 0.45 μm;用于除菌过滤的滤膜孔径一般为 0.22 μm 和 0.2 μm。生产中用的滤器为使用聚丙烯或不锈钢根据需要制成的各种形状如针筒式、扁平式、罐式和筒式滤器。过滤器内可嵌填微孔滤膜,卷膜或折叠膜。一般有静压式和驱动式两种过滤方式。

（4）真空冷冻干燥

真空冷冻干燥简称冻干,是广泛适用于不耐热而具有生物活性的蛋白质和微生物的脱水干燥保存的一种方法。血液制剂中,一般肌注免疫球蛋白和白蛋白制剂为液态状（也可冻干）外,其他多为冻干制品。

（5）离心机及超滤技术

离心机是科学研究和生产中主要用于液固分离的最常规的设备。常见的离心机种类有台式和立式离心机、水平和斜角式的积式离心机、过滤式离心机、连续式离心机以及超速离心机等。一般高速离心机（转速 10 000 r/min 以上）还附有真空及制冷功能,称作真空冷冻高速离心机。

超滤是一种加压膜过滤技术,利用高分子聚合物形成的有孔膜,在分子水平上分离分子量差异较大的生物大分子及用于生物大分子的浓缩、脱盐、提纯、透析等。超滤膜的孔径,是以能截留球状蛋白质的分子量来表示的。常用的滤膜分子量截留值为 3 kD、5 kD、10 kD、30 kD、50 kD、100 kD 和 300 kD 等几种规格。

超滤技术应用非常广泛,就其功能而言,不外乎浓缩、精制和透析。超滤浓缩的基本操作工艺,是将原液通过压力连续输入超滤装置内,经不断循环超滤,小分子与水不断透过滤出,大分子物质逐渐被浓缩至一定浓度。超滤精制的基本操作工艺是将含有大分子物质 A 及小分子不纯物质 B 的原液,通过压力输入超滤装置内,经不断循环超滤精制,小分子不纯物质 B 与水不断透过滤出,大分子物质 A 逐渐被浓缩至一定浓度。随着小分子不纯物质 B 的不断滤出,大分子物质 A 则被不断纯化、精制。超滤透析是提高精制效果最有效的途径,该操作是在超滤过程中加水稀释溶液,再通过滤膜将小分子物质随水透过排出的步骤来完成的。不断向超滤液中加入以替代超滤出去的液体,则可达到最大限度地除去小分子物质,提高大分子物质纯度的效果。

任务 8.3 细胞因子类药物的生产

8.3.1 细胞因子的概念

细胞因子(cytokine,CK)是人类或动物的各类细胞分泌的具有多样生物活性的因子。它们是一组可溶性的不均一的蛋白质分子,能调节细胞的生长与分化。在机体免疫系统中起着免疫信息传递和调节的功能,使机体能够维持正常生理功能,排斥外部感染因子(如病毒)的侵袭和清除内部变化了的有害因子(如肿瘤细胞),在某些情况下还可产生病理作用,参与自身免疫病、肿瘤、移植排斥、休克等疾病的发生和发展。

8.3.2 细胞因子的种类

根据细胞因子的功能,可将其分为以下 5 类。

1)干扰素

干扰素(interferon,IFN)是最先被发现的细胞因子。根据其来源和结构,可分为 IFN-α、IFN-β 和 IFN-γ,它们分别由白细胞、成纤维细胞和活化的 T 细胞产生。IFN-α 为多基因产物,存在 23 种不同的亚型,但它们的生物活性基本相同;IFN-β 和 IFN-γ 只有单一亚型。

2)集落刺激因子

在进行造血细胞的体外研究中,发现一些细胞因子可刺激不同的造血干细胞在半固体培养基中形成细胞集落,因此命名为集落刺激因子(CSF)。根据作用的靶细胞不同,可将 CSF 分为粒细胞集落刺激因子(G-CSF)、巨噬细胞集落刺激因子(M-CSF)、粒细胞-巨噬细胞集落刺激因子(GM-CSF)、多潜能集落刺激因子(Multi-CSF)、促红细胞生成素(EPO)、干细胞因子(SCF)、血小板生成素(TPO)等。这些细胞因子均有集落刺激活性,不同的 CSF 对不同发育阶段的造血干细胞和造血株细胞起促增殖分化作用,是血细胞发生必不可少的刺激因子。

3)白细胞介素

白细胞介素(interleukin,IL)是由多种细胞分泌的一类具有免疫调节活性的细胞因子。由于这类物质主要由白细胞合成,且主要介导白细胞间的相互作用,将这一类细胞因子统一命名为白细胞介素,中文简称白介素,并以阿拉伯数字排列,如 IL-1、IL-2 等。由于白介素具有广泛的生物学功能,且用量极小就可以起到重要的介导效应,因此,目前有多种重组白介素已经或将要应用于临床。

4)肿瘤坏死因子

肿瘤坏死因子(tumor necrosis factor,TNF)是一类能直接造成肿瘤细胞死亡的细胞因子。根据其来源和结构可分为两种:TNF-α 和 TNF-β,前者由单核巨噬细胞产生,后者由活化的 T 细胞产生。

5) 生长因子

对机体不同细胞具有促生长作用的细胞因子称为生长因子(growth factor,GF),包括胰岛素样生长因子(IGF-1)、表皮生长因子(EGF)、血小板衍生生长因子(PDGF)、成纤维细胞生长因子(FGF)、神经生长因子(NGF)、转化生长因子(TGF)、抑制素(inhibin)、骨形态形成蛋白(BMP)等。

8.3.3 干扰素的生产工艺

干扰素生产的传统方法是对能诱导产生干扰素的细胞进行培养,例如人白细胞、纤维细胞、淋巴细胞等,通过诱导剂进行诱导,再进行分离除杂,获得干扰素产品。这种方法由于要进行人的细胞培养,操作起来非常麻烦,产量低,成本高,因此,逐渐被现代的基因工程菌发酵所代替。

目前我国临床上所使用的干扰素品种有 IFN-α I b、IFN-α II a、IFN-α II b 等,其中多以大肠杆菌为宿主菌,只有 IFN-α II a 采用酵母作为宿主菌。下面以 IFN-α II b 为例,介绍干扰素生产工艺过程。

1) 干扰素 IFN-α II b 基因工程菌的构建

在我国,从事干扰素研究的机构有中国预防医学科学院病毒学研究所、卫生部上海生物制品研究所、卫生部长春生物制品研究所和中国药品生物制药检定所等。IFN-α II b 是我国开发成功进行产业化生产的第一个干扰素品种,也是我国第一个基因工程药物品种,由长春生物制品研究所研究开发。

2) 基因工程干扰素的生产工艺

基因工程菌制备干扰素的生产流程如图 8.1 所示。

图 8.1　干扰素的生产工艺流程

(1) 种子培养和发酵

①生产种子　人干扰素 IFN-α II b 的生产菌种用的是以大肠杆菌为宿主菌的基因工程菌。一般用温度敏感型启动子调控 IFN-α II b 的表达。

②种子培养基　1% 蛋白胨、0.5% 酵母抽提物、0.5% NaCl,pH 7.0,121℃ 灭菌 15 min。

③种子摇瓶培养　在 4 个 1 L 三角瓶中,分别装入 250 mL 种子培养基,按要求灭菌后,分别接种人干扰素 IFN-α II b 基因工程菌,30 ℃摇床培养 10 h,作为发酵罐种子使用。

④发酵培养基　1% 蛋白胨、0.5% 酵母抽提物、0.01% NH_4Cl、0.05% NaCl、0.6% Na_2HPO_4、0.001% $CaCl_2$、0.3% KH_2PO_4、0.01% $MgSO_4$、0.4% 葡萄糖、0.05% 氨苄青霉素、少量消泡剂。添加氨苄青霉素的目的是防止污染杂菌。干扰素基因工程菌所用载体上含有一个氨苄青霉素抗性基因,使该基因工程菌不受氨苄青霉素的抑制,而其他杂菌或失去载体的退化菌,由于不含氨苄青霉素抗性基因,将不能生长。

⑤发酵　用 15 L 发酵罐进行发酵,发酵培养基装量为 10 L,pH 6.8,搅拌转速 500 r/min,通风比为 1:1 $m^3/(m^3 \cdot min)$,溶氧为 50%。控制温度在 30 ℃,发酵培养 8 h。在该时间内,

温度敏感型启动子受 C Ⅰ 蛋白抑制而被关闭。待菌体量充足后,提高发酵温度至 42 ℃,诱导启动子开启,启动干扰素基因的转录和翻译,合成干扰素产物。诱导时间大约 3 h,即可完成发酵。

(2)产物的提取和纯化

①提取　干扰素发酵结束后,冷却,4 000 r/min 离心 30 min,除去上清液,收集湿菌体,约 1 000 g,将上述湿菌体重新悬浮于 5 L 的 20 mmol/L 的磷酸缓冲液(pH 7.0)中,在冰浴条件下进行超声波破碎。由于大肠杆菌中不含真核细胞中所具有的一些帮助蛋白质折叠的细胞因子,因此合成的干扰素 IFN-α Ⅱ b 以包涵体形式存在。包涵体是水不溶性的,细胞破碎后释放出来的包涵体可用离心方法分离。离心条件为 4 000 r/min 离心 30 min,取沉淀部分,用 1 L 含 8 mol/L 尿素、20 mmol/L 磷酸缓冲液(pH 7.0)、0.5 mmol/L 二巯基苏糖醇溶液,室温下搅拌 2 h,使包涵体溶解。在溶解过程中,干扰素 IFN-α Ⅱ b 包涵体的肽链会局部打开后重新折叠,形成正确的有生物活性的干扰素 IFN-α Ⅱ b 空间构象。溶解后,再以 1 500 r/min 离心 30 min,去除不溶物(其中主要是细胞碎片),收集含有可溶性干扰素磷酸缓冲液(pH 7.0)的上清液,用 20 mmol/L 磷酸缓冲液(pH 7.0)稀释至尿素浓度为 0.5 mol/L,加二巯基苏糖醇至 0.1 mmol/L,4 ℃下搅拌 15 h,15 000 r/min 离心 30 min,除去不溶物。

上清液经截留量为相对分子质量 10^4 的中空纤维超滤器浓缩,将浓缩的人干扰素 IFN-α Ⅱ b 溶液经过葡萄糖凝胶柱(Sephadex G-50)分离。上柱前,层析柱(2 cm×100 cm)先用 20 mmol/L 磷酸盐缓冲液(pH 7.0)平衡。上柱后,用同一缓冲液洗脱分离,收集小干扰素 IFN-α Ⅱ b 部分。

②纯化　将经 Sephadex G-50 柱分离的人干扰素 IFN-α Ⅱ b 组分,再经 DE-52 柱(2 cm ×50 cm)纯化,人干扰素上柱后用含 0.05 mol/L、0.1 mol/L、0.15 mol/L NaCl 的 20 mmol/L 磷酸缓冲溶液(pH 7.0)分别洗涤,收集含人干扰素 IFN-α Ⅱ b 的洗脱液。全过程蛋白质回收率为 20% ~25% ,产品不含杂蛋白、DNA 及热原质,符合质量标准。DE-52 柱为离子交换纤维素柱,其中 DE-52 是离子交换柱填料纤维素的型号。

8.3.4　IL-2 的生产工艺

基因工程 IL-2 适用的宿主菌为大肠杆菌,载体与干扰素生产一样,所含的启动子为温度敏感型。下面省略 IL-2 基因工程菌的构建过程,重点介绍 IL-2 基因工程菌发酵和产物纯化的工艺过程。

1)工艺流程

基因工程生产 IL-2 的工艺流程如图 8.2 所示。

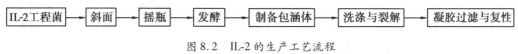

图 8.2　IL-2 的生产工艺流程

2)生产过程与工艺控制

(1)种子制备和发酵

①工程菌种　IL- 2 基因工程菌种构建使用的是大肠杆菌,编号为 JF1125,所用载体为

pLY-4,内含温度敏感型启动子 P 和氨苄青霉素抗性基因。

②种子制备　种子用摇瓶制备,培养基用 LB 培养基,培养温度是 30 ℃,培养时间 10 h。LB 培养基的配方为蛋白胨 1%、酵母提取物 0.5%、NaCl 0.5%,pH 7.4。

③发酵　在 15 L 发酵罐中装料 10 L M9CA 培养基,灭菌后接入摇瓶种子,控制温度在 30 ℃,发酵 10 h。如果要进一步扩大培养,则可以此作为种子转接更大发酵罐,培养条件一样。培养完成后,培养液中的细胞浓度已经达到所需要求,升高培养温度至 42 ℃,诱导 3 h 左右,发酵就完成了。

（2）分离纯化

包括包涵体制备、洗涤、裂解和凝胶过滤及复性。

①包涵体制备　工程菌经发酵培养、诱导表达后,离心收集,悬浮于含 1 mmol/L EDTA 的 50 mmol/L Tris-HCl 溶液(pH 8.0)中,用超声波破碎菌体 3 次,用显微镜检查破碎情况。待细胞破碎良好后,以 8 000 r/min 离心 15 min,收集沉淀。IL-2 包涵体是不溶性的,经离心后,富集在沉淀中。沉淀中除了 IL-2 包涵体外,还有破碎的细胞碎片。

②包涵体洗涤及裂解　上述制备得到的含大量 IL-2 的包涵体沉淀,吸附了部分可溶性蛋白核酸杂质,可通过洗涤除去。先用 10 mmol/L Tris-HCl 溶液(pH 8.0)洗涤 3 次,然后以 8 000 r/min 离心 15 min 收集沉淀,再用 4 mol/L 尿素溶液洗涤 2 次,同样以 8 000 r/min 离心 15 min 收集沉淀。最后用含 1 mmol/L EDTA 的 50 mmol/L Tris-HCl(pH 6.8)悬浮沉淀,并向其中加入盐酸胍至浓度 6 mol/L,水浴加热至 60 ℃维持 15 min,并不断搅拌,然后以 12 000 r/min 离心 10 min,收集上清液即为 IL-2 包涵体裂解液。

③凝胶过滤及复性　将 Sephacryl S-200 柱用含 0.1 mol/L 醋酸铵、1% SDS 和 2 mmol/L 巯基乙醇的缓冲液(pH 7.0)缓冲液、2mol/L 硫酸铜复性,得到 IL-2 纯品,纯度高于 96%,回收率约为 50%。

任务 8.4　免疫诊断试剂的生产

8.4.1　免疫诊断试剂的基本概念

诊断制品是指用于检测疾病和机体功能的各种诊断试剂,可用于指导人们对疾病的预防和治疗。诊断制品根据制品本身的性质及反应原理可分为临床生化试剂、免疫诊断试剂和基因诊断试剂。其中,免疫诊断试剂是种类最多、用途最广的一类诊断制品,已广泛应用于临床各种疾病的诊断或机体免疫状态的测定。在实际应用中,可用已知的特异性抗体检测未知的抗原,也可用已知的抗原检测未知的抗体。

在医学实践中,免疫学检测作为临床诊断的辅助手段,用于测定体液免疫和细胞免疫的某些指标(各种抗体成分、免疫球蛋白、补体成分的定量、淋巴细胞及其亚类的数量和功能等)。根据免疫学抗原-抗体特异反应的原理研制的,由特定抗原、抗体或有关生物物质制成的诊断试剂或试剂盒,用于体外免疫诊断,测定人体细胞免疫和体液免疫功能的试剂即称为免疫诊断试剂。

8.4.2 诊断试剂的质量要求

诊断试剂的质量关系到能否对试样或患者做出特异、灵敏、正确的分析和诊断,每种试剂必须严格按照其生产规程的要求进行生产。每种诊断试剂都有其严格的质量标准,特别是对它们的灵敏度、特异性、稳定性等指标都有明确的规定。

1)灵敏度

灵敏度表示该制品具有检测出被检物质最低量的能力,是诊断制品的首要质量标准。不同的诊断制品其灵敏度要求不同。检测细菌分离物、感染病毒的动物或组织培养材料所用的试剂,并不要求特别高的灵敏度,因为这些标本都是经过增殖和纯化的,这类诊断制品只要求有足够的特异性就可以了。但是,用于直接检测所取材料中的抗原和抗体时(如直接检查血、尿等样品中的目的物),一般要求要有足够的灵敏度,才能获得可靠的结果。

2)特异性

特异性是指试剂正确检定不存在的被检物质的能力(即无假阳性)。诊断制品要求有足够的特异性,一般而言,特异性越强,其质量越好。在免疫检测中抗原抗体反应的特异性取决于抗原的性质和纯度。一般大颗粒抗原如细菌和完整的病毒,由于相近的微生物之间的类属关系,很难做到完全特异。另外,在设计和合成上还应充分注意所选用的位点在免疫学上是否足以代表这一抗原。

3)准确性

准确性指实验测定值与真实值的符合程度。进行定量测定时,试剂的准确性是非常重要的,这一点在临床化学的测定中更是如此。在免疫测定中,只要特异性和灵敏度都好,试剂的准确性不存在大问题。此外,标准品本身的准确性是试剂准确性的根本保证。

4)稳定性

稳定性有两种含义:一是指一个产品的热稳定性;一是指同一试剂的不同批产品的质量变异性。产品的热稳定性好,效期长,贮存和运输条件要求较低,易于保持制品出厂时的质量。相反,一个热稳定性差的试剂,经受不住客观条件的变化,使用时就无法保证其出厂时的质量标准。此外,一种试剂的批间差异大,会使不同实验室之间的结果或同一实验室不同批次测定的结果缺乏可比性。

5)简易性

好的诊断制品在使用操作上应力求简易。只有操作简易才能使制品被广泛应用,发挥更大的社会效益。如检测乙型肝炎病毒表面抗原所用的放射免疫分析试剂盒酶标试剂,尽管灵敏度高、特异性好,但由于操作复杂和需使用价格高昂的仪器,在广大农村中是根本无法使用的,不如血凝试剂(coagulation reagen)那样易于深入到基层单位,为更多的医务者所用。另外,如果试剂的操作简易,就会使由于实验室条件不同、使用者的水平不同而发生的操作上的系统误差减到最低限度。但不能为了简易性而降低试剂的灵敏性和特异性。

6)安全性

试剂的使用者和绝大多数使用对象是人,因此试剂要求安全无传染性。有些试剂的某些组分,特别是测定传染性疾病的试剂所需的病毒抗原(如乙型肝炎病毒抗原)、阳性对照血清具有传染性,在制成试剂前必须先经过严格的灭活处理,才能用于试剂的制备。对某些有放射性、致癌性物质的试剂,应标明防护知识、使用要求和污染的处理方法。

8.4.3 诊断试剂生产的标准化

为保证每批试剂产品的特异性、灵敏度和精密性等主要质量参数一致,即同一产品的批内差异和批间差异必须控制在允许的范围之内。试剂生产的标准化应从生产的各个环节进行,集中体现在严格按照试剂生产的制造及检验规程对原材料和半成品、成品的质量控制等方面。

1)原材料的质量控制

诊断制品是由许多化学试剂或化学、生物材料等经过加工、组合、反应等步骤制成的,这些原材料质量直接影响到诊断制品的质量。诊断制品制造所需的原材料有近百种,各类原材料应分别按化学试剂的国家及部颁标准、《中华人民共和国药典》、《中国生物制品规程》等标准检验,无上述标准的个别原材料,试剂生产单位应自订检验标准,以确保生产的标准化。生产部门要按规定的方法对原材料进行抽样送检,只有符合制检规程及相关标准后,方可用于生产。不符合标准的原材料应按规定及时处理,不得使用。

在原材料中,标准化要求最严格的是那些直接制成试剂的材料,如抗原、抗体、标记用的酶、同位素等材料。这些材料要求其来源稳定,规格恒定。

2)半成品和成品的质量控制

半成品和成品的质量控制标准应是一致的。要保证试剂质量的一致性,必须进行全面质量管理和控制,同时要特别注意试剂的批内差异和批间差异。

批内差异是指同批每盒之间的质量差异。如果试剂盒内各组分的浓度均一,其批内差异往往反映在分装和冻干过程的处理不当上。此外,在运输发送至不同单位时,冷链控制失当也可能造成制品批内差异。

批间差异是指不同批号的同一产品质量上的差异。批间差异大是一个常见问题,常是由于原材料的质量不一致及制造工艺管理不善所造成。制品的批间差异大小反映了其质量的优劣。对于定性检测试剂,批间差异稍大,在某些情况下不至影响其结果的可靠性。但对定量试剂,批间差异大往往会导致实验室检测的失控,使测定结果的可靠性降低。试剂的批间差异只有严格按照试剂的制检规程和 GMP 规范生产,才能降低到最小限度。

3)标准品的应用及试剂盒化

采用标准品检定试剂的质量是试剂生产标准化的主要步骤。标准品是一种参比对照品,它的应用可以使试剂具有统一的灵敏度和特异性。试剂生产标准化的另一内容是试剂盒化,即所谓"打开就用"的试剂盒。也就是说生产单位将测定时所需要的各种组分包括阴、阳性对照、洗涤液等都准备好,用户拆开试剂盒后就可使用。因此,试剂盒化实际上仍是使试剂标准化,是生产单位主动地将使用者的操作规范化了,这样可以减少操作中的系统误差,使结果更为准确。

8.4.4 免疫诊断试剂的制备原则

1)抗原的制备

好的抗原是制备优质诊断试剂最重要的条件之一,特别是对于制备优质诊断血清更为重要。在实际生产中,不同的抗原有不同的要求,细菌性抗原和病毒性抗原要求质量好,该菌株或毒株未发生变异。由于微生物的抗原结构极为复杂,在制备抗原时要特别注意菌/毒株是否具有丰富的目的抗原。如果是使用该菌株的产物或其裂解物作为抗原时,要求产量丰富,且相对纯度要高。蛋白质抗原要求高纯度和良好的标记性能。

2)动物的选择

制备优质抗体是关系试剂质量的另一个重要条件。选择动物可根据试剂产量决定,如果产量不太大,可以考虑使用豚鼠。一般认为豚鼠抗体的亲和力高、效价好,但产量小,不适合大规模生产。家兔也是使用得较为广泛的免疫动物。此外,山羊、绵羊、马等可用于不同规模的免疫血清的制造工作。

需要注意的是,动物的个体差异,特别是较大动物(羊、马),不同个体接受免疫后所产生的免疫血清有所不同,效价有高有低,非特异性抗体水平表现各异,抗体亲和力也因个体不同而表现不一。因此,在得到多个动物的免疫血清后,应经仔细鉴定,以确定其可用性。同样是羊,免疫山羊所得抗体的亲和力和滴度比绵羊的要好。

3)免疫程序、免疫剂量和佐剂的应用

免疫程序、免疫剂量与是否使用佐剂有关,而是否需要使用佐剂与抗原的特性有关。各种细菌性诊断血清常使用全菌抗原,如沙门氏菌血清、志贺菌血清的免疫抗原都不需加佐剂,因为这些细菌的主要结构抗原是脂多糖-蛋白质复合物,其抗原性极好,不用佐剂就可以得到高效价的抗血清。通常除细菌外,其他抗原如蛋白质、颗粒抗原、多糖、多肽等都要使用佐剂以保证免疫成功率。由于是体外用诊断试剂,因此在免疫时大都可采用弗氏佐剂。

不使用佐剂的抗原在免疫动物时,免疫间隔时间短一些。例如,用细菌做抗原直接免疫动物时,免疫间隔为5 d左右。使用佐剂抗原免疫时,一般间隔时间为2周左右。关于免疫剂量则因抗原的性质、抗原的毒性、注射途径和是否使用佐剂而有所不同。

4)单克隆抗体的应用

杂交瘤技术已广泛应用于制备特异性好、效价高的抗体,尤其在制备因子(或分型)诊断血清上特别有用。例如,现已得到只与乙型肝炎病毒表面抗原a、d、r、y、w等决定簇起反应的单克隆抗体,而按常规方法极难制出抗a、d、r、y、w等决定簇的单价多克隆抗体,有了单克隆抗体就可很容易采用各种方法去鉴定表面抗原的亚型。有些细菌性诊断血清,如沙门氏菌O2因子血清、霍乱弧菌稻叶型分型血清及流脑B群分群血清都很难用常规方法制备,而采用单克隆抗体技术就可得到稳定、特异、高效价的抗体。选用适宜的单克隆抗体制造肿瘤相关抗原诊断试剂的优越性更是不言而喻。

使用单克隆抗体制备诊断试剂,必须慎重筛选细胞株,选出适用的单克隆抗体,并设法保持细胞株分泌抗体的稳定性。在使用这些抗体制备诊断试剂时还要注意以下3点:

①所选用的单克隆抗体应不至于发生所谓的"位点漏检",即由于受检目的物亚型、抗原

变异等而造成缺少此单克隆抗体的作用靶位点。病原菌或病毒的抗原结构发生改变也可导致不与该单克隆抗体起反应。选用抗体不当就会发生漏检。

②必须仔细检查用于制备诊断试剂的单克隆抗体的各种特性,如热稳定性,在冷冻、酸性环境和碱性条件下的稳定性,亲和力和作用位点等。

③若找不到适宜的单克隆抗体,不可勉强用多种单克隆抗体去配合。在制备多价血清时,单克隆抗体并不一定优于多克隆抗体。

8.4.5 制备工艺及质量要求

1) 测定人免疫球蛋白的免疫诊断试剂

免疫球蛋白(Immunoglobulin,Ig)是指具有抗体活性或化学结构与抗体相似的球蛋白。同种系的 Ig,根据其重链 Fc 段含有不同的特异抗原不同可分为 IgG、IgA、IgM、IgD 及 IgE。体内各种免疫球蛋白含量不同,测定的方法也有所不同。IgA、IgM、IgG 可用免疫扩散法测定,而 IgD、IgE 含量极微只能用放射免疫法或酶联免疫法(ELISA)检测。

(1)冻干人免疫球蛋白 IgG、IgA、IgM、IgD 及 IgE 诊断血清的制备

①抗原制备　预制备抗人免疫球蛋白的血清,首先要获得纯 Ig 作为免疫动物的抗原,提取抗原的材料须经 HBsAg、HCV 抗体、HIV-1/HIV-2 抗体及梅毒血清学检查均为阴性,ALT 值在正常范围内。

a. 人 IgG 抗原的制备:从脐带血中分离血清,选用盐析法提取 Ig,然后用 DEAE-纤维素层析柱分离出纯化的 IgG。

b. IgA 抗原的制备:用健康产妇 3~4 d 以内的初乳,高速离心脱去脂肪,调节 pH 值除去酪蛋白,收取乳清,以中性盐沉淀,再经 DEAEK-纤维素层析,葡聚糖凝胶过滤纯化,得 IgA 抗原。

c. IgM 抗原的制备:正常人血清中 IgM 含量极微,难以提取和纯化。可用巨球蛋白血症患者血清,经去离子水沉淀,DEAE-纤维素层析,亲和层析纯化,得 IgM 抗原。

d. IgD 和 IgE 抗原的制备:分别用高 IgD 及 IgE 血症患者的血清,盐析沉淀,用 DEAE-纤维素过柱,透析、浓缩,最后经葡聚糖凝胶过滤得到纯 IgD、IgE 抗原。

②抗原纯度检定　蛋白含量应不低于 2.0 mg/mL;用免疫双扩散法或免疫电泳试验,与抗全血清和相应抗血清应呈现单一沉淀线。

③免疫动物　将上述纯化的 Ig 抗原用弗氏完全佐剂或弗氏不完全佐剂乳化后,免疫家兔、羊或马。

④试血与采血　取血清做单向琼脂扩散试验效价达到 1:60 以上可采血,分离血清,加入适量防腐剂,于 2~8 ℃或-20 ℃以下保存。

⑤半成品制造　抗 Ig 血清可采用固相免疫吸附剂吸收,也可用国家药品检定机构认可的方法纯化血清。然后加入适量防腐剂,于 2~8 ℃保存。

⑥半成品检定　按要求进行物理性状、效价测定、特异性检定。

⑦分装及冻干　半成品检定合格后应及时进行冷冻干燥,冷冻干燥时制品温度不宜超过 25 ℃。

⑧成品检定　进行物理检查和效价测定。

⑨保存与有效期　保存于 2~8 ℃,自检定合格之日起有效期为 2 年;保存于−10 ℃以下,自检定合格之日起有效期为 5 年。

(2)人免疫球蛋白 IgG、IgA、IgM 免疫扩散板的制造

本品是用优质琼脂,净化后加热熔化,加一定浓度的抗人免疫球蛋白血清,混合均匀,倒板打孔制成,供测定样品中 IgG、IgA、IgM 含量用。测定时检样中抗原(相应 Ig)呈辐射状向含抗体的胶内扩散,至抗原与抗体的量达恰当比例时形成可见的沉淀环。沉淀环面积与相应抗原含量成正比。

2)测定补体的诊断试剂

补体是存在正常人或动物血清中具有酶活性的一组球蛋白。补体活性与含量的测定对很多疾病的诊断、鉴别、发病机制的研究具有重要意义。以下简要介绍补体 C3 的诊断试剂主要制备过程。

(1)菊糖-补体 C3 复合物的制备

①菊糖研细,用巴比妥缓冲液洗 3 次。

②加入 30 mL 新鲜人血清混匀,置 37 ℃水浴中搅拌 1 h。

③冰浴冷却,离心去上清液,沉淀用冷巴比妥缓冲液洗 5~6 次。

④于洗过的菊糖-补体 C3 复合物中加 25 mL 巴比妥缓冲液,混匀,分装安瓿瓶中,每支 5 mL,冷冻保存。

(2)补体 C3 抗血清的制备

取菊糖-补体 C3 复合物,加入弗氏佐剂于研钵中研磨成乳状,免疫成年雄性家兔。一般免疫 4~5 次即可采血。

(3)补体 C3 抗血清的检定

在用免疫电泳与琼脂双扩散法检查时,抗人补体 C3 免疫血清与人新鲜血清质检应只出现单一沉淀弧。免疫电泳时沉淀弧位置在 B 区。

其他的补体如 C1q、C4、B 因子等含量测定试剂制备的原理及方法同补体 C3 含量测定试剂。

3)各种抗抗体试剂

(1)羊抗兔 IgG 荧光抗体

羊抗兔 IgG 荧光抗体是用高效价纯化羊抗兔 IgG 与异硫氰酸荧光抗体结合,经葡聚糖 G-25 凝胶过滤去除游离荧光色素,制成羊抗兔荧光抗体。主要做荧光抗体间接染色法之用,以兔免疫血清为第一抗体,羊抗兔 IgG 荧光抗体为第二抗体,常用于病原菌、局部免疫复合物的检查。

(2)羊抗人 IgG 荧光抗体

羊抗人 IgG 荧光抗体的制备方法同羊抗兔 IgG,主要用于人抗体的检测。

(3)酶标记抗人结合物

用高纯度人 IgG 免疫马匹,所得血清经硫酸铵盐析,DEAE-纤维素柱层析制成纯化马抗人

IgG。以过碘酸钠标记过氧化物酶,加牛血清作保护剂,并制成冷冻干燥制品,可供酶联免疫吸附试验或其他免疫试验用,如传染性疾病的抗体测定,免疫病理和自身免疫性疾病的研究等。

任务 8.5　疫苗的生产

8.5.1　细菌类疫苗

1)基本概念及分类

用细菌、螺旋体或其衍生物制成,进入人体后,使机体自身产生抵抗相应细菌能力的生物制品,称为细菌类疫苗。根据疫苗的成分和制备方法,可将细菌类疫苗分为减毒活疫苗、灭活疫苗、类毒素疫苗、多糖疫苗及基因工程疫苗等几大类。

灭活疫苗是将自然强毒株或标准菌株人工大量培养后,经加热处理或福尔马林、戊二醛、β-丙内酯等化学处理而制成,如全细胞百日咳疫苗、伤寒全菌体灭活疫苗等。灭活疫苗需加佐剂以提高其免疫效果。

减毒活疫苗使用人工诱变方法培育出的弱毒菌株或无毒菌株而制成的,如卡介苗、减毒的炭疽疫苗等。

类毒素疫苗是从细菌培养液中提取细菌外毒素蛋白,然后用化学方法脱毒制成的无毒但仍保留免疫原性的一类疫苗,免疫后诱导机体产生的抗体(抗毒素)能特异中和相应的细菌毒素,如破伤风类毒素、白喉类毒素等。

多糖疫苗属于传统疫苗中的亚单位疫苗,是从荚膜细菌纯化的细菌多糖,诱导机体产生的抗体可保护机体抵抗入侵荚膜菌的感染,如流感嗜血杆菌 b(Hib)、伤寒杆菌 Vi 多糖等。

2)细菌类疫苗生产技术

(1)培养基制备

培养基是指由人工方法配合而成的,专供微生物培养、分离、鉴别、研究和保存用的混合营养物制品。

一般基础培养基的配方中含有肉浸液、蛋白胨、氯化钠和琼脂等基本营养物质。在生物制品生产过程中使用的培养基,按其各自培养产品的特性,有其特殊的质量要求。微生物培养基的种类很多,据不完全统计,常用的在 1 700 种以上。而且,随着生物科学的飞速发展,培养基种类亦将不断增加。一般按培养基的形态、成分、用途和性质进行分类。

①培养基的种类

a.按物质组成可分为天然培养基(由成分难以断定的天然有机物组成);半合成培养基(由天然有机物和已知化学成分的化合物组成,也称半综合培养基);合成培养基(全部由已知化学成分的化合物组成,也称综合培养基)。

b.按物理性状可分为液体、流体、半固体、固体培养基。

c. 按性质和用途可分为基础培养基、增殖培养基、鉴别培养基、选择培养基和特殊培养基（特殊培养基在生物制品范畴中又有菌种保存培养基、疫苗生产培养基、毒素生产培养基、无菌试验培养基等）。

②培养基的制备　培养基的制备是一项十分精细的工作，不同的培养基虽有其特殊的制备方法，但制备过程基本相同，通常有以下4个主要步骤：

a. 备料及配制：按照培养基处方，计算出各种原材料的用量，准确称量或量取各种原材料，并按照该培养基制备标准操作程序（SOP）中规定的顺序溶解于注射用水中或纯化水中。

b. 调节培养基 pH 值：25 ℃条件下，边搅拌边逐滴加入碱或酸，避免过量。

c. 培养基的过滤和分装：液体培养基用滤纸过滤，含琼脂的培养基趁热用脱脂棉或纸浆抽气过滤。

d. 培养基的灭菌和保藏：高压蒸汽灭菌是目前最可靠的方法，一般采用 115 ℃ 30 min 或 121 ℃ 15~20 min 的灭菌方法。含有不耐热物质的培养基则采用 0.22 μm 微孔膜除菌过滤方法。

（2）菌种与种子批

菌种是疫苗生产的根本，也是疫苗质量的直接保证，所以在疫苗生产过程中具有非常重要的作用。

①筛选生产用菌种的原则

a. 安全性：疫苗的使用对象是广大健康人群，目的是预防疾病，保证人民健康、增强人民体质。因此必须重视用于疫苗生产的菌种的安全性。

b. 免疫原性：用于生产疫苗的菌种应具有良好的免疫原性，当用它生产的疫苗注射人体后能促使机体产生保护性抗体或激发必要的细胞免疫，并有良好的免疫持久性。

c. 遗传学稳定性：在筛选菌种时要特别注意选择那些在遗传学上稳定的菌株，以防止在传代或疫苗生产中发生毒力返祖或其他生物学性状的改变。

d. 无致癌性：生产用菌种及其代谢物质不应有致癌性，在采用人工诱变方法来筛选菌种时，不应使用有致癌性的药物，以免带来对人的危害。

e. 生产适用性：生产用菌种应易于培养和生产，并含有丰富的有效成分。

②种子批　生产用菌种的制备要建立各级种子批，用于生产时不应超过规定代次。

a. 原始种子批：有一定数量的已验明其来源、历史和生物学特性并经临床研究证明其安全性和免疫原性良好的菌株。原始种子批用于制备主种子批。

b. 主种子批：有一定数量的来自原始种子批经传代、扩增获得的菌株。主种子批用于制备疫苗生产用的工作种子批。

c. 工作种子批：有一定数量的来自主种子批经传代、扩增获得的菌株，其生物学特性应与原始种子批一致。工作种子批用于生产疫苗。

③菌种的检定　菌种使用前应进行培养特性、血清学特性、毒力试验、毒性试验、抗原性试验、免疫力试验的检定。

（3）人工培养方法

根据不同的菌种和要求选择适合的培养基，目前用于疫苗生产的常用人工培养方法主要有固体培养基培养法（百日咳、霍乱疫苗等）、液体培养基培养法（百日咳、钩端螺旋体、卡介苗疫苗等)、液体培养基厌氧培养法(短棒疫苗)几种。大规模生产多采用液体深层通气培养法。细菌培养时,应注意下述4个因素的控制。

①气体　各种细菌在生长时对氧的要求不同,在培养特定的细菌时,必须严格控制培养环境的氧分压。

②温度　致病菌的最适培养温度大都接近人体的正常温度(35~37℃)。在制备菌苗时,必须先找出菌种的最适培养温度,在生产工艺中加以严格控制,以获得最大的产量和保持细菌的生物学特性和抗原性。

③pH 值　同一细菌能在不同的 pH 值下生长,培养基的 pH 值不同,细菌的代谢产物有可能不同。因此,在培养细菌时,应严格控制培养基的 pH 值,以使它们按预定的要求生长、繁殖和产生代谢产物。

④光线　制备生物制品的细菌,一般都不是光合细菌,不需要光线的照射。故培养不应在阳光或 X 射线下进行,以防止核糖核酸分子的变异,从而改变细菌的生物学特性。

(4)收菌

固体培养法培养的细菌,在采集时应逐瓶检验,污染杂菌的废弃,未污染的将菌苔刮入含 PBS 的大瓶中。液体培养时,将培养液直接收集到大瓶或其他容器中,逐瓶进行无菌试验,污染杂菌的废弃。

(5)杀菌

灭活疫苗制剂在制成原液后需要用物理或化学方法杀菌,各种菌苗所用的杀菌方法不相同,但杀菌的总目标是彻底杀死细菌而又不影响菌苗的防病效力。如伤寒菌苗,可用加热杀菌、甲醛溶液杀菌、丙酮杀菌等方法杀死伤寒杆菌。我国多采用甲醛作为杀菌剂,甲醛的终浓度不超过1%(体积分数),置37℃一定时间或2~8℃一定时间杀菌。杀菌后的原液还要进行无菌检查,方法是:取样接种于不含琼脂的硫乙醇酸盐培养基、琼脂斜面及碱性琼脂斜面各1支,置37℃培养5 d,应无本菌生长。

(6)原液检定与保存

①浓度测定　应按《中国细菌浊度标准》测定浓度。

②镜检　涂片染色镜检,至少观察 10 个视野,应该菌形典型且无杂菌。

③凝集试验　用相应血清做定型凝集试验,呈阳性反应。

④无菌试验　需氧菌、厌氧菌及真菌试验应阴性。

⑤免疫力试验　以一定菌数的剂量免疫小鼠,再用致病菌攻击小鼠,观察并记录小鼠死亡数,计算 ED_{50} 或 LD_{50} 结果,达到要求即合格。

⑥原液保存　2~8℃保存。自采集之日起有效期一般为3~4年。

(7)稀释、分装和冻干

经杀菌的菌液,一般用含防腐剂的缓冲生理盐水稀释至所需的浓度,然后在无菌条件下分装于适当的容器,封口后在2~10℃保存,直至使用。有些菌苗,特别是活菌苗,亦可于分装后冷冻干燥,以延长其有效期。

成品按照规程要求进行检定。

3)细菌类疫苗生产工艺

细菌类疫苗和类毒素的一般生产工艺流程如图8.3所示。

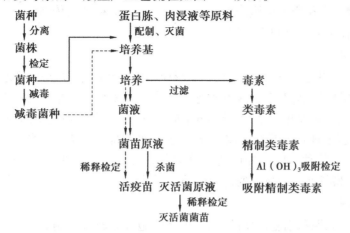

图8.3 细菌类疫苗和类毒素的生产工艺流程

8.5.2 病毒类疫苗

1)基本概念及分类

病毒类疫苗是指由病毒、衣原体、立克次氏体或其衍生物制成的,进入机体后诱导机体产生抵抗相应病毒能力的生物制品。

病毒类疫苗可根据其性质、用途、制备方法及疫苗的物理性状等进行分类。

(1)根据疫苗所预防疾病的用途分类

目前广泛使用的疫苗约有十余种,如脊髓灰质炎、麻疹、乙型脑炎、狂犬病、腮腺炎、风疹、水痘、流行性感冒等疫苗。

(2)根据疫苗病毒培养的组织来源和制造方法分类

①动物培养疫苗 如羊脑狂犬病疫苗、纯化鼠脑乙型脑炎疫苗等。

②鸡胚培养疫苗 如鸡胚全胚流感疫苗、鸡胚尿囊液流感疫苗、鸡胚尿囊液腮腺炎疫苗等。

③细胞培养疫苗 如猴肾细胞培养的脊髓灰质炎疫苗、二倍体细胞培养的脊髓灰质炎疫苗、鸡胚细胞培养的麻疹疫苗等。

④基因重组疫苗 如基因重组乙型肝炎疫苗。

(3)根据疫苗的理化性状分类

①根据疫苗有无被灭活而分为灭活疫苗及减毒活疫苗。

②根据病毒有无被裂解可分为全病毒疫苗、裂解疫苗、亚单位疫苗、表面抗原疫苗等。

③根据疫苗中有无佐剂可分为佐剂疫苗和无佐剂疫苗。

④根据疫苗的物理状态可分为液体疫苗、冻干疫苗等。

2)病毒培养方法

动物病毒只能在活细胞中繁殖,一般有以下3种病毒培养方法:

（1）动物培养法

动物是人类最早用来进行病毒分离、鉴定和疫苗制备的材料。将病毒接种动物的鼻腔、腹腔、脑内或皮下，使之在相应的细胞内繁殖。由于此方法具有潜在传播病毒的危险，饲养管理动物过程又复杂，在生产中已很少应用。

（2）鸡胚培养法

细胞培养技术发明之前，鸡胚培养技术广泛应用于某些病毒的分离、检定和疫苗生产。由于鸡胚来源容易，操作简单，对多种病毒敏感并可从多种途径接种培养，所以至今仍用于痘病毒、正/副黏病毒、疱疹病毒和立克次氏体等的研究。根据病毒的种类不同，将病毒接种到 6 ~ 12 日龄鸡胚的尿囊腔、卵黄囊或绒毛尿囊膜等处，接种的部位亦因病毒种类的不同而异，如流感疫苗常采用尿囊腔接种。国内外已建立许多品系的无特定病原体（specific pathogen free，SPF）鸡群，用 SPF 鸡胚可大量减少疫苗污染外源因子的机会。

（3）细胞培养法

目前，根据组织来源和细胞性质的不同，可将细胞分为原代细胞、传代细胞和二倍体细胞以及杂交瘤细胞等。原代细胞和二倍体细胞多用于疫苗的制造和分离及建立制备疫苗的毒株，而传代细胞一般用作检定，杂交瘤细胞则用于单克隆抗体的制备。

大多数病毒性疫苗基本采用细胞培养法来制备。用于疫苗生产的主要有原代细胞培养和传代细胞培养两种方法。

原代细胞一般是从机体取出后立即培养的细胞。有人把培养的第 1 代细胞与传 10 代以内的细胞统称为原代细胞，如猴肾细胞、地鼠肾细胞等。由于直接来源于动物活体组织，而动物普遍带有多种外源因子，因此制备疫苗用细胞的小动物至少应达到清洁级标准，鸡胚来源的鸡群应达到 SPF 级标准。

原代培养的细胞一般在体外传至 10 代左右就不易传下去了，细胞生长出现停滞，大部分细胞衰老死亡，但有极少数细胞可能渡过"危机"而传下去。这些存活的细胞一般又可顺利地传 40 ~ 50 代次，并且仍保持原来染色体的二倍体数量及接触抑制的行为，这种传代细胞被称为细胞株。一般情况下，当细胞株传至 50 代以后又不能传下去，这时，部分细胞发生遗传突变，带有癌细胞的特点，有可能在培养条件下无限制传下去，这种传代细胞称为细胞系。细胞系的根本特点是染色体明显改变，一般呈亚二倍体或非整倍体，失去接触抑制的细胞，容易传代培养。Hela 细胞系、BHK-21 细胞系与 CHO 细胞系等都是常用的细胞系。

适应在体外培养条件下持续传代培养的细胞称为传代细胞，传代细胞一般不能用作疫苗生产。目前只有个别细胞（如 Vero 细胞、CHO 细胞）被允许用于灭活疫苗的生产。用于疫苗生产的细胞株必须经国家药品监督管理局批准，并按要求建立三级细胞库，即原始细胞库、主细胞库和工作细胞库，传代次数应控制在一定范围内。

细胞的体外培养方法及目的不同，可分为静置培养、转瓶培养、微载体培养和中空纤维培养等多种方法。

①静置培养　细胞悬液按一定细胞数在玻璃瓶或高分子塑料平皿中，于适宜温度（一般37 ℃）静置平面培养，使细胞贴于玻璃壁生长成片，即单层细胞。可采用密闭培养和通气培养（5% CO_2 条件下维持一定的 pH 值）。

②转瓶培养　以圆柱形玻璃瓶或高分子塑料瓶，在一定转速（4 ~ 8 min/圈）的转瓶机上转动培养，可增加细胞贴壁面积，以提高培养病毒的数量。一般只能采用密闭培养法。

③微载体培养　以玻璃或葡聚糖胶原质微小颗粒作为细胞附着的载体,在磁力搅拌瓶或生物反应罐内一定转速下进行搅拌,使微载体悬浮于营养液中培养细胞的方法。可大大增加细胞贴壁面积,是目前大规模疫苗生产所采用的较先进方法。对设备要求高,生物反应罐培养需具有自动控制 pH、温度、转速和溶氧等装置。

收液方式有 3 种:

a. 批收法:间隔一定时间全量收集病毒液,再换相同的新培养液继续培养。

b. 半量收集法:间隔一定时间半量收集病毒液,再补足原液量的新培养液继续培养。

c. 连续收液法:在培养过程中控制一定的进出液流量,连续不断地衡量收集和补充培养液的连续培养方法。

④中空纤维培养　用一组中空纤维管密封安装于圆筒容器内,并将中空纤维管内外制成引流回路,使细胞贴壁于中空纤维管表面,引流回路提供细胞营养液或连续收获病毒液。由于中空纤维反应器的制造、维修复杂,故使用较少。

3)病毒的收获

用细胞培养病毒,一般在细胞病变达到一定程度时收获病毒。用鸡胚培养病毒一般在病毒充分复制,鸡胚未死亡之前收获病毒。

4)病毒的灭活

不同的疫苗,其灭活方法不同,有的用甲醛溶液(如乙型脑炎疫苗、脊髓灰质炎灭活疫苗和斑疹伤寒疫苗等),有的则用酚溶液(如狂犬病疫苗)。所用灭活剂的浓度则与疫苗中所含的动物组织量有关。灭活的温度和时间须视病毒的生物学性质和热稳定而定。灭活疫苗一般要加入防腐剂,常用的是硫柳汞。

5)疫苗的纯化

疫苗纯化的目的是去除存在的动物组织,降低疫苗接种后可能引起的不良反应。用细胞培养法获得的疫苗,动物组织量少,一般不需特殊的纯化,但在细胞培养的过程中,需用换液的方法除去培养基中的牛血清。常用的纯化方法包括超滤、离子交换层析、离心等。

6)配制

收获的病毒经加工处理制成疫苗原液并经检定合格后,根据病毒滴度进行配制,制成半成品。

7)冻干

疫苗的稳定性较差,一般在 2~8 ℃下能保存 12 个月,但当温度升高后,效力很快降低。在 37 ℃下,许多疫苗只能稳定几天或几小时。为使疫苗的稳定性提高,可用冻干的方法使之干燥。冻干的疫苗在真空或充氮后密封保存,使其残余水分保持在 3% 以下。这样疫苗将能保持良好的稳定性。

8)常用的病毒检测方法

(1)血清学方法

血清学方法是鉴定病毒和诊断病毒感染的主要手段,其原理是利用病毒颗粒或病毒结构的某些抗原成分所制备的特异性免疫血清或单克隆抗体,进行特异性抗原抗体反应,来定性或定量检测相应的病毒。最常用的三大传统方法是中和试验、血凝与血凝抑制试验、补体结合试验。以后又建立了更为便利的酶联免疫吸附试验(ELISA)。还有免疫荧光、放射免疫、免疫电泳等其他方法。

（2）外源性病毒检查

外源性病毒的检查主要通过血吸附病毒检查和非血吸附病毒检查来进行,也可利用核酸探针、PCR 等分子生物学技术进行。

（3）活病毒量测定

活病毒量的测定主要利用各病毒培养载体来进行动物半数致死量(LD_{50})、鸡胚半数感染量(EID_{50})、组织培养半数感染量($TCID_{50}$)、蚀斑形成单位(PFU)等参数的测定。

（4）灭活病毒效力测定

灭活病毒效力的测定一般需要免疫动物后攻毒,然后和已知效价的参考疫苗对比,最终来确定灭活病毒的效力,如狂犬疫苗的 NIH 法。

9)病毒类疫苗生产工艺

病毒类疫苗的一般生产工艺流程如图8.4所示。

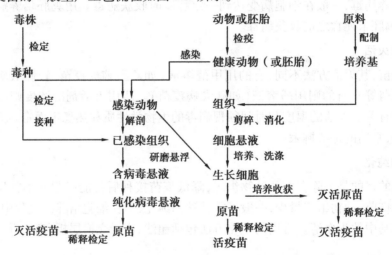

图 8.4　病毒类疫苗的生产工艺流程

实训 8.1　诊断试剂制备

一、实验目的

①学习利用鸡胚增殖病毒的方法,培养无菌操作意识。

②掌握血凝试验和血凝抑制试验操作技术。

③学会制备鸡新城疫血凝抑制试验诊断抗原。

二、实验原理

新城疫病毒(NDV)的血凝特性是由于 NDV 囊膜表面的 HN(血凝素-神经氨酸酶)蛋白可

与红细胞表面的受体结合,而使红细胞发生凝集,这种凝集红细胞的现象可以被特异的免疫血清所抑制,这一特性以及抗血清的特异性抑制作用已成为该病的一种有效诊断方法。临床上通常利用血凝-血凝抑制试验(HA-HI)来监测和评价鸡群新城疫的抗体水平,进而制定合理的免疫程序。

通过鸡胚接种增殖 NDV,病毒液收获后经过灭活,浓缩,检验,配制和冻干。

三、实验仪器和试剂

(1)实验仪器

孵化机或恒温箱、注射器、蛋锥、剪刀、镊子、吸管、广口瓶、酒精灯、移液器、96 孔 V 形血凝板等。

(2)试剂

75%酒精、碘酊、灭菌生理盐水、硫乙醇酸盐培养基(T.G),酪胨琼脂培养基(G.A),葡萄糖蛋白胨汤培养基(G.P),1%鸡红细胞悬液等。

四、实验材料

10 日龄 SPF 鸡胚、NDV 毒种、冻干保护剂等。

五、实验方法与步骤

1)病毒接种鸡胚

取 NDV 毒种,用灭菌生理盐水 10 000 倍稀释,然后尿囊腔内途径接种 10 日龄 SPF 鸡胚,每胚 0.1 ~ 0.2 mL,接种后密封针孔,置 36 ~ 37 ℃继续孵育,不必翻蛋。鸡胚接种后每日照蛋 1 次,将 24 h 前死亡的鸡胚弃去。此后,每 4 ~ 6 h 照蛋 1 次,死亡的鸡胚随时取出,直至 96 h,不论死亡与否,全部取出,气室向上直立,置 2 ~ 8 ℃冷却 4 ~ 24 h。

2)收获病毒液

将冷却的鸡胚取出,用碘酊消毒气室部位,然后以无菌手术剥除气室部卵壳,揭去卵壳膜,剪破绒毛尿囊膜及羊膜(谨防卵黄破裂),镊子压着鸡胚,用注射器或吸管吸取胚液,装于灭菌容器内,-15℃下保存。同时抽样进行无菌检验和效价测定,应无菌生长,对鸡红细胞凝集价应不低于 1∶128。

3)病毒的灭活

将检验合格的病毒液加入 10% 甲醛溶液,使其甲醛溶液的终浓度均为 0.1%,随加随搅拌,使其充分混匀,37 ℃条件下灭活(从抗原液温度升至 37 ℃开始计时),灭活 16 h。灭活后的病毒液置 2 ~ 8 ℃保存,应不超过 1 个月。

4)浓缩

将灭活彻底的鸡胚液分装到灭菌的透析袋中,袋外铺加聚乙二醇,在室温下透析浓缩 5 倍左右。

5)半成品检验

透析后鸡胚液分别取样,进行无菌检验和效价测定。应无细菌生长,对 1% 鸡红细胞凝集价应不低于 1∶512。

6）抗原配制、分装与冻干

将半成品检验合格的抗原液与冻干保护剂按一定比例混合后分装，1 mL/瓶，分装后迅速进行冷冻真空干燥。

7）成品检验

①物理性状　白色或灰白色海绵状疏松团块，易与瓶壁脱离，加稀释液后迅速溶解。

②无菌检验　应无细菌或霉菌生长。

③效价测定　以冻干时不同部位随机抽取 3 个样品进行 HA 测定，每个样品重复测 2 次，凝集价应均不低于 1 : 512。

④特异性检验　采用血凝抑制试验的方法，用该抗原分别对禽流感病毒 H5 亚型、H7 亚型和 H9 亚型阳性血清、鸡新城疫阳性血清、减蛋综合征病毒阳性血清进行血凝抑制试验，该抗原只能被鸡新城疫阳性血清所抑制，而对其他阳性血清均呈阴性反应。

⑤水分测定　按《中国兽药典》方法进行，应低于 3%。

⑥真空度测定　用高频电子火花仪进行检测，应符合《中国兽药典》规定。

8）标准物质的定值

由 6 ~ 8 家具有资质且事先经过比对确认其定值能力相同的实验室，采用同一方法进行协作标定。

9）均一性检验

冻干数量在 500 支以上时取样 25 支，冻干数量在 500 支以下时取样 15 支。分别称量每支内容物的净重量，用统计学方法分析其均一性。

10）稳定性检验

抗原在−20 ℃、4 ℃、37 ℃条件下保存，并定期进行 HA 价测定，每一时间均要进行 2 次重复测量，用统计学方法从统计上剔除可疑值，再计算每次的平均值，该值与定值的偏差应不大于标准偏差。

六、注意事项

①病毒收获时对每枚鸡胚在吸取胚液前均应注意检查，凡胎儿腐败、胚液混浊及有任何污染可疑者，弃去不用。

②诊断抗原制备过程中注意无菌操作。

· 项目小结 ·

本项目重点介绍了生物制品的基本概念，生物制品的分类，生物制品生产的各项基本技术，以及几种主要生物制品的生产技术及工艺。主要内容包括 5 个任务：生物制品生产技术概述、血液制品的生产、细胞因子类药物的生产、免疫诊断试剂的生产、疫苗的生产。每个任务分别介绍该类生物制品的定义、特点及分类、具体生产技术方法等。重点使学生在了解理论知识的同时，具体结合生产实践，逐步掌握各生物制品生产工艺过程中的关键技术控制点。

项目拓展

生物制品的发展趋势

21 世纪的生物制品将会如何发展,这是目前尚难以具体回答的问题。但是就目前生物制品的研究、开发现状看,生物制品领域依靠比较成熟的基因工程技术、蛋白质化学技术、发酵工程技术、细胞工程和单克隆抗体技术以及酶工程技术,其发展趋势大致可体现在以下几个方面。

在疫苗制品的研究方面,除了改进疫苗制品的质量,开发纯化疫苗、组分疫苗、亚单位疫苗和联合疫苗,提高免疫效果,降低接种副反应外,今后主要发展趋势是开发各种联合疫苗、基因工程疫苗和核酸疫苗等安全、有效、稳定的新型疫苗。被称为第二代疫苗的基因工程疫苗(基因重组疫苗)的研究,已发展到几乎所有新发现的重要传染病和以前不能解决的多型易变病原引起的疾病。此外,其用于持续性感染、肿瘤的免疫治疗性疫苗以及基因工程亚单位疫苗、多联多价疫苗也是基因工程疫苗研究的重要内容。被称为第三代疫苗的核酸疫苗,其研究方向则主要集中在应用传统疫苗研制方法无法或难以获得有效疫苗的病毒性疾病和恶性疾病,如艾滋病、肝炎、癌症等的预防和治疗。

细胞因子因其在机体内的重要作用以及对疾病治疗的有效性,也将越来越受到研究者的关注。重组细胞因子多功能融合蛋白,细胞因子抗体药物,细胞因子受体药物,细胞因子阻断剂药物以及新细胞因子制剂,将会在临床许多难治性疾病的治疗上发挥重要作用。

抗毒素、免疫血清类制剂,除了不断应用蛋白质化学技术,提高制剂的纯度,减少临床副反应外,已有学者利用 IgY 制备技术、单克隆抗体技术及基因工程技术来制备高效、低毒、稳定的新型制品。

用基因工程技术,转基因动物技术制备的血液制剂,目前已有数种产品面市。近年来基因工程抗体的研究发展极快,它的研究目的是要制备能治疗如癌症一类难治性疾病,包括在这些抗体(嵌合抗体,人源化抗体等)上接上治疗某些疾病的药物,制成所谓的"生物导弹"。由于作为血液制剂原料的血浆其来源的日趋困难,以及血浆易受肝炎、艾滋病以及尚未知的会危及人类健康的病毒的污染,因此,研究和开发基因重组的血液制剂,将会越来越受到生物制品工作者的重视。此外,不断研究和开发效果肯定、操作简便、利于大规模生产的血液和血液制剂病毒灭活的各种新方法,也是血液制剂发展的趋势。

在诊断试剂方面,由于引进了单克隆抗体技术、酶标记、同位素标记,生物素-亲和素放大系统,发光物质标记等技术,使诊断试剂检测的准确性、灵敏度、稳定性等有了极大的提高。尤其是研制成功了 DNA 探针和 PCR 试剂后,可对病毒等病原体的特定基因做鉴别,大大提高了检测的灵敏度和准确性,在临床确诊某些疾病中,起了重大作用。随着 DNA 芯片、蛋白质芯片技术的发展而发展起来的新诊断技术,将不仅大容量、快速、准确地诊断患者的疾病,而且能为患者个体建立完整的基因档案,以利于疾病的防治。

总之,21 世纪是生物科学飞速发展的黄金时代,生物制品事业必将创造出更辉煌的业绩,在人类防病、治病、抗衰延寿方面发挥其不可替代的重要作用。

 项目检测

1. 什么是生物制品？生物制品生产中常用的生产技术有哪些？

2. 简述血液制品的生产工艺过程。

3. 简述干扰素的生产工艺。

4. 对诊断试剂的质量要求有哪些？如何保证诊断试剂生产的标准化？

5. 简述细菌类疫苗和病毒类疫苗各自的生产工艺。

参考文献

[1] 姚文兵. 生物技术制药概论[M]. 2版. 北京:中国医药科技出版社,2010.

[2] 陶杰,陈梁军. 生物制药工艺技术[M]. 北京:中国医药科技出版社,2013.

[3] 李家洲. 生物制药工艺学[M]. 北京:中国轻工业出版社,2007.

[4] 吴梧桐. 生物制药工艺学[M]. 北京:中国医药科技出版社,2006.

[5] 白秀峰. 发酵工艺学[M]. 北京:中国医药科技出版社,2003.

[6] 达恩. J. A. 克罗姆林. 制药生物技术[M]. 北京:化学工业出版社,2005.

[7] 胡莉娟. 生物制药工艺学[M]. 北京:中国农业出版社,2010.

[8] 梁世中. 生物制药理论和实践[M]. 北京:化学工业出版社,2005.

[9] 李家洲. 生物制药工艺学[M]. 北京:化学工业出版社,2009.

[10] 宋航. 制药工程专业试验[M]. 北京:化学工业出版社,2005.

[11] 熊宗贵. 生物技术制药[M]. 北京:高等教育出版社,1999.

[12] 杨其蕴. 天然药物化学[M]. 北京:中国医药科技出版社,2004.

[13] 张雪荣. 药物分离与纯化技术[M]. 北京:人民卫生出版社,2009.

[14] 陈电容. 生物制药工艺学[M]. 2版. 北京:人民卫生出版社,2013.

[15] 齐香君. 生物制药工艺学[M]. 2版. 北京:化学工业出版社,2010.

[16] 于文国. 微生物制药工艺学及反应器[M]. 北京:化学工业出版社,2011.

[17] 盛贻林. 微生物发酵制药技术[M]. 北京:中国农业大学出版社,2008.

[18] 陈优生. 药物分离与纯化技术[M]. 北京:人民卫生出版社,2013.

[19] 郭维烈. 食用药用菌和发酵产品生产技术[M]. 北京:中国科学技术出版社,1998.

[20] 赵丽. 现代基因操作技术[M]. 北京:中国轻工业出版社,2010.

[21] 曾佑炜. 基因工程技术[M]. 北京:中国轻工业出版社,2010.

[22] 陈可夫. 生化制药技术[M]. 北京:化学工业出版社,2013.

[23] 元英进. 制药工艺学[M]. 北京:化学工业出版社,2007.

[24] 曾青兰. 生物制药工艺[M]. 2版. 武汉:华中科技大学出版社,2015.

[25] 瞿礼嘉. 现代生物技术[M]. 北京:高等教育出版社,2004.

[26] 郭养浩. 药物生物技术[M]. 北京:高等教育出版社,2005.

[27] 司徒镇强,吴军正. 细胞培养[M]. 北京:世界图书出版公司,2014.

[28] 高文远,贾伟. 药用植物大规模组织培养[M]. 北京:化学工业出版社,2005.

[29] 边传周. 动物细胞培养技术[M]. 北京:中国农业大学出版社,2004.

[30] 谷鸿喜,张凤民. 细胞培养技术[M]. 北京:北京大学医学出版社,2012.

[31] 潘孝珍. 实用动物细胞培养技术[M]. 北京:世界图书出版公司,1996.

[32] 刘庆昌,吴国良. 植物细胞组织培养[M]. 北京:中国农业大学出版社,2003.

[33] 王永芬,刘黎红,孙玮敏. 生物制品生产技术[M]. 北京:化学工业出版社,2013.

[34] 羊建平. 兽用生物制品技术[M]. 北京:化学工业出版社,2009.

[35] 冯忠泽. 兽用生物制品制造工艺[M]. 北京:中国农业出版社,2013.

[36] 聂国兴,王俊丽. 生物制品学[M]. 北京:科学出版社,2012.

[37] 朱威. 生物制品基础及技术[M]. 北京:人民卫生出版社,2003.

[38] 陈宁. 酶工程[M]. 北京:中国轻工业出版社,2005.

[39] 郭勇. 酶工程[M]. 北京:科学出版社,2009.

[40] 袁勤生,赵健. 酶和酶工程[M]. 上海:华东理工出版社,2005.

[41] 辛秀兰. 现代生物制药工艺学[M]. 北京:化学工业出版社,2009.

[42] 吴旭国. 细胞大规模培养技术在生物制药中的应用[J]. 科技与企业,2012
(13):307.

[43] 虞建良. 人白细胞介素-2 在大肠杆菌高效表达及其纯化与鉴定[J]. 中国科学,1995
(10).